仪表工试题集

第二版
控制仪表分册

王森　晁禹　艾红　主编

化学工业出版社
·北京·

内 容 提 要

本书是以试题形式编写的一本培训教材和参考工具书，内容连贯，系统性强，资料性强。

控制仪表分册分 7 大部分，包括 DCS，PLC，ESD，数据通信、自动控制系统、信号报警与联锁系统，共收录试题 902 道。

本书适合仪表工培训，也可供从事仪表工作的工程技术人员及相关院校师生参考。

图书在版编目（CIP）数据

仪表工试题集.控制仪表分册/王森，晁禹，艾红主编.—2 版.—北京：化学工业出版社，2003.4（**2023.4 重印**）
ISBN 978-7-5025-2678-8

Ⅰ.仪… Ⅱ.①王…②晁…③艾… Ⅲ.过程控制－仪表－试题 Ⅳ.TP273－44

中国版本图书馆 CIP 数据核字（2003）第 013878 号

责任编辑：刘 哲 　　　　　　装帧设计：蒋艳君
责任校对：陈 静

出版发行：化学工业出版社（北京市东城区青年湖南街 13 号　邮政编码 100011）
印　　装：三河市延风印装有限公司
787mm×1092mm　1/16　印张 16¾　字数 560 千字　**2023 年 4 月北京第 2 版第 17 次印刷**

购书咨询：010-64518888 　　　　　　售后服务：010-64518899
网　　址：http://www.cip.com.cn
凡购买本书，如有缺损质量问题，本社销售中心负责调换。

定　价：35.00 元

前　　言

一

《仪表工试题集》初次出版是在 1985 年，由《化工自动化及仪表》编辑部以杂志增刊形式发行。1993 年，经修订、补写后由化学工业出版社正式出版（第一版）。2002 年，经再次修订、补写，《仪表工试题集》（第二版）又和读者见面了。

《仪表工试题集》曾受到广大读者的认可和厚爱，累计发行达 85000 多套，石油化工行业的仪表工人和技术人员几乎人手一册，在其它行业的仪表人员中也产生了良好反响。究其原因，我想主要有两点：其一是它的内容丰富，形式活泼，针对性、实用性强；其二，它不是一般意义上考试题的汇集，而是以试题形式编写的一本培训教材和参考工具书，它的内容是完整连贯的，系统性强，资料性强，因而广受欢迎，历久不衰。

这应归功于 200 多位作者的集体劳作，特别是众多现场技术人员的热心参与，归功于数十名修订、补写者 16 年来坚持不懈的辛勤耕耘，才使之日臻完善和充实。

二

从 1993 年至今已有十年时间，此间仪表更新换代迅速，我国的有关标准变化也较大，第一版内容已不能适应读者的要求，在化学工业出版社的指导下，从 1999 年冬季开始，我们组织力量着手进行修订，历时三年，逐步完成。这次修订的指导思想和重点是：

1. 大幅度地补充新型仪表和控制装置的内容，以适应当前和今后一段时间内的需要。

2. 采用最新国家标准和现行国际标准。

3. 突出重点，求新求精。考虑到原试题集已经普及，除量大面广的常用仪表和新型仪表外，其它内容不再与第一版重复，避免面面俱到，泛而不深。

4. 结构上作了调整，分为三个分册（现场仪表分册、控制仪表分册、分析仪表分册）陆续出版发行，各分册自成体系，与现场仪表人员的专业分工相对应，使其各取所需，灵活选购。

三

控制仪表分册内容分为七个部分，包括 DCS、PLC、ESD、数据通信、自动控制系统、信号报警和联锁保护系统。共收录试题 902 道，其中绝大部分内容（90% 以上）都是新编写的。

各部分编写人员如下。

第一部分霍尼韦尔 TPS 系统，由晁禹、张惠玲编写。晁禹毕业于大连理工大学化学工程系，学士学位，现任中石化-霍尼韦尔公司培训部经理、霍尼韦尔工业系统部中国自动化学院经理。张惠玲毕业于天津大学自动化系，学士学位，现任中石化-霍尼韦尔公司 TPS 系统高级讲师、FSC 系统高级项目工程师。

第二部分横河 CENTUM CS 系统，由艾红编写。艾红毕业于天津大学自动化系，硕士学位，1994～2000 年任横河公司 CENTUM CS 系统高级讲师、高级项目工程师，现任教于北京机械工业学院自动化系。

第四部分紧急停车系统（ESD），由杨金城、曹作平编写。杨金城现任扬子石化公司烯烃厂副总工程师、高级工程师。曹作平为扬子石化公司烯烃厂仪表工程师。他们具有丰富的现场工作经历，熟悉 ESD 系统。

其它部分由王森编写，王捷、卓尔、火彩年、张会国、金阳、衣兰新、慕晓红、张宏伟、姜建德也参加了部分内容的编写。此外，在第六部分自动控制系统中还选入了《化工仪表及自动化例题习题集》（厉玉鸣主编，化学工业出版社 1999 年出版）中一些例题和习题，特此说明并向该书作者致以谢意。

限于知识面和水平，书中可能存在错误和缺欠之处，欢迎大家批评指正。

王　森

目 录

1 霍尼韦尔 TPS 系统

1.1 TPS 系统概述

1-1 请写出 TPS 系统的英文全称并将其译成中文。

答：TPS 的英文全称是 Total Plant Solutions System，中文为"全厂一体化解决方案系统"。

1-2 TPS 系统中的网络类型有哪几种？

答：可分为三种：

（1）工厂控制网络——PCN（Plant Control Network），开放的网络系统，可以访问过程网络数据，原称 PIN（Plant Information Network）；

（2）TPS 过程网络——TPN（TPS Process Network），TPS 的主干网，PCN 上的节点需通过 TPN 来访问过程网络的数据，原称 LCN（Local Control Network）；

（3）过程网络，有三种型式：

- 万能控制网——UCN（Universal Control Network）
- 数据大道（Data Hiway）
- 可编程控制器数据大道（PLC Data Hiway）

1-3 目前在控制装置中普遍使用的过程网络是＿＿＿＿＿＿。

答：UCN 网。

1-4 TPN（LCN）的网络连接电缆是＿＿＿＿电缆，采用＿＿＿＿＿＿设置，网络拓扑结构是＿＿＿＿＿＿，通讯机制是＿＿＿＿＿＿。

答：同轴，冗余，总线型，令牌传输。

1-5 一条 TPN（LCN）网最多可挂＿＿＿＿个 TPN（LCN）节点，＿＿＿＿条 UCN 网。一条 UCN 网最多可挂＿＿＿＿对 UCN 节点。

答：64，20，32。

1-6 从下列节点中选出哪些是 TPN（LCN）网上的节点，哪些是 UCN 网上的节点：GUS，HPM，NIM，APM，US，HM，AM，AxM，LM，SM，PM，NG，CG，PLNM，UxS，APP。

答：TPN 网上的节点：GUS，NIM，US，HM，AM，AxM，NG，CG，PLNM，UxS，APP。

UCN 网上的节点：HPM，APM，LM，SM，PM。

1-7 请写出 1-6 题中各 TPN 节点的全称（中、英文）。

答：GUS——全方位用户工作站（Global User Station）

NIM——网络接口模件（Network Interface Module）

US——万能工作站（Universal Station）

HM——历史模件（History Module）

AM——应用模件（Application Module）

AxM——应用模件 x（Application Module x）

NG——TPN 网关（Network Gateway）

CG——计算机接口模件（Computer Gateway）

PLNM——工厂网络接口模件（Plant Network Gateway）

UxS——万能工作站 x（Universal Station x）

APP——应用处理平台（Advanced Processing Platform）

1-8 请写出 1-6 题中各 UCN 节点的全称（中、英文）。

答：HPM——高性能过程管理器（High Performance Process Manager）

APM——先进过程管理器（Advanced Process Manager）

LM——逻辑管理器（Logic Manager）

SM——安全管理器（Safety Manager）

PM——过程管理器（Process Manager）

1-9 根据下面的配置要求，画出 TPS 系统的结构框图。

- 一条 TPN（LCN）网
- 一条 UCN 网
- 一条 PCN（PIN）网
- 一个 HM
- 一对冗余的 NIM
- 两台 GUS
- 两个 HPM
- 一个 SM
- 两台 NT 工作站
- 一台 NT 服务器
- 一个 APP

答：见图 1-1。

2

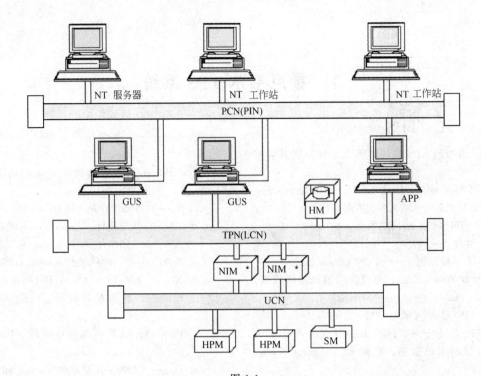

图 1-1

□：终端电阻；●：冗余节点

1.2　TPS 系统软件组态

1.2.1　命令处理器

1-10　命令处理器的用途是什么？

答：命令处理器是用来访问存储在仿真盘和 HM 上的数据的。

1-11　填空：

一条 LCN 上最多可有＿＿＿＿＿个 HM。单盘或单盘冗余的 HM 上最多有＿＿＿＿＿个卷，且必有一个卷为＿＿＿卷，每个卷下最多有＿＿＿＿＿个目录，每个卷下最多有＿＿＿＿＿个文件。一条 LCN 上的所有卷名和目录名都＿＿＿＿重复。

答：20，15，本地，63，9995，不能。

1-12　有一个仿真盘，卷名为 FRED，在此卷下有一个文件叫 RESUME.XX。现将此仿真盘装进 $F1 驱动器内。请问文件 RESUME.XX 的路径是什么？

答：$ F1＞FRED＞RESUME.XX

1-13　一正常运转系统上的 HM 节点地址为 43，上有目录 &ASY，在此目录下有一文件叫 NCF.CF。请问文件 NCF.CF 的路径是什么？

答：NET＞&ASY＞NCF.CF

（对于正常运转的系统，访问 HM 不需要节点地址）

1-14　怎样区分用户的卷和 Honeywell 的卷？

答：卷名的第一个字符是 & 或！的是 Honeywell 的卷，否则是用户的卷。

1-15　FRED 卷是用户卷还是 Honeywell 的卷？

答：FRED 卷是用户卷。

1-16　&ASY 是用户卷还是 Honeywell 的卷？

答：&ASY 是 Honeywell 的卷。

1-17　下面的路径都有错误，请将正确的写在右侧。

（1）NET FRED＞RESUME XX＿＿＿＿＿＿

（2）$ F1＞&ASY＞FRED＞NCF.CF＿＿＿＿

（3）NET＞FRED＞NCF.CF.＿＿＿＿＿＿

（4）NET＞FRED1＞HONEYWELL1.XX＿＿＿

（5）PN：A1＞HG＞UNIT1.DO＿＿＿＿＿＿

答：（1）NET＞FRED＞RESUME.XX

设备名与目录名之间应以大于号分隔，文件名与扩展名之间应以小数点分隔。

（2）$ F1＞&ASY＞NCF.CF 或 $ F1＞FRED＞NCF.CF

在路径中只需要一个目录名或卷名。

（3）NET＞FRED＞NCF.CF

在大于号与文件名之间应没有空格，且文件扩展名后应无小数点。

（4）NET＞FRED＞HONEYWEL.XX

目录和卷名最多 4 个字符，文件名最多 8 个字符。

（5）PN：01＞HG＞UNIT1.DO

节点地址应是 01 至 64。

1-18 下面哪一个是对的？

(1) LS NET＞DRAWER＞SMITH. *

(2) LS ＄F21＞MAY＞SMITH. *

(3) LS ＄F1＞MAY＞IMPLEMENTATION. *

(4) PR NET＞JUNE＞MARY.XX

(5) PR NET＞FISH＞JUNE＞MARY.XX

答：(4)。

1.2.2 NCF 组态

1-19 解释下列名词的含义：

(1) NCF；(2) NCF.WF；(3) NCF.CF；(4) ENTER NCF；(5) CHECK NCF；(6) INSTALL NCF；(7) LOAD NCF；(8) UNIT；(9) AREA；(10) CONSOLE；(11) NODE。

答：(1) NCF 即网络组态文件，定义了 LCN 硬件（节点地址及类型），单元名称，操作区名称，操作台名称，系统宽值和卷组态。

(2) NCF.WF 即网络组态工作文件。在 NCF 组态时，每一次回车输入的 NCF 数据都输入进了这个文件中。当安装 NCF.WF 时，NCF 数据才被写入了 NCF.CF 文件，而此时 NCF.WF 文件就被自动删除了。

(3) NCF.CF 文件：当 NCF.WF 文件被安装时，NCF.WF 文件的内容就被写进了 NCF.CF 文件。NCF.CF 是系统正常运转时使用的网络组态文件。

(4) ENTER NCF 即输入 NCF 数据，它是网络组态的第一步。它提示你键入数据并按回车键，将相应选项输入 NCF.WF 文件，系统会在你按回车键的同时检查你要输入进 NCF.WF 文件的数据，如果有错误，出错的地方会变成红色，同时一条错误信息会显示在屏幕的底部。

(5) CHECK NCF 即检查 NCF 数据，它会生成文件 NCFnp.ER，此文件可显示出会在 HM 初始化时生成的各个卷、卷的大小以及所有卷总共会占据 HM 硬盘的百分之几。如果所有卷占据的硬盘空间大于 100%，系统就会报送出错。安装 NCF 数据之前一定要检查 NCF 数据，如果有错误，屏幕底部会显示信息提示你，详情查看 NCFnp.ER 文件，同时屏幕右上角的 NCF 模式显示会变成红色。

(6) INSTALL NCF 即安装 NCF 数据。在完成网络组态后就应该安装 NCF 数据。通过安装 NCF 数据，网络组态将 .WF 文件转换成 .CF 文件，并以文件生成时间作为 NCF.CF 文件的版本号，以区别于其它 NCF 文件。

(7) LOAD NCF 即装载 NCF 数据。在装载每一个 LCN 节点时，NCF 数据（网络组态数据）就被装载进了节点内存。

(8) UNIT 即单元，是系统的一部分的单位名称。一组数据点可以通过建点组态分配给一个单元。通常一个单元就是一个实际的过程单元，如锅炉。

(9) AREA 即操作区，也是系统中区域数据库的名称。一个操作区定义了操作员可以操作的单元，同时还有操作组、流程图、报表、趋势等监视和控制现场所需要的数据。

(10) CONSOLE 即操作台，是由一组操作站如 GUS、US 及其外部设备组成，是通过 NCF 定义的一个逻辑概念，目的在于在同一个操作台中的操作站可以共享外部设备及传递显示画面（CROSS-SCREEN）。

(11) NODE 即节点，是 LCN 上的有地址的设备，LCN 节点类型有 GUS、HM、AM、NIM 和 CM 等。

1-20 解释 NCF 在线模式与离线模式的区别。

答：网络组态有两种模式，即 NCF 在线模式和离线模式，其区别如下。

(1) NCF 在线模式通常用于修改一个正在当前系统上运行着的现有的 NCF，且所修改的项目不要求离线模式。例如我们需要给当前系统再加一个单元名，而加单元名正是 NCF 在线模式所允许做的。在在线模式中，当安装 NCF 时，一个信息会被广播给 LCN 上的所有节点，这个信息的广播就允许了新的 NCF 能够与老的 NCF 共存于当前系统中，这也就允许了我们每次只关闭一个节点，再重新将它装载起来，这样一来，就每次一个给每个节点装载了新的 NCF。例如，如果我们用在线模式加一台 GUS 到现有 LCN 网络上，就可以修改 NCF 相应部分并安装 NCF，然后这台 GUS 就可以被立刻装载起来，而其它节点可以被一次一个重新装载起来。

(2) NCF 离线模式通常用于第一次组态 NCF，所以在第一次组态系统时，应该设置 NCF 模式为离线模式。另外如果是要在当前系统上完成其它系统的 NCF 组态，也是需要离线模式的。NCF 被安装之前，离线模式下所修改的任何东西都不会影响系统。所有 NCF 组态项的修改都可以在离线模式下做。但是，只有在系统的所有节点全部被关机后，每个节点才能将以离线模式下完成的新的 NCF 重新装载起来。其原因在于离线模式不像在线模式，一个信息没有被广播给网络上的其它节点，此时新老版本的 NCF 不能共存于当前系统中。

1-21 下面修改 NCF 组态的选项中，哪一个一定要求离线模式才可以修改？

(1) 修改 LCN 时钟源；

(2) 加一个单元名；

(3) 删除一个单元名；

(4) 加一个 NIM；

(5) 加、删除或修改一个操作区名；

(6) 加软件钥匙文件选项；

（7）加外部装载模件。

答：（3）。

1-22 填空：

每个 HM 最多能对____个单元进行历史采集，每个非系统的 HM 最多能组态_____个历史组（建议值_____个），每个历史组最多能组态____个点、参数。

答：60，150，120，20。

1-23 判断对错：用户卷的第一个卷可以组态成 FAST 卷。

答：对。

1.2.3　HM 初始化

1-24 什么是 HM 初始化？

答：HM 初始化即用 NCF 文件通过初始化程序，对 HM 硬盘进行目录结构和空间划分，同时也会毁掉 HM 上原有的数据。

1-25 HM 上存储有哪些类型的数据？

答：HM 上存储的数据类型如下。

（1）系统软件文件　这些文件包括支持系统所需的所有软件，诸如节点属性。

（2）系统组态文件　这些文件包括所有组态/数据库信息，诸如网络组态和 HPM 规划 BOX 点组态。

（3）系统断点保护文件　这些文件包含了上一次做 CHECKPOINT 时，TPS 系统过程控制网络的组态和一些过程条件。缺省的 CHECKPOINT 文件被提供用于系统启动。

（4）系统杂志文件　支持几个系统事件杂志。

（5）引导文件　这些文件用于给不同的 LCN 节点装载属性软件。

（6）QLT 文件　用于核查硬件功能是否正常。节点是在其属性被装载的初始阶段执行这些质量逻辑测试的。

（7）用户文件　顾名思义，这些文件是用户的应用文件，诸如 CL 程序源文件、流程图等，因用户不同、应用不同而不同。

（8）历史数据文件　根据现场的要求不同，这些文件的数量和大小会不同，是在 NCF 组态时定义的。

1-26 什么时候一定要做 HM 初始化？

答：如果由于 NCF 的改变，导致了数据存储情况的变化，就需要做 HM 初始化。诸如：

（1）初始系统软件安装时；

（2）加新节点到当前 LCN 网络上，但不包括操作站如 GUS、US、UXS 和 UWS，通常是加 NIM、HG、CG、EPLCG、AM 或 AXM，因为这些节点需要额外的硬盘存储空间来支持它们的数据库；

（3）加新设备到当前的 UCN 或 HIWAY 上，通常是原有的 CHECKPOINT 空间或 CL 目标程序空间不能满足，不得不做 HM 初始化；

（4）因为增加用户文件或 CL 文件，导致现有 HM 上定义的空间不能满足；

（5）系统软件升级，一些软件所提供的增强功能要求更大的 HM 硬盘空间；

（6）在非冗余的 HM 硬盘由于故障被更换后，在恢复数据的过程中需要做 HM 初始化；

（7）NCF 中 HM 历史组或杂志的组态内容修改了。

1-27 HM 初始化后一定要完成什么样的工作，才能建立起一个可用的系统 HM？

答：（1）拷贝 HM 本地卷内容，包括 HM 离线属性（可选），HM 在线属性，LDR 文件，写引导记录（WB）；

（2）拷贝系统软件；

（3）拷贝所有标准的和用户建立的数据库；

（4）拷贝用户建立的文件。

1-28 解释 HM 离线属性和在线属性的含义。

答：HM 在线属性是用于支持系统正常运转的正常属性，它提供了历史数据采集及存储功能，同时也给其它节点提供了文件服务功能。

而离线属性只是为 HM 自身使用，不支持系统其它功能。在离线模式下，HM 既不响应其它节点的要求，也没有历史采集功能，它只在 HM 硬盘驱动器故障或 HM 硬盘介质表面故障被修复后，做 HM 初始化时使用。

1.2.4　建立 UCN 网络

1-29 一条 LCN 上最多可有_____条 UCN，UCN 网络号是_____至_____。每条 UCN 上的设备地址可从_____至_____。UCN 上设备类型有_____、_____、_____、_____、_____和_____。每个 HPM 的 I/O 卡件的序号是从_____至_____。

答：20，01，20，01，64，NIM，PM，APM，HPM，LM，SM，01，40。

1-30 HPM 的性能是由_____来衡量，HPM 的内存容量是用_____来测算。每个 HPM 最多能组态_____PU，_____MU。

答：PU，MU，800，20000。

1-31 UCN01 上的节点 NIM01 的网络数据点名称是什么？

答：$ NM01N01。

1-32 UCN01 上的节点 HPM15 的 BOX 数据点的名称是什么？

答：$ NM01B15。

1-33 根据图 1-2 和图 1-3，计算共用了多少 PU，

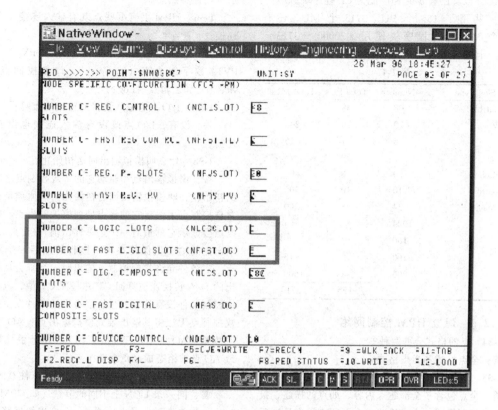

图 1-2

图 1-3

多少 MU？以及还有多少 MU 能为 CL 程序块所用？

答：共用了 155 个 PU，3713 个 MU，还有 16287 个 MU 可为程序块使用（20000 - 3713 = 16287）。计算见表 1-1。

表 1-1

Slot Type	Number	Total PUs	Total MUs
Reg.Control	48	48	624
Reg.PV	20	20	240
Logic	6	1	15
Fast Logic	5	20	75
Digital Comp	80	8	400
Dev.Control	10	10	300
Proc.Module	24	48	360
Numerics	1024	—	64
Strings	160	—	20
Times	160	—	15
Arrays	200	—	1600
		155	3713

1.2.5 建立 HPM 控制网络

1-34 点的格式分哪两种？

答：全点格式和半点格式。

1-35 解释全点和半点的区别。

答：全点包含了全部建点内容，如点的描述、报警功能和控制模式。全点格式包含了所有操作员需要知道的信息，所以凡是操作员需要监视和控制的点都要组态成全点，例如常规控制点。

而半点是那些系统需要知道，但是操作员不需要在正常操作显示画面上看到的点。半点只包含部分的点结构和内容，它有的也有位号，但不包含报警信息、控制模式和 PV 源选择。半点的用途，是作为常规控制点和常规 PV 点的输入，将输出推至最终控制元件，如调节阀，配合点对点通讯，及方便地将 I/O

点连到控制点上。

1-36 HPM 上有哪些点既有输入连接又有输出连接？

答：常规控制点（RegCtl），常规 PV 点（Reg-PV），数字组合点（DigComp），设备控制点（DeviceCtl）和逻辑点（Logic）。

1-37 I/O 点有输入连接或输出连接吗？

答：没有，I/O 点既没有输入连接也没有输出连接。

1-38 什么叫模拟输出回送初始化？

答：模拟输出点和驱动它的常规控制点之间发生的初始化，叫模拟输出回送初始化。其原理是：如果常规控制点无法将它的输出推到模拟输出点，常规控制点会显示它的最后一个运算输出值（CV），而模拟输出点的输出值保持在它所接收的最后一个输出值上。当条件允许常规控制点输出时，系统会从模拟输出的 D/A 转换器逆算回 CV 并写回 CV 值，以保证最终控制元件没有扰动发生。当有下述条件发生时，常规控制点无法将其输出推到模拟输出点：AO 卡 IDLE 或故障，AO 点 INACTIVE，AO 点处于手操器状态或 AO 点被组态成全点而非半点。

1-39 解释点对点通讯的含义及应该注意的事项。

答：同一条 UCN 上不同的节点（如 HPM）之间通讯，称为点对点通讯。例如，一个串级回路中的主调节器点 TIC100 与副调节器点 FIC100 在同一条 UCN 上，但不在同一个 HPM 上，点的组态没有任何变化，仍然组态 TIC100 的控制输出目标为 FIC100.SP，当 FIC100 不在串级模式时初始化照常发生。而在 CL/HPM 程序中，有专门的语句 WRITE/READ 支持点对点通讯。

需要注意的是点对点通讯的组态限制是每个节点 100 个输入参数。带初始化功能点连接要占用一个输

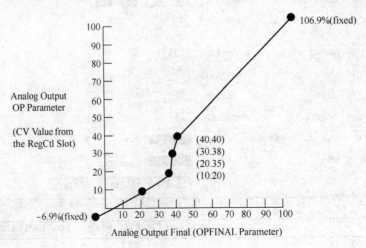

图 1-4

入和一个输出参数。

1-40 解释［LOAD］与［WRITE TO IDF］的区别。

答：其区别在于，对一个 HPM 过程点来说，［LOAD］是将其下装进 NIM 和 HPM 内存，而［WRITE TO IDF］则是将其存入 HM 或仿真盘上的 DB 文件中。

1-41 解释模拟输出五段线性的含义。

答：全点 AO 和半点 AO 都可组态五段线性的功能（如图 1-4 所示），该功能能够将控制输出值与阀门的开度值进行匹配。典型的用途就是在分程调节中实现过去由阀门定位器完成的功能。

1-42 简述点的批量激活的步骤。

答：步骤如下。

（1）编辑点的 EL 列表文件。方法有在 COMMAND PROCESSOR 下用 ED 命令，如 ED NET＞IDF＞TEST.EL，或用 BUILD COMMAND 的 LIST ENTITIES IN IDF／LIST ENTITIES IN MODULE

（2）编辑修改点参数文件。如 ED NET＞IDF＞ACTIVE.XX。文件内容为 PTEXEXST＝ACTIVE

（3）用 BUILD COMMAND 下的 ALTER PARAMETERS 来实现对列表文件中点进行批量激活。具体如下：

REFERENCE PATH NAME：NET＞IDF

Pathname for SELECTION LIST：TEST.EL

Pathname for Param＝Value List：ACTIVE.XX

1-43 解释批量建点 Exception Build 中用的 &M、&X 和 &T 三种方法之间的区别。

答：（1）&M 这种方法主要是用于建立新点。一个预先建好的点作为样本点被写入一个 IDF 文件中，Exception Build 文件中包含每一个新建点的位号及新点与样本点有区别的参数清单，且建立的新点将与预先建好的样本点写入同一个 IDF 文件中。

（2）&X 这种方法主要是用于建立新点。一个预先建好的点作为样本点被写入一个 IDF 文件中，Exception Build 文件中包含每一个新建点的位号及新点与样本点有区别的参数清单，而建立的新点将不与预先建好的样本点写入同一个 IDF 文件中。

（3）&T 这种方法通常用来给当前系统中的点做备份，特别是为软件升级做准备。Exception Build 文件包含每一个点的完整的参数清单。

1.2.6 自定义键组态

1-44 自定义键组态的用途是什么？

答：组态自定义键是为了协助操作员更快地响应现场操作的需要。一些控制室的操作员较之使用触屏和鼠标，他们更喜欢使用键盘。可以将某个操作功能分配给某个自定义键，例如可以组态某个键来调用某一幅流程图。

1-45 自定义键的源文件后缀是＿＿＿＿，目标文件的后缀是＿＿＿＿。自定义键的＿＿＿＿及其＿＿＿＿，一定要在区域数据库中登记。

答：KS，KO，目标文件名，所在目录名。

1-46 判断对错：自定义键文件被修改且重新编译后，一定要进行换区，新文件才会起作用。

答：对。

1-47 写出下列自定义键组态的表达式：

（1）调出 LCN 流程图 LOGO；

（2）调出组织总貌菜单；

（3）将 GUS 键锁置工程师级别；

（4）调出 181 号操作组且不选中任何点。

答：（1）SCHEM（"LOGO"）

（2）OSUMMENU

（3）QUE_KEY（KEY_ENG）

（4）GROUP（181，0）

1-48 自定义键上的报警灯组态的三种方法是什么？

答：（1）组态报警灯为单元报警灯。只要指定的单元内有点发生报警，则自定义键上的报警灯闪烁。表达式为 U/nn，nn 为 NCF 组态的单元名称。

（2）组态报警灯为主模件报警组（PRIMMOD）报警灯。主模件报警组是在建点时组态的，只要分配给指定主模件报警组的过程点有发生报警，则自定义键上的报警灯闪烁。表达式为 P/nnnnnnnn，nnnnnnnn 为主模件报警组主模件点位号。

（3）组态报警灯为报警光字牌组报警灯。报警光字牌组是在区域数据库组态完成的，只要分配给指定报警光字牌组的过程点或主模件报警组中的过程点有报警发生，则自定义键的报警灯闪烁。表达式为 A/nnnnnnnn，nnnnnnnn 为在区域数据库组态时定义的报警光字牌组的名称。

1.2.7 TPS 历史组的组态

1-49 写出组态一个历史组并显示 PV 值历史数据的五个步骤。

答：（1）在历史组建点表格上建立历史组；

（2）将该历史组写入 IDF 文件；

（3）将该历史组下装入 HM；

（4）设置 HM 的历史采集状态为 ENABLE；

（5）从系统菜单的 PV Retrieval 画面显示 PV 值的历史数据。

1-50 在哪项组态工作中建立了单元名称、每个单元的历史组数目以及历史采集速率？

答：NCF 组态。

1-51 每个历史组最多能包含多少个参数？

答：20。

1-52 ＄CH12（15）代表什么意思？

答：＄表示这是一个系统点；CH 是 Continuous History 的缩写，代表历史组；12 是 NCF 组态中的单元序号；15 是历史组序号。

1-53 snapshot 和用户平均值（user average value）的区别是什么？

答：snapshot 指的是实数类型或枚举量类型的点参数的瞬时值。而用户平均值是通过用户周期内的瞬时采样值之和除以该周期内的采样个数运算得来。

1-54 通过 PV Retrieval 画面只能获得 PV 值的历史数据，如果想获得其它参数，如 SP、OP 等的历史数据，应该采取什么方法？

答：建立用户流程图或自由格式报表。

1.2.8 区域数据库组态

1-55 简述区域数据库组态步骤。

答：区域数据库组态的步骤分 S、L、I、C 四步。S 即 Select Area，选择区域；L 即 Load，将组态表格下装进区域数据库 WA 文件中；I 即 Install Area，将区域数据库 WA 文件安装成 DA 文件；C 即 Change Area，将新的区域数据库文件装载进 GUS 内存。

1-56 写出区域数据库的目录名称和区域数据库文件名称。

答：见表 1-2。

表 1-2

操作取序号	区域数据库目录名称	区域数据库文件名称
1	&D01	AREA01.DA
2	&D02	AREA02.DA
3	&D03	AREA03.DA
4	&D04	AREA04.DA
5	&D05	AREA05.DA
6	&D06	AREA06.DA
7	&D07	AREA07.DA
8	&D08	AREA08.DA
9	&D09	AREA09.DA
10	&D10	AREA10.DA

1-57 解释区域数据库 WA 文件和 DA 文件的区别。

答：区域数据库 WA 文件即是区域数据库临时工作文件。在区域数据库组态时，每一次 LOAD 都是将组态数据输入这个文件中。当安装区域时，WA 数据才被写入了 DA 文件，而此时 WA 文件就被自动删除了。

而区域数据库 DA 文件是可以随 GUS 属性一起被装载进 GUS 内存的区域数据库文件。

1-58 一条 LCN 网络最多能分_____个操作区，每个操作区最多能分配_____个单元。

答：10，36。

1-59 每个操作区最多可包含_____个操作组，

操作组总貌画面最多可包含_____个操作组，每个操作组最多可包含_____个过程点。

答：400，36，8。

1-60 每个操作区最多可包含_____个程序组，每个程序组最多可包含_____个程序点。

答：50，6。

1-61 每个操作区最多有_____幅区域趋势和_____幅单元趋势，每幅单元趋势或区域趋势中最多包含_____个过程点的趋势。

答：1，36，24。

1-62 一个报告中可包含_____项内容，可以是_____、_____和_____。

答：10，报表，杂志，打印报表。

1-63 报表分哪两种？

答：标准报表，自由格式报表。

1-64 标准报表中最多可包含_____点的 PV 值，而此 PV 值可以是_____或历史数据。

答：100，当前值。

1-65 杂志分_____、_____和_____三种。其中系统杂志又分_____、_____和_____三种；过程杂志又分_____、_____和_____三种。

答：系统杂志，过程杂志，SOE 杂志，系统状态杂志，系统故障杂志，系统维护信息杂志，过程报警杂志，操作变化杂志，操作信息杂志。

1.2.9 GUS 作图

1-66 什么叫 HOPC SERVER？当打开 GUS 流程图编辑器（GUS DISPLAY BUILDER）时，如发生 HOPC SERVER FAILDED，应检查哪些项目以排除故障？

答：（1）检查操作台状态（CONSOLE STATUS）上该 GUS 的节点状态，查看是否该节点的 LCNP 已装载了 GUS 属性。

（2）检查 NCF 组态的 LCN NODE 项中，是否给 GUS 的 EXTERANL LOAD MODULES 组态项中组态了 CSCHEM MSCHEM UPBASE，并检查这些文件的版本是否正确。

（3）检查是否安装和配置了 TCP/IP。

（4）检查控制面板的服务一项中 TDC EMULATORS 是否启动。

（5）检查控制面板的设备一项中 TDCANIT 是否启动。

（6）检查文件"\winnt\system32\drives\etc\services"是否"lcnd 22383/tcp lcndaemon"，这个语句是在文件的最后一行。如果没有需重新编辑，且编辑后 GUS 需要重新启动。

（7）检查文件"\winnt\system32\drivers\etc\lmhosts"或"\winnt\system32\drivers\hosts"中是否输入了 GUS 的机器名和 TCP/IP 地址。

1-67 简述 GUS 流程图作图的基本步骤。

答：(1) 运行 GUS 作图软件 GPB.EXE，打开 DIPLAY BUILDER；

(2) 画静态图形、设置属性 (PROPERTY)、编写脚本 (SCRIPT)、检查脚本的语法；

(3) 运行 (DIPLAY->RUN) 流程图，进行测试；

(4) 用 SAVE WITH VALIDATION 或 SAVE AS WITH VALIDATION 保存文件，文件扩展名为 PCT；

(5) 关闭文件和 DIPLAY BUILDER；

(6) 运行流程图，从开始栏 (START) 进入运行 (RUN)，键入如：C:\ HONEYWELL \ GUS \ BIN \ RUNPIC C:\ STUDENT \ SAMPLE.PCT。

1-68 什么叫做对象 (Object) 的属性 (Property)？

答：属性 (Property) 是指对象的颜色、角度、大小等方面的特征值。不同类型的对象，其属性不同。

1-69 什么叫做 GUS 的脚本 (Script)？

答：脚本即是程序编码。GUS 作图的脚本语言与 Visual Basic 相似，它与 Visual Basic 具有相同的语法结构和大部分函数，并增加了针对流程图的特殊函数。脚本的编写和执行与对象和事件有关。编写 GUS 脚本的主要目的是为实现当现场数据发生变化时，流程图会发生相应的动态变化。

1-70 什么叫做事件 (Event)？

答：GUS 流程图编辑器的脚本是由一个个子程序组成，每个子程序与某一个特定的事件相关。当事件发生时，与该事件相关的子程序被激活执行。

事件的类型包括操作员操作引起的事件、流程图的激活和关闭、过程数据的变化及鼠标操作等。

1-71 什么叫做全局变量和局部变量？

答：(1) 全局变量定义，如 global x as single

● 变量在流程图上的所有脚本内有效；

● 必须在每一个要用到该变量的脚本上定义。

(2) 局部变量定义，如 dim x as single

● 在子程序外定义，变量在该脚本内有效；

● 在子程序内定义，变量在该子程序内有效。

1.3 TPS 系统操作

1.3.1 基本操作

1-72 填写与下列名词相匹配的定义。

给定值 SP _____　　A. 由调节器送至最终控制元件的信号；

测量值 PV _____　　B. 设置在调节器上的，用于定义由谁能够调节给定值和输出值；

控制模式 _____　　C. 测量值的期望值；

输出 OP _____　　D. 表示过程实测信号

答：给定值 SP—C，测量值 PV—D，控制模式—B，输出 OP—A。

1-73 当调节器处于 _____（A. 手动；B. 自动；C. 串级；D. 计算机）模式时，操作员（而不是调节器）可以直接控制输出。

答：A。

1-74 当操作员将调节器置于自动模式时，操作员可以直接调节 _____。(A. 给定值 SP；B. 测量值 PV；C. 输出值)

答：A。

1-75 处在串级模式的副环调节器正常情况下应处于 _____（A. 自动；B. 串级）控制模式。

答：B。

1-76 标出图 1-5 中模拟量点上显示的名称。

A. 测量值 PV；B. 给定值 SP；C. 输出值 OP；D. 控制模式。

答：见图 1-6。

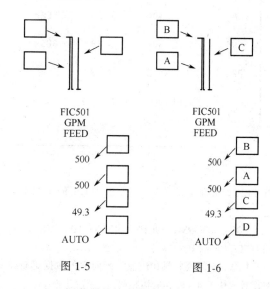

图 1-5　　　　　图 1-6

1-77 调节器的输出值通常代表 _____。(A. 阀门的百分开度；B. 空气压力；C. 调节器的百分输出；D. 以上都不是)

答：C。

1-78 如果一个调节器是从上位机上接受给定值，那么它一定是在 _____（A. 手动；B. 自动；C. 串级）控制模式。

答：C。

1-79 列出调用 104 号操作组显示画面的按键顺序。

答：[GROUP] + 104 + [ENTER]

1-80 填空：

按图 1-7 操作组显示画面，回答如下问题：点 FIC501 的给定值 SP 是 _____，点 FIC11 的测量值 PV 是 _____，操作组的标题是 _____，

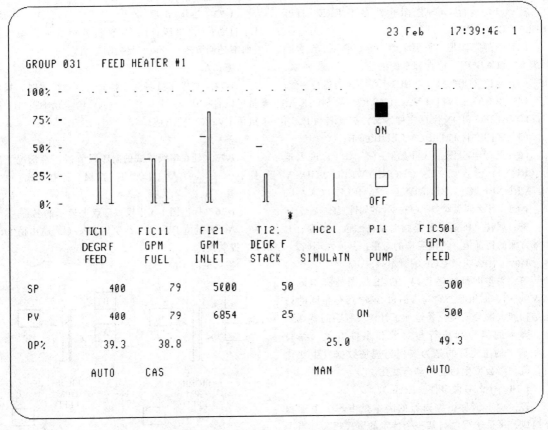

图 1-7

点 T121 的关键字是_____，点 T121 的工程单位是_____。

　　答：500GPM；79GPM；FEED HEATER ＃1；STACK；DEGR F。

　　1-81　当需要将操作组显示画面中的数据更新速率设置成快于 4 s 时，应该按哪一个键？

　　答：按［FAST］键。

　　1-82　如果维护人员走到操作台前，并要求将 TI500 调出显示在屏幕上，你应该用最少的按键调出该点的细目显示画面。请将所按的键按照顺序填写在下面的空白键上。假设当前显示不在操作组画面上，并且如果你使用的是标准键盘，那么［ALPHA SHIFT］键上的红灯是亮的。

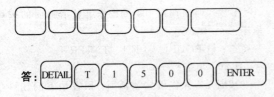

答：

　　1-83　回答图 1-8 中点的细目显示画面的一些问题：

　　（1）对于这个点 SP 值的作用是什么？

　　（2）为什么 REDTAG 参数没有显示在这个点的细目画面上？

　　答：SP 值用于作为操作时的一个参考值。

　　REDTAG 之所以没有显示，是因为这个点模拟输入点，没有输出；而 REDTAG 是用于防止输出变化的参数。

　　1-84　解释下列点参数的含义：

　　PVEUHI，PVEULO，SPHILM，SPLOLM，OPHILM，OPLOLM，PVHITP，PVLOTP，PVHHTP，PVLLTP。

　　答：PVEUHI：测量范围的工程单位上限。

　　PVEULO：测量范围的工程单位下限。

　　SPHILM：给定值限幅的工程单位上限。

　　SPLOLM：给定值限幅的工程单位下限。

　　OPHILM：输出限幅的上限。

　　OPLOLM：输出限幅的下限。

　　PVHITP：PV 值高报报警限。

　　PVLOTP：PV 值低报报警限。

　　PVHHTP：PV 值高高报报警限。

　　PVLLTP：PV 值低低报报警限。

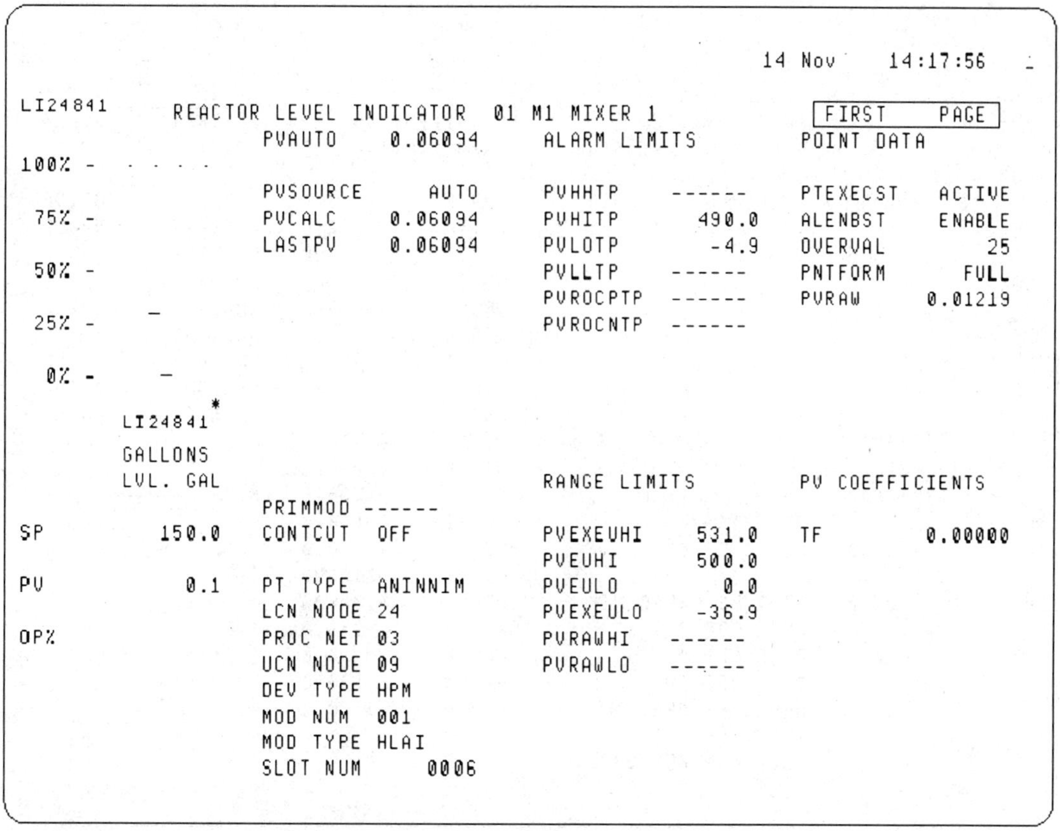

```
                                              14 Nov      14:17:56

LI24841        REACTOR LEVEL INDICATOR   01 M1 MIXER 1      ┌─────────────────┐
                     PVAUTO      0.06094   ALARM LIMITS     │ FIRST     PAGE  │
100% -                                                      └─────────────────┘
                                                            POINT DATA
                     PVSOURCE      AUTO   PVHHTP   ------    PTEXECST     ACTIVE
 75% -               PVCALC     0.06094   PVHITP    490.0   ALENBST      ENABLE
                     LASTPV     0.06094   PVLOTP     -4.9   OVERVAL          25
 50% -                                    PVLLTP   ------   PNTFORM        FULL
                                          PVROCPTP ------   PVRAW     0.01219
 25% -                                    PVROCNTP ------

  0% -          ─

                     *
               LI24841
               GALLONS
               LVL. GAL
                     PRIMMOD  ------        RANGE LIMITS       PV COEFFICIENTS
SP        150.0      CONTCUT     OFF        PVEXEUHI   531.0   TF      0.00000
                                            PVEUHI     500.0
PV          0.1      PT TYPE  ANINNIM       PVEULO       0.0
                     LCN NODE     24        PVEXEULO   -36.9
OP%                  PROC NET     03        PVRAWHI   ------
                     UCN NODE     09        PVRAWLO   ------
                     DEV TYPE    HPM
                     MOD NUM     001
                     MOD TYPE   HLAI
                     SLOT NUM   0006
```

图 1-8

1-85 解释〔NORM〕键的作用。

答：〔NORM〕键即正常模式键。在组态操作点时，即为点组态了它的正常操作模式，如 MAN, P-MAN, AUTO, P-AUTO, CAS, P-CAS, 按下该键则将控制点的控制模式置为它预先。

1-86 列举至少 10 种 HPM 的点的类型。

答：HPM 的点的类型有 I/O 点和 HPMM 点。I/O 点又分模拟输入点、模拟输出点、开关量输入点和开关量输出点；HPMM 点有常规控制点、常规 PV 点、逻辑点、数字组合点、设备控制点、程序点、实型量寄存器点，布尔量寄存器点、字符串点、计时器点和数组点。

1-87 根据图 1-9 填写下列各项的数值并回答关于点的细目显示画面的下列问题：

单元名称 ＿＿＿	给定值 SP 上限＿＿＿
单元标题 ＿＿＿	给定值 SP 下限＿＿＿
测量值 PV 上限 ＿＿＿	输出值 OP 上限＿＿＿
测量值 PV 下限 ＿＿＿	输出值 OP 下限＿＿＿

A. 如果在该点的细目画面上按下〔NORM〕键，那么会有什么情况发生？

B. 该点能监测出哪几种类型的报警？

C. 该点有给定值限幅吗？如果有，给定值限幅对该点有影响吗？

D. 该点有输出限幅吗？

答：单元名称：H1；单元标题：HPM 841-847-853-859；测量值 PV 上限：150 DEG.C；测量值 PV 下限：0 DEG.C；给定值 SP 上限：150 DEG.C；输出值 OP 上限：100%；输出值 OP 下限：0%。

A. 无任何情况发生，因为这个点已经在它的正常模式，即自动模式。

B. PV 值高报 PVHI 和 PV 值低报 PVLO。

C. 有，但给定值限幅对该点没有影响，因为该点给定值的限幅范围与该点测量范围相同。

D. 有。

1-88 标出图 1-10 画面所显示的点的类型。

A. 常规控制点（调节器）；B. 纯模拟输入点（无输出）；C. 纯模拟输入点（无输入）；D. 数字组合点（既有开关量输入又有开关量输出）；E. 纯开关量输入点（无输出）；F. 纯开关量输出点（无输入）。

答：A，B，C，E。

12

```
                                           16 Dec    14:42:33   1

TIC21841      STEAM TEMP. CONTROL     H1 HPM 841-847-853-859   ┌─FIRST    PAGE─┐
                PVAUTO    24.9954      ALARM LIMITS            │POINT DATA     │
100% - . . . .                                                └───────────────┘
                  PVSOURCE     AUTO    PVHHTP    ------   PTEXECST   ACTIVE
 75% -                                 PVHITP      50.0   ALENBST    ENABLE
                                       PVLOTP      10.0   ESWENBST  DISABLE
 50% -                                 PVLLTP    ------   NMODE        AUTO
                                       PVROCPTP  ------   NMODATTR OPERATOR
 25% -                                 PVROCNTP  ------   OVERVAL        25
            ┌┐┌┐                       DEVHITP   ------   PNTFORM      FULL
  0% -      ║║║│                        DEVLOTP  ------   PERIOD   1.00000
            └┘└┘                       OPHITP    ------   STSMSG       NONE
          TIC21841                     OPLOTP    ------
           DEG. C                      PVSGCHTP  ------
          STM TEMP                                ─────── RANGE LIMITS ───────
                  PRIMMOD  ------       PVEUHI     150.0
SP       25.0     CONTCUT  OFF          PVEULO       0.0
                                        CVEUHI   60.0000
PV       25.0     PT TYPE  REGCLNIM     CVEULO   0.00000
                  LCN NODE 21           SPHILM     150.0
OP%      16.7     PROC NET 01           SPLOLM       0.0
                  UCN NODE 19           OPHILM     100.0
         AUTO     DEV TYPE HPM          OPLOLM       0.0
                  ALG TYPE PID
                  SLOT NUM RC  0002
```

图 1-9

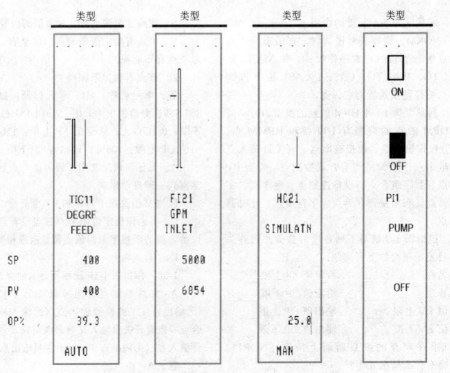

图 1-10

1-89 按照将给定值 SP 调节至 505.5 的按键顺序填写下列空白键。假设点被选中，SP 不跟踪且点处于自动或手动模式。

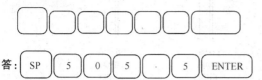

答：
| SP | 5 | 0 | 5 | . | 5 | ENTER |

1-90 当看到输出上显示 30L 时，表明以下哪种情况发生？

A. 输出超出输出上限；

B. 调节器处于本地控制模式；

C. 输出被限幅在输出下限；

D. 操作员手动调节输出使其超出输出限幅。

答：C 和 D。

1-91 将慢速升高给定值 SP 的按键顺序填写在下列空白键中。

答：
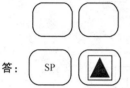

1-92 请写出下列按键的作用？

答：▲用于操作数字组合点、设备控制点和布尔量寄存器点的输出状态；▼用于慢速调节模拟量点的给定值和输出值，每 2/3 s 改变全量的 1%。

1-93 请用一个常规控制点完成完全打开和关闭一个控制流量的调节阀，并将完成这一系列动作的按键顺序填写在下列空白键上。注意：不要用箭头键，并假设该常规控制点处在手动控制模式。

打开调节阀：

关闭调节阀：

答：打开调节阀：

关闭调节阀：

1-94 请用一个数字组合点完成完全打开和关闭一个电磁阀，并将完成这一系列动作的按键顺序填写在下列空白键上。注意：假设该数字组合点处在手动控制模式，另外该点顶部灯指示状态为"OPEN（开）"，而底部灯指示状态为"CLOSED（关）"，用"OUT（输出）"键操作。

打开电磁阀：

关闭电磁阀：

答：打开电磁阀：

| OUT | ▲ | ENTER |

关闭电磁阀：

| OUT | ▼ | ENTER |

1-95 观察图 1-11 显示，且该点的输出低限限幅为 10%，那么当把此调节器置于自动模式时，输出会发生什么变化？

答：此调节器的输出将会由 −5.0% 变成输出低限限幅 10%（这会导致过程扰动）。

1-96 图 1-12 中哪一个点允许操作员手动改变输出？

答：B。

1-97 一个点处在什么控制模式下，操作员才能够用 [OUT] 键改变输出？

答：在手动模式下且没有发生带初始化的手动模式和带 REDTAG 的手动模式。

图 1-11

1-98 如果刚刚按亮 [SHIFT] 键上的灯并且想要找出 A1 单元的哪些调节器处在手动模式，那么需要怎样操作？

请按顺序填写键盘上的按键和屏幕上的触摸区（图 1-13）。

答：见图 1-14。

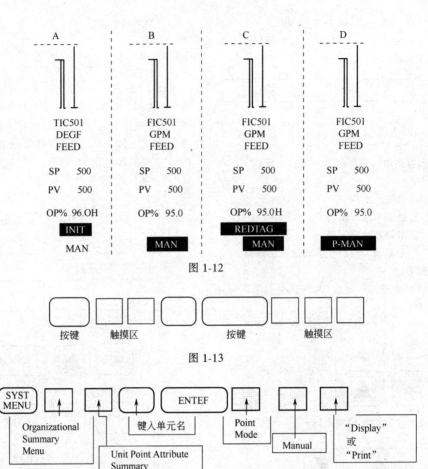

图 1-12

图 1-13

图 1-14

1-99 如果看到图 1-15 所示情况，应该怎么处理？

答：通知仪表维修人员检查变送器，同时如果可能的话，从另外一台仪表上读数（如现场就地显示的流量计），作为参考，否则只好在手动模式下盲调了。

1.3.2 串级回路的操作

1-100 PV 跟踪会导致____

A. 如果调节器处于手动模式，PV 跟踪 SP 的变化；

B. 如果调节器处于手动模式，SP 跟踪 PV 的变化；

C. 如果调节器不在串级模式，OP 输出跟踪 PV 的变化。

答：B。

1-101 在下列哪种情况下，点的 PV 跟踪起作用？

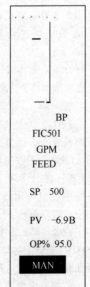

图 1-15

A. 当主环调节器点被它的副环调节器点初始化时；

B. 当点处于自动模式时；

C. 当点被操作员置为手动模式时。

答：A 和 C。

1-102 调节器点具有 PV 跟踪功能的意义在于____

A. 当调节器点由自动模式投成手动模式时，提供了无扰动切换；

B. 当调节器点由手动模式投成自动模式时，提供了无扰动切换。

答：B。

1-103 初始化会导致____

A. 当副环调节器处于串级模式时，副环调节器的给定等于主环调节器的输出；

B. 当副环调节器不在串级模式时，主环调节器的输出等于副环调节器的给定。

答：B。

1-104 当组态了初始化并且初始化发生作用时，

A. 副环调节器初始化主环调节器；

B. 副环调节器被主环调节器初始化；

C. INIT 字样显示在主环调节器上；

D. INIT 字样显示在副环调节器上。

答：A 和 C。

1-105 图 1-16 显示的三个点中，哪一个是串级回路中的主环调节器？

A. FIC200；B. LIC100；C. FIC100；D. NONE；E. CAN'T TELL。

答：B。

1-106 图 1-16 显示的三个点中，哪一个是串级回路中的副环调节器？

A. FIC200；B. LIC100；C. FIC100；D. NONE；E. CAN'T TELL。

答：E。

1-107 假设图 1-16 中 FIC100 是 LIC100 的副环调节器点，必须要完成什么工作后才能将 FIC100 投回串级？

答：调节 LIC100 的 SP 值，使其等于 LIC100 的 PV 值。

1-108 请问图 1-16 中的 LIC100 上的 PV 跟踪功能有没有发生作用？

答：没有。

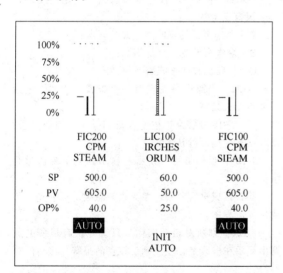

图 1-16

1-109 判断对错：只有在串级模式下，初始化功能才会被用到。

答：不对。

1-110 在主环调节器有初始化但无 PV 跟踪，副环调节器有 PV 跟踪的情况下，如何进行串级回路的投运？

答：A. 将副环调节器投自动；

B. 调节主环调节器的给定值，使其等于主环调节器的测量值；

C. 将主环调节器投自动；

D. 将副环调节器投串级。

1-111 在主环调节器有 PV 跟踪和初始化，副环调节器无 PV 跟踪的情况下，如何进行串级回路的投运？

答：A. 将副环调节器投手动；

B. 调节副环调节器的输出到期望值；

C. 为实现无扰动切换，调节副环调节器的给定值，使其等于副环调节器的测量值；

D. 将副环调节器投自动；

E. 将主环调节器投自动；

F. 将副环调节器投串级。

1-112 在主环调节器有 PV 跟踪和初始化，副环调节器也有 PV 跟踪的情况下，如何进行串级回路的投运？

答：A. 将副环调节器投手动；

B. 将主环调节器投自动；

C. 将副环调节器投串级。

1.3.3 联锁操作

1-113 请解释下列报警指示的含义：

BP（模拟量），HP，2HP，LP，2LP，RC＋，RC－，HD，LD，BP（数字量），OFN，UNC，FB，BOC。

答：BP（模拟量）：测量值为坏值。当测量值大于仪表量程上限（测量值的工程单位扩展量程上限 PVEXEUHI）或测量值小于仪表量程下限（测量值的工程单位扩展量程下限 PVEXEULO）时，测量值为坏值。

HP：测量值高报报警发生。当测量值大于测量值高报报警限（PVHITP）时，测量值高报报警发生。

2HP：测量值高高报报警发生。当测量值大于测量值高高报报警限（PVHHTP）时，测量值高高报报警发生。

LP：测量值低报报警发生。当测量值小于测量值低报报警限（PVLOTP）时，测量值低报报警发生。

2LP：测量值低低报报警发生。当测量值小于测量值低低报报警限（PVLLTP）时，测量值低低报报警发生。

RC＋：测量值正速率变化报警发生。当测量值升高的速率快于测量值正速率变化报警限（PCROCPTP）时，测量值正速率变化报警发生。

RC－：测量值负速率变化报警发生。当测量值下降的速率快于测量值负速率变化报警限（PCROCNTP）时，测量值负速率变化报警发生。

HD：正偏差报警发生。当测量值减去给定值之差大于正偏差报警限（DEVHITP）时，正偏差报警发生。

LD：负偏差报警发生。当给定值减去测量值之差大于负偏差报警限（DEVLOTP）时，负偏差报警发生。

BP（数字量）：测量值为坏值。有多个输入连接的数字组合点的测量值状态指示为一不可能发生的状态时，测量值为坏值。例如，一个电磁阀状态指示为既开又关。

OFN：关正常报警发生。开关量点以组态参数PVNORMAL来指定其测量值的正常状态，如此点当前状态不在正常状态时，关正常报警发生。

UNC：未经操作的变化报警发生。当操作员和程序都为操作数字组合点，而该点的输出发生了变化时，则为未经操作的变化报警发生。

FB：反馈报警发生。当数字组合点的输出变化了，而其输入状态在指定时间内未发生相应的正确变化，则反馈报警发生，组态指定时间的参数是FBTIME。

BOC：控制输出故障报警发生。当因为诸如负载开路、I/O卡故障及模拟输出点未激活等故障而导致PID控制点的输出无法推出去时，控制输出故障报警发生。

1-114 请问安全联锁 SAFEOP 参数显示在常规控制点细目的哪一页？当安全联锁发生时，常规控制点会发生什么变化？

答：安全联锁 SAFEOP 参数显示在常规控制点细目组态页上。当安全联锁发生时，常规控制点被系统置为手动，同时输出变为 SAFEOP 参数所指定的值。

1-115 请问什么是外部模式切换？另请解释EXTSWOPT 和 ESWENBST 两个参数的含义。

答：由一个外部的事件，诸如一个开关量输入点的状态变化了，导致控制点的控制模式发生变化，称之为外部模式切换。EXTSWOPT 参数定义了外部模式切换是否被使用；而 ESWENBST 参数定义了外部模式切换是否被允许。

1.3.4 程序操作

1-116 在程序点细目画面上有程序送出的操作员信息出现，并且在信息旁边显示有"C"字样，请说出如何清除该条信息。

答：选中该条信息，按［MSG CONFOM］键。

1-117 请解释下列程序操作状态指示的含义：OFF, NORM, HOLD, SHDN, EMSD。

答：OFF：程序没有执行。

NORM：正在执行 NORMAL 正常处理程序。

HOLD：正在执行 HOLD 异常处理程序。

SHDN：正在执行 SHUTDOWN 关闭处理程序。

EMSD：正在执行 EMERGENCY SHUTDOWN 紧急关闭处理程序。

1-118 请描述下列程序操作的触摸区的功能：OFF, HOLD, SHDN, EMSD。

答：OFF：将程序置为 OFF 状态。

HOLD：将程序置为 HOLD 状态。

SHDN：将程序置为 SHUTDOWN 状态。

EMSD：将程序置为 EMERGENCY SHUTDOWN 状态。

1.3.5 响应报警

1-119 在正常工况下，既没有过程报警也没有系统故障，如果使用的是标准的操作员键盘，那么操作员键盘上还会有键盘灯亮吗？如果有，哪些会亮？

答：可能还会有键盘灯亮。

A.［ALPHA SHIFT］键。此键用于将自定义键置于字符模式。

B.［FAST］键。此键用于屏幕上的过程数据置于快速更新模式。

C.［RECRD］键。如打开趋势笔，此键亮。

1-120 操作员键盘上哪一个键可以消掉报警声？

答：［SIL］键。

1-121 作为一个操作员，怎么能判断出刚刚有一个报警发生？

答：A. 报警的喇叭声或蜂鸣器声；

B. 操作员键盘上键灯闪烁；

C. 打印机打印出报警实时杂志。

1-122 当操作员发现有一个报警发生时，下一步应该怎么处理？

答：消除报警声，按下键灯闪烁键，确认报警；或调出相应画面确认报警。

1-123 操作员可以从哪些显示画面上确认过程报警？

答：区域报警总貌，单元报警总貌，报警光字牌或用户流程图。

1-124 判断对错：操作员只有先将有报警的点调出显示在屏幕上，才能确认该点的报警。这句话对不对？

答：对。

1-125 要确认一个报警按什么键？

答：［ACK］键。

1-126 从哪些画面上能够截止（DISABLE）一个点的报警？

答：点的细目画面，区域报警总貌或单元报警总貌。

1-127 参看图 1-17 所示报警总貌画面，完成下列题目：

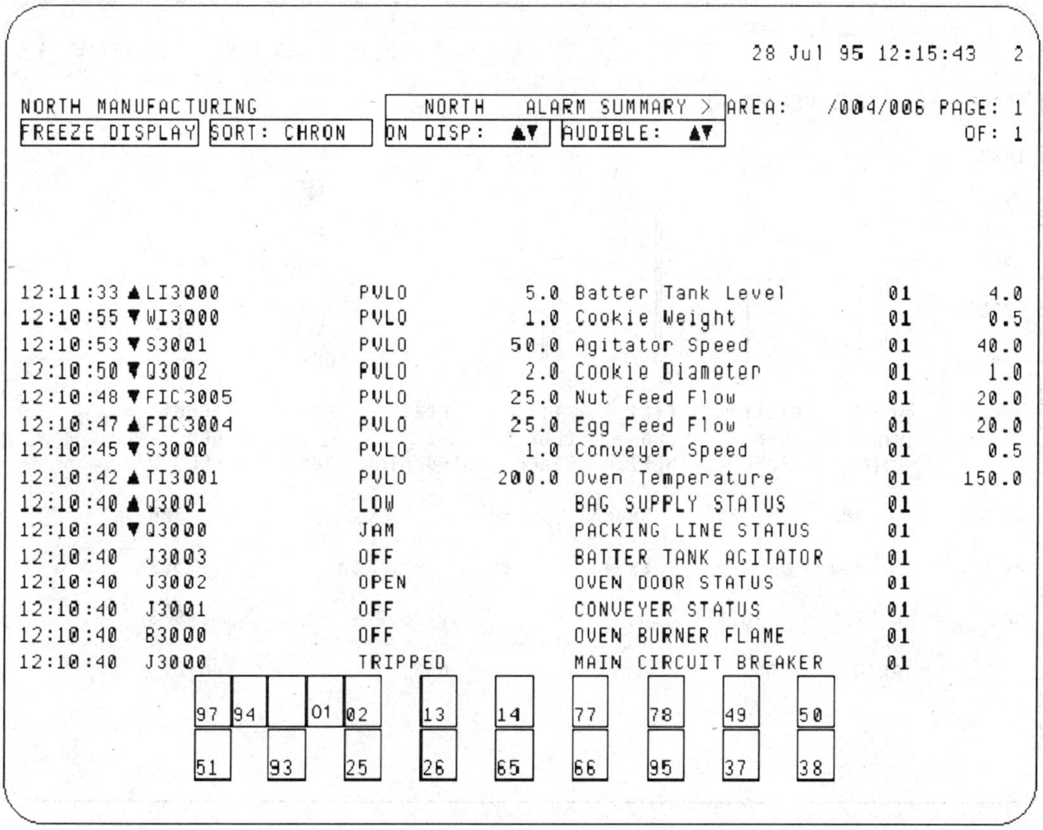

```
                                           28 Jul 95 12:15:43   2

NORTH MANUFACTURING          NORTH   ALARM SUMMARY > AREA:  /004/006 PAGE: 1
FREEZE DISPLAY  SORT: CHRON  ON DISP:  ▲▼   AUDIBLE:  ▲▼               OF: 1



12:11:33 ▲LI3000        PVLO       5.0  Batter Tank Level       01     4.0
12:10:55 ▼WI3000        PVLO       1.0  Cookie Weight           01     0.5
12:10:53 ▼S3001         PVLO      50.0  Agitator Speed          01    40.0
12:10:50 ▼Q3002         PVLO       2.0  Cookie Diameter         01     1.0
12:10:48 ▼FIC3005       PVLO      25.0  Nut Feed Flow           01    20.0
12:10:47 ▲FIC3004       PVLO      25.0  Egg Feed Flow           01    20.0
12:10:45 ▼S3000         PVLO       1.0  Conveyer Speed          01     0.5
12:10:42 ▲TI3001        PVLO     200.0  Oven Temperature        01   150.0
12:10:40 ▲Q3001         LOW             BAG SUPPLY STATUS       01
12:10:40 ▼Q3000         JAM             PACKING LINE STATUS     01
12:10:40  J3003         OFF             BATTER TANK AGITATOR    01
12:10:40  J3002         OPEN            OVEN DOOR STATUS        01
12:10:40  J3001         OFF             CONVEYER STATUS         01
12:10:40  B3000         OFF             OVEN BURNER FLAME       01
12:10:40  J3000         TRIPPED         MAIN CIRCUIT BREAKER    01

        97 94    01 02    13    14    77   78   49   50

        51    93    25    26    65    66   95   37   38
```

图 1-17

A. 有最新报警的点名是_____；

B. 在点 J3003 上有一个报警，原因是该搅拌器
_____；

C. 在"NORTH"操作区里总报警条数为
_____；

D. 假设在报警总貌画面上有 TI3001 的低温报警在闪烁，而后温度又恢复正常，那么报警将自动的从总貌画面上消失。这句话对不对？

E. 要调出这副显示画面，需按_____键；

F. 从图中能看出在"NORTH"区中哪些点有未被确认的报警吗？

G. 请写出通过 TI3001 温度报警调出其所在操作组画面的步骤；

H. 请说出哪个单元有报警发生？

I. 该副画面所显示的点是单元_____中的点；

J. TI3001 的当前温度是_____；

K. 在屏幕底部的方框代表了单元 01 的报警，如图 1-18 所示，请问它表示单元 01 当前有没有报警存在？

01

图 1-18

L. 如果单元 97 的所有过程报警都被截止，那么单元 97 的报警框在该幅画面上将如何显示？

M. TI3001 温度报警的优先级是_____。

答：A. LI3000；B. OFF；C. 10；D. 不对；E.［ALM SUMM］键；F. 不能，因为未被确认的报警是以其优先级指示符闪烁来辨认的；G. 用触屏或［TAB］和［SELECT］键选中 TI3001 那一行，然后按［GROUP］键；H. 单元 01；I. 01；J. 150；K. 有；L. 单元号 97 显示成黄色且报警框不再反显；M. 高 HIGH。

1-128 假设有下列报警条件发生，请在图 1-19 操作组画面上标出它们的报警符号：

A. TIC11 有低温报警发生，但报警被截止；

B. FIC11 的报警被禁止；

C. FI21 有高过程报警发生；

D. TI21 有预报警发生。

答：A. LP；B. INH；C. HP；D. *。

1-129 操作员通过什么才能知道有操作员信息送到操作站 US 或 GUS 上显示？

答：A. 报警的喇叭声或蜂鸣器声；

B. 操作员键盘上［MSG SUMM］键灯闪烁；

C. 打印机打印出信息实时杂志。

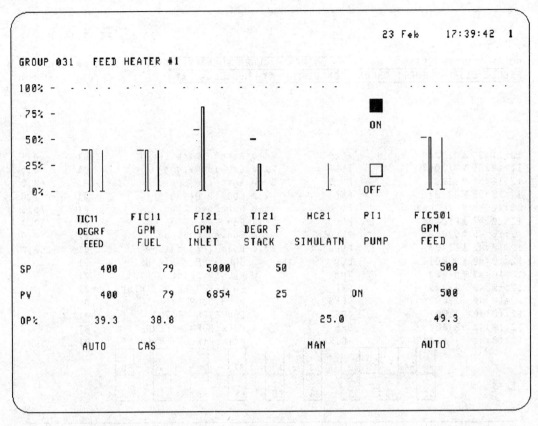

图 1-19

1-130 按什么键可以调出信息总貌画面?

答:〔MSG SUMM〕键。

1-131 按什么键可以确认看到的信息?

答:〔ACK〕键。

1-132 按什么键可以进一步确认已确认过的信息?

答:〔MSG CONFM〕键。

1-133 按什么键可以清除信息?

答:〔MSG CLEAR〕键。

1-134 请列出哪些有关操作员信息的事件会自动地从打印机上反应出来?

答:A. 信息本身;

B. 由操作员确认 ACK 信息的信息;

C. 由操作员确认 CONFIRM 信息的信息。

1-135 请叙述如何响应过程报警?

答:A. 调出区域报警总貌画面和报警光字牌画面,找到紧急优先级报警;

B. 调出单元报警总貌画面,找到低优先级报警;

C. 确认每一个报警;

D. 对每一个报警,选中它并按〔GROUP〕键,将报警恢复正常。

1-136 请叙述如何响应操作员信息?

答:A. 调出信息总貌画面,查看信息;

B. 从信息总貌画面确认 ACK,进一步确认 CONFIRM 并清除信息。

1.3.6 趋势操作

1-137 请问有哪些方法可以显示一个点的 SP、PV 和 OP 值的趋势?

答:A. 当点的细目在屏幕上时,按〔TREND〕键。

B. 从任何报警总貌、组织总貌或显示列表中选择一个点名,然后按〔TREND〕键;

C. 按〔TREND〕键,键入点名,并按〔ENTER〕键;

D. 选择点的细目画面中的控制连接页上的点,然后按〔TREND〕键;

E. 选择一个在 US 流程图上的点以激活 Change-Zone 操作区,然后按〔TREND〕键。

1-138 在操作组趋势中,以下各选项分别表示什么含义?

A. C-LINE;B. R-LINE;C. H-LINE。

答:A. 中心线模式:时间和日期在中间,趋势数据显示在时间的前后。

B. 右轴模式:时间和日期出现在右边,最新的趋势数据也出现在右边。

C. 细线模式：一个精细标志在趋势上可移动到任何地方，并读出那个时间的值。

1-139 请说出下列术语的定义：平均数；实时值；采样值；时间坐标；趋势数据源；趋势轴组。

答： 平均数：采样值的平均数（PV、SP 或 OP）。

实时值：正在发生的值，是过程设备中当前过程值的采样。

采样值：过程值的采样值。过程值的采样值 60 s 间隔采一次。如果组态了快速历史采样，则 5、10、20 s 间隔采一次。

时间坐标：趋势显示的时间周期。

趋势数据源：原始数据用来产生一个趋势。HM 指原始数据源自历史模件的硬盘，而 RT 指实时数据。

趋势轴组：显示趋势 1 至 4 条轨迹。

1-140 在操作组画面上，按_____键可以显示一个点的小时平均值，按_____键可以将该画面打印下来。

答： ［HOURMAVG］键；［PRINT DISP］键。

1.3.7 报告打印

1-141 如果想在操作站看到所有的报告类型，应该如何操作？

答： 按［SYS MENU］键进入系统菜单，从系统菜单上调用 Report/Log/Trend/Journal 菜单。

1-142 请说出为某一报告改变打印机分配的步骤。

答： A. 按［SYS MENU］键进入系统菜单，从系统菜单上调用 Report/Log/Trend/Journal 菜单；

B. 选择该报告；

C. 选择［CHANGE PRINTER］；

D. 键入打印机号；

E. 按［ENTER］键。

1-143 请说出为实时杂志改变打印机分配的步骤。

答： A. 按［SYS MENU］键进入系统菜单，从系统菜单上调用 REAL TIME JOURNAL ASSIGN-MENTS 菜单；

B. 选择某一实时杂志类型；

C. 选择［CHANGE PRINTER］；

D. 键入打印机号；

E. 按［ENTER］键。

1-144 请说出挂起及重新激活实时杂志中的过程杂志的步骤。

答： A. 按［SYS MENU］键进入系统菜单，从系统菜单上调用 REAL TIME JOURNAL ASSIGN-MENTS 菜单；

B. 选择过程杂志［PROCESS ALARMS］；

C. 选择［SUSPEND］。

1.4 TPS 系统维护

1.4.1 LCN 硬件

1-145 下列哪一种描述是 LCN 网络基本部件的正确描述？

A. LCN 同轴电缆，75 Ω 终端电阻，LCN 节点，T 型头；

B. LCN 同轴电缆，50 Ω 终端电阻，LCN 节点，T 型头；

C. LCN 同轴电缆，操作台，LCN 节点，T 型头；

D. LCN 同轴电缆，75 Ω 终端电阻，LCN 节点，TAP。

答： A。

1-146 从下列节点中选出 LCN 节点：

A. AM；B. US；C. HM；D. NIM；
E. HPM；F. LM；G. GUS；H. APP。

答： A，B，C，D，G，H。

1-147 匹配节点名称和描述。

____AM 应用模件；____NIM 网络接口模件；
____US 万能工作站；____NG 网关；
____GUS 全方位工作站；____APP 应用处理平台；
____HM 历史模件；____HG 数据大道接口模件。

A. 提供海量数据存储和快速数据访问功能。

B. 能够实现比过程控制装置更复杂的控制计算和策略，具有标准算法，用 CL 控制语言实现用户算法。

C. TPS 系统的人机接口，单窗口，可实现对过程和系统的操作、监视、组态。

D. TPS 系统的人机接口，NT 的多窗口操作环境，并可通过一个本地窗口实现对过程和系统的操作、监视、组态，也可通过 NT 网络操作系统与上层网通讯。

E. 实现 LCN 与 UCN（过程控制网络）之间的通讯。

F. 实现 LCN 与 HIGHWAY（数据大道）之间的通讯。

G. 能够实现比过程控制装置更复杂的控制计算和策略，具有标准算法，用 CL 控制语言实现用户算法。另外，具有 NT 网络操作系统环境，并提供上层网与 LCN 网之间的数据通道。

H. 实现 LCN 与其它 LCN 之间的通讯。

答： B AM 应用模件；E NIM 网络接口模件；
C US 万能工作站；H NG 网关；
D GUS 全方位工作站；G APP 应用处理平台；
A HM 历史模件；F HG 数据大道接口模件。

1-148 识别图 1-20 中的双节点卡件箱部件。

答：

1	前盖	4	I/O 板
2	电源模件	5	风扇
3	卡件	6	机箱

1-149 双节点卡件箱有多少卡件槽位？

A. 下节点有 5 个槽位，上节点有 2 个槽位；

B. 下节点有 3 个槽位，上节点有 2 个槽位；

C. 上述说法都不对；

D. 上述说法都对。

答：B。

1-150 5 槽卡件箱有多少卡件槽位？

A. 5 个槽位，在卡件箱后面相对应有 5 个 I/O 槽位；

B. 10 个槽位，在卡件箱后面相对应有 10 个 I/O 槽位；

C. 上述说法都不对；

D. 上述说法都对。

答：A。

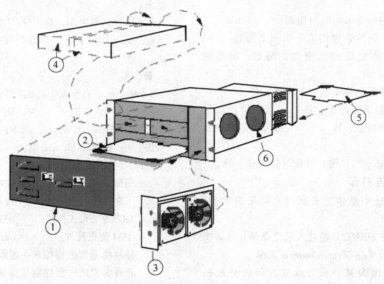

图 1-20

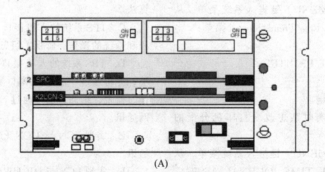

(A)

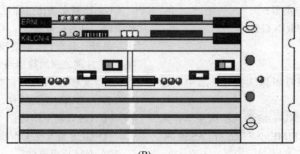

(B)

图 1-21

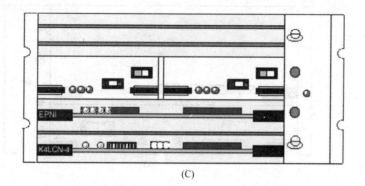

(C)

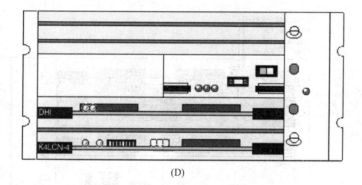

(D)

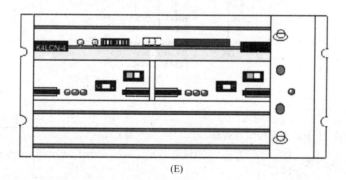

(E)

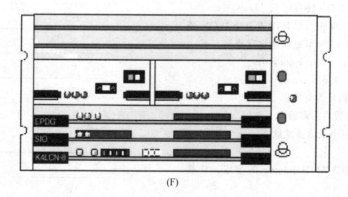

(F)

图 1-21

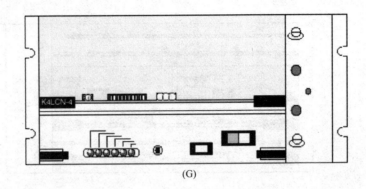

(G)

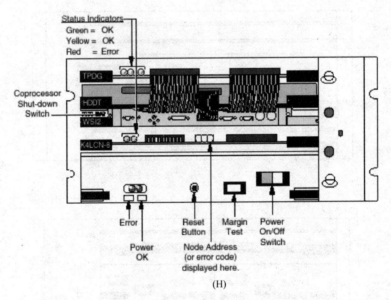

(H)

图 1-21

1-151 请匹配图 1-21 中的节点与节点名称。

_____ AM	_____ US	_____ NIM
_____ HM	_____ HG	_____ UxS

答：__E，G__ AM；__F__ US；__B，C__ NIM；

__A__ HM；__D__ HG；__H__ UxS。

1-152 LCN 节点地址一般是设置在 K2LCN 或 K4LCN 板上，请选出 LCN 节点地址设定规则。

A. Jumper in ＝ 1，Jumper out ＝ 0；

B. Jumper in ＝ 0，Jumper out ＝ 1；

C. Jumper in 的数目为奇数；

D. Jumper out 的数目为奇数；

E. 主设备地址应小于后备地址。

答：B，D，E。

1-153 请根据图 1-22 中 Jumper 的设定，计算 LCN 节点地址。

答：A. 43；B. 41；C. 3。

1-154 根据图 1-23，给出相应的名称。

答：	
1	前盖
2	电源模件
3	风扇
4	硬盘组件
5	右硬盘托盘
6	左硬盘托盘
7	LCN I/O 卡件
8	SPC Ⅱ I/O 卡件
9	WDI I/O 卡件
10	扁平跨接电缆
11	K4LCN－4
12	SPC

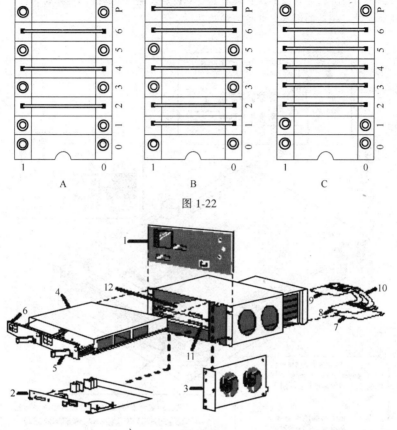

图 1-22

图 1-23

1-155 请完成表 1-3。（硬盘是指 HM 硬盘）

表 1-3

硬盘配置方式	硬盘在托盘中的位置	硬盘驱动器在 SCSI 总线上的地址
单盘	左托盘,前面	5
	左托盘,前面	
	右托盘,前面	
双盘		
		5
		4
		3
		2

答：见表 1-4。

表 1-4

硬盘配置方式	硬盘在托盘中的位置	硬盘驱动器在 SCSI 总线上的地址
单盘	左托盘,前面	5
单盘冗余	左托盘,前面	5
	右托盘,前面	4
双盘	左托盘,前面	5
	左托盘,后面	3
双盘冗余	左托盘,前面	5
	右托盘,前面	4
	左托盘,后面	3
	右托盘,后面	2

1-156 图 1-24 是 445M HM 硬盘的跳针设置选项，请找出 SCSI 地址设定跳针的部件，并填写地址　设定表格（需跨接的跳针划 X）。

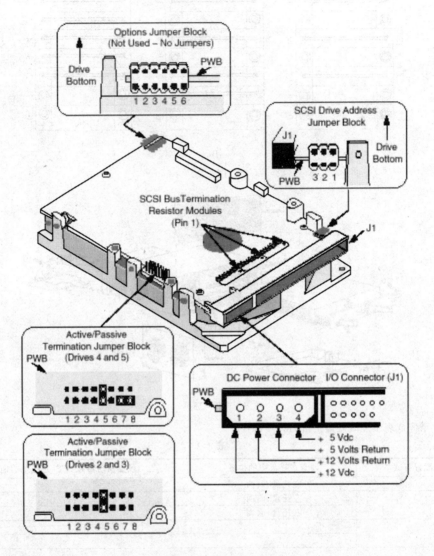

图 1-24

SCSI 地址跳针设定

地址 \ 跳针	3	2	1
5			
4			
3			
2			

答： J1。

SCSI 地址跳针设定

地址 \ 跳针	3	2	1
5	X		X
4	X		
3		X	X
2		X	

1-157 图 1-25 是 875M HM 硬盘的跳针设置选　　设定表格（需跨接的跳针划 X）。
项，请找出 SCSI 地址设定跳针的部件，并填写地址

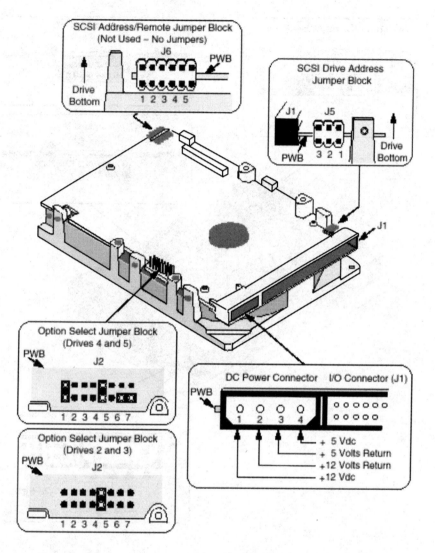

图 1-25

SCSI 地址跳针设定

地址 \ 跳针	3	2	1
5			
4			
3			
2			

答：J1。

SCSI 地址跳针设定

地址 \ 跳针	3	2	1
5	X		X
4	X		
3		X	X
2		X	

1-158 图 1-26 是 1.8G HM 硬盘的跳针设置选项，请找出 SCSI 地址设定跳针的部件，并填写地址设定表格（需跨接的跳针划 X）。

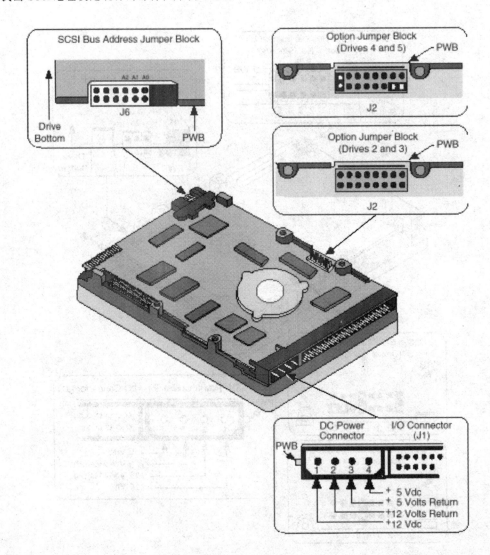

图 1-26

SCSI 地址跳针设定

地址 \ 跳针	A2	A1	A0
5			
4			
3			
2			

答：J6。

SCSI 地址跳针设定

地址 \ 跳针	A2	A1	A0
5	X		X
4	X		
3		X	X
2		X	

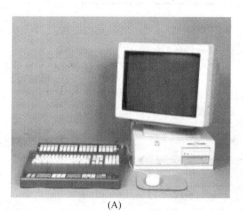 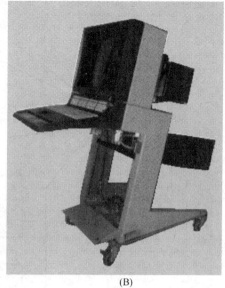

(A)　　　　　　　　　　　(B)

图 1-27

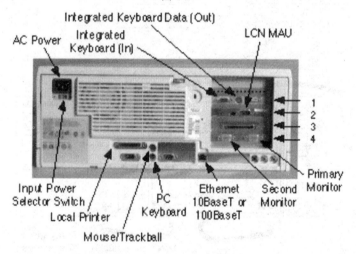

图 1-28

1-159 GUS 硬件配置有两种基本类型，一种是桌面式，另一种是＿＿＿＿＿。

并识别图 1-27 的两幅图中的哪一幅图是桌面式 GUS ＿＿＿＿＿。

答：Z-Console；A。

1-160 图 1-28 是 GUS 机箱的背面，请根据图上已有的线索给出四块扩展卡相应的名称。

答：1—IKBI2 卡；2—LCNP 卡；3—SCSI 卡；4—显卡（双显示器）。

1-161 请画出 GUS 的结构框图。

答：见图 1-29。

1-162 图 1-30 是双节点卡件箱的背面，请根据图中提示写出 LCN 网络连接的卡件名称：＿＿＿＿＿

和＿＿＿＿＿。＿＿＿＿＿必须插在上节点的 1 号卡槽，＿＿＿＿＿必须插在下节点的 1 号卡槽。

答：CLCN-A，CLCN-B，CLCN-A，CLCN-B。

1.4.2 UCN/NIM 硬件

1-163 请在下列描述中选出对 NIM 节点的正确描述。

A. 实现 LCN 与 UCN 之间的数据通讯；

B. TPS 的人机接口；

C. 实现 LCN 与 HIGHWAY 之间的数据通讯；

D. 实现 LCN 与其它 LCN 之间的数据通讯。

答：A。

1-164 下列哪一种描述是 UCN 网络节点的正确描述。

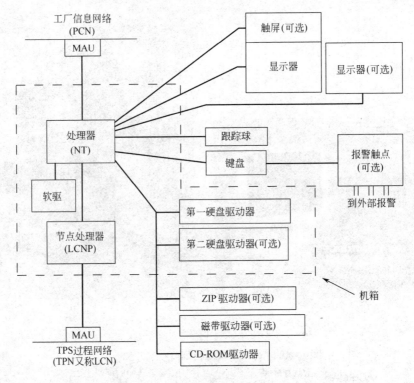

图 1-29

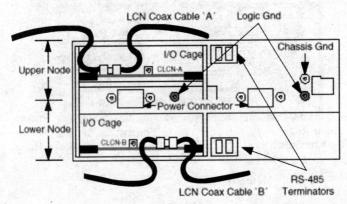

图 1-30

A. UCN 主干电缆, 75 Ω 终端电阻, UCN 节点, TAP;

B. UCN 主干电缆, 75 Ω 终端电阻, UCN 节点, T 型头;

C. UCN 主干电缆, 50 Ω 终端电阻, UCN 节点, TAP, UCN 分支电缆;

D. UCN 主干电缆, 75 Ω 终端电阻, UCN 节点, TAP, UCN 分支电缆。

答: D。

1-165 请从下列卡件中选出组成 NIM 节点的卡件, 并填写表 1-5 NIM 卡件在双节点卡件箱中的位置。

A. K4LCN-4;　B. MODEM;　C. SPC;

D. EPNI;　E. LCNP。

表 1-5

双节点卡件箱 上节点		
槽位	前面	后面
2		
1		CLCN-A

双节点卡件箱 下节点		
槽位	前面	后面
3		
2		
1		CLCN-B

答：A，B，D。见表 1-6。

表 1-6

| 双节点卡件箱 | | |
| 上节点 | | |
槽位	前面	后面
2	EPNI	MODEM
1	K4LCN-4	CLCN-A
双节点卡件箱		
下节点		
槽位	前面	后面
3	EPNI	MODEM
2		
1	K4LCN-4	CLCN-B

1-166 NIM 在 LCN 网上的地址设定是在 _____ 板上，在 UCN 网上的地址设定是在 _____ 板上。

答：K4LCN-4，MODEM。

1-167 请从下列选项中选出 NIM 在 UCN 网上 的地址设定规则。

    A．ON ＝ 1；

    B．OFF ＝ 1；

    C．ON 的数目为奇数；

    D．OFF 的数目为奇数；

    E．应是 UCN 网上的最低地址；

    F．地址必须是奇数，主备设备地址设定相同；

    G．地址必须是偶数，主备设备地址设定相同。

答：B，D，E，F。

1-168 图 1-31 是 NIM MODEM 板上 UCN 地址 的跳针设定，请计算地址值 ＝ _____。

答：1。

1-169 图 1-32 是双节点卡件箱的背面，下节点 放置的是 NIM 节点。请指出连接到 UCN 网的卡件名 称 _____。

答：MODEM。

1-170 图 1-33 中有 5 幅 UCN 网络硬件连接图， 每幅图中都有连接错误。请圈出错误连接之处，并写 出简要说明。

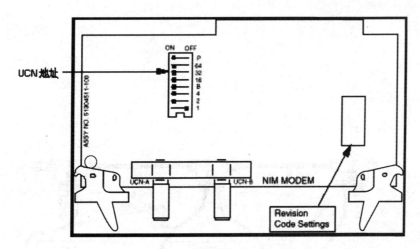

图 1-31

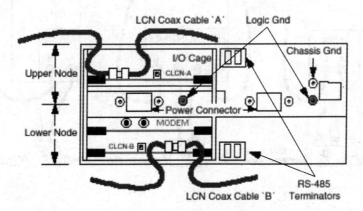

图 1-32

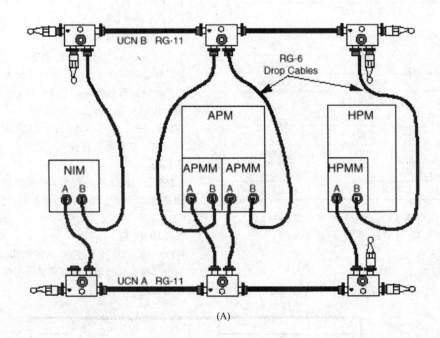

(A)

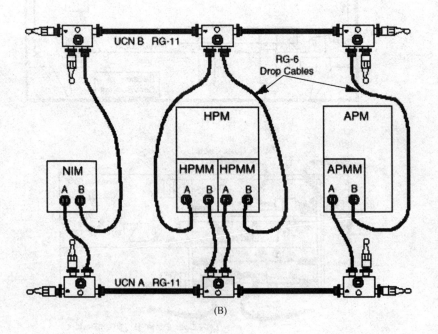

(B)

图 1-33

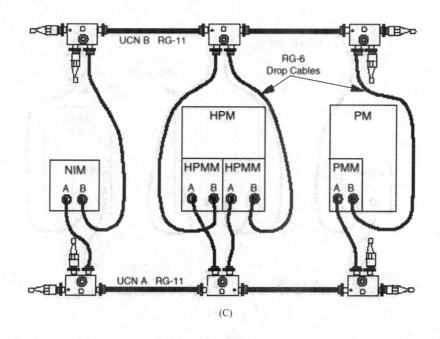

(C)

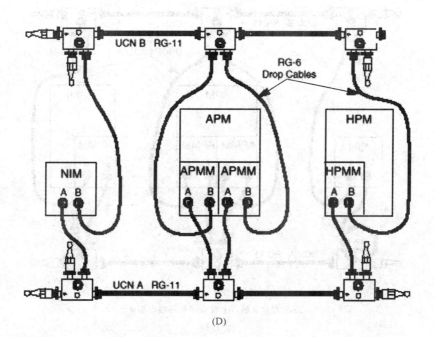

(D)

图 1-33

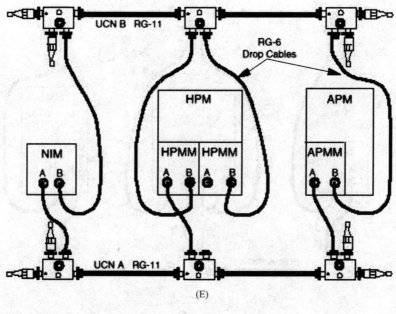

(E)

图 1-33

答：见图 1-34。

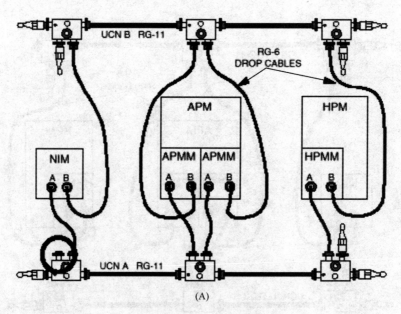

(A)

TAP 的分支端口上没有安装终端电阻。

图 1-34

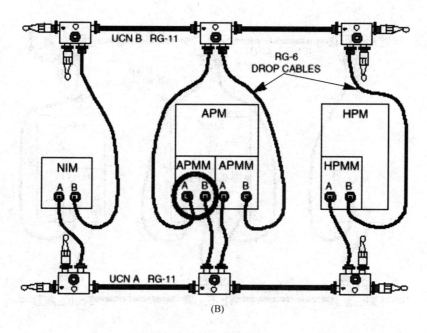

(B)

APMM 的 A、B 电缆交叉安装。

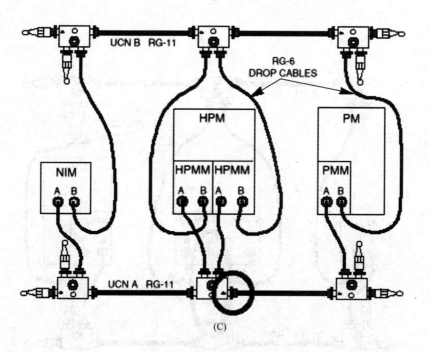

(C)

TAP 的隔离口方向安装错误。

图 1-34

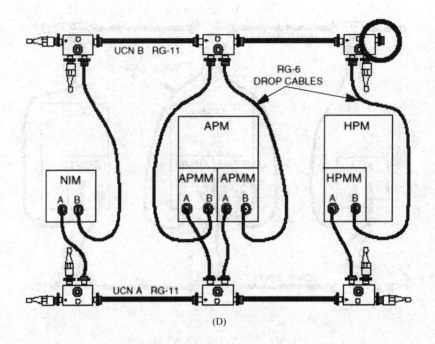

(D)

TAP 的主干电缆端口没有安装终端电阻。

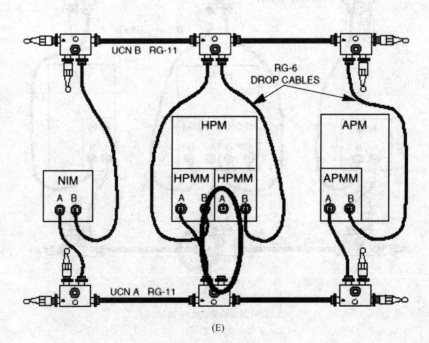

(E)

HPMM 的分支电缆没有连接。

图 1-34

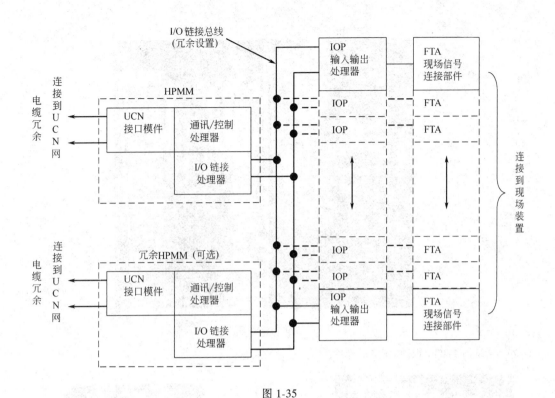

图 1-35

1.4.3 HPM 硬件

1-171 请画出冗余的 HPM 的结构框图。

答：见图 1-35。

1-172 HPMM 是由_____块卡件和 UCN 接口模块组成，卡件的名称是_____，_____。

_____的功能是把 HPMM 连接到 UCN 网上，并提供 UCN 与 HPMM 之间的信号调制解调功能。

_____是 HPMM 的核心部件，有两个处理器，一个负责控制 UCN 接口模件和 I/O 链接处理器的数据通讯，一个负责控制算法运算。

_____的功能是控制 I/O 链接总线，实现 HPMM 与 IOP 之间的数据传输。

答：2，通讯/控制处理器，I/O 链接处理器；UCN 接口模件；通讯/控制处理器；I/O 链接处理器。

1-173 一个 HPMM 最多能带_____块主 IOP（输入输出处理器卡）和_____块后备 IOP（输入输出处理器卡）。

答：40，40。

1-174 IOP（输入输出处理器卡）卡件类型有_____种，请写出卡件名称及其处理的信号类型。

答：11。见表 1-7。

表 1-7

名称	描述	信号类型
HLAI	高电平模拟量输入卡	0~5 V,1~5 V,0.4~2 V,4~20 mA
LLAI	低电平模拟量输入卡	热电偶,RTD,0~100 mV,0~5 V
LLMux	多通道低电平模拟量输入卡	热电偶,RTD,0~100 mV
DI	开关量输入卡	20V DC,125V DC 120V AC,240V AC
AO	模拟量输出卡	4~20 mA
DO	开关量输出卡	3~30V DC,120/240 V AC,31~200V DC
STI	智能变送器接口卡	霍尼韦尔智能变送器
PI	脉冲量输入卡	1~20 kHz
DISOE	开关量事件顺序识别输入卡	20V DC,125V DC,120V AC,240V AC
SDI	串行装置接口卡	EIA-232,EIA-422/485 (UDC600,Toledo 称重仪)
SI	串行接口卡	EIA-232,EIA-422/485 (MODBUS,A-B PLC)

1-175 请从图 1-36 中识别 HPM 的硬件。

答：A. 15 槽 IOP 卡件箱；B. 15 槽 HPMM 卡件箱；C. HPM 系统电源；D. IOP 卡件；E. FTA。

36

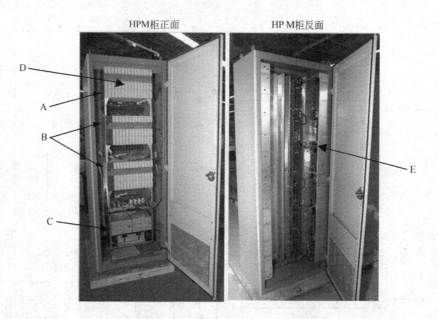

HPM柜正面　　　　　HPM柜反面

图 1-36

1-176 请从图 1-37 中识别 HPM 的硬件。（可选）。

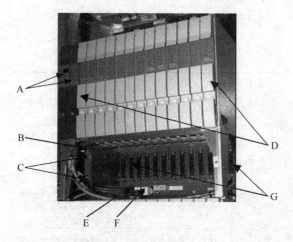

图 1-37

答：A. HPMM 卡件；B. HPMM UCN 接口模件；C. UCN 电缆连接端口（冗余）；D. IOP 卡件；E. I/O 链接总线电缆连接端口（冗余）；F. 卡件箱电源电缆连接端口（冗余）；G. IOP 到 FTA 电缆连接端口。

1-177 图 1-38 是 HLAI 的 FTA。请写出 A、B 的名称。

答：A 到现场装置的接线端子；B 到 IOP 的电缆连接端口。

1-178 图 1-39 是 HPM 的电源系统，请指出所标识的各个部件的名称。

答：A. 主电源模件；B. 后备电源模件；C. 电源背板；D. 电源分接插座；E. 后备蓄电池

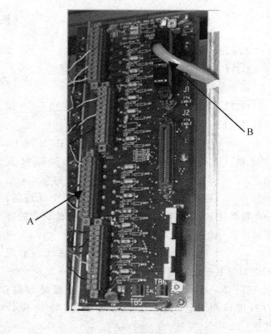

图 1-38

1-179 请写出 HPM 所需要的电缆连接。

答：A. 到 UCN 网的电缆连接（冗余）；

B. 电源到卡件箱的电源电缆连接（冗余）；

C. 卡件箱到卡件箱之间的 I/O 链接总线的电缆连接（冗余）；

D. 冗余的 HPMM 之间的冗余电缆的连接；

E. IOP 到 FTA 之间的电缆连接。

图 1-39

1-180 图 1-40 是 7 槽 HPMM 卡件箱的正面，请从图中找出表 1-8 中描述所对应的部件号，并填入表中。

表 1-8

部件号	描　述
	HPMM 与 UCN 网之间的电缆连接端口
	支持 HPMM 与 HPMM 之间冗余的电缆连接端口
	卡件箱到卡件箱之间的 I/O 链接总线的电缆连接端口
	电源系统到卡件箱的电源电缆连接端口
	HPMM 的保险(2A)
	IOP 和 FTA 的保险(2A)
	IOP 到 FTA 的电缆连接端口
	HPMM 在 UCN 网上的地址设定的针孔
	HPMM 在 I/O 链接总线上的地址设定的针孔

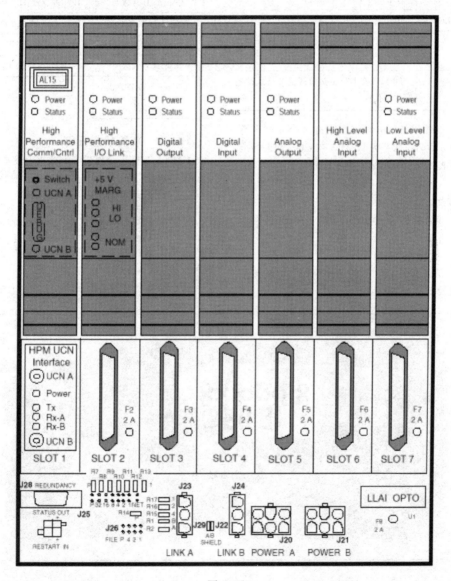

图 1-40

答：见表 1-9。

答：4。

表 1-9

部件号	描　述
UCN A UCN B	HPMM 与 UCN 网之间的电缆连接端口
J28	支持 HPMM 与 HPMM 之间冗余的电缆连接端口
J23,J24	卡件箱之间的 I/O 链接总线的电缆连接端口
J20,J21	电源系统到卡件箱的电源电缆连接端口
F2	HPMM 的保险(2A)
F3~F7	IOP 和 FTA 的保险(2A)
SOLT 3~SLOT 7	IOP 到 FTA 的电缆连接端口
J25	HPMM 在 UCN 网上的地址设定的针孔
J26	HPMM 在 I/O 链接总线上的地址设定的针孔

表 1-10

第一位	含义	第二位	含义
A		L	
B		R	
I		1	
F		2	
L			
T			

表 1-11

第一位	含义	第二位	含义
A	Alive,上电状态	L	左 7 槽 HPMM 卡件箱
B	Backup,后备状态	R	右 7 槽 HPMM 卡件箱
I	Idle,空运转状态	1	1 号 15 槽 HPMM 卡件箱
F	Fail,运转失败	2	2 号 15 槽 HPMM 卡件箱
L	Load,软件装载状态		
T	Test,测试状态		

1-181 在通讯控制处理器卡上有一个 4 位字符的显示窗口，后 2 位数字为 HPMM 在 UCN 网上的地址，请填写表 1-10，写出第一位字符和第二位字符的含义。

答：见表 1-11。

1-182 请计算图 1-41 中的 HPMM 在 UCN 网上的地址设定。

答：11。

1-183 请计算图 1-42 中的卡件箱在 I/O 链接总线上的地址设定。

1.4.4 系统状态报警

1-184 TPS 系统提供了哪些报警设施？

答：键盘指示灯；音响；标准画面；用户流程图。

1-185 SYST STATS 和 CONS STATS 上的指示灯分别表示系统报警和操作台报警，这两种报警有什么区别？

答：操作台报警是指 GUS、US 等工作站及其外

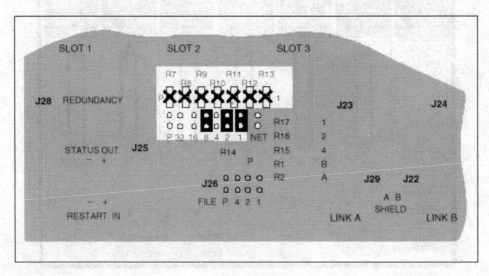

图 1-41

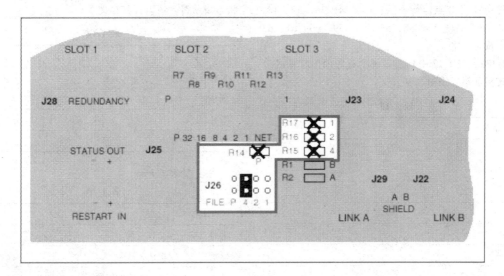

图 1-42

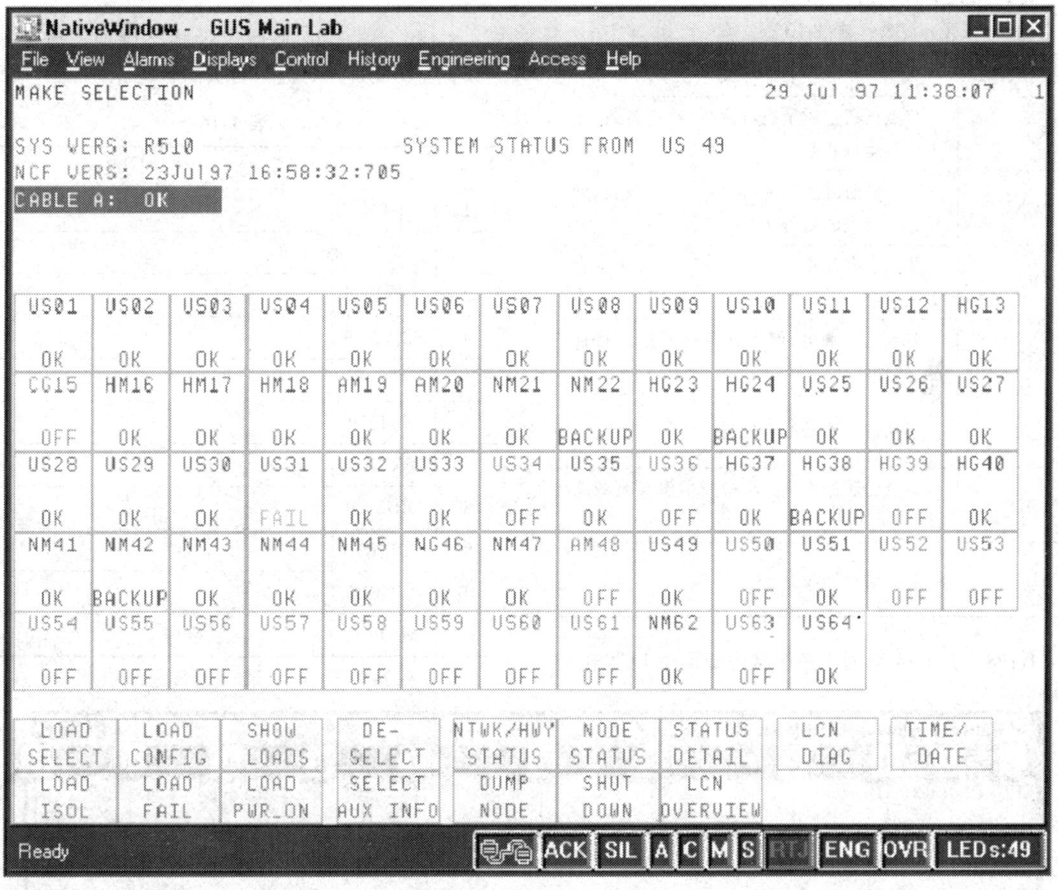

图 1-43

设发生故障时系统给出的报警。系统报警是指 TPS 系统中除 GUS、US 等工作站以外的 TPS 设备发生故障时给出的报警。

1-186 图 1-43 是系统状态画面，请从图中找出有故障的节点和没有上电的节点（假设所有节点已全部连到网上）。

答：31 号节点运行失败；15、34、36、39、48、50、52、53、54、55、56、57、58、59、60、61、63 号节点没有上电。

1-187 表 1-12 中列出系统状态画面中常见的节点状态指示符，请填写其含义。

表 1-12

指示符	含　义
OK	
BACKUP	
OFF	
PWR_ON	
QUALIFY	
READY	
FAIL	

答：见表 1-13。

表 1-13

指示符	含　义
OK	节点已通过质量逻辑检测、软件装载，处于正常运行状态
BACKUP	节点已通过质量逻辑检测、软件装载，处于另一节点的后备状态
OFF	节点没有连接到 TPN(LCN)上，或没有上电
PWR_ON	节点已经上电，但没有通过质量逻辑检测、软件装载
QUALIFY	正在进行质量逻辑检测
READY	节点已通过质量逻辑检测但没有装载软件
FAIL	节点运行失败

1-188 表 1-14 中列出系统状态画面中 LCN 电缆状态指示符，请填写其含义。

表 1-14

指示符	含　义
字符反显	
绿色	
黄色	
红色	

答：见表 1-15。

表 1-15

指示符	含　义
字符反显	工作电缆
绿色	电缆无故障
黄色	电缆可能有问题
红色	电缆有问题

1-189 图 1-44 是操作台状态画面，请完成表 1-16，写出画面中每一列台头的含义。

表 1-16

#	台头	含　义
1	STN	
2	NODE	
3	TYPE	
4	STATUS	
5	AREA	
6	PERIPHS	
7	PRTRS	
8	DRIVES	
9	PENS	
10	ACCESS	
11	MAINT	

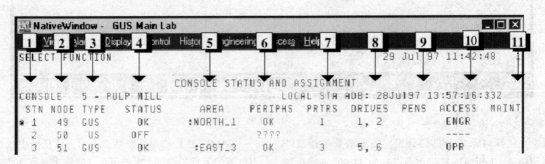

图 1-44

答：见表 1-17。

表 1-17

#	台头	含　义
1	STN	工作站站号(1～10)
2	NODE	TPN(LCN)节点地址
3	TYPE	正在的软件属性类型： GUS=GUS 属性 UNVL=万能属性
4	STATUS	硬件状态
5	AREA	区域数据库相应的数据名称
6	PERIPHS	外设状态
7	PRTRS	打印机号
8	DRIVES	卡盘驱动器号,或仿真驱动器号
9	PENS	趋势笔号
10	ACCESS	键锁位置 (VIEW, OPR, SUP, ENGR)
11	MAINT	当有 YES 出现时,表示有系统 维护信息

1-190 如何调出 HPM 的细目画面。

答：见图 1-45。

1-191 请完成表 1-18,写出 HPM 状态画面上常见的状态指示符的含义。

表 1-18

指示符	含　义
OK	
BACKUP	
IDLE	
OFFNET	
ALIVE	
LOADING	
FAIL	
SOFTFAIL	
IDLSF	

答：见表 1-19。

表 1-19

指示符	含　义
OK	运行正常
BACKUP	后备状态
IDLE	HPMM 或 IOP 处于空运转状态
OFFNET	HPMM 在 UCN 上没有响应
ALIVE	HPMM 处于上电状态,没有装载软件
LOADING	HPMM 正在装载软件
FAIL	HPMM 或 IOP 运行失败
SOFTFAIL	HPMM 或 IOP 有软件故障
IDLSF	HPMM 或 IOP 处于空运转状态,并有 软件故障

1-192 图 1-46 是模拟量点的细目画面,图中的信息能够使你得到什么结论?

答：01 号 UCN 网 19 号 HPM 运行失败。

1-193 图 1-47 是 AO 点的细目画面,图中的信息能够使你得到什么结论?

答：01 号 UCN 网 11 号 APM 第 19 号 AO 卡处于空运转状态。

1-194 如何响应报警?

答：A. 可按如图 1-48 所示的消音键消除报警声音;

B. 调出报警画面,按确认键停止报警闪烁。

1.4.5　HPM 状态显示和命令

1-195 如何调出 UCN 状态画面?

答：见图 1-49。

1-196 图 1-50 是 UCN 状态画面,请填空：UCN 网络号是_____ , NIM 在 UCN 网上的地址是_____ , 是否冗余_____ 。HPM 在 UCN 网上的硬件地址是_____ ,是否冗余_____ 。APM 在 UCN 网上的硬件地址是_____ , 是否冗余_____ 。系统是否能自动存储 UCN 网上的组态数据_____ ,理由是_____ 。AM 是否能够把数据写到 UCN 装置中_____ ,理由是_____ 。

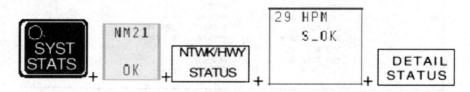

图 1-45

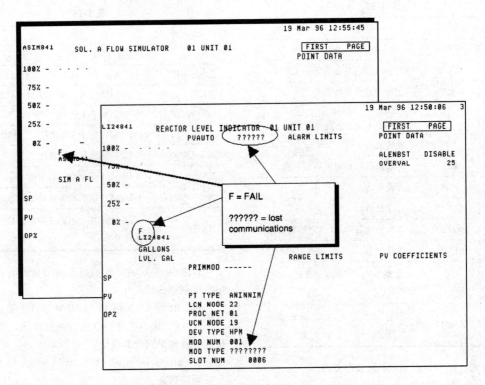

图 1-46

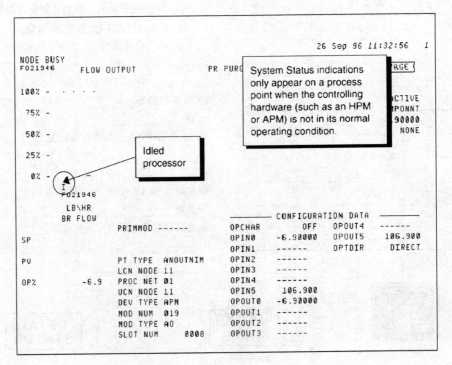

图 1-47

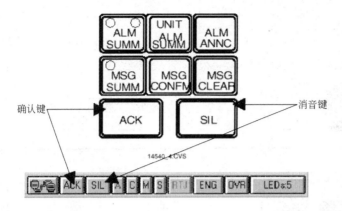

图 1-48

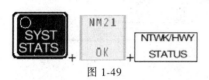

图 1-49

答：3；01；否。09，是。15；是。否；UCN 自动存储（UCN AUTO CHECKPOINT）的状态是禁止（INHIBIT）。不能肯定；虽然 UCN 的控制状态（UCN CONTROL STATE）是 FULL，但是 APM 和 HPM 的控制状态不能从图中得知。

1-197 要想使 1-196 题图 1-50 中的 09 号 HPM 能够自动保存组态数据，应如何设置？

答：见图 1-51。

1-198 参照 1-196 题的图 1-50，请写出在 UCN 状态画面上装载 09 号 HPMM 节点的步骤。

答：见图 1-52。

1-199 HPMM 装载完成后为空运转状态（IDLE），参照 1-196 题的图 1-50，请写出在 UCN 状态画面上启动 09 号 HPMM 节点（冷启）的步骤。

答：见图 1-53。

1-200 如何使 HPM 从 OK 状态转到 IDLE 状态？请写出在 UCN 状态画面上的操作步骤。

答：见图 1-54。

1-201 HPMM 的空运转状态（IDLE）的含义是什么？

答：HPMM 已装载完程序和数据，但不对过程点进行计算处理。

1-202 如何使 HPM 从 IDLE 状态转到 ALIVE 状态？请写出在 UCN 状态画面上的操作步骤。

答：见图 1-55。

1-203 HPMM 的上电状态(ALIVE)的含义是什么？

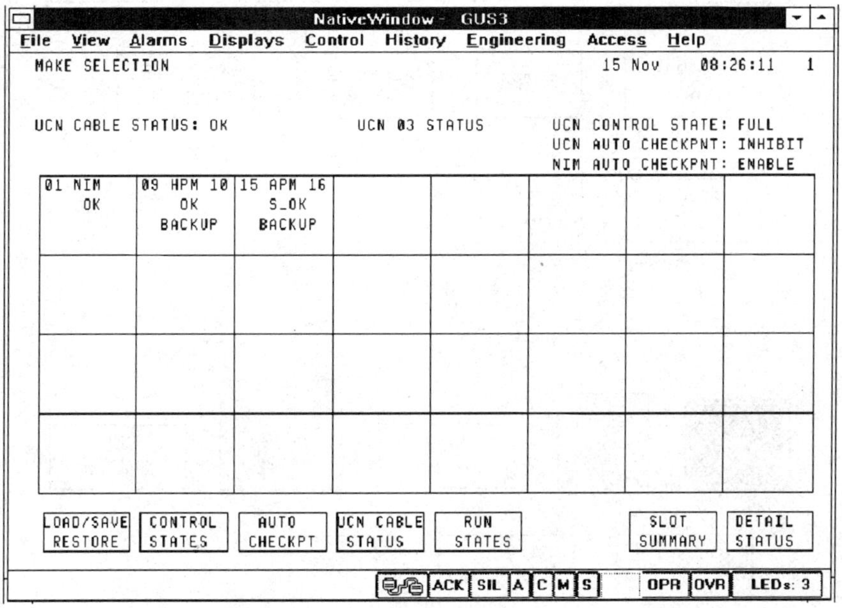

图 1-50

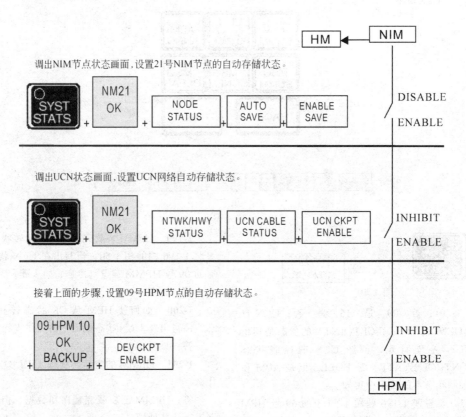

调出NIM节点状态画面,设置21号NIM节点的自动存储状态。

调出UCN状态画面,设置UCN网络自动存储状态。

接着上面的步骤,设置09号HPM节点的自动存储状态。

图 1-51

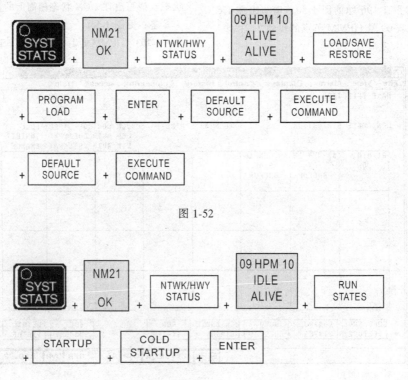

图 1-52

图 1-53

答：HPMM 已经上电，但没有装载程序和数据。

1-204 HPM 的冷启（COLD STARTUP）和热启（WARM STARTUP）的区别是什么？

答：冷启——输出直接连到 AO 或 DO 点的常规控制点的控制方式（MODE），等于手动（MAN）。

热启——采用回送初始化策略，以便实现无扰动切换到自动控制，常规控制点的控制方式为"先前的控制方式"。"先前的控制方式"是指曾被操作员或程序设置过，或是组态数据文件(CHECKPOINT)设置的。

1-205 如何调出 HPM 状态画面？

答：见图 1-56。

1-206 根据图 1-57 的 HPM 状态画面填空。UCN

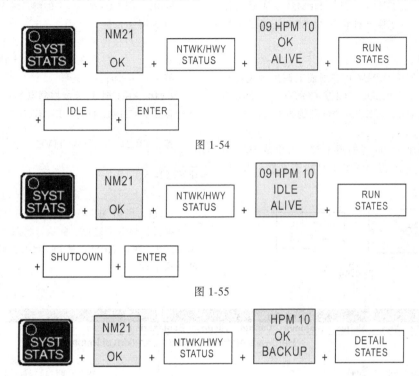

图 1-54

图 1-55

图 1-56

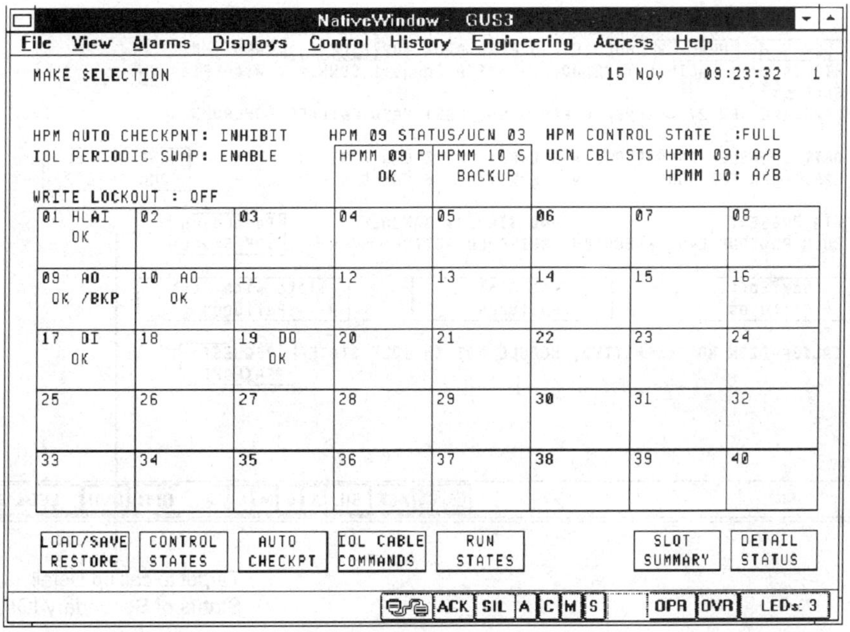

图 1-57

图 1-58

网络号_____，1 号卡件箱的 HPMM 是否是主控制器？_____。2 号卡件箱的 HPMM 是否是主控制器？_____。

答：3；是；否。

1-207 如何从 HPMM 状态画面上调出常规控制点的槽位总貌图（REGULATORY CONTROL POINTS SLOT SUMMARY）？请参照 1-206 题的图 1-57。

答：见图 1-58。

1-208 参照 1-206 题的图 1-57，写出从 HPMM 状态画面上调出 10 号 AO 卡细目状态画面的步骤。

答：见图 1-59。

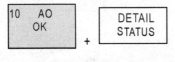

图 1-59

1-209 图 1-60 是 AO 卡的细目画面，请填空：UCN 网络号是_____，HPM 节点地址是_____，AO 模件号是_____，AO 卡所在的卡件箱号是_____，AO 卡在卡件箱中的卡槽号是_____。

答：3；9；9；1；5。

1-210 图 1-61 是常规控制点的总貌图，请写出将过程点 FIC21842 打死（INACTIVE）的步骤。

答：FIC21842 ＋ ACTIVE ＋ [INACTIVE] ＋ [ENTER]

1-211 说明 ACTIVE 和 INACTIVE 的含义。

答：如果一个过程点的执行状态(PTEXECST)＝ACTIVE，而且 HPMM 是 OK 状态，则 HPMM 计算处理这个点。

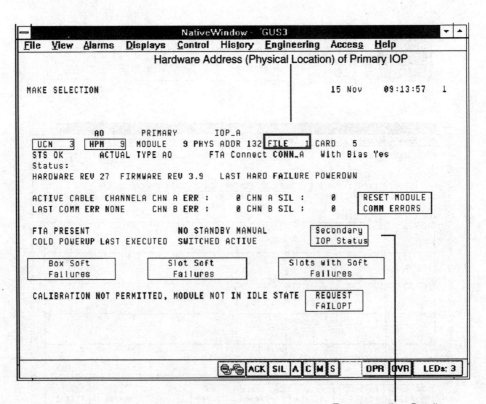

图 1-60

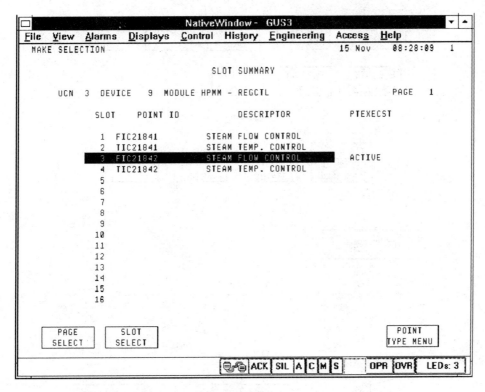

图 1-61

如果一个过程点的执行状态（PTEXECST）= INACTIVE，即使 HPMM 是 OK 状态，那么 HPMM 也不计算处理这个点。如果要对过程点重新组态、下装，应使这个点的 PTEXECST = INACTIVE。

1-212 图 1-62 是 HPM 状态画面上冗余 AO 的两种不同的显示框。请说明 OK/BKP 与 BKP/OK 有什么不同。

```
        25   AO              25   AO
        OK/BKP              BKP/OK
```

图 1-62

答：见图 1-63。

1-213 当启动某块 IOP 时，IOP 仍然处于 IDLE 状态并出现错误提示：DB INVALID。请说明原因，并写出如何处理。

答：当 IOP 上电时，自动地从 PROM 中装载一个空的数据库，这个数据库被认为是无效的数据库。为了安全原因，当一个 IOP 有无效的数据库（INVALID DB）时，这个 IOP 不能启动，也不能保存数据库。

为使数据库有效，可以使用下列两种方法之一：

● 恢复（RESTORE）IOP 的组态数据库（CHECKPOINT DATABASE），见图 1-64。

● 如果还没有建立组态数据库文件（CHECK-POINT），请使用下列步骤使数据库有效，见图1-65。

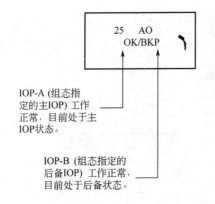

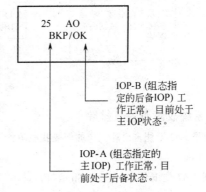

图 1-63

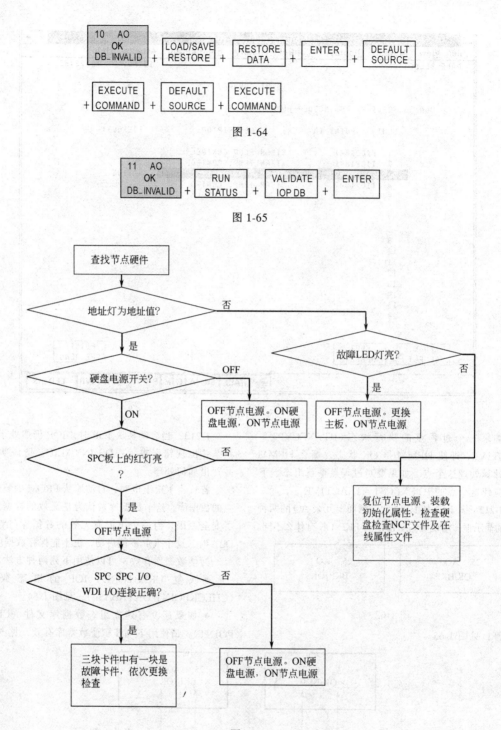

图 1-64

图 1-65

图 1-66

1.4.6 系统故障查找及排除

1-214 如果 HM 不能自启动，应如何查找故障？

答：见图 1-66。

1-215 图 1-67 是 K4LCN 板上的指示灯，请填写表 1-20，写出指示灯正常和非正常时的状态。

表 1-20

名 称	正常时	非正常时
自检灯		
地址灯		
TX		
LED		

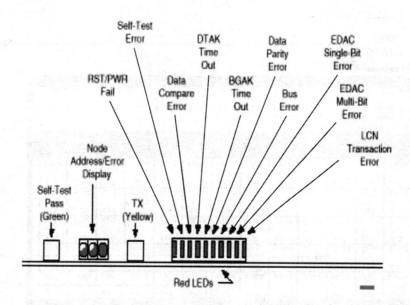

图 1-67

答：见表 1-21。

表 1-21

名　称	正常时	非正常时
自检灯	绿色,亮	不亮
地址灯	LCN 地址	故障码
TX	黄色,通讯时亮	不亮
LED	不亮	红色,亮

1-216 如果在某一个文件中有不可恢复性数据错误，只有_____被文件管理器标注上"坏"（bad）。如果在某一个卷目录中有不可恢复性数据错误，那么_____被文件管理器标注上"有故障"（corrupted）。

答：这个文件；整个卷。

1-217 HM 的不可恢复性数据错误信息被系统送到实时杂志（RTJ）中，这个信息包含着坏卷/文件的名称和扇区号。请写出能够调出这条信息的步骤。

答：见图 1-68（供参考）。

1-218 请写出调出维护建议信息的步骤。

答：见图 1-69。

1-219 对 HPM 硬件进行诊断的软件有三层，请回答是哪三层？

答：（1）上电测试　上电后立即执行这些内部测试。这些测试是由每一块电路卡件（通讯/控制卡、I/O 链接卡和 IOP 卡）独立完成的。这些测试对电路卡件的基本功能进行检查，并通过硬件指示灯报告检查出的问题。

（2）属性装载测试　装载属性软件时，首先装载并运行的是软件中的这些测试部分。这些测试比上电测试时的内部测试更完善，并通过硬件指示灯和系统状态画面报告检查出的问题。

（3）在线测试　这些诊断程序是嵌在属性软件中，它们与在线的活动并存；当检测出故障时，通过硬件指示灯和系统状态画面报告检查出的问题。

图 1-68

信息举例：

```
13：40：36        NODE 43        INFORM        DISK_DRIVE 5(OK --> WARNING)
```

———————— (Actually displayed on one line) ————————

: NON RECOV DATA ERROR   - SECTOR 00049411 - &AMO>AMONPH4.PI

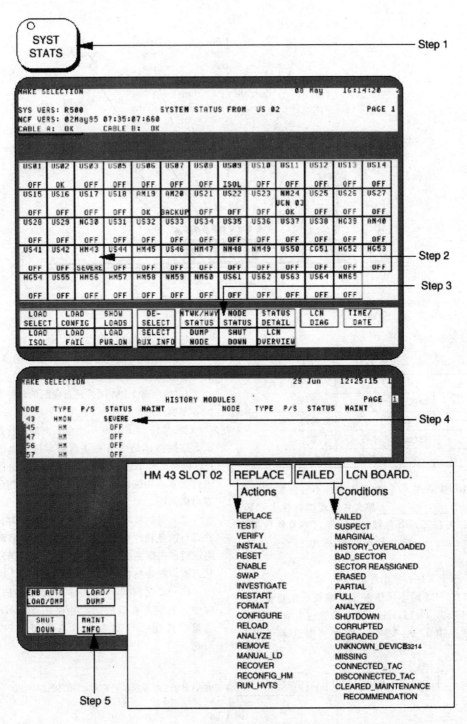

图 1-69

1-220 图 1-70 是 UCN 状态画面，请找出有故障的节点。如何进一步查询故障原因？

答：07 号 HPM 故障，请选择

| 07 HPM 08 PARTFAIL BACKUP | + | DETAIL STATUS |

调出 HPM 状态画面继续查找故障原因。

1-221 图 1-71 是 HPM 状态画面，请找出有故障的卡件。如何进一步查询故障原因？

答：HPMM 有软件故障，06 号 LLAI 卡不响应（NR：Not Response）。

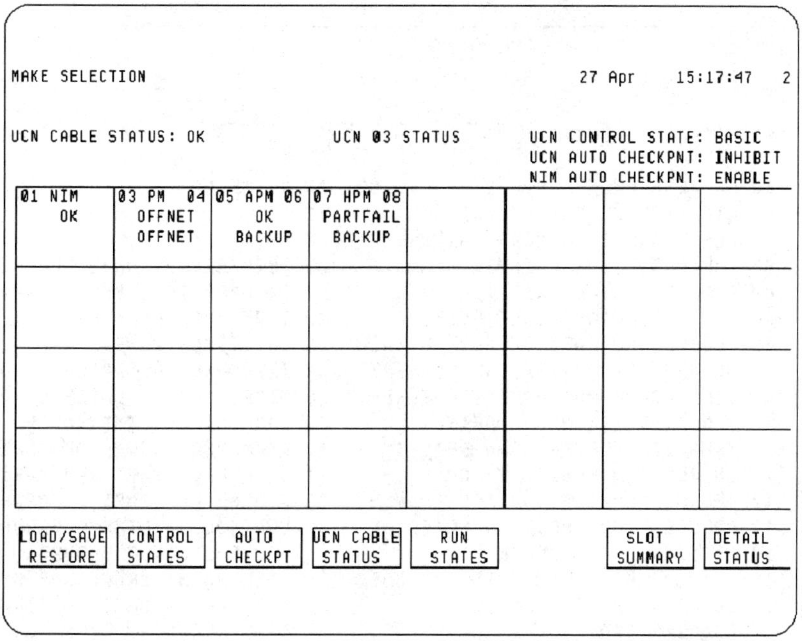

```
MAKE SELECTION                              27 Apr    15:17:47   2

UCN CABLE STATUS: OK              UCN 03 STATUS    UCN CONTROL STATE: BASIC
                                                  UCN AUTO CHECKPNT: INHIBIT
                                                  NIM AUTO CHECKPNT: ENABLE
┌───────┬───────┬───────┬───────┬───────┬───────┬───────┬───────┐
│01 NIM │03 PM 04│05 APM 06│07 HPM 08│       │       │       │       │
│   OK  │ OFFNET │   OK   │PARTFAIL │       │       │       │       │
│       │ OFFNET │ BACKUP │ BACKUP  │       │       │       │       │
├───────┼───────┼───────┼───────┼───────┼───────┼───────┼───────┤
│       │       │       │       │       │       │       │       │
├───────┼───────┼───────┼───────┼───────┼───────┼───────┼───────┤
│       │       │       │       │       │       │       │       │
├───────┼───────┼───────┼───────┼───────┼───────┼───────┼───────┤
│       │       │       │       │       │       │       │       │
└───────┴───────┴───────┴───────┴───────┴───────┴───────┴───────┘

┌────────┬────────┬────────┬────────┬────────┐      ┌────────┬────────┐
│LOAD/SAVE│CONTROL│ AUTO  │UCN CABLE│  RUN  │      │ SLOT  │DETAIL │
│RESTORE │ STATES │CHECKPT│ STATUS │ STATES │      │SUMMARY│STATUS │
└────────┴────────┴────────┴────────┴────────┘      └────────┴────────┘
```

图 1-70

```
MAKE SELECTION                              27 Apr    15:21:03   2

HPM AUTO CHECKPNT: INHIBIT    HPM 07 STATUS/UCN 03   HPM CONTROL STATE  :BASIC
IOL PERIODIC SWAP: DISABLE    ┌HPMM 07 P┬HPMM 08 S┐  UCN CBL STS HPMM 07: B/A
                             │SOFTFAIL │ BACKUP  │              HPMM 08: B/A
WRITE LOCKOUT : OFF
┌────────┬────────┬────────┬────────┬────────┬────────┬────────┬────────┐
│01 HLAI │02   AO │03   AO │04   DO │05   DI │06 LLAI ?│07   SI │08      │
│OK /BKP │   OK   │   OK   │   OK   │   OK   │   NR   │   OK   │        │
├────────┼────────┼────────┼────────┼────────┼────────┼────────┼────────┤
│09      │10      │11      │12      │13      │14      │15      │16      │
├────────┼────────┼────────┼────────┼────────┼────────┼────────┼────────┤
│17      │18      │19      │20      │21      │22      │23      │24      │
├────────┼────────┼────────┼────────┼────────┼────────┼────────┼────────┤
│25      │26      │27      │28      │29      │30      │31      │32      │
├────────┼────────┼────────┼────────┼────────┼────────┼────────┼────────┤
│33      │34      │35      │36      │37      │38      │39      │40      │
└────────┴────────┴────────┴────────┴────────┴────────┴────────┴────────┘

┌────────┬────────┬────────┬────────┬────────┐      ┌────────┬────────┐
│LOAD/SAVE│CONTROL│ AUTO  │IOL CABLE│  RUN  │      │ SLOT  │DETAIL │
│RESTORE │ STATES │CHECKPT│COMMANDS│ STATES │      │SUMMARY│STATUS │
├────────┼────────┼────────┼────────┼────────┤      ├────────┼────────┤
│STARTUP │ IDLE  │SHUTDOWN│  SWAP  │VALIDATE│      │CANCEL │ ENTER │
│        │       │        │PRIMARY │ IOP DB │      │        │        │
└────────┴────────┴────────┴────────┴────────┘      └────────┴────────┘
```

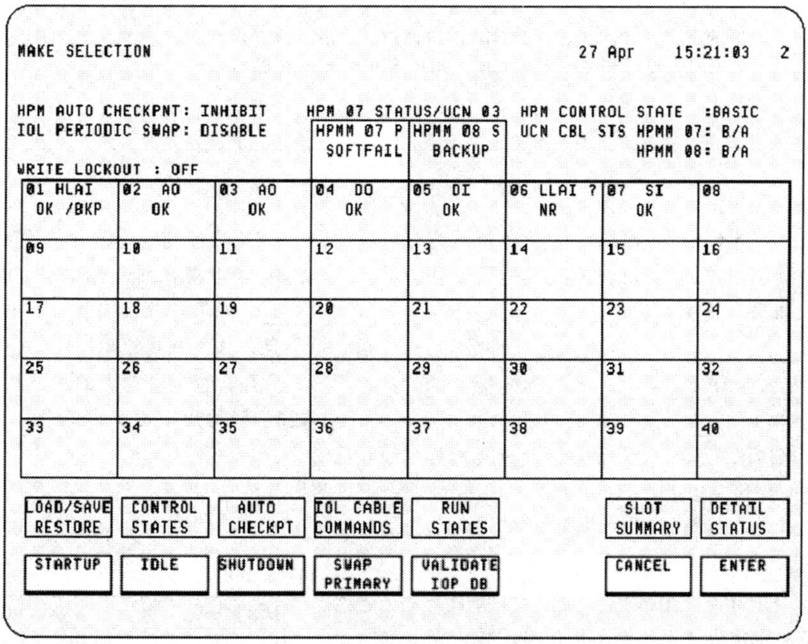

图 1-71

查询 HPM 故障，请选择

┌─────────┐   ┌────────┐   ┌────────┐
│HPMM 07 P│ +   │DETAIL │ +   │SOFT   │
│SOFTFAIL │   │STATUS │   │FAILURE │
└─────────┘   └────────┘   └────────┘

调出 HPMM 软件故障状态画面，继续查找故障原因。

查询 06 号 LLAI 卡的故障，请选择

┌─────────┐   ┌────────┐
│HPMM 07 P│ +   │DETAIL │
│SOFTFAIL │   │STATUS │
└─────────┘   └────────┘

调出 IOP 细目画面，查找卡件相应的卡件箱号和卡件号，到 HPM 柜侧查看卡件的连接、保险等，或更换卡件。

1-222 图 1-72 是 HPMM 软件故障状态画面，请找出故障项。

答: 第 17 条。

1-223 当 HPMM 上电时，HPMM 卡件上的电

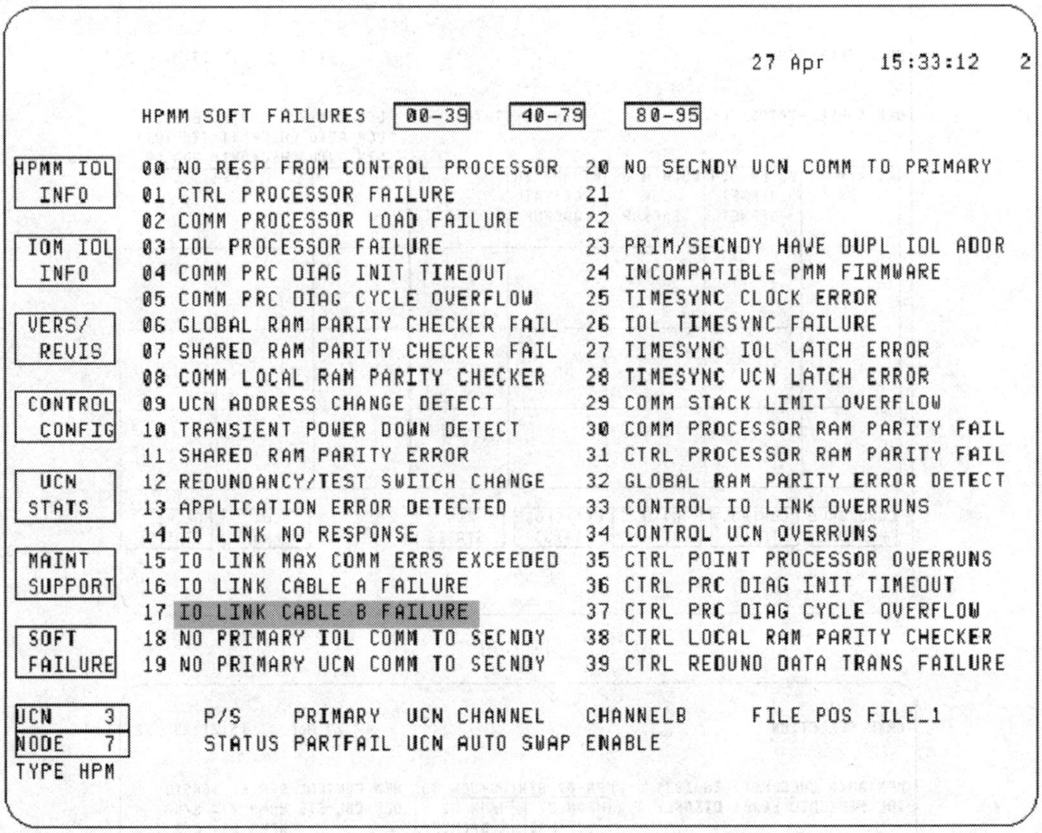

```
                                              27 Apr    15:33:12    2

        HPMM SOFT FAILURES   00-39    40-79    80-95

HPMM IOL  00 NO RESP FROM CONTROL PROCESSOR   20 NO SECNDY UCN COMM TO PRIMARY
 INFO     01 CTRL PROCESSOR FAILURE           21
          02 COMM PROCESSOR LOAD FAILURE      22
IOM IOL   03 IOL PROCESSOR FAILURE            23 PRIM/SECNDY HAVE DUPL IOL ADDR
 INFO     04 COMM PRC DIAG INIT TIMEOUT       24 INCOMPATIBLE PMM FIRMWARE
          05 COMM PRC DIAG CYCLE OVERFLOW     25 TIMESYNC CLOCK ERROR
VERS/     06 GLOBAL RAM PARITY CHECKER FAIL   26 IOL TIMESYNC FAILURE
 REVIS    07 SHARED RAM PARITY CHECKER FAIL   27 TIMESYNC IOL LATCH ERROR
          08 COMM LOCAL RAM PARITY CHECKER    28 TIMESYNC UCN LATCH ERROR
CONTROL   09 UCN ADDRESS CHANGE DETECT        29 COMM STACK LIMIT OVERFLOW
 CONFIG   10 TRANSIENT POWER DOWN DETECT      30 COMM PROCESSOR RAM PARITY FAIL
          11 SHARED RAM PARITY ERROR          31 CTRL PROCESSOR RAM PARITY FAIL
UCN       12 REDUNDANCY/TEST SWITCH CHANGE    32 GLOBAL RAM PARITY ERROR DETECT
STATS     13 APPLICATION ERROR DETECTED       33 CONTROL IO LINK OVERRUNS
          14 IO LINK NO RESPONSE              34 CONTROL UCN OVERRUNS
MAINT     15 IO LINK MAX COMM ERRS EXCEEDED   35 CTRL POINT PROCESSOR OVERRUNS
SUPPORT   16 IO LINK CABLE A FAILURE          36 CTRL PRC DIAG INIT TIMEOUT
          17 IO LINK CABLE B FAILURE          37 CTRL PRC DIAG CYCLE OVERFLOW
SOFT      18 NO PRIMARY IOL COMM TO SECNDY    38 CTRL LOCAL RAM PARITY CHECKER
FAILURE   19 NO PRIMARY UCN COMM TO SECNDY    39 CTRL REDUND DATA TRANS FAILURE

UCN   3      P/S   PRIMARY  UCN CHANNEL   CHANNELB      FILE POS FILE_1
NODE  7      STATUS PARTFAIL UCN AUTO SWAP ENABLE
TYPE HPM
```

图 1-72

源指示灯_____，通讯/控制卡的状态指示灯_____；自检测试通过后，通讯/控制卡的状态指示灯_____，如果自检测试没有通过，通讯/控制卡的状态指示灯_____，如果检测到有软件故障，通讯/控制卡的状态指示灯_____；I/O 链接卡的状态指示灯在上电后_____；装载属性软件后，I/O 链接卡的状态指示_____，如果检测到有软件故障，I/O 链接卡的状态指示_____。

答：变亮，变亮；继续亮，熄灭，闪烁；不亮；变亮，闪烁。

1-224 如果 HPMM 发生故障，通讯/控制卡上的 4 位故障诊断显示提供错误码和附加信息，按诊断显示按钮（打开卡上的中间部位的前盖），可连续显示错误信息。请写出这些信息的代码和含义。

答：FXXX 硬件故障（XXX＝卡件箱号，UCN 节点号）；

COMM 下一个值是通讯处理器硬件故障代码；

XXXX 通讯处理器硬件故障代码；

CNTL 下一个值是控制处理器硬件故障代码；

XXXX 控制处理器硬件故障代码。

1-225 当电源系统上电时，IOP 卡的电源指示灯_____。如果电源系统已经上电，IOP 卡的电源指示灯不亮，如何查找故障原因？

答：变亮；查卡件箱上的保险和卡件上的保险。

1-226 请写出 IOP 卡状态指示灯的指示状态和相应含义。

答：见表 1-22。

表 1-22

（普通 IOP）

指示灯状态	含　义
On	卡件运行正常
Off	有故障
闪烁（1 s 速率）	有软件故障

（新的多点 IOP）

指示灯状态	含　义
绿色，亮	主 IOP，卡件运行正常
橙色，亮	后备 IOP，卡件运行正常
Off	有故障
闪烁（1 s 速率）	有软件故障

1.4.7 电源和接地

1-227 TPS 系统的供电设备应_____于其它系统。

答：独立。

1-228 设备机箱应接_____地。UCN 同轴电缆屏蔽应接_____地。

答：AC 安全，AC 安全。

1-229 如果有齐纳安全栅，MRG（主参考地）的最大接地电阻值为_____Ω；否则，MRG（主参考地）的最大接地电阻值为_____Ω。

答：1，5。

1-230 MRG 接地极和其它接地极之间的最小距离是_____m。

答：3。

1-231 每一个_____都应连接到_____地，_____有隔离口标志，连接到_____的非隔离口的 UCN 主干电缆和分支电缆通过与这个_____接到_____地。

答：Tap，AC 安全，Tap，Tap，Tap，AC 安全。

1-232 同轴电缆应与电机、变压器距离_____cm/kV。

答：30。

1-233 如果电源线是用金属封装的，同轴电缆与电源封装之间至少应有_____cm/kV。

答：30。

1.4.8 LCN 重新连接

1-234 每一 LCN 节点都有实现在 LCN 网上通讯的硬件部分，这部分硬件的组成是_____、_____，其中_____在老的节点中是由 LLCN 卡来实现，目前是在_____卡中来实现。对 GUS 而言，是在_____或_____中实现。

答：LCN 接口电路，CLCNA/B，LCN 接口电路，K4LCN 或 K2LCN，LCNP，LCNP4。

1-235 LCN 网上每一节点都要定期发送几个常信息到网上，以保证每一节点都了解网上其它节点的状态。每隔_____s，每一节点都发送含有自己通讯状态的信息，如果这个节点处于 QUALIFIED 或 POWER_ON 状态，便送出_____的信息。

答：30，I am alive（上电状态）。

1-236 LCN 节点的通讯方式是_____，持有_____者发送信息，其它节点侦听信息。持有_____者发送完信息，便把_____传给下一地址节点，依次传递，直至地址最高的节点，这个节点再把_____送给地址最低的节点，在软件上形成一个_____环。

答：令牌传输，令牌，令牌，令牌，令牌。

1-237 LCN 电缆是冗余装置，节点是在_____LCN 电缆上发送数据，在_____LCN 电缆上侦听，两条电缆每分钟_____一次。

答：其中一条，两条，切换。

1-238 如果两条 LCN 都断掉，_____（会/不会）造成整个 LCN 网瘫痪，这时会形成_____，从其中一段的 GUS 节点上看另一段的节点，这些节点的运行状态为_____，其含义为通讯不上。

答：不会，两个令牌环，ISOLATED（隔离）。

1-239 如果两条 LCN 都断掉，可以从_____画面上判断 LCN 断裂之处。恢复电缆连接之后，还可以在该画面上执行 LCN 重连接，使两个令牌环变成一个环。

答：LCN OVERVIEW（LCN 总貌）。

2 横河 CENTUM CS 系统

2.1 CENTUM CS 系统概述

2-1 CENTUM CS 系统由哪些部分构成? 各部分的功能是什么?

答: CENTUM CS 系统是日本横河电机公司的产品。CS 系统主要由工程师站 EWS (惠普公司生产), 信息指令站 ICS (即操作站), 双重化现场控制站 AFM20D, 通信门单元 ACG (CGW), 双重化通讯网络 V-NET 等构成。系统构成图见图2-1。

工程师站 EWS 完成对系统的组态。信息指令站 ICS 具有监视、操作、记录等功能, 是 CS 系统的人-机接口装置。现场控制站 AFM20D 完成反馈控制和顺序控制, 是 CS 系统实现自动控制的重要部分。一个 V-NET 总线上最多可连接 64 个站, 最多可连接 16 个信息指令站 ICS。

2-2 CENTUM CS 系统的特点是什么?

答: 主要有以下 4 点。

(1) 开放性 采用标准网络和接口: FDDI, ETHERNET, FIELD-BUS, RS232C, RS422, RS485。

采用标准软件: X-Windows, Motif 用户图像接口, Unix 操作系统。

(2) 高可靠性

(3) 三重网络

a. 操作站与控制站连接的实时通信网络 V-net;

b. 操作站之间连接的网络 E-net;

c. 与上位计算机连接的网络 Ethernet。

(4) 综合性强 实现 IEC 一体化 (I——仪表控制; E——电气控制; C——计算机功能), 可与 PC 机及 PLC 连接, 实现信息种类和量的综合, 监控地区的综合 (FDDI, V-net, RIO 总线可覆盖很广的范围)。

2-3 CS 系统的可靠性措施有哪些?

答: 操作站 ICS 结构完善, 每台均有独立的 32 位 CPU, 2GB 硬盘。控制站为双重化, 控制器的 CPU、存储器、通信、电源卡及节点通信, 全部是 1:1 冗余, 也就是说系统为全冗余。从硬盘看, 通信总线 V-net、现场控制单元、远传 I/O 总线 RIO 以及节点接口单元 NIU 均为双重化。现场控制站采用 RISC 和 "Pair and Spare" 技术, 即成对备用技术, 解决了容错和冗余的问题, 可实现无停机系统。

2-4 试述 CS 系统中 V-net 的功能。

答: V-net 是操作站与控制站连接的实时通信网络, 是一个基于 IEEE802.4 标准的双重化冗余总线。通信方式为令牌通信, 通信速率为 10 Mbps。V 网的标准长度为 500 m, 传输介质为同轴电缆, 采用光纤可扩展至 20 km。

V 网上可连接 64 个站, 通过总线转换器可扩展

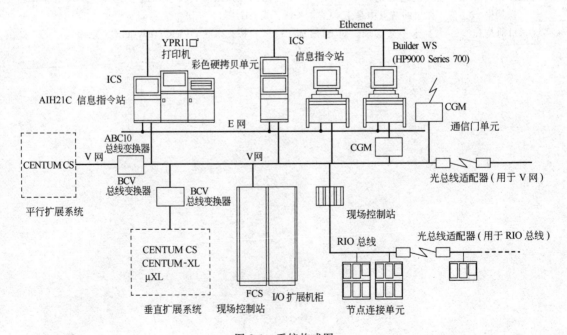

图 2-1 系统构成图

到 256 个站。在正常工作情况下，两根总线交替使用，保证了极高水平的冗余度。如果一根总线发生故障，另外一根可实现不间断切换。

2-5 试述 CS 系统中 E-NET 的功能。

答：E-NET 是基于以太网标准的速度为 10 Mbps 的网络，用于连接各个 ICS，E-net 传输距离为185 m，传输介质为同轴电缆。E-net 可以实现以下的功能：

（1）趋势数据的调用；

（2）打印机和彩色拷贝机等外设的共享；

（3）组态文件的下装。

2-6 试述 CS 系统中 Ethernet 网络的功能。

答：Ethernet 网是局域信息网，用于连接上位系统与 ICS，可进行数据文件和趋势文件的传输。通信标准符合 IEEE802.3，通讯规约为 TCP/IP，通信速率为 10 Mbps。

2.2 CS 系统操作站

2-7 试述操作站（即信息指令站）的硬件构成。

答：操作站硬件有 53 cm(21″)落地式和 53 cm(21″)或 43 cm(17″)台式两种。CPU 芯片为 32 位 MC 68040，内存有 48MB、64MB、96MB 等。硬盘为 2GB，CRT 分辨率为 1280×1024，操作系统为实时 UNIX SVR4.0，操作工具有操作员键盘、鼠标、球标、64 个一触式定义的功能键。操作员键盘采用防尘、防水的平面薄膜键。

2-8 填空（落地式操作台 AIH21C）。

（1）落地式操作站 AIH21C 的显示器为 53 cm(21″)彩色显示器，显示颜色有＿＿种，但在流程图组态时，只可以用＿＿种颜色；分辨率为＿＿＿＿＿；操作员键盘采用防水防尘的平面薄膜键盘，具有＿＿个功能键，触屏为光电型；鼠标为＿＿键式光电鼠标；处理器型号为＿＿＿＿，32 位，主存可以为＿＿、

＿＿＿、＿＿＿，辅助内存为＿＿＿镜向硬盘。

（2）操作站背面的电池用途是 ICS 安全地 Shut-down。电池后备时间最长为＿＿＿，电池充电时间为＿＿＿。

（3）一台操作站最多可连接＿＿＿台打印机，可连接＿＿＿台彩色硬拷贝。可连接＿＿＿台磁带机，磁带机型号为＿＿＿，存储容量为＿＿＿＿，连接接口为＿＿接口。

（4）当操作站 AIH21C 选型后缀为：

/EK 表示有＿＿＿＿＿＿＿；

/MU 表示带有＿＿＿＿＿；

/I-R1 表示带有＿＿＿＿＿接口卡一个。这个卡上有＿＿＿个口，可以连接打印机；

/I-E2 表示带有＿＿＿＿＿接口卡一个，这个接口卡上有＿＿＿个口。

答：（1）32，16，1280×1024，64，三，MC68040，48MB，64MB，96MB，2GB。

（2）3 min，24 h。

（3）4，1，1，YLM511，525Mbyte，SCSI。

（4）工程师键盘；鼠标；RS232，4；Ethernet，1。

2-9 操作站具有哪些功能？

答：（1）具有各种标准画面；

（2）具有多种窗口功能；

（3）具有过程报告和快速报警访问功能；

（4）可利用 MIF 软件包做报表；

（5）可定义画面自动顺序翻页，标准汉字显示，必要时可设置画面自动弹出。为操作安全，CRT 画面和内部仪表可以进行分级操作，操作站有分群功能，使监视、操作非常方便安全。

2-10 快速报警访问是如何实现的？

答：当报警发生时，可采取以下操作步骤进行访问（参见图 2-2）。

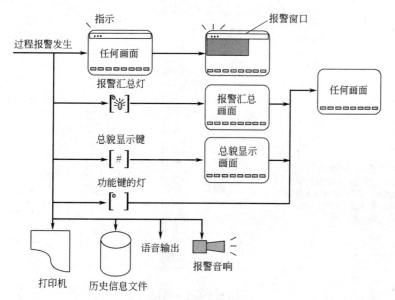

图 2-2　快速报警访问

（1）在 CRT 任何画面的系统信息区上显示报警信息，用手触屏报警信息，可显示报警窗口。

（2）报警键上的灯在闪动。按报警键，则显示报警汇总画面，用手触屏相关报警信息，则画面展开到报警信息对应的相关画面。

（3）按总貌键，在总貌画面上，相应块颜色显示变红，且闪烁。用手触屏此块，则显示此报警信息对应的相关画面。

（4）与报警相关画面对应的功能键上的灯闪烁。接此功能键，则调出此报警信息对应的任何画面。

2-11 什么是操作站的安全功能？

答：操作站的安全功能不仅可以对操作工在 ICS 上登录与退出的操作加以限制，而且也可以对操作工在其所登录的 ICS 上的操作权限加以限制。操作工的识别及操作工对系统的操作都会被记录下来。这样可以在操作中为每台 ICS 提供安全的数据检索跟踪和安全限制。

2-12 什么是自动重复报警功能？

答：如果高级别报警发生后没有得到适时处理，且状态未恢复正常时，那么它将以系统规定的周期自动重复报警。

2-13 趋势画面有哪几种图表方式？

答：（1）趋势画笔图　这里最多可用 32 笔。历史报警和信息也可以在窗口中显示出来。

（2）棒状图表画面　测量数据可以以棒图形式显示。

（3）三维图表　温度分布数据和其它状态数据会与相关的测量点/位置一同显示出来。为了适应各自不同的需要，多组测量数据还可以按时序显示出来。

2.3　CS 系统现场控制站

2-14 现场控制站 FCS 由现场控制单元 FCU、远程输入输出总线 RIO、节点 NODE、节点接口单元 NIU 和输入输出单元 IOU 组成，见图 2-3。请说明其各组成部分的作用和功能。

答：（1）现场控制单元 FCU 是 FCS 的运算单元，以 RISC 技术芯片作为过程处理器，具有高速数据处理功能。FCU 中包括双重化的电源卡、通信卡以及 CPU 卡。见图 2-4。

（2）远程输入输出总线 RIO 连接 FCU 与 NODE，实现两者之间的通信。

（3）节点 NODE 由节点接口单元 NIU 和输入输出单元 IOU 组成。

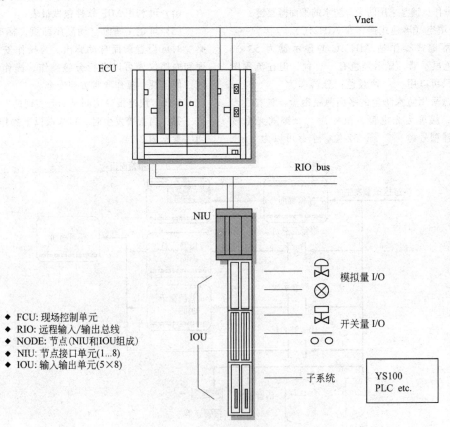

◆ FCU: 现场控制单元
◆ RIO: 远程输入/输出总线
◆ NODE: 节点（NIU 和 IOU 组成）
◆ NIU: 节点接口单元(1...8)
◆ IOU: 输入输出单元(5×8)

图 2-3　FCS 结构

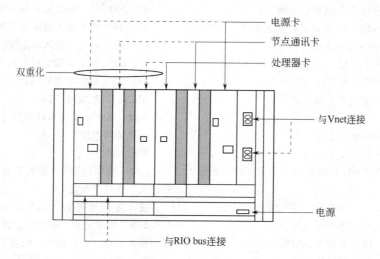

电源卡

节点通讯卡

处理器卡

双重化

与Vnet连接

电源

与RIO bus连接

图 2-4　FCU 结构

（4）NIU 是节点与总线连接的接口。IOU 用于连接现场信号或子系统，它由 I/O 模件和插槽组成，I/O 模件处理各种不同的现场信号，并与 FCU 进行数据通信。

2-15 填空（机柜式双重化现场控制站 AFM20D）。

机柜式双重化现场控制站 AFM20D CPU 的处理器为_____，主频为_____，主存为_____。主存储器采用高可靠性带误码校正的_____，存储器带有后备电池，可保证 DCS 全部失电后，数据保存至少_____不丢失。电池充电时间为_____。

答：R3000，30MHz，12Mbyte，ECC 存储器，72h，48h。

2-16 填空（通讯门单元 ACG10S）。

通讯门单元 ACG10S 的通讯速率为_____，物理层接口为_____，电缆为_____同轴电缆，不要中继器时，传输距离最大为___，通讯协议传输层为_____，通讯工位最大为_____，通讯方式为_____或_____。ACG 是与上位计算机进行通信的。用于上位计算机采集或设定 FCS 的数据。

答：10 Mbps，IEEE802.3 AUI 接口，50Ω，500m，TCP，16000 个工位，字符式，二进制方式。

2-17 填空（远程输入输出总线 RIO）。

远程输入输出总线 RIO 是一种双重化的通信总线，是用来连接_____和_____的。RIO 总线的介质为_____传输距离为___，一个中继器或光中继器可用于长距离信号传输。若用中继器或光纤，最大传输距离为_____，RIO 总线的传输速度为_____。

答：FCU，节点 NODE；双绞线，750m；20km，2Mbps。

2-18 I/O 模件有几种类型？

答：I/O 模件的类型有模拟量单点模件，多点模件，通信模件，现场总线通信模件。

模拟量单点模件是由不同型号模件构成的多功能模件。通过应用软件组态可改变其量程，可以接收不同的 I/O 信号，可以实现一般线性化处理、开平方处理以及特殊化处理。

多点模件又分为端子型 I/O 模件和接插件型 I/O 模件。多点模件用于处理多点 I/O 信号，模拟量多点模件适用于监视简单回路控制。接点即数字量 I/O 模件，完成基本数字量的输入和输出。这些接点模件除了具有基本的状态 I/O 处理功能外，还具有内置复合动作功能，如边界检测，脉冲输入计数，可变脉宽输出，时间比例输出等功能。

通信模件满足三种协议 RS-232C，RS-422 和 RS-485，可通过下装必需的协议来实现与多种 PLC 的通讯。

现场总线通信模件是一种与现场总线进行通信的接口模件。

2-19 模拟量单点 I/O 模件有哪些类型？列举其型号和名称。

答：AAM10，AAM11——电流/电压输入模件；

AAM50，AAM51——电流/电压输出模件；

AAM21——MV，热电偶 T/C，热电阻 RTD 输入模件；

APM11——脉冲输入模件；

AAM11B——支持 BRAIN 协议的智能变送器的电流/电压输入模件。

2-20 端子型 I/O 模件有哪些类型？列举其型号和名称。

答：AMM12T——16 点电压输入模件；

AMM22M——16 点毫伏输入模件；

AMM22T——16 点热电偶输入模件；

AMM32T——16 点热电阻输入模件；

AMM42T——16 点两线制变送器电流输入模件；

AMM52T——16 点电流输出模件；

ADM11T——16 点数字输入模件；

ADM12T——32 点数字输入模件；

ADM51T——16 点数字输出模件；

ADM52T——32 点数字输出模件；

ADM15R——继电器输入模件；

ADM55R——继电器输出模件。

2-21 接插件型 I/O 模件有哪些类型？列举其型号和名称。

答：ADM11C——16 点数字输入模件；

ADM12C——32 点数字输入模件；

ADM51C——16 点数字输出模件；

ADM52C——32 点数字输出模件。

2-22 列举通信模件和现场总线通信模件的型号和名称。

答：ACM11——RS232C 通信模件；

ACM12——RS422/RS485 通信模件；

ACF11——现场总线通信模件。

2-23 输入输出模件箱的种类有哪些？

答：AMN11 模拟输入输出模件箱；

AMN12 模拟输入输出模块用高速型模件箱；

AMN21 继电器输入输出模件箱；

AMN31 端子型输入输出模件箱；

AMN32 接插件型输入输出模件箱；

AMN33 通信模件箱。

2-24 模拟量单点 I/O 模件与模件箱的 A、B、C 三个端子如何连接？

答：见表 2-1。

2-25 请根据图 2-5 将二线制差压变送器与 DCS 的输入接线端子相连。

答：将 M 连至 1A，N 连至 1B。

2-26 请检查图 2-6 中热电偶与 DCS 接线端子的连接是否正确，若有错误，请改正。

答：图中连线有极性错误，将 1B 与 1C 的两根线对调即可。

2-27 请将图 2-7 中的热电阻连接到 DCS 的接线端子上。

答：将 K 连接 1A，将 M 连至 1B，将 N 连至 1C。

2-28 请检查图 2-8 中接线，若有错误请更正。

表 2-1　输入输出模块各端子的连线表

输入输出模块的型号	电缆接线端子	输入输出的种类		
AAM11	A	二线制变送器输入 +		
	B	二线制变送器输入 −	电流输入 +	电压输入 +
	C		电流输入 −	电压输入 −
AAM11B	A	BRAIN 变送器输入 +		
	B	BRAIN 变送器输入 −	电流输入 +	电压输入 +
	C		电流输入 −	电压输入 −
AAM21	A		热电阻输入 A	电位计输入 100%
	B	mV 热电偶输入 +	热电阻输入 B	电位计输入可变
	C	mV 热电偶输入 −	热电阻输入 B	电位计输入 0%
APM11	A		供电型二线制　电源	供电型三线制　电源
	B	二线制（电压，接点）+	供电型二线制　信号	供电型三线制　+
	C	二线制（电压，接点）−		供电型三线型　−
AAM51	A	电流输出 +	电压输出 +	
	B			—
	C	电流输出 −	电压输出 −	

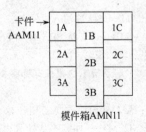

模件箱AMN11

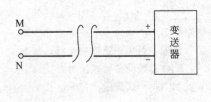

图 2-5

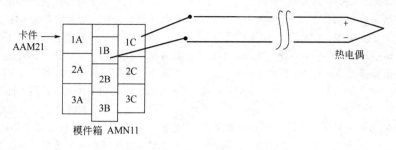

图 2-6

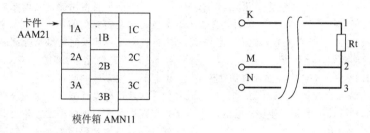

图 2-7

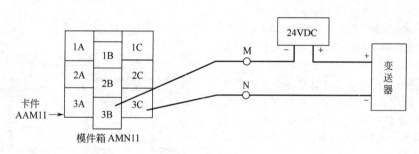

图 2-8

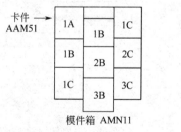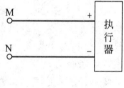

图 2-9

答：图 2-8 的连接有极性错误。需要将 3B 和 3C 对调。

2-29 图 2-9 中的 DCS 输出端子与执行器输入端子如何连接。

答：将 M 与 1A 相连，N 与 1C 相连。

2-30 试简述现场控制站功能块的作用和种类。

答：在现场控制站中，备有功能与常规调节器、指示器等仪表相类似的功能块。把这些功能块用软件的方法进行连接，称为"软连接"，可构成各种控制方案，与现场检测仪表及执行机构相连，完成对温度、压力、流量、液位、成分等参数的过程控制。

功能块大致分为连续控制块，顺序控制块，运算块，SEBOL 块，SFC 块，面板块等。

2-31 连续控制块有哪些?

答：有 PID 控制，输入指示器，手操器，信号选择器，信号设定，信号分配，信号限制，PID 自整定，比值设定，13 段折线程序设定等。

2-32 顺序控制块有哪些？

答：有顺控表，逻辑图，开关仪表功能块，16位阀位监视块，32点开关块，定时块，软件计数块，脉冲计数块，代码输入块，代码输出块，关系表达式块，软件开关，报警器（％AN）打印信息（％PR），操作指导信息（％OG）等。

2-33 运算块有哪些？

答：有计算功能块（加法、乘法、除法、平均、一阶滞后、开方、折线函数、温压补偿等），逻辑操作块（与、或、非、触发器、比较器、上升沿延时、下降沿延时），一般运算块，高速趋势数据运算块，辅助计算块（三刀三掷选择开关 SW-33，单刀九掷选择开关 SW-91，16 个常数选择开关），数据设定块，批量数据采集块，内部数据连接块等。

2-34 简述 SEBOL 块，SFC 块、面板块的功能。

答：SEBOL 功能块允许使用 SEBOL 语言，该语言可用来描述实际的批量控制功能，使更高效的顺序控制变得简单易行。

SFC 块允许使用顺序功能图 SFC，它以图形方式来描述顺序控制，该功能符合 IEC SC65A/WG6 标准。

面板块是人机界面功能块，允许操作工将多个功能块作为一个工位来识别。适用于模拟、顺序及混合型。

2-35 解释 CS 系统的子系统通信功能。

答：CS 系统现场控制站 FCS 具备同子系统（如PLC、过程分析仪等）通信的功能。将所有子系统集中起来构成一个完整的控制系统。再通过 FCS 上的专用节点或通信模件实现子系统通信，并传送大量数据到 DCS。

2-36 什么是控制站 FCS 中的控制域？

答：控制站 FCS 的控制域是一个从理论上分割的虚拟的控制站，一台 FCS 可建立多达 8 个独立的控制域。

（1）每一控制域的控制功能可以下装、组态以及测试操作，每一控制域可处理工程而不影响其它的域，只要本域不与其它域进行域间通信。

（2）可同时对最多 8 个域进行工程处理，这样大大提高了工作效率。

（3）某一控制域内的数据可以被其它域共享。

2-37 什么是现场控制站中的控制 Drawing 图？

答：控制 Drawing 图是一个包含 2 个或 2 个以上功能块的控制组。例如可将设备的部分控制功能进行组合而成一个控制组，使工程及维护操作更容易些。

2-38 填空（现场控制站 FCS 的容量）。

每个现场控制站 FCS 最多可带___个节点，每个节点最多可带___个输入输出单元 IOU。每个控制站 FCS 可以分为___个 Area，每个 FCS 最多可有___张控制 Drawing 图。每个 FCS 最多可有___个功能块。

答：8，5；8，256；4000。

2-39 图 2-10 所示是现场控制单元 FCU 中"成对后备"的设计，请问它有什么优越性。

答：FCU 的处理器部分，在 DCS 中初次采用了双重化参照方式（成对备用方式），解决了以往单纯双重化方式无法解决的问题。因为其具有双冗余处理器卡及 CPU，提供了传统设计所不能实现的后备冗余。

（1）电子干扰初始故障阶段均可导致短暂的运算错误。通过 2 个 CPU 演算结果的比较，可检测电气干扰影响或故障初期等偶发性演算错误，用备用侧的微处理器卡，瞬时备用切换。

（2）因平时备用侧微处理器卡和控制侧微处理器卡进行同期演算，即使卡件切换时，控制也不间断。因此，双重化切换时能维持控制的连续性。

（3）"成对后备"的设计对 CPU 运算错误的纠正也起到了根本性的改善。

（4）这种设计减少了系统设计者在控制卡件切换时所要做的大量极复杂的工作，即要准备一个与 FCS 兼容的用户控制程序来处理，以保证其连续性。

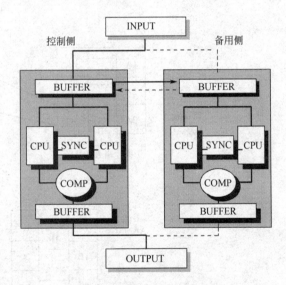

图 2-10　现场控制站 Pair & Spare
技术示意图

2-40 当微处理器卡演算错误一经检出，FCU 如何进行控制权的交替？

答：（1）在现场控制单元中左右两侧的微处理器卡上各有 2 个独立的 CPU 单元。4 个 CPU 进行同样的控制运算，其结果用比较器在每个运算周期内比较一次。若 2 个 CPU 的结果一致，就认为控制演算正常，把数据送到主记忆装置或总线接口卡。主记忆装置因为是 ECC 存储器，在存储器内产生的偶发性位反转错误能修正，故可防止存储器内部的错误。

（2）CPU 的结果不一致时，比较器就认为"演算异常"，把控制权交给备用侧的微处理器卡。

（3）因备用侧的微处理器卡和控制侧微处理器卡同期进行同样的演算，故一得到控制权后就能把正确的演算结果送到总线接口。

（4）从演算不一致起，控制侧微处理器卡就进行自诊断，诊断结果若 CPU 硬件无异常时，则看做偶发性演算错误，从异常状态复归为备用状态。

2-41 填空：

在控制站组态 FCS Configuration 中，当电源从停电到恢复时，FCS 启动模式可以选为 3 种，并填空说明这 3 种方式。

（1）AUT：_____；

（2）MAN：_____；

（3）TIM：_____。

答：（1）断电恢复后，与停电前控制站回路状态和输出电压相同的条件。

（2）断电恢复后，回路状态变为 MAN，且输出不超过 0%。

（3）在 2 s 之内，断电恢复后与 AUT 方式相同，超过 2 s，断电恢复后与 MAN 方式相同。

2.4 操作站的操作与监视功能

2-42 在操作站上调用画面的方法有几种？如何进行操作？

答：有下列几种方法。

（1）利用操作员键盘上的功能键，直接调用预先设定的画面。

（2）键入画面名，调用所需要的相关画面。例：·GR0001［⇥］可调用流程图第 1 页。

（3）按相应类型的操作键，再用 PAGE 键选择所需要页号。例：［▤］［PAGE］50［⇥］可调用流程图第 50 页；

（4）用光标指向某一块，再用展开键［□］和滚动键，可使画面窗口的信息任意调出，滚动检索。

（5）在操作画面下方，可通过设置屏幕"软键"，再通过触屏或鼠标进行操作来调用画面。

2-43 如何调用系统维护画面？请说明其功能。

答：运行人员可直接按操作员键盘上［SYSTEM］键，再用触屏或鼠标调用相关站，即可调出对应操作站或控制站的系统维护画面。它可以显示出系统各个站的状态，可以显示出各个站的所有 I/O 模件。当任何一个站或 I/O 模件发生故障时，则在系统维护画面上以色变闪烁的形式表现出来，同时有报警声音输出。

2-44 叙述过程报告功能画面的调用方法及内容。

答：在操作员键盘上，按下［▣］键，即可调出过程报告功能画面。运行人员可以方便地检索和打印各种信息。这些信息包括数据一览，报警一览，模拟量一览，异常过程输入点一览等信息。

历史报告可以查询运行人员操作记录、操作时间等信息。任何操作都以时间顺序精确地记录在历史信息记录中。包括控制系统的启停、控制系统的手、自动切换，以及仪表操作、设定值变更的前、后值等。

2-45 图 2-11 所示为操站站 CRT 上的一幅显示画面，它由系统信息区、主画面区、窗口区、软键区、输入区 5 部分构成。请说明各部分显示的内容及作用。

答：① 系统信息区 不断显示所监视的过程和系统本身的报警信息。这个区域不会被其它屏幕窗口所覆盖，总是以固定位置在此显示。通过监视此区域，操作者可以随时知道系统通常状态。此外操作人员可通过对报警窗口或信息符号的触屏，调出报警或其它信息的细节显示。

② 主画面区 显示用操作员键盘调出的各种画面。

③ 窗口区 是指在 CRT 屏幕上可任意开窗口。

④ 软键区 在主画面上可定义 8 个软键，用手触屏或用鼠标点击软键，可显示软键事先定义的内容。

⑤ 输入区 用于输入工位号或者键入相应调画面命令。

2-46 系统信息区详见图 2-12。

在图中共有 11 项内容，请分别说明其含义和作用。

答：① 过程报警窗口触摸区。其中的符号含义见图 2-13。

触摸此区域，过程报警窗口将会出现。

② 报警页号 nn 红色

如果报警多于一页，将显示第一页的页号。如果没有报警，将不显示报警页号。

③ 系统报警窗口触摸区 ● 黄色（闪烁）

如果报警没有确认，此标记将会闪烁（黄色）。当报警确认后，此标记停止闪烁。如果没有系统报警，将不会显示此标记。用手触摸此区域将会显示系统报警窗口。

④ 系统报警（字符串） 黄色

显示一条系统报警信息（最多 20 个字符）。如果没有系统报警，将不会有信息显示。

⑤ 操作指导信息窗口触摸区？ 绿色（闪烁）

提醒操作员产生操作指导信息。如果没有确认此信息，字符闪烁。当确认后，字符保持。如果没有操作指导信息，将不会显示任何字符。触摸此字符，将会显示操作指导的信息窗口。

⑥ 帮助窗口触摸区 $\blacklozenge\frac{nnnn}{1}$ 黄色

信息号

表明需要显示帮助窗口。如果尚未显示帮助窗口，此信息号停留；如果已经显示了帮助窗口，此信

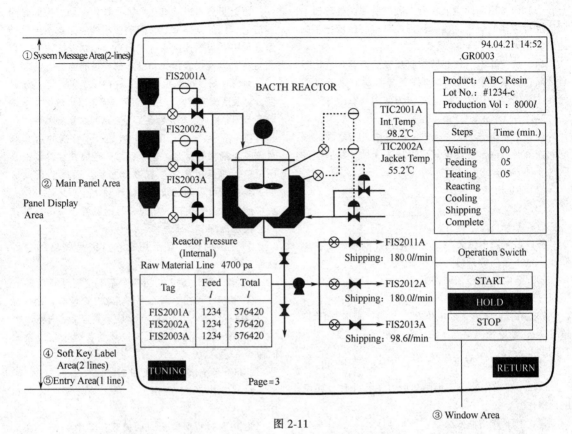

	94.04.21 14:52
	.GR0003

① Sysem Message Area(2-lines)

FIS2001A

BACTH REACTOR

Product： ABC Resin
Lot No.： #1234-c
Production Vol： 8000*l*

② Main Panel Area

Panel Display Area

FIS2002A

TIC2001A
Int.Temp
98.2℃

TIC2002A
Jacket Temp
55.2℃

FIS2003A

Steps	Time (min.)
Waiting	00
Feeding	05
Heating	05
Reacting	
Cooling	
Shipping	
Complete	

Reactor Pressure (Internal)
Raw Material Line 4700 pa

FIS2011A
Shipping: 180.0*l*/min

FIS2012A
Shipping: 180.0*l*/min

Operation Swicth

START

HOLD

STOP

Tag	Feed *l*	Total *l*
FIS2001A	1234	576420
FIS2002A	1234	576420
FIS2003A	1234	576420

FIS2013A
Shipping: 98.6*l*/min

④ Soft Key Label Area(2 lines)

⑤Entry Area(1 line)

TUNING

Page＝3

RETURN

③ Window Area

图 2-11

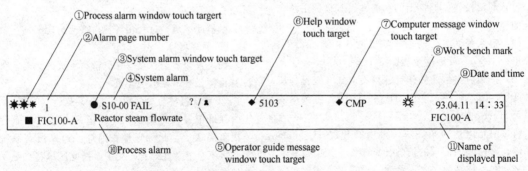

①Process alarm window touch targert
②Alarm page number
③System alarm window touch target
④System alarm
⑥Help window touch target
⑦Computer message window touch target
⑧Work bench mark
⑨Date and time

✳✳✳ 1   ● S10-00 FAIL   ? / ♟   ◆ 5103   ● CMP   ☀ 93.04.11 14：33
■ FIC100-A   Reactor steam flowrate   FIC100-A

⑩Process alarm
⑤Operator guide message window touch target
⑪Name of displayed panel

图 2-12

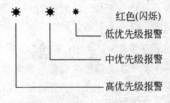

✳   ✳   ✳   红色(闪烁)
低优先级报警
中优先级报警
高优先级报警

图 2-13

息号消失。用手触摸此区域,将会显示帮助窗口。

⑦ 计算机信息窗口触摸区 ◆CMP 黄色

⑧ Work bench 标记✳青蓝色

表明当显示操作画面时,在 Work bench 画面正在运行软件。

⑨ 日期和时间 YY.MM.DD. ××:×× 白色

⑩ 过程报警

工位标记、工位号、工位注释和报警状态被显示。

⑪ 当前显示页的名字 白色。

2-47 操作员键盘可分为 9 个部分,见图 2-14。它们分别是控制键,操作确认键,功能键,数据输入键,滚动键,光标键,画面调用键,辅助画面键,报警确认键。请分别说明其用途和功能。

答:(1)控制键 控制键主要用于改变反馈控制的设定值和输出值以及块的模式。对于落地式操作站可同时操作 8 块仪表。

63

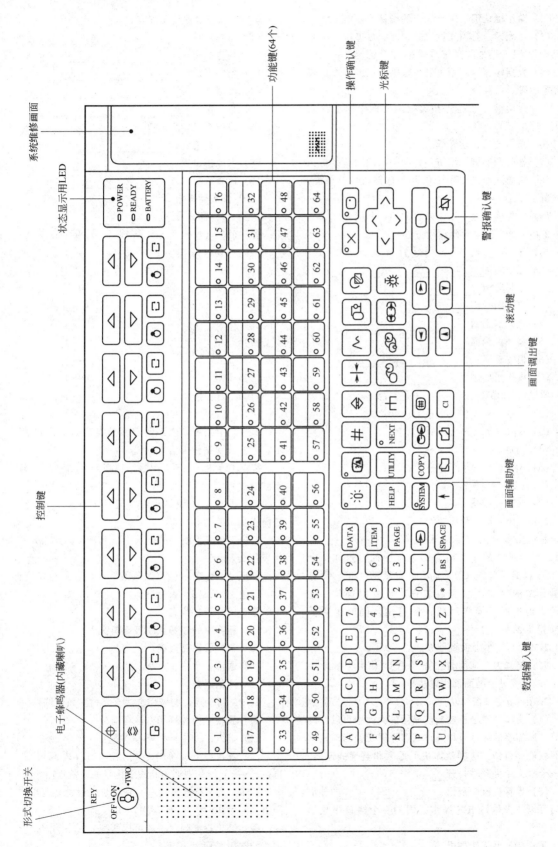

图 2-14 操作员键盘

（2）操作确认键 用于操作的确认或取消。

（3）功能键 对预先设定的功能，可进行"一触式操作"。对于落地式操作站有 64 个功能键。

（4）数据输入键 用于输入数据，如工位号、调节器参数等。

（5）滚动键 在趋势和流程图画面中用于滚动翻页。

（6）光标键 移动光标。

（7）画面调用键 用于各种画面的调用和移动。

（8）辅助画面键 用于画面的存储拷贝、翻页、清除等。

（9）报警确认键 用于报警的确认和消音。

2-48 填空（全画面调用方法）

格式为 画面名 ［⬡］

（1）总貌画面＿＿＿＿＿＿＿＿＿＿＿＿；

（2）控制分组＿＿＿＿＿＿＿＿＿＿＿＿；

（3）流程图画面＿＿＿＿＿＿＿＿＿＿；

（4）趋势组画面＿＿＿＿＿＿＿＿＿＿；

（5）趋势点画面＿＿＿＿＿＿＿＿＿＿；

（6）报警画面＿＿＿＿＿＿＿＿＿＿＿；

（7）操作指导画面＿＿＿＿＿＿＿＿。

答：（1）·OV×××× ［⬡］；

（2）·CG×××× ［⬡］；

（3）·GR×××× ［⬡］；

（4）·TG×××× ［⬡］；

（5）·TP×××× ［⬡］；

（6）·AL ［⬡］；

（7）·OG ［⬡］。

2-49 什么是半画面功能？

答：操作画面显示面积为半尺寸（长、宽各半），即全屏幕的 1/4 时，即为半画面。这样一个 CRT 可以显示传统 CRT 显示信息量的 4 倍。而且半画面中的仪表不仅可以监视，也可以操作，这就极大地扩展了操作和监视的范围。同时也降低了操作工的负担。

2-50 写出半画面调用方法。

答：格式为 画面名␣-H ［⬡］（␣为空格）

（画面名见全画面调用方法）

2-51 填空（窗口功能）。

（1）窗口功能是指在当前显示的画面中可以开设窗口。所需要的信息可以通过窗口无需切换当前显示画面就能够得到。这样就加快了控制和监视的速度。在一个画面中可同时打开＿＿＿个窗口。

（2）计算机窗口是指＿＿＿＿＿＿＿＿的显示画面可以在操作站 ICS 操作画面的一个窗口中显示出来。

答：10，上位计算机。

2-52 填空（窗口调用方法）。

（1）总貌窗口＿＿＿＿＿＿＿＿＿＿＿＿；

（2）趋势组窗口＿＿＿＿＿＿＿＿＿＿；

（3）趋势点窗口＿＿＿＿＿＿＿＿＿＿；

（4）流程图窗口＿＿＿＿＿＿＿＿＿＿；

（5）帮助窗口＿＿＿＿＿＿＿＿＿＿＿；

（6）操作指导信息窗口＿＿＿＿＿＿＿；

（7）过程报警窗口＿＿＿＿＿＿＿＿＿；

（8）系统信息窗口＿＿＿＿＿＿＿＿＿；

（9）计算机窗口＿＿＿＿＿＿＿＿＿＿；

（10）仪表面板窗口＿＿＿＿＿＿＿＿；

（11）过程窗口＿＿＿＿＿＿＿＿＿＿。

答：（1）·OV×××␣-W ［⬡］；

（2）·TG×××␣-W ［⬡］；

（3）·TP×××␣-W ［⬡］；

（4）·GW×××× ［⬡］；

（5）·HW×××× ［⬡］；

（6）·GM ［⬡］；

（7）·AM ［⬡］；

（8）·SY ［⬡］；

（9）·CM ［⬡］；

（10）工位号 ［⬡］；

（11）工位号␣DATA ［⬡］。

2-53 帮助窗口有两种显示信息，如图 2-15 所示。它们分别是什么信息？

答：（1）图 2-15 上图是系统所给的信息（一般是误操作）；

（2）图 2-15 下图是用户自己定义的信息（一般是操作步骤的指导）。

2-54 在总貌窗口的显示中，下列各种颜色分别代表什么含义？

（1）绿色稳定；（2）红色闪烁；（3）红色稳定；（4）白色稳定；（5）灰色稳定。

答：（1）正常状态；

（2）新产生的报警正在等待确认；

（3）报警状态已被确认；

（4）通信显示块；

（5）通信误差。

2-55 调整画面的调用方法有几种？如何调用？

答：调整画面的调用方法有两种。

（1）键入：工位号␣-S ［⬡］；

（2）键入：工位号 ［⬡］ 则调出仪表面板图，再按 ［►◄］ 键，则调出相应工位号的调整画面。

2-56 调出标准画面有几种方法？假设要调用控制组画面第 10 页，如何调用？

答：调出标准画面一般可用两种方法来实现，设调用控制组画面第 10 页。

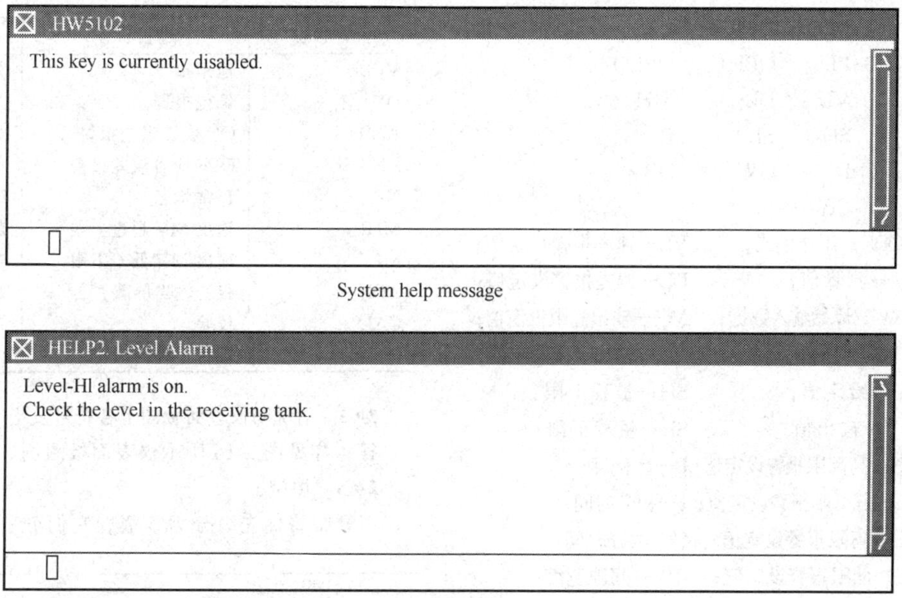

```
┌──────────────────────────────────────────────────┐
│ ⊠  HW5102                                          │
├──────────────────────────────────────────────────┤
│ This key is currently disabled.                    │
│                                                    │
│                                                    │
│                                                    │
│ ☐                                                  │
└──────────────────────────────────────────────────┘
```
System help message

```
┌──────────────────────────────────────────────────┐
│ ⊠  HELP2. Level Alarm                              │
├──────────────────────────────────────────────────┤
│ Level-HI alarm is on.                              │
│ Check the level in the receiving tank.             │
│                                                    │
│                                                    │
│ ☐                                                  │
└──────────────────────────────────────────────────┘
```
User help message

图 2-15

方法 1：按［⇔］键，则显示控制组画面。再按［PAGE］键，则在屏幕输入区显示 PAGE = 再键入［1］［0］［⬦］；

方法 2：键入 ［·］［C］［G］［0］［0］［1］［0］［⬦］ 或者 ［·］［C］［G］［1］［0］［⬦］。

2-57 如何实现常用监视操作画面之间的相互切换？

答：在 CENTUM CS 系统中，若想显示各个画面均可以直接按相关的键。由于各个画面均有相关的键，只需键入此键，就可调出相关画面类型。再配合［PAGE］键，即可调用对应一定页号的标准画面。

例：调用流程图画面第 50 页，再调用趋势组画面第 8 页。方法如下：

(1) 按［⊡］键，再按［PAGE］［5］［0］［⬦］，则 CRT 上将显示流程图画面第 50 页。

(2) 按［∧］键，再按［PAGE］［8］［⬦］，则 CRT 上将显示趋势组画面第 8 页。

2-58 填空。

［⬦］键一般与［△］和［▽］键配合使用。目的是加快改变数据时的速度。两键配合使用时，穿过满量程的时间大约为_____s。不使用［⬦］键时，穿过满量程的时间大约为_____s。

答：5，20。

2-59 当改变功能块模式时，需要进行以下操作：

(1) 首先改变功能块模式，键入_____；

(2) 确认改变的模式，键入_____；

(3) 取消改变的模式，键入_____。

答：(1)［✋］键,［⬦］键或［⬦］和［⬦］键；

(2)［°⬦］键；

(3)［°✕］键。

2-60 在手动输出时，改变设定值用哪些操作？

(1) 使设定值准备到手动状态，键入____键。

(2) 增加或减少数据值，用_____键。

(3) 当增加或减少数据值时，需加快速度。键入_____或_____。

(4) 当输入数据达到或超出上、下限时，需确认操作。键入_____。

答：(1)［⊕］；(2)［△］键或［▽］；(3)［⬦］键+［△］键,［⬦］键+［▽］键；(4)［°⬦］键或［°✕］键。

2-61 填空。

(1) 调出一触式输入窗口：用手触屏每个仪表面板下方的软键显示◆，或用_____点击此软键处。

(2) 去掉一触式输入窗口，按_____键，则输入窗口消失。

(3) 改变数据项用_____键。

(4) 改变数据值用_____键。

答：(1) 鼠标；(2)［CL］；(3)［ITEM］；(4)［DATA］。

2-62 调整画面中的数据项有以下一些，分别说明其含义。

MODE　　PV　　RAW　　SUM
SV　　MV　　HH　　LL
PH　　PL　　OPHI　　OPLO
PMV　　VL　　DL　　MH
ML　　SH　　SL　　P
I　　D　　GW　　DB
CK　　CB

答：MODE—工作模式；　　VL—速率报警设定值；
　　PV—测量值；　　　　DL—偏差报警设定值；
　　RAW—原始输入数据；　MH—输出高限设定值；
　　SUM—累积值；　　　ML—输出低限设定值；
　　SV—给定值；　　　　SH—量程上限；
　　MV—输出值；　　　　SL—量程下限；
　　HH—高高限报警设定值；P—比例度；
　　LL—低低限报警设定值；I—积分时间；
　　PH—高限报警设定值；D—微分时间；
　　PL—低限报警设定值；GW—间隙宽度；
　　OPHI—输出高限标志；DB—死区带；
　　OPLO—输出低限标志；CK—补偿增益；
　　PMV—输出预置值；　CB—补偿偏置。

2-63　下列控制回路运行方式的符号各代表什么含义？

OS　　IMAN　　MAN　　AUT
CAS　　PRD　　RCAS　　ROUT
TRK

答：O/S—是 Out of Service 的简称。类似于关扫描；

IMAN—初始化手动；　　PRD—主回路直接控制；
MAN—手动；　　　　　RCAS—遥控串级；
AUT—自动；　　　　　ROUT—遥控输出；
CAS—串级；　　　　　TRK—跟踪。

2-64　当报警状态是下列各项时，其含义是什么？对应的颜色是什么色？

IOP　　OOP　　HH　　LL
HI　　LO　　VEL　　DV
ANS+　　ANS－　　NR　　MHI
MLO　　AOF　　CAL　　—

答：见表 2-2。

表 2-2

报警状态	过程状态	颜　色
IOP	输入开路报警	红色
OOP	输出开路报警	红色
HH	高高限报警	红色
LL	低低限报警	红色
HI	高限报警	红色
LO	低限报警	红色

续表

报警状态	过程状态	颜　色
VEL	速率报警	黄色
DV	偏差报警	黄色
ANS+	ON 应答误差报警	黄色
ANS－	OFF 应答误差报警	黄色
NR	正常状态	绿色
MHI	输出 MV 超过上限	黄色
MLO	输出 MV 低于下限	黄色
AOF	报警输出屏蔽	蓝色
CAL	校验	青蓝色
—	没有报警的工位	白色

2-65　请说明仪表面板图上各符号及指针的含义。

答：详见图 2-16 所示仪表面板图例。

2-66　填空。

（1）报警优先级分为 5 级，它们分别是_____，_____，_____，_____，_____。

（2）报警处理级别可以分为 16 级。第 1 至 4 级分别是_____，_____，_____，_____。其余的第 5 级至第 16 级为_____。

（3）可以用_____来区分报警重要度。当两个报警同时发生时，对于重度报警将_____报警而_____轻度报警。所带的报警限值分别设有_____。在操作站上可以对信号进行"报警闭锁（AOF）"的手动设定及解除。"报警闭锁"功能仅仅是对报警信息发出的_____，不影响数据的_____。

答：（1）紧急报警，高优先级报警，低优先级报警，记录报警，参考报警。

（2）高优先级报警处理，中优先级报警处理，低优先级报警处理，记录报警处理，用户定义的报警处理。

（3）符号和颜色，优先，抑制，报警死区，抑制，采集和运算处理。

2-67　在报警画面中，当按下软键 [IMPORANT] 时，表示_____；当按下软键 [CURRENT] 时，表示_____；当按下软键 [ALL] 时，表示_____；当按下软键 [PAUSE] 时，表示_____。

答：显示重要工位的报警；对每一条信息显示其报警状态和当前 PV 值；显示所有报警；暂停显示更新。

2-68　填表 2-3（对工位标记进行解释）。

2-69　对一个仪表面板如何填加或删除操作标记？

答：（1）输入仪表工位号，并调出此仪表对应的调整画面。

（2）在此仪表面板的调整画面中，按屏幕右下方的 [OPEMARK] 软键，则在调整画面的右上方显示

（PID 控制仪表）

FIC008-1 ——— 工位号位

FACEPLATE ——— 工位注释

PID FULL ——— CAS 标记

CMP 标记

工位标记
形式状态 ——— AUT
报警状态 ——— NR

OPN
输出指针
操作输出限制值

AOF
100.0

仪表刻度：
上上限警报设定值
上限警报设定值
设定置针
设定值
测定值

操作输出

80.0

60.0

阀开度方向 ——— CL

40.0

20.0

下限警报设定值
下下限警报设定值

输出指针
OPN
0.0

操作标记 ——— NAINTEANNCE

(a)

（显示仪表趋势）

FIC008-1
FACEPLATE
PID FULL

刻度

数据

时间轴

14：21

NAINTENANCE

(b)

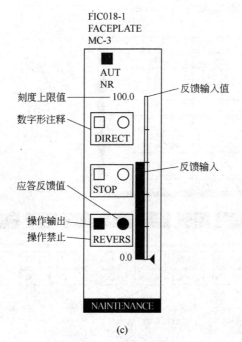

（电动机仪表）

FIC018-1
FACEPLATE
MC-3

AUT
NR

刻度上限值 ——— 100.0

反馈输入值

数字形注释
DIRECT

反馈输入

应答反馈值
STOP

操作输出
操作禁止 ——— REVERS

0.0

NAINTENANCE

(c)

图 2-16 仪表面板图

表 2-3

工位标记符号	工位标记说明
⊡	
▨	
▨	

答：见表 2-4。

表 2-4

工位标记符号	工位标记说明
⊡	重要工位
▨	一般工位
▨	辅助工位

一个窗口。如图 2-17 所示。

窗口中列有各种操作标记。触屏或用鼠标点击窗口中你所需要的操作标记，则操作标记就会显示在仪表面板上。

(3) 在此工位对应的调整画面中，按屏幕右下方的〔OPEMARK〕软键，则在调整画面的右上方显示菜单窗口。窗口中列有各种标记，其中第一行为 DELETE 标记，触屏或用鼠标点击此窗口中的 DELETE 标记，则仪表面板外部的框消失，同时操作标记也消失，即删除了操作标记。

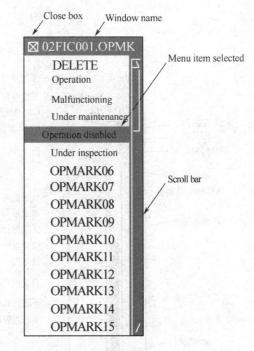

图 2-17

2-70 填空。

趋势组画面如图 2-18 所示。

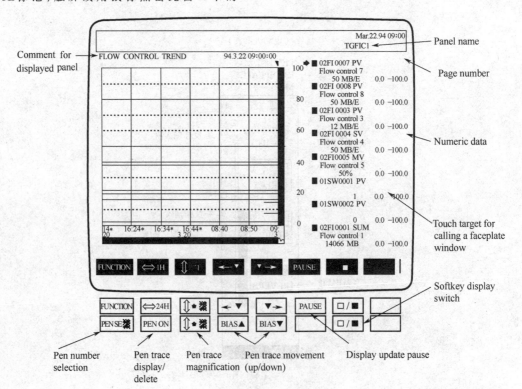

图 2-18

（1）若想显示瞬时值，则选择_____。

（2）若改变数据轴的放大比例，则选择软键____。

（3）若改变时间轴的范围，则选择软键_____。

（4）若沿着数据轴滚动，则选择操作员键盘上的按键_____。

（5）若沿着时间轴滚动，则选择操作员键盘上的按键_____。

（6）若沿着时间轴移动趋势图中的蓝色标记▼，则选择软键_____。

（7）若使趋势曲线暂停，则按软键_____。

（8）若想对趋势图下面的软键进行切换，选择显示另一组软键，则选择软键_____。

答：（1）蓝色标记▼；　　（5）[⬕]或[⬔]；

（2）[⬍ n]；　　　　　（6）[←▼]或[▼→]；

（3）[⇔nM]或[⇔nH]；（7）[PAUSE]；

（4）[⬆]或[⬇]；　　　（8）[□/■]。

2-71　在趋势组画面，首先按切换软键[□/■]，则屏幕下方调出一组操作各个笔的方式操作的软键。

（1）若选择要操作的笔，则按软键_____。

（2）若对所选择笔号的趋势曲线显示笔号，则按软键_____。

（3）若想删除所选择笔号的趋势曲线，同时，在参数显示区域，使此笔所对应的参数，如工位号、数据项、工位注释、工程单位和范围的显示颜色变蓝，则按软键_____。

（4）若改变数据轴的放大比例，则按软键_____。

（5）在刻度范围内，以10%增量向上移动曲线，则按软键_____。

（6）在刻度范围内，以10%增量向下移动曲线，则按软键_____。

答：（1）[PEN, SELn]；　（2）[PEN ON]；

（3）[PEN OFF]；　　　（4）[⬍* n]；

（5）[BIAS▼]；　　　（6）[BIAS▲]。

2-72　按软键[FUNCTION]，趋势操作窗口出现，如图2-19所示。

（1）选择[DSP＿INIT]，则_____。

（2）选择[P＿NO ON]，则_____。

（3）选择[P＿NO OFF]，则_____。

（4）选择[START]，则_____。

（5）选择[STOP]，则_____。

（6）选择[CONTINUE]，则_____。

（7）选择[GRP＿SAVE]，则_____。

（8）选择[BLK＿SAVE]，则_____。

答：（1）屏幕上的趋势图形返回到初始条件；

（2）趋势图中8笔曲线的笔号全部显示在线段中；

（3）趋势图中8笔曲线的笔号全部消失；

（4）开始数据采集。此按钮只出现在批量趋势数据中；

（5）中断或停止数据采集；

（6）恢复数据采集；

（7）以组的方式存储数据，即一次存1张趋势图形；

（8）以块的方式存储数据，即一次存16张趋势图形。

2-73　在趋势组画面中，软键切换用□/■软键，请说明此软键的具体用法。

答：当选择切换软键□/■时，则趋势组画面下方的软键在正常模式和笔模式之间循环切换。即

┌─→ 正常模式 → 笔模式 ─┐

（1）正常模式　最左面的软键为[FUNCTION]，允许操作员使用与趋势图形相关的操作。例如显示瞬时值或改变时间轴的范围。

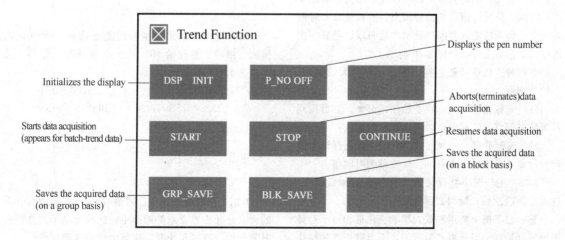

图 2-19

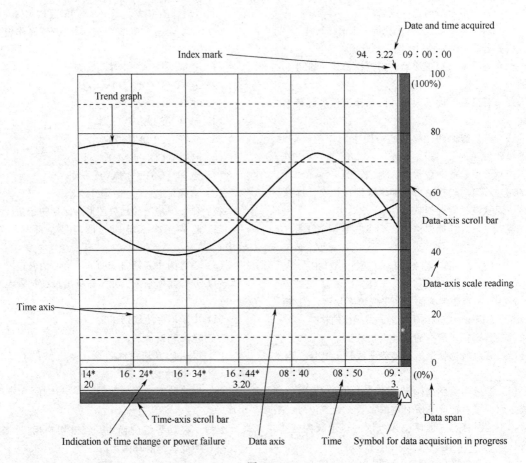

Date and time acquired

Index mark　94. 3.22　09：00：00

100
(100%)

Trend graph

80

60

Data-axis scroll bar

40

Data-axis scale reading

20

Time axis

0
(0%)

14* 16：24* 16：34* 16：44* 08：40 08：50 09：
20　　　　　　　　3.20　　　　　　　　　　3.

Data span

Time-axis scroll bar

Indication of time change or power failure　Data axis　Time　Symbol for data acquisition in progress

图 2-20

　（2）笔模式　最左面的软键为［PEN SELn］，允许显示或关掉每一笔的趋势曲线，改变每一笔的基准等。

2-74　在趋势组画面中，有几种方法显示瞬时值，如何显示对应某一工位相应值的瞬时值？

　答：在每一笔的轨迹上，可以显示用蓝色标记▼指示时间点的瞬时值。在趋势图上，垂直蓝线与时间轴的交点即为特定的时间。显示的时间以白色数字出现在图形的右上方。如图 2-20 所示。

　有两种方法移动蓝色标记▼。一种为大约移动，一种为细调。

　（1）直接选择时间　用手触屏标记▼，然后指到希望的时间点上，此时瞬时值出现在数据区；

　（2）选择软键［←▼］或［▼→］蓝色标记▼以较慢的速度向左或向右移动，可以细调时间值。

　2-75　趋势图中数据轴放大比例如何加以改变？放大比例改变后，量程如何变化？

　答：趋势图中数据轴放大率的变化是相对于趋势图中数据轴的中间参考点而言的。不可以把这种操作用于离散数据中（例如 ON/OFF 开关的数据）。

　（1）操作　选择［↕＊n］软键，此软键按照 $1\times$,$2\times$,$5\times$ 和 $10\times$ 的放大率循环改变，见图 2-21。

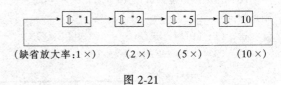

（缺省放大率：1×）　（2×）　（5×）　（10×）

图 2-21

　（2）举例　如果数据轴的范围是 $0\sim100\%$，数据轴是相对于量程的 50% 这个参考点而变化的。见下图所示：

　＊1：$0\sim100\%$　　＊5：$40\%\sim60\%$
　＊2：$25\%\sim75\%$　　＊10：$45\%\sim55\%$

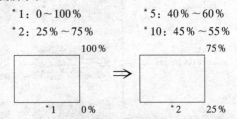

　2-76　在趋势画面中，软键［⇔nM］或［⇔nH］的含义是什么？在趋势画面中，此软键显示的数值有时是分钟，有时是小时，这是由什么来确定的？

　答：软键［⇔nM］或［⇔nH］代表时间轴的改

变范围。

选择软键 ［⟺nM］ 或 ［⟺nH］，则此软键按照 1×，2×和4×的放大比率循环。可参见表2-5。

表 2-5

Acquisition Cycle	Time-axis Span		
	Default	2×	4×
1s	6min	12min	24min
10s	1h	2h	4h
1min	6h	12h	24h
2min	12h	24h	48h
5min	30h	60h	120h
10min	60h	120h	240h

从表中可看出，此软键显示的数值有时是分钟，有时是小时，这是由采样周期来决定的。

2-77 什么是趋势记录块？列出采集周期与趋势记录块的关系表格。并对趋势记录规格加以说明。

答：（1）趋势记录的最小单位为一个记录块。

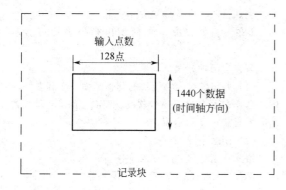

图 2-22

输入点数：128 点；每输入点：1440 个数据；见图 2-22。

（2）趋势记录规格

记录块：20 块/ICS；

记录时间：最大6块；

高速趋势记录：最大256点。

（1s和10s采样周期为高速趋势记录）。

（3）采样周期与趋势记录块的关系表格如表2-6所示。

表 2-6　采样周期与趋势记录块关系

块的数据收集周期	块的连接数						备考
	1块	2块	3块	4块	5块	6块	
1s	24min	48min	72min	96min	120min	144min	高速趋势
10s	4h	8h	12h	16h	20h	24h	高速趋势
1min	1d	2d	3d	4d	5d	6d	
2min	2d	4d	6d	8d	10d	12d	
5min	5d	10d	15d	20d	25d	30d	
10min	10d	20d	30d	40d	50d	60d	

2-78 试说明硬拷贝功能以及如何显示映像文件操作窗口。

答：（1）硬拷贝功能是打印所观察到的画面映像。在打印之前，首先作为硬拷贝文件存储映像。当硬拷贝机或打印机不忙时，再把此映像输出到彩色硬拷贝机或打印机上。

（2）按下操作员键盘上的 ［⟳］ 键，就可以显示映像文件操作窗口。如图2-23所示。

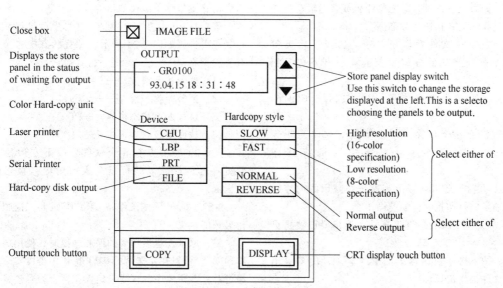

图 2-23

2-79 如何把画面映像存储到硬盘中？

答：（1）把要存储到硬盘中的画面调出来在 CRT 上显示。

（2）按下操作员键盘上的键［⊖⊖］，则映像文件的操作窗口出现在屏幕上。

（3）在此映像文件的操作窗口中，选择［FILE］按钮，则［FILE］按钮变为高亮。

（4）关闭映像文件操作窗口。

（5）按下操作员键盘上的［COPY］键。

通过上述五步操作，就可以把画面的映像存储到硬盘中。

2-80 如何把存储在硬盘中的映像文件在 CRT 上显示出来？

答：（1）按下操作员键盘上的键［⊖⊖］，则映像文件操作窗口出现在屏幕上。

（2）在此映像文件操作窗口中，在 OUTPUT 区域，显示出硬盘中存储的文件名。用映像文件操作窗口中的［▲］或者［▼］键，在 OUTPUT 区域中选择出希望显示的文件名。

（3）在映像文件操作窗口中，选择［DISPLAY］按钮，则存储在硬盘中的映像文件显示在 CRT 屏幕上。

2-81 如何把存储在硬盘中的映像文件打印出来？

答：（1）按下操作员键盘上的键［⊖⊖］，则映像文件操作窗口出现在 CRT 屏幕上。

（2）用映像文件操作窗口中的［▲］或者［▼］在 OUTPUT 区域中选择要打印的文件名。

（3）在映像文件操作窗口中，选择文件将要输出的设备，如彩色硬拷贝，激光打印机或普通黑白打印机，使选择的设备按钮变为高亮。

（4）在映像文件操作窗口中，选择硬拷贝模式。例如高分辨或低分辨率。正常输出还是反相输出。

（5）在映像文件操作窗口中，选择［COPY］按钮。

通过以上五个步骤，可使硬盘中存储的映像文件输出到打印装置上（硬拷贝机或打印机上）。

2-82 若把 CRT 屏幕上当前正在显示的内容拷贝到普通黑白打印机上，如何操作？

答：（1）在 ICS 的 CRT 屏幕上调出要被硬拷贝的画面；

（2）按下操作员键盘上的键［⊖⊖］，屏幕上出现映像文件操作窗口；

（3）在映像文件操作窗口中，选择［PRT］、［SLOW］、［REVERSE］按钮为高亮；

（4）关闭映像文件操作窗口；

（5）按下操作员键盘上的［COPY］键，则把当前 CRT 屏幕上正在显示的图形，从打印机上黑白拷贝下来。

2-83 如果配备有逻辑图显示软件包，那么在操作站上如何调出逻辑图显示？

答：若想在操作站上调出逻辑图显示，可用两种方法。

（1）工位号⌣LOGIC［↵］

例如：LCOOl⌣LOGIC［↵］

（2）调出工位号所对应的调整画面，在调整画面中，选择最左面的软键［LOGIC］，即可调出逻辑图状态显示画面。

2-84 如果配备的软件包括控制 Drawing 图显示软件包，那么在操作站上如何调出控制 Drawing 图显示？

答：采用下述命令

工位号⌣DRAW［↵］

例如：FIC100⌣DRAW［↵］。

2-85 在操作站上如何调出顺控表状态显示画面？

答：有两种方法。

（1）调出顺控表功能块的调整画面。在调整画面中，选择左下方的第一个软键［SEQ TBL］，即可调出顺控表状态显示画面。

（2）用名字输入

格式：工位号⌣TABLE［↵］

例如：1ST163⌣TABLE［↵］

2-86 过程状态报告菜单中的内容有几种类型？历史信息报告菜单画面如何进入？

答：按下［▭］键，CRT 屏幕上就可以显示过程状态报告。如图 2-24 所示。过程状态报告菜单中有 4 种类型。

（1）仪表状态报告——TAG；

（2）报警器状态报告——ANN；

（3）过程 I/O 状态报告——PI/O；

（4）软件 I/O 状态报告——SI/O。

图2-24 的下方有 8 个软键，按下左边第二个软键［HISTORY］就可以进入历史信息报告的菜单画面。

2-87 试解释在操作站 CRT 画面上"挂牌"操作标记的含义。

答：原来在盘装仪表的保养维修时，使用的"挂牌通知"，可以在操作站的 CRT 操作中得以实现。即通过对保养暂停中的仪表设定操作标记，可禁止或限制操作站的操作。操作标记的设定/解除可以在运转中实行。

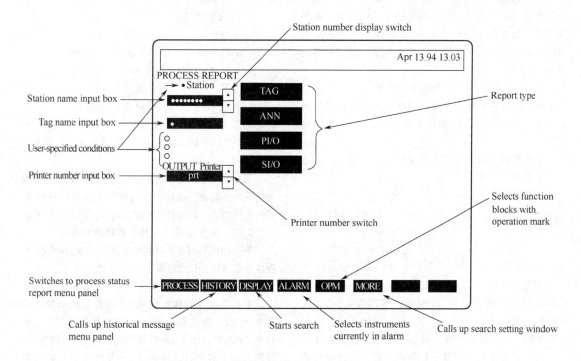

图 2-24 过程状态报告

2.5 CS 系统的工程组态

2-88 CS 的组态主要包括哪几部分内容?

答: CS 的组态主要包括系统组态 (System Builder),操作站组态 (ICS Builder),控制站组态 (FCS Builder),操作员应用组态 (Operator Utility),流程图组态 (Graphic Builder),通信门电路组态 (Communication Gateway) 等。

2-89 系统组态的内容主要有哪些?

答: 系统组态主要包括系统构成组态,系统常数组态,工程单位组态,开关标签组态,报警表组态,报警优先级组态等。

2-90 以下面的一个小系统为例,编写系统构成组态工作单。

有两台落地式操作站 ICS,型号为 AIH21C。一个双重化控制站 FCS,型号为 AFM20D,一个通信门电路,型号为 ACG10S,一个惠普工作站,型号为

HP9K700,如图 2-25 所示。

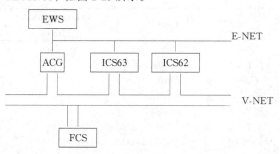

图 2-25

答: 系统构成组态的工作单见表 2-7。

在表 2-7 中,操作站地址由 63 开始递减排列,控制站地址由 1 开始递增排列。如果某个站连接有何种网络,则在相应的 E-net 和 V-net 的地址处填 Auto,若没有连接相关网络,则在相应的 E-net 和 V-net 的地址处填 None。

2-91 什么是工程单位组态?

表 2-7

类型	名字	地址	注释	项目名	以太网 host	以太网地址	E-net 地址	V-net 地址	子网络屏蔽字
AIH21C	ICS63	1.63			None	None	Auto	Auto	oxffffooooo
AIH21C	ICS62	1.62			None	None	Auto	Auto	oxffffooooo
AFM20D	FCS01	1.1			None	None	None	Auto	oxooooooooo
ACG10S	ACG37	1.37			None	None	Auto	Auto	oxffffooooo
HP9K700	EWS64	64.64			None	None	Auto	Auto	oxffffooooo

答：系统中有一张工程单位表。表中有很多工程单位的缺省值。如果在仪表功能块中所用到的工程单位没有包括在此工程单位表中，则需要把要用的工程单位登录在此工程单位表中。这种登录叫做工程单位组态。

2-92 试说明系统常数组态的内容。

答：系统常数组态主要定义所选择的工位显示的格式和位数，所采用的语言版本以及显示日期的格式等。

系统常数定义的组态工作单如下：

工位显示格式	Tag
工位显示字符长度	8
日期格式	YY.MM.DD
时区	GMT-8
语言格式	Japanese/C
信息格式	Japanese/C

上述工作单中，工位显示字符长度为8，表示工位的最长显示位数为8位，日期显示格式为年、月、日。时区为北京时间。

2-93 什么是开关标签组态？请举例加以说明。

答：系统中有一张开关标签表。表中有许多开关标签的缺省值。如果在使用开关量时所需要的开关标签没有包含在此表中，则需要把要用的开关标签建立在此表中。如下所示：

	(1)	(2)	(3)	(4)
(1)	ON		OFF	ON
(2)	OPEN		CLOSE	CLOSE
(3)	START	PAUSE	STOP	START
(4)	开		关	开
(5)	启动		停止	启动

对于二位开关，标签分别在(1)和(3)的位置。

2-94 对于状态标签、报警表、报警优先级是如何组态的？

答：在系统组态中还包括状态标签、报警表、报警优先级等组态画面。这些组态画面均不需要用户定义，用其缺省值即可。但需对这些组态画面进行存储和下装。

2-95 操作站组态主要包括哪些内容？

答：操作站组态主要包括操作站构成，操作组分群，连接传输，趋势记录，画面名，窗口名等的组态。

2-96 举例说明操作站构成组态的内容及步骤。

答：在操作站构成组态中，主要完成对操作站的基本定义，操作站是否接有 RS-232 接口卡和以太网接口卡，完成对打印机、彩色硬拷贝机的定义，报警信息、过程报告从哪个打印机输出，以及组态文件存放在相应站的名字。

操作站构成组态示例如图 2-26 所示。

CRT	Touch	Level	Ac knowledgement Method	Destination	Window	Alarm display	Alarm level
Console	Yes	1	Yes	Self	Yes	No	1
Option	card1	RS71					
Option	card2	EN71					
Option	card3						
RS71 cfg	Model						
RS71-01		m3367c					
RS71-02		m3367c					
RS71-03							
RS71-04							
Centro	cfg	g370-10y					
		Master				Replacement	
Messege1	prt00	ICS63	m3367c	prt01	ICS62		m3367c
Message2							
Message3							
Message4							
CHU	chu CN		g370-10y				
LBP							
PRT	prt01	ICS62	m3367c	prt00	ICS63		m3367c
Voice	Output			NO			
External	recording	point		NO			
Extension	function	key		NO			
Builder	file			EWS64			
Assignment	master			Self			

图 2-26

上述组态中，在 Builder file 处填写 EWS64，表明组态文件存放在惠普工作站上。

2-97 操作组的功能有哪些？

答：操作组主要有以下 5 个方面的功能。

（1）禁止属于其它组中控制站 FCS 功能块的操作；

（2）不能接收来自其它组中的过程报警；

（3）在同一组中，可以从一台操作站 ICS 上完成报警确认操作；

（4）在同一组中，可以从一台操作站 ICS 上停止蜂鸣器声响；

（5）可以从同一组中其它操作站 ICS 连接的打印机上打印过程操作和报警信息。

2-98 操作组分群组态包括哪些内容？

答：操作组分群组态主要对各类报警信息定义报警信息号，定义总貌画面、控制组画面、流程图画面、趋势组画面、流程图窗口、帮助窗口可以显示的有效页号。此外在 V-net 上所有操作站、控制站是否划分在一个操作组内。若在一个操作组内，必须要登录在此操作组中各个控制站、操作站的站名，以及数据是否可读可写，如下所示：

站名	数据读	数据写	过程报警	确认	系统报警
FCS01	Yes	Yes	Yes	Yes	Yes
ICS63	Yes	Yes	Yes	Yes	Yes
ICS62	Yes	Yes	Yes	Yes	Yes

2-99 什么是连接传输组态？

答：当系统中用到全域开关时，需要对此工作单定义传送和接收的站名及字节数。

2-100 趋势记录定义的组态画面如下所示：

序号	趋势格式	采样周期	采样点数
（1）	R	1	1440
（2）	R	10	2880
（3）	R	60	4320
（4）	0⌐ICS62⌐4	0	0
（5）	0⌐ICS63⌐5	0	0
⋮			
（9）	D	0	4320

请回答下述问题：

（1）上面的组态画面中，R 表示_____；D 表示_____；0⌐ICS62⌐4 表示_____。

（2）序号为（1）的趋势记录块，趋势记录页数为_____，采样周期为_____，每页的最长记录时间为_____。

（3）序号为（2）的趋势记录块，趋势记录页数为_____，采样周期为_____，每页的最长记录时间为_____。

（4）序号为（3）的趋势记录块，趋势记录页数为_____，采样周期为_____，每页的最长记录时间为_____。

（5）序号为（9）的趋势记录块，是_____块，趋势记录所对应的页数为_____；当把趋势存放在硬盘中，则趋势将存放在趋势组画面_____之间。

答：（1）连续、滚动且没有参考类型的趋势格式；硬盘存储块；显示操作站 ICS62 的趋势记录定义块的第四块。

（2）TG0001～TG0016；1s；1440s；即 24min。

（3）TG0017～TG0032；10s；8h。

（4）TG0033～TG0048；1min；3d。

（5）硬盘存储；TG0129～TG0144；TG0129～TG0144。

2-101 画面名定义的组态（Panel name）主要完成哪些工作？

答：画面名定义的组态主要完成对总貌画面、控制组画面、趋势组画面、流程图画面的画面名字的定义。可定义画面的级别，相关画面的上位画面。如果希望当显示某一画面时，可以用操作站 ICS 上的 HELP 键（帮助键）来调出希望显示和预先定义好的帮助窗口，那么画面名的定义组态中，还包括要写明此帮助窗口的信息号。

例如：帮助窗口为 HW0001，则要写明帮助窗口信息号为 9001；帮助窗口为 HW0002，则要写明帮助窗口信息号为 9002。即帮助窗口为 HW0001～HW0500，则对应的帮助窗口信息号为 9001～9500。

2-102 窗口名的定义组态（Window name）主要完成哪些工作？

答：窗口名的定义组态主要完成对流程图窗口和帮助窗口的定义。可定义窗口的名字（一般用缺省值），窗口的级别。这里只是定义映像文件。在流程图窗口和帮助窗口中要显示的具体内容，需要在流程图和编辑窗口的编辑画面中组态。

2-103 控制站组态主要包括哪些内容？

答：控制站组态主要包括控制站 FCS 构成，I/O 模件登录，软件开关、全域开关的定义，域的定义，打印信息定义，操作指导信息定义，控制回路图的绘制等。

2-104 控制站 FCS 构成的组态（FCS Configuration）主要定义什么？

答：控制站 FCS 可以划分为 8 个区域。在控制站 FCS 构成的组态中，主要定义 FCS 掉电后再启动的条件，如手动、自动、定时。定义公共通信部分的空间，定义控制站可以划分为几个区域，定义站内所用的工位和站间所用工位的最大容量。

2-105 I/O 模件如何登录？

答：分为两步。

(1) 一个 FCS 可以定义 8 个节点，5 个单元。首先对每个节点定义安装的单元的型号；其次，在每个单元相应的位置定义安装的卡件型号。如图 2-27 所示。

Node 01	Power supply	Installation	Hku setting	Comment	Node Comment	Node type
	Dual Unit type	Carbinet Start mode	No Slot1	No Slot2	No Slot3	PCOM-S Slot4 Fast read
Unit1	AMN11	2000	*			
Unit2	AMN31	2000	ADM11T	ADM51T		
Unit3						
Unit4						
Unit5						

图 2-27

(2) 对每个单元详细定义。即对每个单元各个卡件的型号、类型、量程、工程单位进行定义。如下所示：

RIO Bus：1		Node：1	Unit：1	Slot：1				
No	Module	Signal details And linearization	P&ID tag name	User defined Label name	Minium range	Maxmium range	Engineering Unit	Service Comment
%Z011101	AAM11	4-20mAin. LINEAR	LI4301	%%LT4301	0.0	2100.0	mmH$_2$O	液位调节
%Z011102	AAM51	4-20mAout. LINEAR	LIC4302	%%LV4302	0.0	100.0	%	

其中：

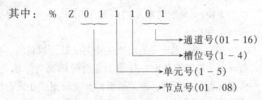

通道号（01－16）
槽位号（1－4）
单元号（1－5）
节点号（01－08）

2-106 说明软件开关、全域开关的定义和用途。

答：软件开关是在一个控制站内部使用的表示逻辑值的内部开关，而全域开关是在一个系统中所有站之间使用的表示逻辑值的内部开关。

软件开关 %SW0001 到 %SW0007 用于系统启动操作。软件开关 %SW0008 到 %SW0099 供系统使用。软件开关 %SW0100 到 %SW4096 给用户使用。

最多有 256 个全域开关可使用。

2-107 区域定义的组态要完成哪些工作？

答：在区域定义（Area Common）组态中，需要定义扫描速度，数字滤波常数，重复报警时间，高速扫描点数。还需定义区域中使用的最多功能块数，区域中使用的最多工位数，使用报警器信息的最多数目，操作指导信息的最多数目，控制回路图的最多数目等。

2-108 常用的信息输出有哪几种？

答：常用的信息输出有报警器信息（%AN），打印信息（%PR），操作指导信息（%OG）等。

2-109 如何实现操作指导信息（Operator guide Message）的组态？

答：如下所示：

No	颜色	相关画面	信息
%OG0001	Y	.CG0009	燃料控制阀关闭
%OG0002	R	.GR0020	操作完毕

操作指导信息通过系统信息窗口上闪烁的操作员指导标记来提示生产过程的状态。用户定义的信息和信息发生的时间，将显示在操作员指导信息窗口。

2-110 什么是报警器信息？如何实现报警器信息的组态？

答：报警器信息是一种特殊种类的信息输出，可在仪表面板上模拟报警器的操作。报警器信息可以以逻辑值形式保持报警状态。

图 2-28 是报警器信息的组态示例。

No	报警信息	工位号	级别
%AN0001	1MC100 泵启动	AN0001	4
%AN0002	条件不满足，勿启动	AN0002	4
标签注释	标签位置	工位标记	报警处理级别
开	D	2	1
ON	D	2	1

图 2-28

2-111 操作员应用组态（Operator Utility）主要包括哪些内容？

答：操作员应用组态主要包括操作标记组态，功能键分配组态，趋势笔分配，控制分组分配，总貌分配，帮助窗口编辑，画面显示顺序，画面设置组态。

2-112 举例说明如何进行操作标记组态？

答：示例如下：

No	标签	颜色	级别	操作标记是否可以挂上或摘下（钥匙在 OFF 时）
(1)	维修中	Y	1	Yes
(2)	请勿动	R	2	No
(3)	禁止操作	G	1	Yes

其中，颜色的英文字母 Y、R、G 为相应颜色英

文单词的第一个大写字母。

2-113 功能键分配组态示例如下。

功能键号码	功能	级别	灯闪烁条件
F001	O␣.GR0001	1	A␣.GR0001
F002	O␣.CG0001␣-H	1	
F003	P␣001	1	
F004	Q␣1	1	
F005	K␣HALF	1	
F006	O␣.GW0001 = + 100 + 100	1	

请回答下列符号表示什么?

(1) O␣.GR0001;

(2) O␣.GW0001;

(3) 功能键 F006 对应等式右边的 + 100 + 100;

(4) O␣.CG0001␣-H;

(5) P␣001;

(6) Q␣1;

(7) K␣HALF;

(8) K。

答:(1) 调用流程图画面 1;

(2) 调用流程图窗口 1;

(3) 窗口在一定的坐标位置上显示;

(4) 调用控制组 1/4 画面;

(5) 启动画面设置的第一组顺序;

(6) 启动操作顺序 1;

(7) 把整幅画面变为 1/4 画面;

(8) 系统功能键。

2-114 如何进行趋势笔分配组态?请举例说明。

答:下面是趋势图 TG0001 的组态示例:

采集数据	低限	高限	选择
(1) FIC100.PV	0.0	100.0	Analog
(2) TIC100.PV	0.0	100.0	Analog
(3) FIC200.PV	0.0	100.0	Analog
(4) FIC200.SV	0.0	100.0	Analog
(5) %SW0200.PV	0	1	Onoff
(6)			
(7) FIC100·SUM	0	999999	Double

其中,Analog 表示模拟量,Onoff 表示数字量,Double 表示双精度,即累积值要占用两个笔号的位置。

2-115 举例说明如何进行控制组分配组态?

答:如下所示:

分配号	工位号	参数
(1)	TIC100	T
(2)	TIC200	
(3)	FIC100	
(4)	FIC200	

其中,参数为 T 的工位号,表示在控制组画面位置

1 显示此工位对应的 PV,SV,MV 的趋势面板图。

2-116 对下述总貌分配的组态进行填空说明。

	分配元素	类型	显示画面	显示数据/任意字符串
01	.OV0002	C		
02	.CG0002	C		
03	.CG0002	N		
04			.GR0014	"CS 系统构成"
05			.GR0021	"ICS 的特点"
06			.GR0061	"FCS 的特点"

上述组态工作单中,若分配元素栏填入的内容为相关画面名,而显示画面栏不填入任何内容,则表示_____;若分配元素栏内容空着不写,而显示画面栏填入的内容为相关画面,显示数据栏内容用双引号书写中文注释,则表示_____;当触屏总貌画面相应块就可调出_____。

答:(1) 总貌画面相应块将调用分配元素栏所对应的内容;

(2) 总貌画面相应块上显示中文注释;

(3) 组态工作单中组态定义的相关画面。

2-117 什么是画面显示顺序组态?

答:画面显示顺序组态主要完成一组自己设计画面的循环显示。画面显示的顺序以及各个画面之间的显示间隔,均可由自己确定。

2-118 下面是一张画面显示顺序组态工作单,请填空回答有关问题。

OPEQ01	显示画面名	显示时间
(1)	.OV0001	5
(2)	.CG0001	5
(3)	.GR0010	4
(4)	.TG0002	3

上述画面显示顺序组态,可以完成从操作站上调出总貌画面 1,间隔_____s 以后,操作站将显示_____,再间隔____s 以后,显示_____,再间隔____s 以后,显示_____,再间隔____s 以后,显示_____,依次循环往复显示。

答:5,控制组画面第一页,5,流程图画面第 10 页,4,趋势画面第 2 页,3,总貌画面第 1 页。

2-119 举例说明画面设置功能组态工作单如何填写?

答:如果在操作站上有半画面功能,画面设置可使操作站上同时显示预先设置的 4 个半画面。例如,若想在操作站上同时显示控制组第 1 页,趋势组第 1 页,流程图第 10 页,总貌第 1 页,则组态工作单如下填写:

Panel set no: 001

(1) .CG0001␣-H = + 0 + 0

(2) .TG0001␣-H = + 640 + 0

(3) .GR0001⌴－H＝＋0＋470

(4) .OV0001⌴－H＝＋640＋470

2.6 控制回路图和功能块

2-120 在控制回路图（Control Drawing）中，单回路 PID，PVI 指示表，手操器 MLD 是如何连接的？

答：见图 2-29。

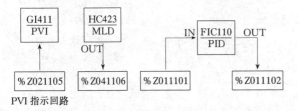

图 2-29

2-121 判断图 2-30 中串级回路的连接正确与否？

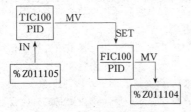

图 2-30

答：图 2-30 有错，缺一个输入端。另外，PID功能块的输出应该用 OUT 端子。正确连接见图2-31。

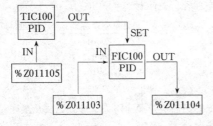

图 2-31

在 PID 功能块的详细定义中，需要定义量程上、下限，工程单位，控制动作，正反作用，手自动跟踪等。

2-122 图 2-32 是比值功能块 RATIO 的连接图，请填空回答有关问题。

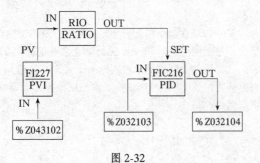

图 2-32

其中：比值功能块 RATIO 的功能为：

MV＝＿＿＿＿＿＿＿＿＿＿＿＿＿＿

SV 为＿＿＿＿＿＿＿，SV、BIAS 均可以在＿＿＿＿来设置。BIAS 的缺省值为＿＿＿＿。

答：$SV \times PV + BIAS$；比值系数；调整画面中；零。

2-123 试简述 13 段折线程序设定器 PG-L13 的功能，并说明此功能块有几种工作方式？

答：图 2-33 为 13 段折线程序设定器 PG-L13 与 PID 功能块的连接图。

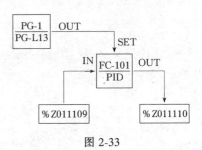

图 2-33

PG-L13 按照用户的要求设计出 13 段折线。X01～X14 为时间轴，单位为 0～9999 min 或 0～9999 s。Y01～Y14 是程序设定块的输出。

如图 2-34 所示的折线。

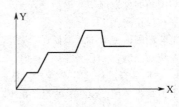

图 2-34

X01～X14，Y01～Y14 均可在 ICS 的调整画面设置。在调整画面中，参数 ZONE 的取值为 1～13，含义为 X_n 与 X_{n+1} 之间的时间间隔。

此功能块有 3 种工作方式。

（1）MAN 方式，手动输出。程序给定值计算停止。

（2）AUT 方式，程序计算输出。当程序执行完，输出完成，自动变为 MAN 方式。

（3）CAS 方式，程序从开始到执行完毕，又自动启动程序计算并输出计算结果。即程序交替执行。

2-124 图 2-35 是使用串级分配器 FOUT 时的两个 Control Drawing 图，试判断两个图中哪个是正确的连接？

答：图 2-35（b）的串级分配器连接图是正确的。

2-125 对图 2-36 中的 SPLIT 和 MLD-SW 功能块进行填空说明。

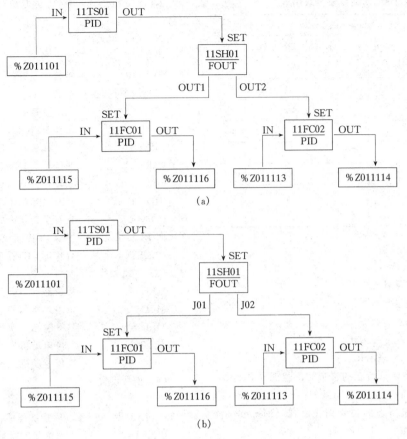

图 2-35

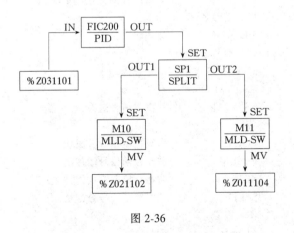

图 2-36

(1) SPLIT 是 _____ 功能块。将一个信号分程送到两个阀上，就要用 _____ 控制。在组态中，需要对 SPLIT 功能块中几个输出的 _____ 进行设置。

设：MV2 Upper Limit：100.0

MV2 Lower Limit：50.0

MV1 Upper Limit：50.0

MV1 Lower Limit：0.0

(2) MLD-SW 功能块可以工作在 _____，也可以工作在 _____。当 MLD-SW 工作在 MAN 时，人为地设置 _____ 值。工作在 _____ 时，通过 SET 端给 CSV 值。即 MLD-SW 的功能块的 SV = GAIN × CSV + BIAS 其中，GAIN、BIAS 可在 _____ 来设定。

(3) 本题图中，当工位号为 M10 的功能块 MLD-SW 工作在 AUT 时，作为 _____ 起作用；工位号为 M10 的功能块 MLD-SW 工作在 MAN 时，则 MLD-SW 可以 _____。

答：(1) 分程控制，分程，上限和下限。

(2) MAN，AUT，MV，AUT，调整画面中。

(3) 分程控制的通路，手动调节 MV 值。

2-126 FOUT 是串级信号控制分配器，可以使一个信号同时输出到 _____ 端子；FOUT 功能块的输出端子为 _____；_____ 输出端需要每个 _____；通常一个主环可以带 _____ 副环。

答：8个，J01～J08，8个，单独设定，8个。

2-127 功能块的安全级别分为 8 级，表 2-8 为安全级别表，请填空回答问题。

表 2-8　功能块安全级别表

Data menu (level)	Monitoring			Operation		
	OFF	ON	ENG	OFF	ON	ENG
1	○	○	○	○	○	○
2	○	○	○	△1	○	○
3	○	○	○	△2	○	○
4	○	○	○	△3	○	○
5	×	○	○	×	×	×
6	×	○	○	×	×	×
7	×	×	○	×	×	×
8	×	×	×	×	×	×

(1) ○表示什么?

(2) ×表示什么?

(3) △1 表示什么?

(4) △2 表示什么?

(5) △3 表示什么?

(6) Monitoring 表示什么?

(7) Operation 表示什么?

答:(1) 在钥匙所在的位置时,监视(Monitoring)和操作(Operation)是有效的;

(2) 在钥匙所在的位置时,监视(Monitoring)和操作(Operation)是无效的;

(3) 报警设置点,SV、MV 以及工作模式的状态可以改变;

(4) 可以改变 SV、MV 和工作模式的状态;

(5) 只有报警确认是有效的;

(6) 仪表面板显示;

(7) 仪表面板操作和过程数据输入。

2-128　工位标记分为 8 级,每级的含义是什么?

答:见表 2-9。

表 2-9　工位标记级别表

工位标记级别	含　义
1	重要工位有确认
2	一般工位没有确认
3	辅助工位标记1,没有确认
4	辅助工位标记2,没有确认
5	重要工位没有确认
6	一般工位有确认
7	辅助工位标记1,有确认
8	辅助工位标记2,有确认

2-129　列出连续控制功能块的种类,并写出名称。

答:(1) 输入指示

PVI　　　　　　　输入指示;

PVI-DV　　　　　带偏差报警的输入指示。

(2) 调节控制

PID　　　　　　　PID 控制;

PI-HLD　　　　　采样 PI 控制块;

PID-BSW　　　　具有批量开关的 PID 控制;

ONOFF　　　　　两位开关 ON/OFF 控制块;

ONOFF-G　　　　三位开关 ON/OFF 控制块;

PID-TP　　　　　时间比例输出 ON/OFF 控制块;

PD-MR　　　　　具有手动复位的 PD 控制块;

PI-BLEND　　　　混合 PI 控制块;

PID-STC　　　　　自整定 PID 控制块。

(3) 手动操作

MLD　　　　　　手操器;

MLD-PVI　　　　带输入指示的手操器;

MLD-SW　　　　具有输出切换开关的手操器;

MC-2　　　　　　二位电动机控制块;

MC-3　　　　　　三位电动机控制块。

(4) 信号设置

RATIO　　　　　比率设定单元;

PG-L13　　　　　13 段折线程序设定块;

BSETU-2　　　　流量测量的批量设定块;

BSETU-3　　　　质量测量的批量设定块。

(5) 信号速率

VELLIM　　　　　速率块。

(6) 信号选择

SS-H/M/L　　　　信号选择;

AS-H/M/L　　　　自动选择;

SS-DUAL　　　　双重化信号选择。

(7) 信号分配

FOUT　　　　　　串级控制信号分配块;

FFSUM　　　　　前馈控制信号增加块;

XCPL　　　　　　非相互控制输出增加块;

SPLIT　　　　　　分程控制信号分配块。

(8) 报警

ALM-R　　　　　报警块。

2-130　CS 中实现顺序控制最常用的有哪两种方式?

答:最常用的是顺控表和逻辑图。

2-131　请对下述顺控表常用的 3 种工作方式进行解释说明。

(1) TSC　　(2) TSE　　(3) OC

答:(1) TSC:每秒扫描,周期执行,条件由不成立→成立时,输出。

（2）TSE:每秒扫描，周期执行。只要条件成立，每秒均执行动作，每秒均输出。

（3）OC: 参照表。由其它表来启动执行或调用。

2-132 填空（顺序控制功能块 ST16，STEX，ST16E）。

（1）每个 ST16 有＿＿＿＿个条件输入，＿＿＿＿个输出，＿＿＿＿个规则。当超出＿＿＿＿个条件时，自动加入扩展表＿＿＿＿，最多可以处理＿＿＿＿个 I/O 点。

（2）ST16E 是一个＿＿＿＿表，与 ST16 结合在一起使用。由 ST16 来管理 ST16E。ST16E 不能独立使用。若 ST16 中的＿＿＿＿个规则不够，可用 ST16E 扩展＿＿＿＿个规则。但需在 ST16 功能块中定义要使用 ST16E 时的工位号。

（3）STEX 是一个＿＿＿＿表，是由条件、动作信号组成。STEX 不能＿＿＿＿。

答：（1）8，8，32，8，STEX，64。

（2）规则扩展，32，32。

（3）信号扩展，独立使用。

2-133 CS 中如何实现逻辑控制，常用的有几种方法？

答：有两种方法。

（1）一种是采用逻辑图功能块 LC64，此功能块为 32 个输入，32 个输入，64 个逻辑元素。把此功能块 LC64 展开，可以画出逻辑图。在这张逻辑图中，可用与、或、非、RS 触发器、正向延时、反向延时、比较（等于、大于、小于）等逻辑元素。

（2）另一种方法是采用各种各样逻辑操作块。例如用与、或、非、触发器等逻辑操作块连接，完成逻辑操作。

AND	逻辑与；	GT（＞）比较；
OR	逻辑或；	GE（＞＝）；
NOT	逻辑非；	EQ（＝）。

2-134 说明 LSW 功能块的用法和功能。

答：LSW 功能块的用法类似于 SW 开关。是把 32 个 SW 集中在一起来使用，每一个值有 0 和 1 两种状态。

在顺序表中，条件栏中格式为：

工位号 .PV01.1

动作栏中格式为：

工位号 .PV01.H

另外还可以以组的方式设置。例如在条件栏中：

工位号 .PVA.ON

则表示 32 位开关同时为 1。

2-135 试说明 TM 定时器功能块的用法和功能。

答：（1）定时单位可以是秒或者分钟，单位可在组态画面设置。

（2）PH 为定时时间上限值，可在调整画面定义。定时的时间范围为 0～100 000 s 或 min。

（3）定时器有预报警状态。当定时值与定时时间上限值的差与 DV 相等，则功能块方式从 NR ——→ PALM。

（4）定时器计时到达高限时，块方式为 CTUP。

（5）定时器计时满一次，OUT 端子输出一次"1"。

（6）当定时时间满，必须重新启动。

2-136 试说明计数块 CTS 的功能。

答：软件计数块对事件的发生进行计数。除了基本的计数功能之外，软件计数块也提供了预置计数功能。

在顺控表中的动作栏中可以定义：

工位号 .ACT.ON

此含义为当条件满足时，执行计数器加 1 动作一次。

2-137 图 2-37 为 16 个阀位监视块的功能块图。

此功能块可以同时控制监视 16 个阀（或电机）的 ON/OFF 状态，应用示例见图 2-38。

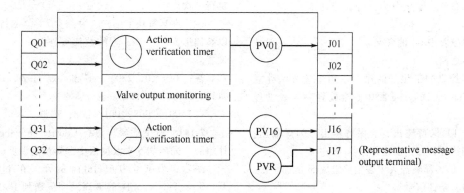

图 2-37　16 个阀位监视块

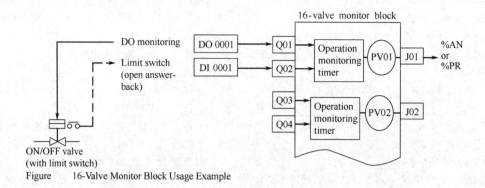

Figure　16-Valve Monitor Block Usage Example

图 2-38　16 个阀位监视块应用示例

填空完成以下说明：

（1）把对阀的控制信号（DO）连接到 VLVM 的输入端＿＿＿＿＿＿＿＿＿＿＿＿＿＿＿＿。把阀的反馈信号（表示阀的开闭状态，DI）连接到 VLVM 的输入端＿＿＿＿＿＿＿＿＿＿。

（2）比较成对的 DO 和 DI，例如 Q01 和 Q02 相比较，若两者不相等，则使＿＿＿＿＝1，并从端子送出报警信号，使＿＿＿＿＝1。而且可以产生＿＿＿＿信息％AN，或＿＿＿＿信息％PR。

（3）VLVM 内部还有＿＿＿＿个时间监视器＿＿＿＿＿＿，用于设置反馈跟踪的报警时间。当 Q01 发出控制信号后，经过 MT01 时间 Q02 还未接到阀位状态反馈信号，则＿＿＿＿＿＿＿＿。

（4）当 PV01～PV16 中任何一个为 1 时，均会使＿＿＿＿＝1，并输出报警信号，使＿＿＿＿＝1。

答：（1）Q01、Q03、… Q31；Q02、Q04、…Q32。

（2）PV01，J01，报警，打印输出。

（3）16，MT01～MT16，输出报警信号使 J17＝1。

（4）PVR，J17。

2-138 填空。

（1）状态节点输出分为三种，分别是＿＿＿＿、＿＿＿＿和＿＿＿＿。

（2）顺控表中 00 的含义是＿＿＿＿＿，一般放在所有步号之前。

（3）顺控表的工位号的建立是用下述方法建立的，即在 Control Drawing 图中，当放置顺控表功能块时，输入＿＿＿＿。

答：（1）保持输出，非保持输出，闪烁输出；（2）每秒均执行；（3）工位号。

2-139 请解释顺控表中各主要组成部分的含义。

答：（1）条件信号

工位号＋数据项和状态或模式

每张表中最多有 64 个条件信号。

（2）动作信号

工位号＋数据项和状态或模式

每张表中最多有 64 个动作信号。

（3）规则号　每个顺控块包含有固定的 32 个规则。

（4）条件规则　输入 Y 或 N 作为条件规则。

（5）动作规则　输入 Y 或 N 作为动作规则。

（6）步号　输入步号来指示程序控制。步号由大写字母 A 到 Z，数字 0 到 9 来组成。一般为两个字母的字符串。在每个顺控表组中，最多可以输入 100 步。

（7）目标步号　规定要执行的下一步。如果条件为真，要执行的步号写在 THEN 处，如果条件为假，要执行的步号写在 ELSE 处。

2-140 填空。

（1）在运算块 CALCU 中，可以书写的计算表达式最多为＿＿＿＿行，若包括注释等，计算表达式最多为＿＿＿＿行。运算块的类型有＿＿＿＿，即＿＿＿＿，也有＿＿＿＿型与＿＿＿＿型运算块不是每秒均执行，一般是与＿＿＿＿配合。在顺控表中，当条件成立时，启动一次运算块，运算块执行一次。

（2）在运算块 CALCU 中，＿＿＿＿8 个端子可以参加运算，＿＿＿＿的数值可在＿＿＿＿画面中设置。

答：（1）20，250，Periodic execution，每秒均在执行，One-shot，One-shot，顺控表。

（2）P01～P08，P01～P08，调整。

2-141 按下述要求进行 Control Drawing 图的设计组态，完成从 5 个温度值中选择最高温度。

要求：当位号为 65HS114 的开关在 1 位置时，T_1、T_2、T_3、T_4、T_5 的最高温度值送到 PVI 指示器 65TAI114。当位号为 65HS114 的开关在 2 位置时，最高温度值送到 PVI 指示器 65TAI113。当 65TAI114

达到高高限报警，且 65HS114 开关位置处在 1 的位置时，% Z024105 此点信号输出为 ON（闭合）。当 65TAI113 达到高高限报警，且 65HS114 开关位置处在 2 的位置时，% Z024105 此点信号输出为 ON（闭合）。

答：（1）画出控制回路图。如图 2-39 所示。

（2）在操作站 ICS 的操作画面上，选择块 AS-H 的方式应为 AUT，SW = 4，即选择块 AS-H 工作在自动选择方式。

（3）工位号为 ST013 的顺控表见表 2-10（无步号）。

2-142 图 2-40 是水槽液位监控系统的示意图。

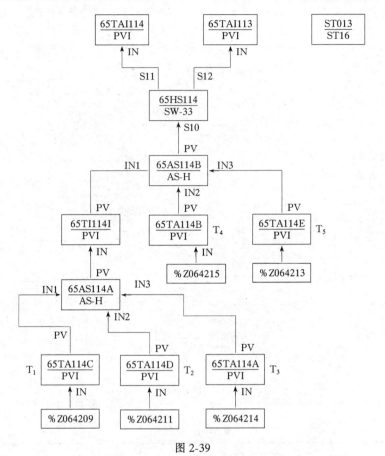

图 2-39

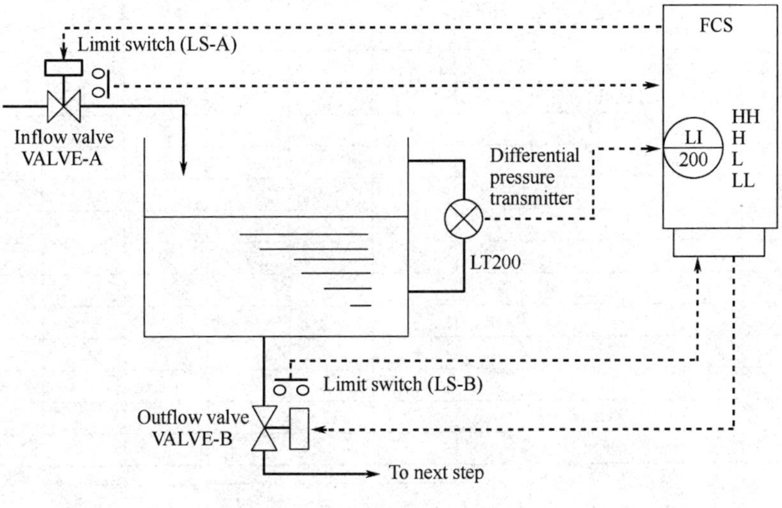

图 2-40

表 2-10

	No. Symbol Rule No	01	02	03	04
C1	65TAI114.ALARM.HH	Y	·		
C₂	65HS114.SW.1	Y	·		
C3	65TAI113.ALARM.HH	·	Y		
C4	65HS114.SW.2	·	Y		
A1	%Z024105.PV.L	Y	Y		

初始状态排出阀关闭。请根据下列 4 个要求填写顺控表。

（1）注入阀打开，液位上升，当液位上升到高高限时，发出高高限报警，产生报警器信息 1。同时，打开排出阀，关闭注入阀；

（2）当液位达到高限报警时，产生报警器信息 2。

（3）当液位达到低限报警时，产生报警器信息 3。

（4）当液位达到低低限报警，而且排出阀打开时，则打开注入阀，关闭排出阀。

答： 顺控表如表 2-11 所示。

表 2-11

符 号 ＼ 规 则 号	01	02	03	04	符号注释
LS-A.PV.ON	Y				注入阀限位开关打开
LS-B.PV.ON				Y	排出阀限位开关打开
LI200.ALRM.HH	Y				
LI200.ALRM.HI		Y			
LI200.ALRM.LO			Y		
LI200.ALRM.LL				Y	
VALVE-A.PV.H	N			Y	注入阀打开命令
%AN0001.PV.L	Y				液位高高限报警
%AN0002.PV.L		Y			液位高限报警
%AN0003.PV.L			Y		液位低限报警
VALVE-B.PV.H	Y			N	排出阀打开命令
%AN0004.PV.L				Y	液位低低限报警

2-143 水箱进排水控制系统如图 2-41 所示，控制程序框图如图 2-42 所示，请编写该控制系统的顺控表。

图 2-41 说明：检测按钮 PB001 是否按下，若按下，则打开阀 A，关闭阀 B，向水箱内注水。当液位上升达到高限时，关闭阀 A。此时检测按钮 PB001 的状态，若按钮没有按下，则系统保持状态不变。若按钮 PB001 按下，则打开阀 B，水箱排水。当排水完毕（开关 B 合上时），则关闭阀 B，返回到初始，循环进行。

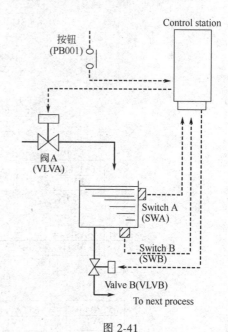

图 2-41

答： 顺控表见表 2-12。

表 2-12 顺控表

Symbol	Comment	Rule number	01	02	03	04	05	06	Step labels
		Step label	A1		A2			A3	
PB001.PV.ON	Start button		Y		Y				
SWA.PV.ON	Switch A（High level）		N	Y	Y				Conditions
SWB.PV.ON	Switch B（Low level）		N			N			
VLVA.PV.H	Valve A		Y	N					Actions
VLVB.PV.H	Valve B				Y	N			
Destination step label	THEN			A2		A1			
	ELSE								

Step A1　　　Step A2

Next step label

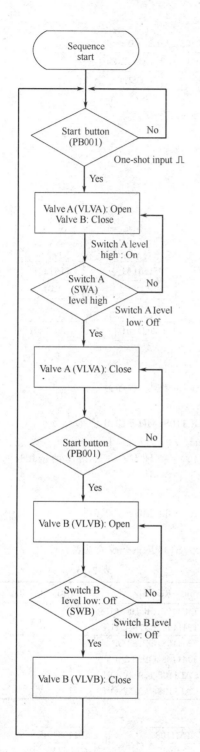

图 2-42

2-144 某盐水过滤系统控制回路连接图如图 2-43 所示。

图中，Tr、T_{mix}、KA 分别是 PVI 指示块的测量值，Tin 是 PID 调节回路 TICA 1106 的测量值。C1、C2、C3、C4 通过数据设定块 DSET 分别接到 CALCU 运算块的输入端 Q04、Q05、Q07 和 Q06。Tin、Tr、KA 分别接到 CALCU 运算块的输入端 IN、Q01 和 Q03。

其中 CALCU 功能块用来计算高温下电极的温度值。操作人员可以改变电极的参数 C1、C2、C3、C4 值和 KAmin 值，该功能块的输出为 Tmix，calu、Tmix，1 和 Tmix，2，并把 Tmix，1、Tmix，2 作为 TIA1201 的高高限报警和高限报警值。

其中 C1 = 49.82　　取值范围为 40～60。

C2 = 1.698　　取值范围为 1.3～2.1。

C3 = 0.066　　取值范围为 0.05～0.08。

C4 = 0.453　　取值范围为 0.3～0.6。

KAmin = 5.0KA

计算流程图如图 2-44 所示。

请编写 CALCU 功能块的计算程序。

答： 使 CALCU 功能块的 P01 = KAmin = 5.0KA

P02 = Z_1 = 0.66　　P03 = Z_2 = 0.5

工位号为 ECASYS 的 CALCU 功能块的程序为：

```
program
alias B1 TIA1201.HH
alias B2 TIA1201.PH
if(RV3 < P01)then
B1 = 100
B2 = 100
else
QTOT = RV4 + RV5 * RV3
QIN = RV7 + RV6 * RV3
TMIXC = RV + (RV1 - RV) * (1 - 10 * QIN/
QTOT)
TMIX1 = RV + (RV1 - RV) * (1 - 10 * P02 *
QIN/QTOT)
TMIX2 = RV + (RV1 - RV) * (1 - 10 * P03 *
QIN/QTOT)
B1 = TMIX1
B2 = TMIX2
end if
end
```

2-145 设计 Contorol Drawing 图，实现控制器 TIC-1108（PID）启动时的限幅。

要求：当操作人员把 TIC-1108 从手动切向自动时，控制阀 TV-1108 在前 2min 内要打开到阀位最大值的 10%，2min 之后，阀 100% 全开。

答： （1）控制回路图见图 2-45。

（2）工位号为 TM1108 的定时器上限值设为 PH = 2 min = 120 s。

（3）工位号为 CAL1108-1 的运算块选择

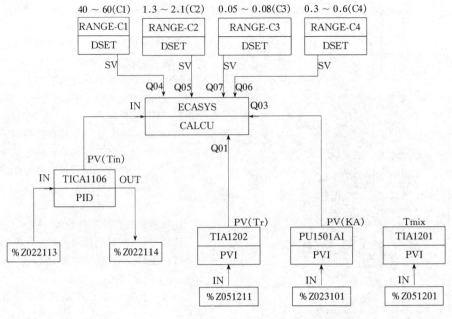

图 2-43

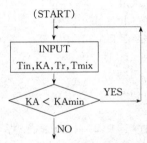

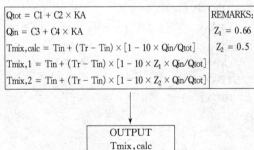

图 2-44

One-shot 型。程序为

Program

TIC1108.MH = 10.0

end

（4）工位号为 CAL 1108-2 的运算块选择 One-shot 型。程序为

Program

TIC 1108.MH = 100.0

end

（5）ST1108 的顺控表见表 2-13。

表 2-13

No Symbol Rule No		01	02	03	04
C1	TIC1108.MODE.AUT	Y			
C2	TM1108.BSTS.CTUP	·	Y		
A1	TM1108.OP.STOP	·	Y		
A2	TM1108.OP.START	Y	·		
A3	CAL1108-1.ACT.ON	Y	·		
A4	CAL1108-2.ACT.ON	·	Y		

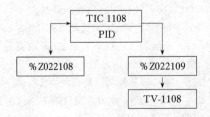

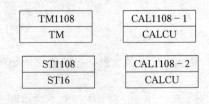

图 2-45

2-146 控制器 FIC1208 的给定值按下列公式计算

$$FS_A = FCA \times FTA \times [1 - KFA \times (KATA - KA)/KATA]$$

其中 FCA、FTA、KFA、KATA 这 4 个参数是操作员手动输入，而且要限幅，如果输入值超出范围，则取原值在 DCS 上报警输出。操作员在 DCS 上不能改变限幅值。这 4 个参数的取值范围如下：

FTA	取值范围	40～350
FCA	取值范围	0.5～1.5
KATA	取值范围	5～14
KFA	取值范围	1～2.2

公式中 KA = PU1501AI 的测量值 PV。

要求：① 当对 DCS 输入公式中的 4 个参数时，控制器处于手动，阀门关闭。参数输入完毕，操作员必须确认这些值；

② 当操作员从手动⇒自动时，控制器按照公式计算出的给定值工作；

③ FIC1208 的输出值 MV 大于 5.0，操作员能够开始控制；

④ FIC1208 的输出值 MV 小于 5.0，则阀关闭。如果 FIC1208 的输出值 MV 大于 5.0，阀再一次打开。

请按照上述要求，设计 Control Drawing 图并编程。

答：（1）控制回路的连接图（即 Control Drawing 图）见图 2-46。

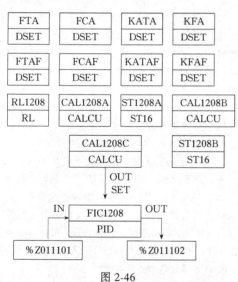

图 2-46

（2）由于参数输入需要确认，所以用数据设定块 DSET 设计两组。

FTA	FTAF：	Range	40～350
FCA	FCAF：	Range	0.5～1.5
KATA	KATAF：	Range	5～14
KFA	KFAF：	Range	1～2.2

（3）工位号为 CAL1208A 的运算块需要选择 One-shot 型，程序如下：

```
program
FTAF.SV = FTA.SV
FCAF.SV = FCA.SV
KATAF.SV = KATA.SV
KFAF.SV = KFA.SV
end
```

（4）工位号为 RL1208 的关系式程序如下：

X01：	FTA.SV	Y01：	FTAF.SV
X02：	FCA.SV	Y02：	FCAF.SV
X03：	KATA.SV	Y03：	KATAF.SV
X04：	KFA.SV	Y04：	KFAF.SV
X05：	FIC1208.MV	Y05：	0.0
X06：	PU1501AI.PV	Y06：	5.0

（5）工位号为 CAL1208B 的运算块需要选择 One-shot 型，程序如下：

```
program
FIC1208.MV = 0.0
end
```

（6）工位号为 CAL1208C 的运算块的程序如下：

```
program
alias KA PU1501AI.PV
FS = FCAF.SV * FTAF.SV * (1 - KFAF.SV *
(KATAF.SV - KA) /KATAF.SV)
CPV = FS
end
```

（7）设计一个工位号为 CONFIRM1208 的确认键用 %SW0200 实现。当操作员对输入参数的所有值确认以后，需按确认键。

（8）工位号为 ST1208A 的顺控表见表 2-14。

表 2-14

No	Symbol Rule No	01	02	03	04	05	06	07	08	09
C1	RL1208.X01.EQ	N	·	·	·	N	·	·	·	·
C2	RL1208.X02.EQ	·	N	·	·	·	N	·	·	·
C3	RL1208.X03.EQ	·	·	N	·	·	·	N	·	·
C4	RL1208.X04.EQ	·	·	·	N	·	·	·	N	·
C5	CONFIRM1208.PV.ON	·	·	·	·	·	·	·	·	Y
C6	FIC 1208.MODE.MAN	N	N	N	N	·	·	·	·	·
C7	RL1208.X05.GT	·	·	·	·	Y	Y	Y	Y	·

No Symbol Rule No		01	02	03	04	05	06	07	08	09
A1	FIC1208.MODE.MAN	Y	Y	Y	Y	·	·	·	·	·
A2	CAL1208B.ACT.ON	Y	Y	Y	Y	Y	Y	Y	Y	·
A3	CAL1208A.ACT.ON	·	·	·	·	·	·	·	·	Y
A4	CONFIRM1208.PV.H	·	·	·	·	·	·	·	·	N

（9）工位号为 ST1208B 的顺控表如下：

No	Symbol	Rule No	01	02
C1	RL1208.X06.LT		Y	·
C2				
A1	CAL1208B.ACT.ON		Y	·

2.7 组态文件的管理与下装

2-147 CS 系统的组态键入完成之后，需要做哪些工作，才可以使应用软件投入运行？

答：当 CS 系统的组态键入完成之后，需要把系统组态、操作站组态、操作员应用组态、流程图组态存储、检查、编译、下装到操作站上。把对控制站组态和实现控制方案的 Control Drawing 图，经过存储、检查、编译、下装到控制站上。应用测试软件（不必连接现场的信号线），对控制系统做静态调试，然后再进行动态调试，才可以使应用软件投入运行。待系统开车投运后，还可以对控制站进行在线修改和下装，而不会影响控制系统的正常运行。

2-148 CS 中组态时常用的文件类型有哪几种？

答：CS 中组态时常用的文件主要有 3 种：

（1）Work file　　　　　（工作文件）

（2）Master file　　　　（Master 文件）

（3）User back-up file　（用户备用文件）

2-149 什么是 Work file？如何生成 Work file？

答：Work file 是指暂时保存组态定义数据，但还没有装到目标机 FCS 或 ICS 上。Work file 是由 Save 或 Save & check 的操作创建而生成。

2-150 如何生成 Master file？Master file 保存着什么内容？

答：Master file 由 Load 或者 OnLine Load 操作创建而生成。Master file 保存着组态定义文件，与要下装到目标机上的 Work file 的组态定义文件的数据是一致的。Master file 来自于 Work file。

2-151 如何对 Master File 进行修改？

答：利用组态可以调出或改变 Master file 中的数据。首先调出 Master file 中的信息和数据进行修改，随后进行 Save 操作，那么，改变的数据将会存到 Work file 中，然后再进行 Load 操作，这样，改变后的数据才会保存到 Master file 中，即完成对 Master file 的修改。

2-152 如何操作而生成 User back-up file？User back-up file 用于保留什么内容？

答：User back-up file 由 Save with other name 的操作创建而生成。这仅对流程图和 Control Drawing 而言。User back-up file 用于保留与生成任务不直接相关的信息。

2-153 在组态操作和文件管理时，generation（生成）主要完成 3 种操作，分别是 Compile（编译）、Database merge（数据库合并）和 Load（下装），请说明这三种操作的功能。

答：（1）Compile——编译原文件，创建目标文件。

（2）Database merge——仅对 FCS 而言，合并目标文件。

（3）Load——目标文件被送至目标机，生成 Master file。

2-154 FCS 的离线下装是如何进行的？

答：当进行 FCS 的离线下装时，所有 FCS 的功能暂停。所有 FCS 的数据库作为一组被写入到 FCS 的内容中。与 FCS 相关的过程输入/输出定义信息被写入到过程输入/输出卡的内存中。并且要下装下述内容：

（1）标准程序；

（2）标准数据库；

（3）过程输入/输入定义的信息和数据。

2-155 Area（区域）的离线下装是如何进行的？

答：当进行 Area（区域）的离线下装时，数据库载到 FCS 相应 Area（区域）的所有功能被暂停。对应这个 Area 的所有数据作为一组被写入到为 FCS 相应 Area 安排的内存中。除了正在下装的 Area，其它 Area 的操作将会继续。为了使 Area 的离线下装操作能够正常进行，共享的 FCS 部分必须是正常运行的。

2-156 FCS 在线下装时，对于 Area（区域）可以改变哪些内容？

答：（1）区域常数；

（2）控制回路图；

（3）报警信息；

（4）打印信息。

2-157 当 FCS 分为 Area 1 和 Area 2 时，对 Area 1 的在线下装，会停止 Area 2 的控制功能，这种说法对吗？

答：上述说法不对。

对于 Area 的在线下装，不会暂停 FCS 的控制功能，只是暂停用组态改变的 FCS 数据库的这一部分。也就是说，当 FCS 分为 Area 1 和 Area 2 时，对 Area 1 的在线下装，不会停止对 Area 2 的控制功能。

2.8　CS 系统的测试功能

2-158　什么是 FCS 的仿真功能？

答：FCS 的仿真功能是指用一台模拟器来检测 FCS 的功能和操作。使用 FCS 模拟器仅需一台工程师工作站，它可以对当前正在运行的系统做必要的修改，而不需要一台实际的 FCS。

2-159　什么是无线测试功能？

答：无线测试功能是用一台实际的 FCS 执行检测。检测中，软件提供的 I/O 信号用来代替现场的实际信号。通过无线测试功能，可以获得比其它任何途径更为详细的测试操作。

2-160　测试功能由哪几部分组成？

答：测试功能由 4 部分组成。它们分别是测试目标执行功能，测试环境设置功能，连线功能和测试结果报告功能。

2-161　测试目标执行功能完成什么操作？

答：测试目标执行功能对下装到 FCS 或 FCS 仿真器的测试目标（控制站的数据库）完成全过程执行、单步执行、设断点和停止操作等功能。

2-162　什么是测试功能中的连线功能？

答：连线功能模拟来自或到达测试目标的过程数据 I/O，连线功能具有下述 4 点特征：

（1）连线设置；

（2）改变连线常数；

（3）连线数据的自动生成；

（4）连线操作。

2-163　测试功能所使用的文件类型有哪些？

答：为了测试 FCS 的控制功能，测试功能使用控制功能的数据库文件和存储连线数据的其它文件等。

测试功能所使用的文件有 3 种类型，分别是 Work files，Master files 和 User back-up files。

2-164　离线测试的步骤有哪些？

答：（1）生成源数据库来描述控制功能；

（2）初始化测试功能；

（3）选择测试模式；

（4）下装数据库；

（5）创建状态窗口；

（6）创建用于测试的 ICS 数据库而且初始化 ICS 程序；

（7）初始化 FCS 仿真器；

（8）设置测试环境；

（9）执行测试；

（10）校正源数据库；

（11）把正确的源数据库在线下装到 FCS 仿真器；

（12）再一次执行测试；

（13）终止测试。

2.9　CS 系统的维护

2-165　操作站与磁带机是如何进行连接的？

答：分为以下几个步骤。

（1）打开操作站下面的柜门，把磁带机电缆的一端接到操作站下面左下角的磁带机接口处。

（2）把磁带机的电源接到操作站下面的电源分配板上。

（3）在操作站上，插入 ENG 钥匙，并把钥匙放在 ENG 位置。此时，按下 [°SYSTEM] 键，CRT 屏幕上出现系统状态总貌画面。在此画面的下方，有 8 个软键，按下软键 [SELFVIEW]，CRT 屏幕上出现操作站构成画面。在此画面下方有 8 个软键，按下软键 [PORT_ENA]，CRT 屏幕上显示下述确认窗口（见图 2-47）。

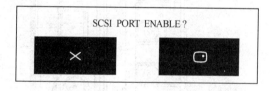

图 2-47

（4）按下确认键 [°☐]，则操作站上的 SCSI 口与外部磁带机连接好。

2-166　操作站 ICS 上的系统维护面板如图 2-48 所示，请对图中各键功能进行填空。

（1）POWER 开关　当开关打到"1"位置，表示＿＿＿＿＿＿。打到"0"位置，表示＿＿＿＿＿＿。而且操作站 ICS 自动地启动＿＿＿＿＿＿程序。

（2）RESTART 开关　正常情况下，此开关在"OFF"位置。如果此开关位置放在"RESTART"处，而且"EXEC"开关按下，则＿＿＿＿＿＿＿＿＿＿＿。

如果"RESTART"开关位置放在"DUMP & RESTART"处，而且"EXEC"开关按下，则＿＿＿＿＿。而且＿＿＿＿＿＿。

（3）MANUAL 开关　MANUAL 开关用于＿＿＿＿＿。在正常操作时，此开关＿＿＿＿＿＿。此开关用于安装操作系统。

（4）EXEC 开关　如果选择开关不在"DUMP & RESTART"或者"RESTART"位置，则"EXEC"开关＿＿＿＿＿＿。

当选择开关在"DUMP & RESTART"或者"RESTART"位置，则"EXEC"开关_____。

（5）VOLUME 控制　VOLUME 控制用于_____。

答：（1）电源开，电源关，Shutdown。

（2）ICS 系统重新启动，将生成"Crash-dump"文件，系统重新启动。

（3）手动地启动系统，不使用。

（4）无效，用于执行选择。

（5）调节蜂鸣器的音量。

2-167　主电源开关和电池开关如图2-49所示。如何打开操作站 ICS 的电源？

答：（1）把 ICS 下面的前面门用钥匙打开。

（2）检查电源电缆连线是否正确。

（3）把分配板上的主电源开关打到 1 位置，使电源打开。

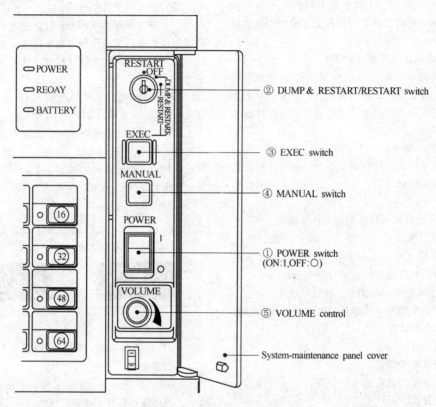

图 2-48　系统维护面板图

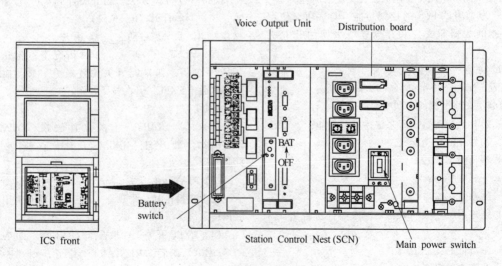

图 2-49

（4）打开 ICS 上的系统维护面板的盖子。

（5）在系统维护面板中，把电源开关打到 1 位置，此时，在 ICS 下部电源分配板上的主电源开关顶部的电源指示灯点亮。

（6）此时，ICS 系统自动地启动。在 CRT 屏幕上显示信息。最后，在 CRT 屏幕上显示初始屏幕信息。

（7）如果 AIP211 语音输出卡存在，则把电池开关打到"BAT"位置。

2-168 如何关闭操作站电源？

答：（1）首先确认所有文件和数据均已保存好。不再有任何文件正在往磁带机中存储。

（2）在系统维护面板中，把 POWER 开关打向"0"位置。

（3）大约经过 10 s 以后，Shutdown 程序自动启动。

（4）ICS 自动地完成 Shutdown 的处理过程。当 Shutdown 处理结束以后，此时电源关闭。相应地在操作站下面的电源分配板上的主电源开关上部的灯熄灭。

（5）对于日常操作，保持 ICS 下部的电源分配板上的主电源开关为"0"位置，不必关掉。

2-169 现场控制单元的 CPU 卡上有哪些状态灯开关和连接器？

答： CPU 卡上，从上到下状态针依次为 HRDY，RDY，CTRL，COPY 指示灯。然后是 START/STOP 开关。再往下是 CN1 连接器。最后是域号设置开关和站号设置开关。

2-170 填空（CPU 卡中各个状态灯的作用）

（1）HRDY 状态灯　如果处理器卡自检为正常，则灯为___色，若处理器卡异常，则灯____。

（2）RDY 状态灯　如果处理器卡硬件和软件均正常，则灯为___色，若处理器卡硬件和软件其中之一或两者均为异常，则灯____。

（3）CTRL 状态灯　在双重化 FCU 中，____则灯为绿色，如果处理器卡_____则灯灭。双重化 FCU 初始启动时，则____侧处理器卡开始控制。如果不是双重化现场控制单元，而是单 FCU，则 CTRL 灯_____。

（4）COPY 状态灯　在双重化 FCU 中，处理器卡开始拷贝数据库时，灯为___色。当_____，则灯灭。当替换任一处理器卡时，或当任何一个处理器卡从停止状态启动时，则备用侧的卡从_____。当_____，则___灯灭。在非双重化的 FCU，即单 FCU 中，COPY 状态灯_____。

答：（1）绿，灭。

（2）绿，灭。

（3）处理器卡处于控制状态，处于备用状态，

右，总是绿色。

（4）绿，拷贝结束，控制侧的卡自动拷贝数据。拷贝结束，COPY，总是灭的。

2-171 START/STOP 开关是一个维护开关。用于使_____。当处理器卡正在运行，若要强制_____，则按下_____。从停止状态要重新启动 CPU 时，则_____。

答： 处理器卡 CPU 暂停或者重新启动，CPU 停止，START/STOP 开关，再一次按下 START/STOP 开关。

2-172 说明 FCS 的 CPU 卡上 CN1 连接器的用途。

答： CN1 连接器是为维护时预留的。

2-173 CS 的系统维护功能包括哪些内容？

答： 系统维护功能主要包括系统维护、系统报警信息显示、FCS 状态显示、ICS 本站状态显示、等值化和操作环境设置功能。

2-174 CS 系统的自诊断功能主要是指什么？

答： CS 系统的自诊断功能主要是每秒对 CS 系统软件、硬件及其插卡、通道等进行检查，一旦出现故障，操作站 ICS 发出系统报警信息，报告故障发生时间、故障点物理位置、故障原因、类别等。在 CRT 上显示这些信息，发出音响，并打印信息及存入硬盘。

2-175 填空。

（1）当连接外部设备到 SCSI 口时，则选择软键_____，然后再进行确认操作。

（2）当外部设备不再与 SCSI 口连接时，则选择软键_____，然后再进行确认操作。

答：（1）[PORT_ENA]；

（2）[PORT_DIS]。

2-176 控制站状态显示画面如图 2-50 所示，对图中各项显示内容进行填空。

（1）①为控制站信息。AFH20D 是_____，Project：icsmif 代表_____，Rev：R1. 07. 00 代表系统软件版本号，CPU idle Time 是 CPU 空闲时间。

（2）②为控制站状态显示。显示风扇的状态和电池等的温度，其中 FCU（N_1，N_2）代表_____的风扇，DOOR（1，2，3，4）代表门上的___。如果各项功能正常，显示为___色，某项功能不正常，则显示为___色，并带有"×"标记。

（3）在④中，带有黄色△标记显示的△CPU 和△RI01，表示处于___状态。

（4）⑤是控制区域状态显示。STN00101 代表_____，RUN 代表处于___状态。

（5）⑥是 RIO 总线状态显示。①←绿色表示第一根 RIO 总线为___，×②←红色表示第二根 RIO 总线出现___。

答：（1）站型号，项目名；

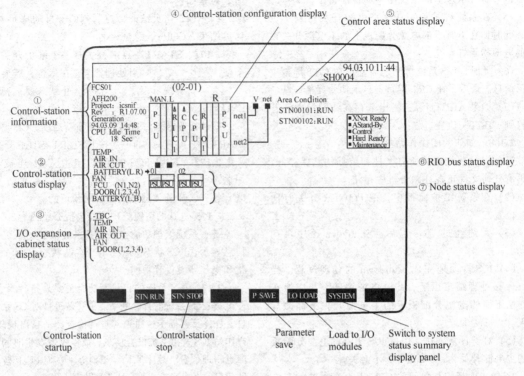

④ Control-station configuration display   ⑤ Control area status display

94.03.10 11:44
SH0004

① Control-station information

② Control-station status display

③ I/O expansion cabinet status display

⑥ RIO bus status display

⑦ Node status display

Control-station startup   Control-station stop   Parameter save   Load to I/O modules   Switch to system status summary display panel

图 2-50

(2) 现场控制单元，风扇，绿，红；

(3) 备用；

(4) 区域名字，运行；

(5) 正常，故障。

2-177 说明图 2-51 中 I/O 模件状态显示窗口的显示内容。

答：包括 7 个方面内容。

① 节点注释；

② I/O 模件箱通信状态；

③ I/O 模件状态显示；

④ 节点状态显示；

⑤ 电源状态显示；

⑥ 温度监视；

⑦ I/O 模件类型。

2-178 图 2-52 是 ICS 状态显示画面，对图中各项功能进行填空。

(1) ①是 ICS 信息显示，可以显示站型号、项目名和_____。

(2) ②是 ICS 状态显示，可以显示硬盘、电源、电池等的温度，也可以显示风扇的状态，当 BATTERY 之下显示 NR，表示电池____，若以红色显示 XLOW，表示电池____。

(3) ③是 ICS 状态显示，它可以显示 ICS 操作站的各个____的名称以及连接的串口和____。

(4) 当选择操作组的操作模式 A，则从图中④选中_____，若选择显示所有报警，则从图中⑤选中____，若使 MSg1 连接有打印机并为主站，则从图中⑥选中 Msg1 为_____。若选择报警信息打印机能够工作，则从图中⑥选中 Prt 为____。

答：(1) 系统软件版本号。

(2) 正常，没电。

(3) 卡件，并口。

(4) Mode A，ALL，ON 和 Master，ON。

2-179 图 2-53 是 ICS 中的操作选择设置画面，请填空。

(1) 若想把操作站的触屏方式设置为有效，则在图中的③选中_____，若要求当手指触到 CRT 屏幕时，触屏功能有效，则在图中的②选中_____。

(2) 若想测试各种声音，可在图中⑦按下测试按钮■，可以选择_____种不同的声音，并且音量_____调节。

(3) 若想在操作站上按下操作员键盘时，可以发出有效键操作的声响，则需在图中的⑥即 key click 的选择框中选中_____。

答：(1) Yes，Touch down；

(2) 7，可以；

(3) Yes。

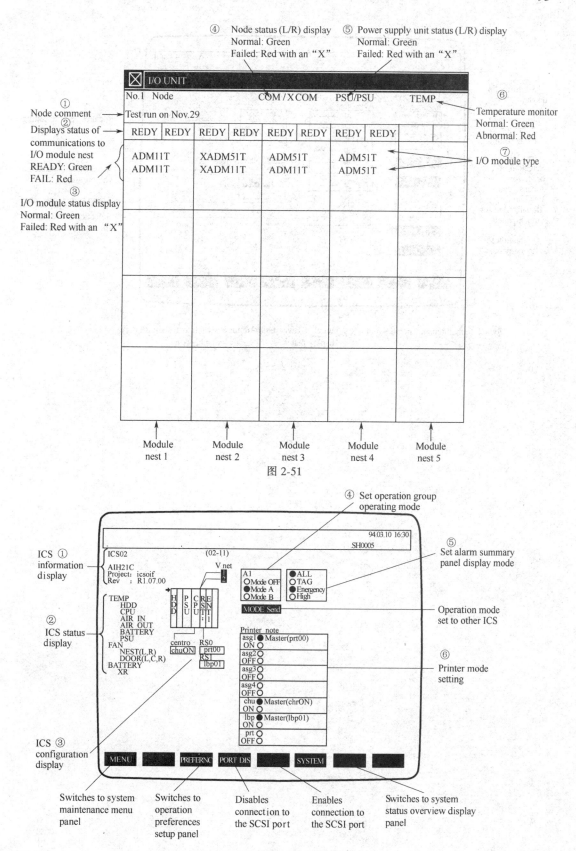

④ Node status (L/R) display
Normal: Green
Failed: Red with an "X"

⑤ Power supply unit status (L/R) display
Normal: Green
Failed: Red with an "X"

I/O UNIT

No.1   Node   COM／XCOM   PSU／PSU   TEMP

① Node comment → Test run on Nov.29

② Displays status of communications to I/O module nest
READY: Green
FAIL: Red

⑥ Temperature monitor
Normal: Green
Abnormal: Red

⑦ I/O module type

③ I/O module status display
Normal: Green
Failed: Red with an "X"

| REDY | REDY | REDY | REDY | REDY | REDY | REDY | REDY | | |

ADM11T   XADM51T   ADM51T   ADM51T
ADM11T   XADM11T   ADM11T   ADM51T

Module nest 1   Module nest 2   Module nest 3   Module nest 4   Module nest 5

图 2-51

④ Set operation group operating mode

⑤ Set alarm summary panel display mode

94.03.10 16:30
SH0005

ICS ① information display

ICS02   (02-11)

AIH21C
Project: icsoif
Rev : R1.07.00

V net

TEMP
HDD
CPU
AIR IN
AIR OUT
BATTERY
PSU
FAN
NEST(L,R)
DOOR(L,C,R)
BATTERY
XR

② ICS status display

H P C R E
D S P S N
D U U T T
         : 1

A1
○Mode OFF
●Mode A
○Mode B

●ALL
○TAG
●Emergency
○High

MODE Send — Operation mode set to other ICS

Printer note

centro   RS0
chuON   prt00
         RS1
         lbp01

asg1 ● Master(prt00)
ON ○
asg2 ○
OFF ○
asg3 ○
OFF ○
asg4 ○
OFF ○
chu ● Master(chrON)
ON ○
lbp ● Master(lbp01)
ON ○
prt ○
OFF ○

⑥ Printer mode setting

ICS ③ configuration display

MENU   PREFERNC PORT DIS   SYSTEM

Switches to system maintenance menu panel

Switches to operation preferences setup panel

Disables connection to the SCSI port

Enables connection to the SCSI port

Switches to system status overview display panel

图 2-52

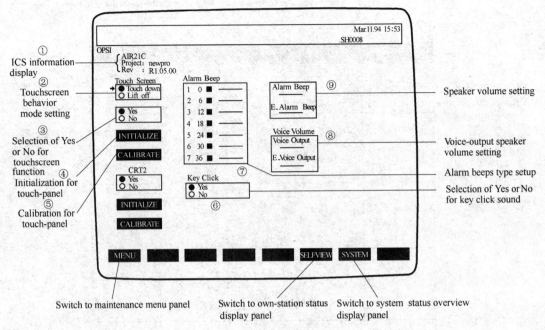

① ICS information display
② Touchscreen behavior mode setting
③ Selection of Yes or No for touchscreen function
④ Initialization for touch-panel
⑤ Calibration for touch-panel

Speaker volume setting
Voice-output speaker volume setting
Alarm beeps type setup
Selection of Yes or No for key click sound

Switch to maintenance menu panel
Switch to own-station status display panel
Switch to system status overview display panel

图 2-53

3 可编程序控制器 (PLC)

3.1 原理和构成

3-1 什么是可编程序控制器?

答: 可编程序控制器是一种以微处理器为核心器件的逻辑和顺序控制装置。由于可编程序控制器在不断发展,对它下一个确切定义比较困难。目前公认的是 1980 年美国电气制造商协会 NEMA (National Electrical Manufacturers Association) 对它下的定义:

可编程序控制器是一种数字式的电子装置。它使用可编程序的存储器来存储指令,并实现逻辑运算、顺序运算、计数、计时和算术运算等功能,用来对各种机械或生产过程进行控制。

可编程序控制器最早出现于 1969 年,当时叫可编程序逻辑控制器,即 PLC (Programmable Logic Controller),1976 年 NEMA 将其命名为可编程序控制器,缩写 PC (Programmable Controller)。由于可编程序控制器英文缩写 PC 和个人计算机英文缩写 PC (Personal Computer) 容易混淆,所以大家仍将可编程序控制器称为 PLC。

3-2 可编程序控制器有哪些特点?

答: 可编程序控制器的主要特点如下。

(1) 构成控制系统简单 当需要组成控制系统时,用简单的编程方法将程序存入存储器内,接上相应的输入、输出信号线,便可构成一个完整的控制系统。不需要继电器、转换开关等,它的输出可直接驱动执行机构 (负载电流一般可达 2 A),中间一般不需要设置转换单元,因而大大简化了硬件的接线电路。

(2) 改变控制功能容易 可以用编程器在线修改程序,很容易实现控制功能的变更。

(3) 编程方法简单 程序编制可以用接点梯形图、逻辑功能图、语句表等简单的编程方法来实现,不需要涉及专门的计算机知识和语言。这些编程方法,对于技术人员和具有一般电控技术的工人,几小时就可以基本学会。

(4) 可靠性高 可编程序控制器采用了集成电路,可靠性要比有接点的继电器系统高得多。同时,在其本身的设计中,又采用了冗余措施和容错技术。因此,其平均无故障运行时间 (MTBF) 已达到数万小时以上,而平均修复时间 (MTTR) 则少于 10 min。

另外,由于它的外部硬件电路很简单,大大减少

了接线数量,从而减少了故障点,使整个控制系统具有很高的可靠性。

(5) 适应于工业环境使用 它可以安装在工厂的室内场地上,而不需要空调、风扇等,可在温度 0～60 ℃,相对湿度 0～95% 的环境中工作。直流 24 V 供电的 PLC,电压允许为 16～32 V;交流 220 V 供电的 PLC,电压允许为 (220±15) V,频率允许为 47～63 Hz。它能直接处理交流 220 V,直流 24 V 等强电信号,不需要附设滤波、转换设备。

简而言之,与继电器逻辑电路相比,PLC 具有可靠性高,改变控制功能容易的显著优点。与 DCS 系统相比,PLC 具有对使用环境的适应性强、编程方法简单的特点。

当然,DCS 主要用于连续量的模拟控制,而 PLC 主要用于开关量的逻辑控制,两者设计思想不同,各具特色,可靠性都很高。所以,上面说到的只是 PLC 相对于 DCS 的"特点",而不能说是"优点"。

3-3 在结构形式上,PLC 有整体式和模块式两种,请说明其结构特点和适用场合。

答: (1) 整体式结构 把 CPU、存储器、I/O 等基本单元装在少数几块印刷电路板上,并连同电源一起集中装在一个机箱内。它的输入输出点数少,体积小,造价低,适用于单体设备和机电一体化产品的开关量自动控制。

(2) 模块式结构 又称为积木式 PLC,它把 CPU (包括存储器) 单元和输入、输出单元做成独立的模块,即 CPU 模块、输入模块、输出模块,然后组装在一个带有电源单元的机架或母板上。它的输入输出点数多,模块组合灵活,扩展性好,便于维修,但结构较复杂,插件较多,造价较高,适用于复杂过程控制系统的场合。

3-4 按照 I/O 能力划分,PLC 有哪几种类型?

答: 按照 I/O 点数分类,一般可分为小、中、大 3 种:

(1) 小型 PLC——I/O 点数,128 点以下,用户程序存储器容量小于 4 KB;

(2) 中型 PLC——128～512 点 I/O,4～8 KB 用户存储器;

(3) 大型 PLC——512 点以上 I/O,8 KB 以上用户存储器。

说明:由于系统的规模不同,各行业对 PLC 大、中、小型的划分也不尽一致。石油化工行业一般按上

述方法分类，在冶金行业，则划分如下：

小型 PLC——512 点以下；

中型 PLC——512～2048 点；

大型 PLC——2048 点以上。

3-5 按照功能强弱，PLC 可分为哪几种类型？

答：按照功能分类，大致可分为低、中、高三档。

（1）低档 PLC 以逻辑量控制为主，适用于继电器、接触器和电磁阀等的开关控制场合。它具有逻辑运算、计时、计数、移位等基本功能，还可能有 I/O 扩展及通信功能。

（2）中档 PLC 兼有开关量和模拟量的控制，适用于小型连续生产过程的复杂逻辑控制和闭环调节控制场合。它扩大了低档机中的计时、计数范围，增加了数字运算功能，具有整数和浮点数运算、数制转换、PID 调节、中断控制和通信联网等功能。

（3）高档 PLC 在中档机的基础上，增强了数字计算能力，具有矩阵运算、位逻辑运算、开方运算和函数等功能；增加了数据管理功能，可以建立数据库，用于数据共享和数据处理；加强了通信联网功能，可和其它 PLC、上位监控计算机连接，构成分布式综合管理控制系统。

3-6 PLC 的硬件系统由哪些部分构成？分别说明其作用。

答：PLC 的主机由中央控制单元、存储器、输入输出单元、输入输出扩展接口、外部设备接口以及电源等部分组成。各部分之间通过由电源总线、控制总线、地址总线和数据总线构成的内部系统总线进行连接，如图 3-1 所示。

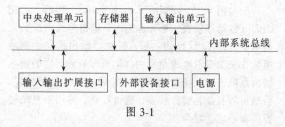

图 3-1

（1）中央处理单元（CPU） 是 PLC 的运算控制中心，它包括微处理器和控制接口电路。

（2）存储器 用来存储系统程序、用户程序和各种数据。ROM 一般采用 EPROM 和 EEPROM，RAM 一般采用 CMOS 静态存储器，即 CMOS RAM。

（3）输入输出单元（I/O） 是 PLC 与工业现场之间的连接部件，有各种开关量 I/O 单元、模拟量 I/O 单元和智能 I/O 单元等。

（4）输入输出扩展接口 是 PLC 主机扩展 I/O 点数和类型的部件，可连接 I/O 扩展单元、远程 I/O 扩展单元、智能 I/O 单元等。它有并行接口、串行接

口、双口存储器接口等多种形式。

（5）外部设备接口 通过它，PLC 可以和编程器、彩色图形显示器、打印机等外部设备连接，也可以与其它 PLC 或上位机连接。外部设备接口一般是 RS-232C、RS-422A（或 RS-485）串行通信接口。

（6）电源单元 把外部供给的电源变换成系统内部各单元所需的电源，一般采用开关式电源。有的电源单元还向外提供 24 V 隔离直流电源，给开关量输入单元连接的现场无源开关使用。电源单元还包括掉电保护电路和后备电池电源，以保持 RAM 的存储内容不丢失。

3-7 在 PLC 的中央处理单元中，常用的微处理器有哪些类型？

答：PLC 中常用的微处理器主要有通用微处理器、单片机和双极型位片式微处理器 3 种。

（1）通用微处理器 PLC 大多采用 8 位和 16 位微处理器，如 Z80A、8085、M6809、8086、M68000 等。

（2）单片机 单片机是将微处理器、部分存储器、部分 I/O 接口及连接它们的控制接口电路集成在一块芯片上的处理器。现在的单片机为 8 位或 16 位，PLC 中常用的单片机有 8049、8039、8031、8051 等。

（3）位片式微处理器 位片式微处理器是以位为单位构成的，用几个位片进行"级联"，可以构成任意位的微处理器。它采用双极型工艺和微程序设计，处理速度特别快。PLC 中常用的位片式微处理器主要有 AMD2900、AMD2903、TMS9900 等。

3-8 PLC 中使用的存储器有哪些类型？

答：只读存储器有 ROM、PROM、EPROM、EEPROM 4 种。

（1）ROM 又称掩膜只读存储器，它存储的内容在制造过程中确定，不允许再改变。

（2）PROM 可编程只读存储器，它的存储内容由用户用编程器一次性写入，不能再改变。

（3）EPROM 可擦除可编程只读存储器，它的存储内容也是由用户用编程器写入的，但可在紫外线灯的照射下擦除，因此，它允许反复多次地擦除和写入。

（4）EEPROM 电擦除可编程只读存储器，它的存储内容由用户写入，在写入新内容时，原来存储的内容会自动清除，它允许反复多次写入。

只读存储器用来存放制造厂商编制的系统程序（包括系统管理程序、用户指令解释程序和标准程序模块）和用户编制的应用程序。目前 PLC 中使用的只读存储器主要是 EPROM 和 EEPROM。

随机读写存储器有静态 RAM（SRAM）和动态 RAM（DRAM）两种。

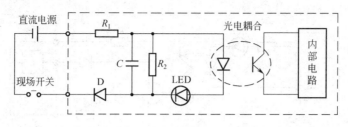

(a) 直流输入单元

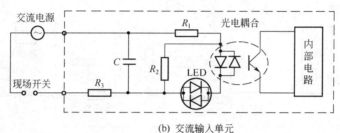

(b) 交流输入单元

图 3-2

（1）SRAM 用 D 型触发器来存储写入的内容，除非写入新的内容或电源关断，它存储的内容可以保持不变。

（2）DRAM 用电容来存储写入的内容，由于电容要放电，为了维护写入的内容不变，必须对它进行重复读出和写入操作，即要有刷新电路配合使用。

RAM 在 PLC 中用作数据存储器和用户程序暂存器。数据存储器存放 PLC 运行过程中产生的各种数据。用户程序暂存器用来存放用户编写的应用程序，经过调试、修改和运行考核，再将用户程序固化到 EPROM 中。

3-9 开关量输入单元按照输入端电源类型的不同，分为直流输入单元和交流输入单元两种，其原理图如图 3-2 所示，请说明图中各器件的作用和工作过程。

答：在直流输入单元中，电阻 R_1 与 R_2 构成分压器，电阻 R_2 与电容 C 组成阻容滤波。二极管 D 禁止反极性电压输入，发光二极管 LED 指示输入状态。光电耦合器隔离输入电路与可编程序控制器内部电路的电气连接，并使外部信号通过光电耦合变成内部电路接收的标准信号。当现场开关闭合后，外部直流电压经过电阻分压和阻容滤波后加到光电耦合器的发光二极管上，经光电耦合，光电三极管接收光信号，并输出一个对内部电路来说是接通的信号，输入端的发光二极管 LED 点亮，指示现场开关闭合。

在交流输入单元中，电阻 R_1 与 R_2 构成分压器。电阻 R_3 为限流电阻，电容 C 为滤波电容。双向光电耦合器起整流和隔离双重作用，双向发光二极管用作状态指示。其工作原理和直流输入单元基本相同，仅在正反相时导通的双向光电元件不同。

3-10 开关量输出单元按照执行机构使用的电源类型不同，分为直流输出单元（晶体管输出方式或继电器触点输出方式）和交流输出单元（可控硅输出方式或继电器触点输出方式），其原理图如图 3-3 所示，请说明图中各器件的作用和其工作过程。

答：在晶体管输出方式中，三极管 V 作为开关器件，稳压管 D_1 用于防止输出端过压损坏，熔断保险丝用于输出端过流的保护，二极管 D_2 禁止电压反向接入，光电耦合器通过光电耦合，防止电磁干扰的影响和实现电气隔离，电阻 R_1 和 R_2 分别起限流作用，发光二极管 LED 用于指示输出的状态。当可编程序控制器输出一个接通信号时，内部电路使光电耦合器的光电二极管得电发光，光电三极管受光导通后，使晶体三极管 V 导通，相应负载 L 得电。输出状态指示发光二极管 LED 点亮。

在可控硅输出方式中，固态继电器（AC SSR）作为开关器件，同时又是隔离器件，电阻 R_2 和电容 C 组成高频滤波电路，压敏电阻为浪涌电流吸收器，以消除尖峰电压，熔断保险丝作过流保护。当可编程序控制器输出一个接通信号时，内部电路使固态继电器内输入电路中的光电二极管导通，通过光电耦合使输出回路的双向可控硅导通，负载得电。发光二极管 LED 点亮指示输出有效。

在继电器输出方式中，继电器作为开关器件，同时又是隔离器件。电阻 R 和发光二极管 LED 组成输出状态显示器。当可编程序控制器输出一个接通信号时，内部电路使继电器线圈通电，继电器接点闭合使

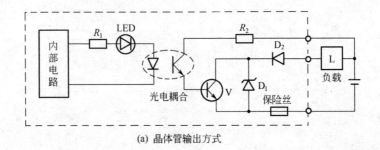

(a) 晶体管输出方式

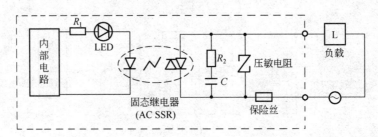

(b) 可控硅输出方式

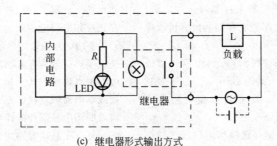

(c) 继电器形式输出方式

图 3-3

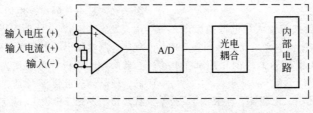

图 3-4

负载回路接通，同时状态指示发光二极管 LED 导通点亮。根据负载的需要，负载回路的电源电压既可选用交流电压，也可选用直流电压。

3-11 模拟量输入单元一般由信号变换、模数转换 A/D、光电隔离等部分组成，其原理框图如图 3-4 所示，试说明各环节的作用及其工作过程。

答：模拟量输入单元设有电压信号和电流信号输入端。当电流信号输入时，要把输入电压端（＋）和输入电流端（＋）短接，使电流信号转换为标准的电压信号。输入信号通过运算放大器的放大和量程变换，转换成模数转换 A/D 能够接收的电压范围，经过模数转换 A/D 后的数字量信号，再经光电耦合隔离后进入可编程序控制器的内部电路。根据 A/D 转换的分辨率不同，模拟量输入单元能提供 8 位、10 位、12 位或 16 位等精度的各种位数数字量信号，传送给可编程序控制器进行处理。

光电耦合电路的作用是防止电磁干扰，也有采用阻容滤波电路来防止电磁干扰的。

3-12 模拟量输出单元一般由光电隔离、数模转换 D/A、信号驱动等部分组成，其原理框图如图 3-5

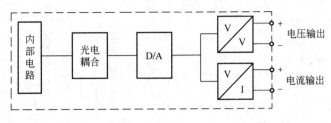

图 3-5

所示，请说明各环节的作用及其工作过程。

答：可编程序控制器输出的若干位数字量信号由内部电路送至光电耦合器的输入端，光电耦合器输出端输出的数字信号进入数模转换器 D/A，经转换后的模拟量直流电压信号经运算放大器放大后驱动输出。通常，模拟量输出单元设有电压输出端（一般输出 $1 \sim 5$ V 直流电压信号）和电流输出端（一般输出 $4 \sim 20$ mA 直流电流信号）。

A/D 转换器有 8 位、10 位、12 位等几种不同精度。

光电耦合电路用于防止电磁干扰，也有采用变压器耦合电路防止电磁干扰的。

3-13 什么是智能输入输出单元？它有哪些类型？

答：智能 I/O 单元与其它 I/O 单元的不同之处，是它具有与 PLC 主机相似的硬件系统，也是由 CPU、存储器、输入输出单元、外部设备接口单元等部分通过内部系统总线连接组成。智能 I/O 单元在自身的系统程序管理下，对工业现场的信号进行检测、处理和控制，并通过外部设备接口与 PLC 主机实现通信。PLC 主机在每个扫描周期中与智能 I/O 单元进行一次信息交换，以便对现场信号进行综合处理。智能 I/O 单元不依赖主机的运行方式而独立运行。

目前，智能 I/O 单元有以下一些类型。

（1）高速脉冲计数器智能单元 专门对现场的高速脉冲信号进行计数，并把累计值传送给 PLC 主机进行处理。一般的 PLC 不能正确地进行高速脉冲信号的计数，因为计数速度受到扫描周期的影响，当高速脉冲信号的宽度小于主机扫描周期时，会发生部分计数脉冲丢失的情况。采用该智能单元后，PLC 就正确地对高速脉冲信号进行处理了。

（2）PID 调节智能单元 能独立完成一个或几个闭环控制回路的 PID 调节，而 PLC 主机仅周期地把调整参数和设定值传递给 PID 调节智能单元。这样就减轻了 PLC 主机的负担，使其在每个扫描周期内能处理更多的其它任务。

（3）温度传感器输入智能单元 直接与热电偶或热电阻相连，通过信号转换、A/D 转换、光电耦合

等电路将模拟量的热电势或电阻信号转变为 PLC 的内部数字量信号。对热电偶的冷端补偿和热电阻的非线性处理等也在该智能单元实现，不同热电偶、热阻的分度号是通过该单元上的选择开关确定的。

（4）位置控制智能单元

（5）阀门控制智能单元

3-14 PLC 的编程语言主要有哪些？

答：目前，PLC 的编程语言主要有以下几种：

（1）梯形图语言（Ladder Diagram）；

（2）布尔助记符语言（Boolean Mnemonic）；

（3）功能表图语言（SFC, Sequential Fonction Chart）；

（4）功能模块图语言（Function Block）；

（5）结构化语句描述语言（Structured Text）。

其中，梯形图和布尔助记符是 PLC 的基本编程语言，由一系列指令组成，用这些指令可以完成大多数简单的控制功能。例如，代替继电器、计时器、计数器完成顺序控制和逻辑控制等。但是，对于较复杂的控制系统，两者均描述不够清晰。

功能表图语言是用顺序功能图来描述程序的一种编程语言。语句描述语言与 BASIC、PASCAL 和 C 语言相类似，但进行了简化。这两种语言常用于系统规模较大、程序关系较复杂的场合，能有效地完成模拟量的控制、数据的操纵、报表的打印和其它用梯形图或布尔助记符语言无法完成的功能。

功能模块图语言采用功能模块形式，通过软连接方式完成所要求的控制功能。具有直观性强、易于掌握、连接方便、操作简单的特点，很受欢迎。但由于每种模块需要占有一定的程序内存，对模块的执行需要一定时间，所以，这种编程语言仅在大中型 PLC 和 DCS 中采用。

目前，大多数 PLC 产品中广泛采用的是梯形图、布尔助记符和功能表图语言。功能表图语言虽然是近几年发展起来的，但其推广应用速度很快，新推出的 PLC 产品已普遍采用。

3-15 简述 PLC 的工作过程和特点。

答：PLC 的工作过程大体上可分为三个阶段：输入采样、程序执行、输出刷新，如图 3-6 所示。

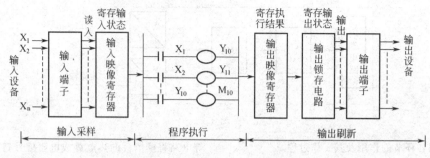

图 3-6

PLC 采用循环扫描的工作方式。在输入采样阶段，PLC 以扫描方式顺序读入所有输入端的通断状态，并将此状态存入输入映像寄存器。在程序执行阶段，PLC 按先左后右、先上后下步序，逐条执行程序指令，从输入映像寄存器和输出映像寄存器读出有关元件的通断状态，根据用户程序进行逻辑、算术运算，再将结果存入输出映像寄存器中。在输出刷新阶段，PLC 将输出映像寄存器的通断状态转存到输出锁存器，向外输出控制信号，去驱动用户输出设备。

上面三个阶段的工作过程称为一个扫描周期，然后 PLC 又重新执行上述过程，周而复始地进行。扫描周期一般为几毫秒至几十毫秒。

由上述的工作过程可见，PLC 执行程序时所用到的状态值不是直接从输入端获得的，而是来源于输入映像寄存器和输出映像寄存器。因此 PLC 在程序执行阶段，即使输入发生了变化，输入映像寄存器的内容也不会改变，要等到下一周期的输入采样阶段才能改变。同理，暂存在输出映像寄存器中的内容，等到一个循环周期结束，才输送给输出锁存器。所以，全部输入、输出状态的改变需要一个扫描周期。

与 PLC 的工作方式不同，传统的继电器控制系统是按"并行"方式工作的，或者说是同时执行的，只要形成电流通路，可能有几个电器同时动作；而 PLC 是以扫描方式循环、连续、顺序地逐条执行程序。任何时刻，它只能执行一条指令，也就是说，PLC 是以"串行"方式工作的。PLC 的这种串行工作方式可避免继电器控制系统中触点竞争和时序失配的问题。

3-16 PLC 控制系统设计的步骤和内容有哪些？

答：基本步骤和内容如下：

① 确定系统运行方式与控制方式；

② 选择输入设备（按钮、操作开关、限位开关、传感器等）、输出设备（继电器、接触器、信号灯等执行元件），以及由输出设备驱动的控制对象（电动机、电磁阀等）；

③ PLC 的选择，包括机型选择、容量选择、I/O模块选择、电源模块选择等；

④ 分配 I/O 点，绘制 I/O 连接图；

⑤ 设计控制程序，控制程序是整个系统工作的软件，程序应经过反复调试、修改，直到满足要求为止；

⑥ 编制控制系统的技术文件，包括说明书、电气原理图及电气元件明细表、I/O 连接图、I/O 地址分配表、控制软件。

3-17 如何选用 PLC？

答：PLC 的选择应从多方面去考虑，一般应从以下几个方面去选择。

（1）系统规模和功能要求 PLC 有小、中、大型之分，其处理能力（包括能处理的 I/O 点数、扫描速度、用户存储器容量等）和功能（包括逻辑控制、算术运算、PID 控制、联网通信等）各不相同，应根据控制系统的规模和功能要求具体加以选择。

在计算 I/O 总点数时，一般要考虑 10% ~ 20%的备用量。用户存储器容量可根据经验估算或先编好用户程序再加以精确计算。

（2）I/O 功能及驱动能力 I/O 部分的价格占PLC 的一半以上，选择 I/O 组件时，要考虑控制系统中输入和输出信号的种类、参数要求和控制系统的技术要求。I/O 的功能主要反映在电流电压规格、有无触点、响应速度、导通压降等方面。

输出电路有继电器输出、大功率三极管直流输出、双向可控硅交流输出等。继电器输出价格便宜，适用电压范围宽，导通压降小，但可靠性差，寿命短，响应速度慢。无触点的三极管和双向可控硅输出可靠性和速度大大提高，但价格较贵。

关于驱动能力，不但要看一个点的输出驱动能力，还要看整个输出模块的满负荷能力，如一个 220 V、2 A 的 8 点输出模块，每个点当然可以提供 2 A 的电流，但整个模块的满负荷不一定是 2 A×8 = 16 A，很可能比这个值小得多，选用时要特别注意。

（3）编程方法 PLC 的编程方法很多，常用的是梯形图法和语句表法。梯形图法仍然继承人们熟悉的继电器符号编程，只要有继电器控制图就可以用这些继电器符号编程，不用学习有关计算机知识，比较适合我国国情。但梯形图法要有一个比较复杂的编程器，硬件造价比较高。

语句表法比梯形图法难于掌握，但软件和硬件相应简单，编程器价格比梯形图法低得多。

有些PLC的主机和编程器共用一个CPU，在修改或变更程序时要离线作业，此时CPU将失去对现场的控制，只为编程器服务，即所谓"离线编程"。有的PLC，主机和编程器各有一个CPU，编程器可自行编程，主机在进行现场控制时完成一个扫描周期后和编程器通讯，接收修改好的程序并在下一个扫描周期按修改后的程序控制现场，即所谓"在线编程"。显然，前者可节省大量软件和硬件，造价低，但不能在线编程，不适用于经常修改参数、产品经常变更的系统。后者软硬件投资较高，但应用领域较广。

（4）其它 如环境适应能力（环境温度、湿度、电源允许波动范围、抗干扰指标）、可靠性（冗余措施、故障诊断、系统安全措施、MTBF指标等）以及其它一些方面。

3-18 如何估算输入输出点数？

答：首先列出被控对象输出的设备名称，并根据所需的输入输出点数进行统计。在设计时，应考虑为了控制的要求而增加的一些开关、按钮或报警的信号。例如，增加总的供电开关，为手动的需要而增加的手动自动开关，为联锁需要设置的联锁、非联锁开关等。根据统计的I/O点数，再增加10%～20%的可扩展余量后，就可得出I/O点数的估计数据。在订货时，再根据PLC厂家产品的I/O点数进行圆整。

表3-1为I/O点数统计参考表，可供参考。

3-19 如何估算用户存储器容量？

答：用户存储器包括用户程序存储器和数据存储器。对于小型PLC，通常产品的I/O点数固定，其用户存储器容量常有一定余量，选型时，只需统计I/O

点数，并按I/O点数选择即可，无需估算用户存储器容量。对于由用户确定I/O卡件数量的中、大型PLC，才需估算存储器容量。

应当指出，存储器容量和程序容量是有区别的，存储器容量是PLC本身能提供的硬件存储单元的大小，程序容量是用户可以使用的存储单元的大小，因此程序容量总是小于存储器容量的，两者之间的关系是：

存储器容量＝程序容量的1.1～1.2倍

程序容量可以采用下述方法进行估算。

（1）根据I/O点数的估算法

开关量输入	10～20字节/点；
开关量输出	5～10字节/点；
计时器/计数器	2字节/个；
寄存器	1字节/个；
模拟量输入	100字节/点；
模拟量输出	200字节/点；
与计算机接口	300字节/个。

（2）根据控制要求难易程度的估算法

程序容量＝K×总输入输出点数

简单控制系统	K＝6；
普通系统	K＝8；
较复杂系统	K＝10；
复杂系统	K＝12。

3-20 PLC安装时，对其工作环境有何要求？

答：PLC是按照工业环境的要求设计的，对安装场所的工作环境要求较低，但合适的工作环境可以提高PLC的使用寿命及可靠性。一般说来，应符合下述要求。

① 环境温度范围在0～50℃，阳光不直接照射。

② 相对湿度小于85%，不结露。

③ 周围环境没有腐蚀性或易燃易爆气体，没有能导电的粉尘。

④ 安装位置的振动频率小于55 Hz，振幅小于

表3-1 输入输出点数统计参考表

序号	设备或电气元件名称	输入点数	输出点数	总点数	序号	设备或电气元件名称	输入点数	输出点数	总点数
1	按钮开关	1	—	1	12	波段开关(N段)	N	—	N
2	行程开关	1	—	1	13	直流电机(单向运行)	9	6	15
3	接近开关	1	—	1	14	直流电机(可逆运行)	12	8	20
4	位置开关	2	—	2	15	变极调速电机(单向)	5	3	8
5	拨码开关	4	—	4	16	变极调速电机(可逆)	6	4	10
6	单电控电磁阀	2	1	3	17	笼式电机(单向)	4	1	5
7	双电控电磁阀	3	2	5	18	笼式电机(可逆)	5	2	7
8	比例式电磁阀	3	5	8	19	笼式电机(星三角启动)	4	3	7
9	光电管开关	2	—	2	20	绕线转子电机(单向)	3	4	7
10	风机	—	1	1	21	绕线转子电机(可逆)	4	5	9
11	信号灯	—	1	1					

0.5 mm，不应有大于 10g 加速度的冲击。

⑤ 通常应安装在有保护外壳的控制柜内，安装时应留有一定空间，用于扩展和通风散热。必要时可安装风扇强制通风，在易燃易爆或有腐蚀性气体的场所应考虑在柜内正压通风。

3-21 在给 PLC 供电时，应注意哪些问题？

答：① 对 PLC 的供电应符合产品说明书的要求，我国一般采用 220 V 单相交流供电，部分国外引进设备所带入的 PLC 有采用 110 V 单相交流供电或直接用直流供电的，在安装时应特别注意。供电电源的频率也要与产品的要求一致。

② PLC 带有扩展单元时，其供电应与 PLC 采用同一供电电源，电源的相线和地线要正确连接。

③ 大多数 PLC 还向外提供 24 V 直流电源，给输入信号的现场无源开关供电，在安装时应正确连接电源的正负极性，以免造成短路。此外，对 PLC 提供的负荷电流大小要与实际应用电流大小进行对照，并设置合适的电流熔断器。

④ 对电磁干扰较强，可靠性要求较高的场合，PLC 的供电应与动力供电和控制电路供电分开，必要时，采用 UPS 供电或带屏蔽的隔离变压器供电。

⑤ 配线时，供电电缆应尽可能与信号电缆分开敷设。

3-22 PLC 安装时，对其接线有何要求？

答：输入接线应注意以下问题。

① 输入接线的长度不宜过长，一般不超过 30 m。当环境的电磁干扰较小，电压降不大时，输入接线可允许适当加长。

② 在线路较长时，可采用中间继电器进行信号的转换，或采用远程 I/O 单元。

③ 输入接线的 COM 端与输出接线的 COM 端不能接在一起。

④ 输入接线与输出接线应分开敷设，必要时，可现场分别设置接线箱。

⑤ 为防止输入接线引入高压信号，可在输入端设置熔丝设备或二极管等保护元器件。必要时，也可用输入继电器进行隔离。

⑥ 集成电路或晶体管设备的输入信号接线应采用屏蔽电缆，屏蔽层一点接地，接地点在 PLC 侧。

输出接线应注意以下问题。

① 输出接线分为独立输出和公共输出两类。公共输出是几组输出合用一个公共输出端，另一接线端分别对应各自的输出。同一公共输出组的各组输出应有相同的电压，设计时应注意分类。安装时，应根据输出电压的等级分别连接，它们的公共端不能连接在一起。

② 当接入的负荷超过 PLC 允许的限值时，应采用外接的继电器或接触器过渡。当接入的负荷小于最小允许值时，可采用阻容串联的吸收电路（0.1 μF，50～100 Ω）。

③ 对交流噪声，可在负荷的线圈两端并联 RC 吸收电路。对直流噪声，可在负荷的线圈两端并接二极管。

④ 交流输出和直流输出的电缆应分别敷设。输出线应远离动力线，高压线和高压设备。

⑤ 为防止外部负载短路造成高压串到输出端，有条件时可设置保险丝管或二极管等保护设施。

⑥ 作为紧急停车的安全措施，在重要设备的输出接线上应串接紧急停车相应的接点，以便在按下紧急停车按钮时，通过它能把有关的重要设备启动或停止。

3-23 PLC 安装时、对接地有何要求？

答：① PLC 的接地应与动力设备的接地分开，如果达不到此要求，应与其它设备公共接地，禁止与其它设备串联接地。

② 接地点应尽量靠近 PLC，最大距离不应超过 50 m。

③ 接地线线径应大于 10 mm²，最好采用铜线，接地电阻应小于 10 Ω。

④ 模拟信号线的屏蔽层应一端接地。数字信号线应并联电位均衡线，其电阻应小于屏蔽线电阻的 0.1 倍，并将屏蔽层的两端接地。在无法设置均衡线或为了抑制低频干扰，也可采用一端接地。

⑤ 数字地又称逻辑地，是各种开关量（数字量）信号的零电位。模拟地则是各种模拟信号的零电位。数字地和模拟地在一个系统中各有一个，它们先各自汇总在一点，然后这两个接地点应连接在一起。

3.2 梯形图及其编程

3-24 什么是梯形图，有何特点？

答：梯形图是在原电气控制系统中常用的继电器、接触器线路图的基础上演变而来的。采用因果的关系来描述事件发生的条件和结果，每个梯级是一个因果关系。在梯级中，事件发生的条件表示在左边，事件发生的结果表示在右边。

梯形图是最常用的一种编程语言，其特点是：

① 与电气操作原理图相对应，具有直观性和对应性；

② 与原有的继电器逻辑控制技术相一致，对于电气技术人员来说，易于掌握和学习；

③ 与继电逻辑控制的不同点是，梯形图中的能流（Power Flow）不是实际意义的电流，梯形图中的内部继电器及其触点也不是实际存在的继电器和触点（称之为软继点器、软接点）；

④ 对于较复杂的控制系统，与功能表图等语言相比，描述不够清晰；

⑤ 与布尔助记符语言有一一对应关系，便于相互转换和对程序的检查。

3-25 说明下列梯形图符号的名称和含义。

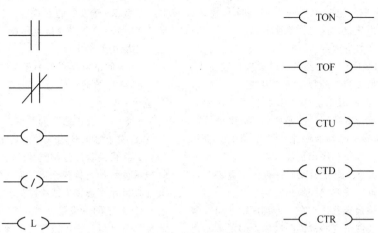

答：

图形符号	名 称	说 明
⊣⊢	常开触点 Nomally Open Contact	表示在正常状态下，该触点是断开的 相应地址的状态为 0(OFF)
⊣/⊢	常闭触点 Nomally Close Contact	表示在正常状态下，该触点是闭合的 相应地址的状态为 1(ON)
—( )—	激励线圈 Energize Coil	当线圈所在梯级是导通时，该线圈激励 相应地址的状态变为 1(ON)
—(/)—	失励线圈 De-energize Coil	当线圈所在梯级是导通时，该线圈失励 相应地址的状态变为 0(OFF)
—(L)—	闩锁线圈 Latch Coil	当线圈所在梯级是导通时，该线圈激励并保持，直到解锁线圈激励时才会失励。与解锁线圈合用
—(U)—	解锁线圈 Unlatch Coil	当线圈所在梯级是导通时，该线圈激励并保持，直到闩锁线圈激励时才会失励，与闩锁线圈合用
—(TON)—	延时闭合 Time Delay Energize	计时器在所在梯级导通时开始计时，当计时达到设定值时，计时器相对应的常开触点才闭合
—(TOF)—	延时断开 Time Delay De-energize	计时器在所在梯级断开时开始计时，当计时达到设定值时，计时器相对应的常闭触点才断开
—(CTU)—	向上计数 Up-counter	向上计数也称为递增计数，当计数从零增到设定值才有输出
—(CTD)—	向下计数 Down-counter	向下计数也称为递减计数，当计数从设定值减到零才有输出
—(CTR)—	计数复位 Counter Reset	用于对向上或向下计数器的复位

3-26 如何编制梯形图，应注意哪些问题？

答： ① 梯形图按行从上至下编写，每一行从左至右顺序编写，PLC的扫描顺序与梯形图编写顺序一致。

② 梯形图左边垂直线称为母线。左侧放置输入接点（包括外部输入接点、内部继电器接点，也可以是计时器、计数器的状态）。

③ 串联接点多的电路尽量排在上面，并联接点多的电路尽量放在左边靠近左控制母线。

④ 输出线圈放在最右边，紧靠右控制母线。输出线圈可以是输出控制线圈、内部继电器线圈，也可

以是计时器、计数器的运算结果。

⑤ 梯形图中的接点可以任意串、并联，而输出线圈只能并联不能串联。

⑥ 同一线路中，应避免同一线圈的重复输出，即所谓双线圈输出现象，这时，前面的输出无效，只有最后一次输出才是有效的。

⑦ 某一输出线圈所带的接点可以多次重复使用，不像继电器线圈所带接点的数量是有限的。

⑧ 内部继电器线圈不能作输出控制用，它们只是一些中间存储状态寄存器，故亦称为"软继电器"。

⑨ 梯形图的梯级必须有一个终止的指令，表示程序扫描的结束，以便程序识别。

3-27 什么是双线圈输出现象？有什么危害？在何种情况可以允许出现双线圈输出？

答： 双线圈输出现象是指在一个程序中，同一编号的继电器输出线圈出现两次或两次以上的现象。通常，在一个程序中是不允许出现双线圈输出的。因为在程序扫描时，对该输出线圈的命令可能会不同而造成操作的失误。但在下列情况下允许出现双线圈输出。

① 相同触发条件下的双线圈输出：在一个程序中，如果为了扫描和计时的要求，在同一程序中多次重复同一计时器的梯级，使计时器能及时更新时，允许在同一程序中多次重复使用计时器线圈。对输入输出采样值更新的指令也可以出现双线圈。

② 相互不影响的双线圈输出：在分支选择程序中，在某一选择的子程序中执行的一个继电器输出线圈，在它的另一个选择子程序中允许有相同的继电器输出线圈出现。这时，在执行程序时，只有一个子程序是执行的，因此，双线圈输出相互不影响。

③ 置位和复位指令中的双线圈输出：在一些可编程序控制器的产品中，对一个保持继电器线圈有两个指令，其中一个是置位指令，它用于将该继电器置位或激励，另一个指令是复位指令，它用于将该继电器复位或失励。这时，在程序中出现的双线圈是允许的，它们表示一个继电器线圈的两个输入端。

④ 在用功能表图描述的控制系统中，它的程序是以步的活动和非活动来确定该步的命令和动作是否执行的。因此，在不同的步中，允许有相同的继电器输出线圈出现。因为，这些继电器线圈只在某一步成为活动步时才起作用。

可见，在程序编制时要避免出现双线圈输出现象，但是，只要双线圈输出是互不影响时，是允许出现双线圈的，因此，不能一概而论。

3-28 在用 PLC 替代原有的继电器控制电路时，编程时如何加以替换，应注意哪些问题？

答： 可采用如下替换方法：

① 可编程序控制器的输入接点替代继电器的输入接点（当继电器的常闭接点输入时，例如停车按钮信号，用可编程序控制器的常开接点替代时，可采用 KEEP 或 RS 触发器的 R 端输入）；

② 中间继电器的接点用触发该继电器的信号替代，去除中间继电器；

③ 时间继电器用可编程序控制器的计时器替代；

④ 继电器输出信号用可编程序控制器的输出信号替代。

在替代时要注意下列几点：

① 由于继电器输入信号可能有几个接点串联后输入，在可编程序控制器替代时，输入信号是共用同一电源的，如直接替代将使信号短路，可将这些信号先在外部用硬连接方式串联后作为一个信号输入；

② 对于同一发信元件的常开和常闭信号，例如手动和自动信号，可以作为可编程序控制器的一个信号输入，它的常开和常闭信号分别在各自的控制回路中起作用；

③ 可编程序控制器的输出如采用公用端时，要对它的输出信号判别是否会造成短路，如会造成短路，则可以采用输出中间继电器隔离或分接到不同的公用端。

3-29 判断（对打√，错打×）

图 3-7 中两种梯形图的画法是等同的。

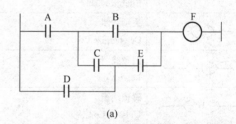

(a)

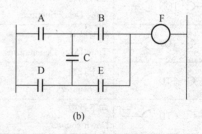

(b)

图 3-7

答： ×。

上述两种梯形图的画法是不等同的，其中图 3-7（b）是错误的。因为梯形图按行从上至下编写，每一行从左至右编写，PLC 的扫描顺序与梯形图编写顺序一致，而图 3-7（b）却难以判断触点 C 的导通方向，程序扫描时无法处理。另外，触点通常画在水平线上，而不能画在垂直线上。

3-30 图 3-8 所示桥式电路无法进行编程，请重新画出能够进行编程的等效梯形图。

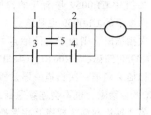

图 3-8

答：桥式电路等效梯形图见图 3-9。

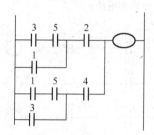

图 3-9

3-31 图 3-10 所示电路比较复杂，用程序块串并联指令难以解决，请加以等效变换，使其便于编程。

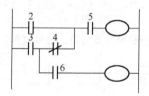

图 3-10

答：见图 3-11。

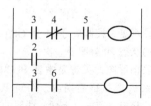

图 3-11

3-32 图 3-12 所示梯形图比较复杂，你能把它分解成容易编程的梯形图吗？

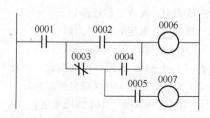

图 3-12

答：该梯形图可以分解成两个容易编程的梯形图，见图 3-13。

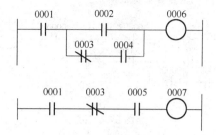

图 3-13

3-33 复杂梯形图的简化和优化对提高程序质量、减少内存用量和提高运行速度有利。试将下面较复杂的梯形图 3-14（a）加以变换，使其简化和优化。

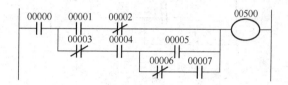

图 3-14（a）

答：从图中可以看到，它由 5 组程序块组成，如下所示。

A：00000；

B：00001 与 00002；

C：00003 与 00004；

D：00005；

E：00006 与 00007。

运算过程是 D 与 E 先进行程序块的并联操作，得到的新程序块（D＋E）再与 C 进行串联操作，得到新程序块（D＋E）×C，它与 B 程序块进行并联操作，得到的新程序块 [(D＋E)×C＋B]，再与 A 进行串联操作，最后，得到运算的结果，即 [(D＋E)×C＋B]×A。

对该逻辑式加以变换：

$[(D＋E)×C＋B]×A$

$=[DC＋EC＋B]×A$

$=DCA＋ECA＋BA$

$=AB＋ACD＋ACE$

按变换后的逻辑式画出简化的等效梯形图 3-14（b）。

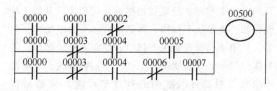

图 3-14（b）

把图 3-14 (a) 中的接点集反转 180°, 即将靠近输出的接点移到母线就可以简化程序, 使其优化, 见图 3-14 (c) 优化的梯形图。

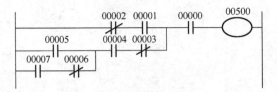

图 3-14 (c)

3-34 选择

在图 3-15 所示梯形图线圈 G 的 4 条励磁路径中, 哪一条是不可行的?

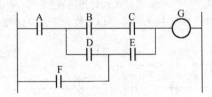

图 3-15

(1) A→B→C

(2) A→D→E

(3) F→E

(4) F→D→B→C

答: 4。

因为画梯形图和编制程序的顺序是从左向右进行, 而上述第 4 条路径是从右向左, 所以是不可行的。

3-35 判断 (对打 √, 错打 ×)

图 3-16 的一段梯形图程序中, 输出线圈 CR0010 会产生振荡 (即不停地通断)。

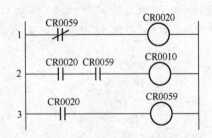

图 3-16

答: ×。

PLC 工作时, 处理器根据输入的程序, 从第 1 梯级开始, 逐个往下扫描, 直到最后一个梯级为止。然后又从第 1 梯级开始往下扫描, 如此不断地循环。在扫描过程中, 线圈状态一个接一个地被修改, 下面的梯级就按照被修改线圈的触点来反映其修改后的状态。

在本题梯形图中, 当第一次扫描时, 由于触点 CR0059 是闭合的, 所以第 1 梯级中的 CR0020 励磁。但由于第 2 梯级中 CR0059 是断开的, 所以 CR0010 卸磁, 第 3 梯级中的 CR0059 也励磁。

在第二次扫描时, 则由于常闭触点 CR0059 已断开, 所以 CR0020 卸磁, CR0010、CR0059 也随之卸磁。第三次扫描又同第一次扫描一样, 所以以输出线圈 CR0010 始终不会励磁, 也不会连续通断或振荡。

如果将第 2 梯级和第 3 梯级互相调换位置, 就可以使 CR0010 产生振荡 (连续通断)。

3-36 图 3-17 是 GE-I 系列 PLC 中一段梯形图程序, 它是一种什么电路?

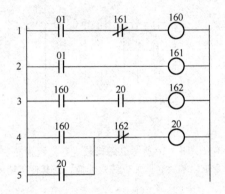

图 3-17

答: 是一种触发器电路, 信号波形见图 3-18。

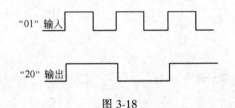

图 3-18

从波形图可见, 控制信号 01 从 OFF 转为 ON 一次, 触发器的状态 20 就改变一次。

理解这段梯形图的关键是掌握 PLC 的循环扫描工作方式。在一个扫描周期内, CPU 从首行开始, 逐行逐个进行扫描, 前面 (上面) 线圈的状态可以影响其后 (下面) 的元件。但后面 (下面) 线圈的状态, 对其前面 (上面) 的元件不起作用, 需待下一次扫描时, 这种作用才能反映出来。

以本题为例, 元件动作过程如下。

第一次扫描, 假定 01 闭合, 则

1 行 01 闭→161 闭→160 线圈得电;

2 行 01 闭→161 线圈得电 (但此时不影响第 1 行中的 161 接点, 所以 160 线圈仍然有电);

3 行 160 闭→20 开→162 线圈无电;

4 行 160 闭→162 闭→20 线圈得电 (触发器变

为1)；

5 行　20 闭→20 线圈自保。

第二次扫描，假定 01 仍然闭合，则

1 行　01 闭→161 开→160 线圈失电；

2 行　01 闭→161 线圈有电；

3 行　160 开→20 闭→162 线圈仍然无电；

4 行、5 行　虽 160 开，但 20 闭→162 闭→20 仍然有电。

第三次扫描，假定 01 断开，则

1 行　01 开→161 开→160 线圈无电；

2 行　01 开→161 线圈失电；

3 行、4 行、5 行　状态与第二次扫描一样。

第四次扫描，假定 01 又闭合，则

1 行　01 闭→161 闭→160 线圈重新得电；

2 行　01 闭→161 线圈重新得电（但不影响第 1 行中 161 接点，160 线圈仍然有电）；

3 行　160 闭→20 闭→162 线圈得电；

4 行　160 闭→162 开→20 线圈失电（触发器变为 0）；

5 行　20 开。

以下变化过程可自行分析。

3-37　图 3-19 所示电路是一种什么电路？说明动作过程并画出波形图。

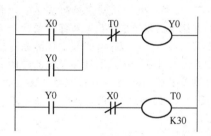

图 3-19

答：是瞬时接通延时断开电路。动作过程：当输入 X0 接通时，Y0 线圈接通，并由其常开触点自保持。同时 X0 的常闭触点断开，定时器 T0 线圈无法接通。当输入 X0 断开时，X0 的常闭触点闭合，T0 线圈接通，经过 3s，定时器的当前值与设定值相等，T0 的常闭触点断开，Y0 线圈也就断电。

波形图见图 3-20。

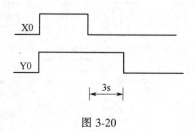

图 3-20

3-38　图 3-21 所示电路是什么电路？说明其动作过程并画出波形图。

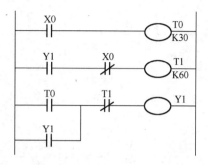

图 3-21

答：是延时接通延时断开电路。它有两个定时器 T0 和 T1。当输入 X0 接通，定时器 T0 线圈接通。延时 3s 后，T0 的常开触点闭合，Y1 线圈接通并自保持。当输入 X0 由通变断时，T1 线圈接通。延时 6s 后，T1 的常闭触点断开，Y1 线圈断电。

波形图见图 3-22。

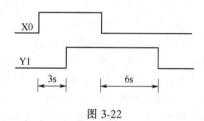

图 3-22

3-39　图 3-23 所示电路是什么电路？说明其动作过程并画出波形图。

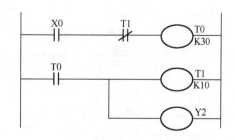

图 3-23

答：是方波发生器电路，又称闪烁电路，可用作闪光报警。该电路有两个定时器 T0 和 T1。当输入 X0 接通，定时器 T0 线圈接通，延时 3s 后，T0 的常开触点闭合，T1 线圈接通，Y2 线圈也接通。再延时 1s 后，T1 的常闭触点断开，T0 线圈断电，其常开触点断开，使 Y2 线圈断电，同时 T1 线圈断电，又使 T0 线圈复通。如此循环执行，电路就输出具有一定宽度的矩形脉冲。Y2 的通断时间分别由定时器 T1、T0 的设定值决定。

波形图见图 3-24。

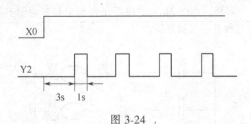

图 3-24

3-40 图 3-25 所示电路是什么电路？说明其动作过程并画出波形图。

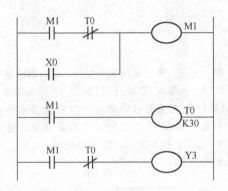

图 3-25

答：是脉宽可调单脉冲电路。动作过程：当输入 X0 接通时，M1 线圈接通并自保持，M1 的常开触点闭合，Y3 接通，这时即使输入 X0 消失，Y3 仍接通。延时 3s 后，T0 的常闭触点断开，Y3 断电。该电路的脉冲宽度取决于 T0 的设定值，不受 X0 的接通时间影响。

波形图见图 3-26。

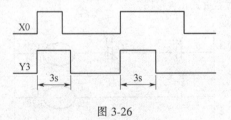

图 3-26

3-41 图 3-27 是立石 C 系列 PLC 中一种延时保

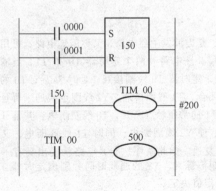

图 3-27

持电路的梯形图和信号波形图，请说明其工作原理。

答：从图中可以看出，0000 和 0001 都是 SR 触发器的输入信号，其中 0000 是置位信号，0001 是复位信号。5000 是输出信号，TIM00 是 00 号时间继电器，♯200 表示计时时间是 20s。当 SR 触发器接收到置位信号后，启动 TIM00 计时，计时时间大于 20s 时，才能在 20s 延时后有输出信号。当 RS 触发器接收到复位信号后，输出信号也断开。从波形图中可以看出，RS 触发器是 R 端优先的情况（即复位优先）。

3-42 图 3-28 是立石 C 系列 PLC 中计数值为 50000 次电路的梯形图和波形图，请说明其工作原理。

答：图中，输入信号是脉冲信号，计数器 CNT002 每次计数到 100，则使计数器 CNT003 计数一数，当计数器 CNT003 计数值到 500 次时，表明计数器 CNT002 已经计数 500 × 100 次，即 50000 次。需要说明的是，实际的计数值是递减的。

计数器 CNT 有两个输入端：一个输入端 CP 是计数输入信号端，当计数输入信号从断到通的上升沿时，计数器执行减 1 的操作；另一个输入端是计数器的复位信号端，它的值为 1h，使计数器的当前计数值复位到计数设定值。

3-43 在家用电器及其它控制系统中，常采用机械的方法来实现单按钮启动和停止的功能。在可编程序控制器中，可以用计数器的计数来对按钮按动的次数进行计数，完成启动和停止的功能。这对减少可编程序控制器输入点数有益。图 3-29 是三菱 FX 系列 PLC 产品实现的单按钮启动和停止电路的梯形图。

请说明其工作原理。

答：单按钮信号为 0000，第一次按动后，脉冲继电器 1000 输出脉冲信号，它对计数器计数，计数值的设定值是 2，因此，计数值减 1 后成为 1。同时，脉冲信号 1000 对被控制设备的接触器 500 进行启动，

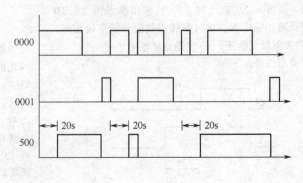

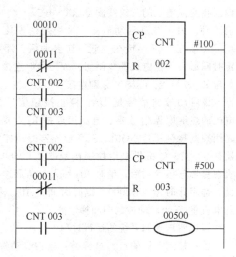

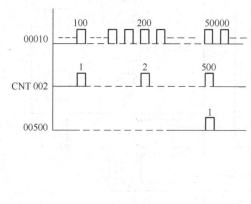

图 3-28

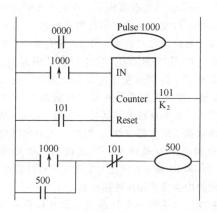

图 3-29

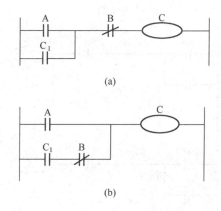

图 3-30

并进行自保。第二次按动 0000，脉冲继电器又发出脉冲，对计数器又进行减 1 的操作，使计数器的计数值为 0。这时，计数器触发，它的常闭接点断开，使被控制的设备停止，与此同时，它也通过复位端使计数器本身复位。

3-44 电机开停控制是最常用的一种逻辑控制，图 3-30 是两种电机开停控制梯形图。图中：

A——启动按钮的输入信号；

B——停止按钮的输入信号；

C——输出继电器线圈，它可以是电动机的磁力启动器的线圈或中间继电器的线圈；

C_1——输出继电器 C 的自保接点。

请说明图 3-30（a）、（b）两图的区别，并列出其逻辑表达式。

答：（a）图是停止优先的电机控制梯形图，当操作人员误把启动按钮和停止按钮同时按下时，电动机将停止运转。

（b）图是启动优先的电机控制梯形图。当同时按下启动和停止按钮时，电动机将开始运转。

逻辑表达式如下：

停止优先式　　$C = (A + C_1) \overline{B}$

启动优先式　　$C = A + C_1 \overline{B}$

3-45 电机的正反转控制是通过更换一组相线来实现的。在控制电路中，分别用两个触发器表示。正转的开车按钮设为 00001，反转的开车按钮设为 00002，都为常开触点。停车按钮设为 00000，为常闭触点。正转触发器为 Z_1，反转触发器为 Z_2，图 3-31 是电机正反转控制电路图。请根据控制电路图画出梯形图。

答：梯形图见图 3-32，其中 500 是 Z_1 的输出线圈，501 是 Z_2 的输出线圈。

说明：图 3-32 给出的是基本的梯形图，如果 PLC 产品有置位和复位指令时，也可以用置位、复位指令来实施。

在电机正反转控制中，也可以根据控制要求，从正转直接切入反转或从反转直接切入正转，可根据要求作相应变动就能实现。

3-46 电机的星-三角转换控制是极常用的控制。

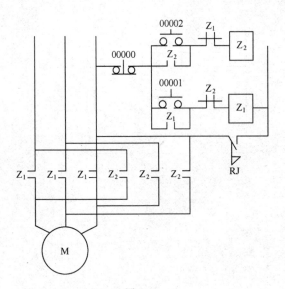

图 3-31

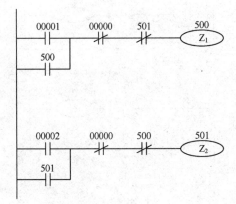

图 3-32

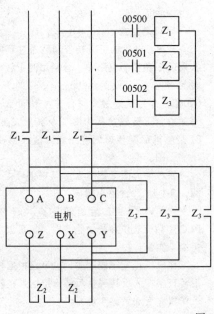

图 3-33

设三相交流电机的三组线圈是 AX、BY、CZ。在电机启动时，为了减小启动电流，采用星形连接，即把 X、Y、Z 三个端连接在一起。在启动后，即延时一定时间后，再把电机的线圈切换成三角形连接，即把 A 与 Z、B 与 X、C 与 Y 分别连接。

设启动按钮信号是 QA，停止按钮信号是 TA，电机的热继电器信号或过电流信号是 RJ，星形连接时用控制接触器是 00501，三角形连接时用控制接触器是 00502，电机供电用控制接触器是 00500。设电机在星形连接启动后，延时 10s 切入三角形连接，因此，选用计时器 TIM000，定时时间是 10s。图 3-33 是电机星-三角启动控制图和梯形图。

请说明该控制系统的运行过程。

答：控制系统的运行过程是：当按启动按钮 QA 后，继电器 500 激励，经自保后，使电机电源供电接触器 Z_1 动作，供电电源接通。继电器 500 的接点使继电器 501 激励，使星形运行用接触器 Z_2 动作，使电机按星形连接方式启动。同时，继电器 500 的接点也启动计时器 TIM 000，当计时器计时时间到 10s 时，TIM 000 的接点使断电器 501 失励，使继电器 502 激励，即电机三角形连接用接触器 Z_3 动作，使电机切入三角形连接方式运行。当按下停运按钮 TA 时，继电器 500 失励，使 Z_1 失电，从而切断电机的供电电源，使电机停运。应该指出，梯形图中的 QA、TA 和 RJ 信号在实施时应采用相应的接点地址，在梯形图中也要用相应的接点地址代入。

3-47 试编制一个一般闪光信号报警系统梯形图。该系统中有两个报警信号，系统的工作状态见表 3-2。

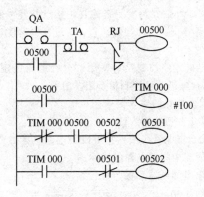

表 3-2　一般闪光信号报警系统的工作状态

过程工作状态	信号灯	声响器	过程工作状态	信号灯	声响器
正常	灭	不响	恢复正常	灭	不响
超限(不正常)	闪光	响	试验	全亮	响
确认(消声)	平光	不响			

答：本题采用立石 C 系列 PLC 语言编程。

① 信号分配和计时器、内部继电器设置。

两个报警信号，分别为 X_1 和 X_2，确认按钮信号是 X_3，为了便于对信号报警系统进行检查，需要对信号灯和声响进行检查，因此，设置试验按钮，试验按钮的信号设为 X_4。采用计时器完成振荡电路，需要计时器 TIM 两个，设为 TIM_1 和 TIM_2。两个信号灯的输出分别设为 Y_1 和 Y_2，声响的输出设为 Y_5，此外，对确认信号的保持需要两个内部继电器，设为 Y_3 和 Y_4。

② 报警系统的信号波形图见图 3-34。

③ 报警系统梯形图见图 3-35。

图中，第 1 梯级和第 2 梯级用于产生振荡信号，计时器时间 K 可以设置为 0.5s，计时器指令可以根据不同的产品用相应指令。在简单的应用场合，也可以用时基脉冲作为振荡器的信号来简化线路，但是，在信号灯开始的时间上可能会有不同步的情况。第 3 梯级和第 4 梯级是信号灯电路。第 5 梯级和第 6 梯级用于确认信号，并提供各确认信号的自保。第 7 梯级用于声响报警。

3-48　试编制一个能区别第一事故原因的闪光报警系统梯形图。该系统中有两个报警信号，该系统的工作状态见表 3-3。

表 3-3　能区别第一事故原因的闪光报警信号系统的工作状态

过程工作状态	第一事故原因信号灯	其它报警信号灯	声响器
正常	灭	灭	不响
超限(不正常)	闪光	平光	响
确认(消声)	平光	平光	不响
恢复正常	灭	灭	不响
试验	全亮	全亮	响

答：本题用立石 C 系列 PLC 语言编程。

① 信号分配和计时器、内部继电器设置。

两个报警信号，分别为 X_1 和 X_2，确认按钮信号

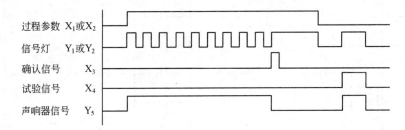

图 3-34

过程参数　X_1或X_2
信号灯　Y_1或Y_2
确认信号　X_3
试验信号　X_4
声响器信号　Y_5

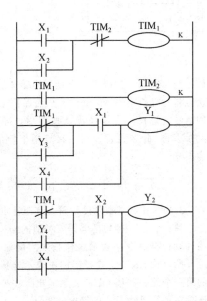
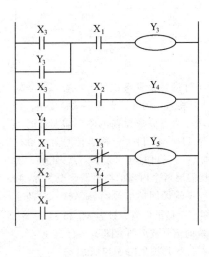

图 3-35

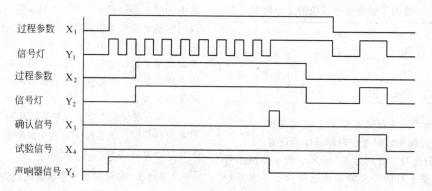

图 3-36

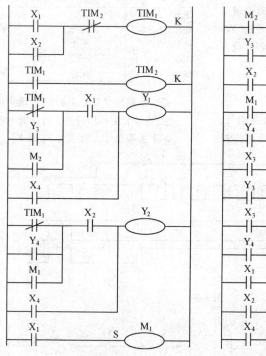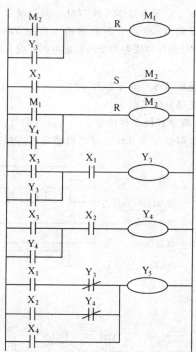

图 3-37

是 X_3，为了便于对信号报警系统进行检查，需要对信号灯和声响进行检查，因此，设置了试验按钮，信号设为 X_4。采用计时器完成振荡电路，需要计时器 TIM 两个，设为 TIM_1 和 TIM_2。两个信号灯的输出分别设为 Y_1 和 Y_2，声响的输出设为 Y_5，此外，对确认信号的保持需要两个内部的继电器，设为 Y_3 和 Y_4。为了使第一事故原因的信号能够保持，对两个报警信号设置两个存储继电器，设为 M_1 和 M_2。

② 报警系统的信号波形图见图 3-36。

③ 报警系统的梯形图见图 3-37。

图中，为识别第一事故原因的信号，设置了两个存储继电器，它也可以用像确认按钮相似的方法组成开停控制电路。图中，当 X_1 是第一事故原因的报警信号时，在第 5 梯级中将存储继电器 M_1 置位，它的接点将存储继电器 M_2 复位，从而保证了第一事故原因信号的记忆。当按动确认按钮后，经 Y_3 的自保，其接点将 M_1 复位，而另一接点用于使信号灯 Y_1 成为平光。

3.3 布尔助记符及其编程

3-49 什么是布尔助记符，有何特点？

答：它是一种与汇编语言类似的编程语言，用一系列助记符命令来表示操作指令。例如，用 STR 表示开始（START），在梯形图中表示连接在梯级母线的第一个元件；用 OUT 表示输出，在梯形图中表示连接在梯级母线右边的继电器激励。

表 3-4 布尔助记符

布尔助记符	梯形图符号	布尔助记符	梯形图符号	布尔助记符	梯形图符号
	┤├		─(/)├		–(×)–(×)–
	┤/├		–(L)–		–(÷)–(÷)–
	┤├		–(U)–		–(CMP)–
	┤/├		─(TON)├		–(MCR)–
	┤┘		─(CNT)├		–(JMP)–
	┤/┘		–(+)–		–(END)–
	─(_)┤		–(–)–		

答：

布尔助记符	梯形图符号	布尔助记符	梯形图符号	布尔助记符	梯形图符号
LD/STR	┤├	OUT NOT	─(/)├	MUL	–(×)–(×)–
LD NOT/STR NOT	┤/├	OUTL	–(L)–	DIV	–(÷)–(÷)–
AND	┤├	OUTU	–(U)–	CMP	–(CMP)–
AND NOT	┤/├	TIM/TMR	─(TON)├	MCR	–(MCR)–
OR	┤┘	CNT	─(CNT)├	JMP	–(JMP)–
OR NOT	┤/┘	ADD	–(+)–	END	–(END)–
OUT	─(_)┤	SUB	–(–)–		

布尔助记符也是最常用的一种编程语言，其特点是：

① 用助记符表示操作命令，容易记忆，便于掌握；

② 在操作键盘上用助记符输入，具有便于操作的优点；

③ 与梯形图有一一对应的关系，因此，在实际应用时，技术人员常采用梯形图编程，而用助记符键入程序，便于对程序的理解和检查；

④ 输入元素数量不受显示屏的限制，在采用 CRT 屏编程时，由于显示屏显示区域的限制，同一行中输入元素的数量一般不多于 8～10 个，而用助记符输入，则不受此限制；

⑤ 对于较复杂的系统，描述不够清晰；

⑥ 不同厂家的 PLC 采用不同的助记符符号集，没有通用性。

3-50 填表：在表 3-4 的空格处填入与梯形图符号对应的布尔助记符。

3-51 逻辑控制编程中常用的布尔助记符有哪些？

答：主要有触点组的串并联、程序块的串并联、输出、计时器、计数器、主控（分支）、置位复位和移位寄存器等。

由于不同厂家的 PLC 产品采用不同的指令集，所以，助记符指令因产品而异。为了便于读者对本试题集中程序的理解，同时，也为了便于日常参考对照，现将有关几家公司的常用布尔助记符指令汇集于下，作为一个小资料提供给大家。

（1）触点组的串并联指令 见表 3-5、表 3-6。

表 3-5 母线开始的第一组触点的存取指令

产品名称	GE-I 系列	立石 C 系列	三菱 F 系列	西门子 S5
常开触点	STR IN1	LD IN1	LD IN1	A·IN1
常闭触点	STR NOT IN1	LD NOT IN1	LDI IN1	AN IN1

表 3-6　与第一组触点串联和并联的其它触点组指令

产品名称	GE-I 系列	立石 C 系列	三菱 F 系列	西门子 S5
串联 常开	AND IN2	AND IN2	AND IN2	A IN2
常闭	AND NOT IN2	AND NOT IN2	ANI IN2	AN IN2
并联 常开	OR IN3	OR IN3	OR IN3	O IN3
常闭	OR NOT IN3	OR NOT IN3	ORI IN3	ON IN3

注：IN1、IN2、IN3 分别表示第一、二、三组触点的端口地址。

（2）输出指令　见表 3-7。

表 3-7　输出指令

产品名称	GE-I 系列	立石 C 系列	三菱 F 系列	西门子 S5
正向输出	OUT O1	OUT O1	OUT O1	= O1
反向输出		OUT NOT O1		

注：O1 表示第一组输出继电器线圈（或内部继电器线圈）的端口地址。

（3）程序块串联指令　见表 3-8。

表 3-8　程序块串并联指令

产品名称	GE-I 系列	立石 C 系列	三菱 F 系列	西门子 S5
块串联	AND STR	AND LD	ANDB/	A（ ）
块并联	OR STR	OR LD	ORB/	O（ ）

注：西门子公司的指令"A（ ）"及"O（ ）"应成对出现，并且它们在程序块起始时先说明该程序块的串并联特性，与其它产品在程序块结束才说明程序块特性的用法有所不同。

（4）计数器和计时器指令　见表 3-9。

表 3-9　计数器和计时器指令

产品名称		GE-I 系列	立石 C 系列	三菱 F 系列	西门子 S5
计数器	输出	OUT C1 K	CNT C1 K	OUT C1 K	LK C1 K S C1
	输入	STR CNT C1	LD CNT C1	LD C1	A C1
计时器	输出	TMR T1 K	TIM T1 K	OUT T1 K	LK T1 K SR T1
	输入	STR TMR T1	LD TIM T1	LD T1	A T1

注：PLC 产品一般采用延时闭合的计时方式和递减的计数方式。但也有些产品提供延时断开的计时方式和递增计数方式。

对不同的可编程序控制器，计数器和计时器的编号或地址不同。时间作为常数输入时，因单位数字代表的时间不同，相同的数字在不同的可编程序控制器中会有不同的计时数值，应根据产品的说明书确定。为便于对照比较，表中的时间常数用 K 表示，它表示所需的时间，计时器或计数器的编号或地址用 T1、T2 或 C1、C2 表示。表中的输出表示计数器或计时器作为最终的输出线圈。

（5）主控指令　见表 3-10。

表 3-10　主控指令

产品名称	GE-I 系列	立石 C 系列	三菱 F 系列	西门子 S5
主控置位	MCS	IL	MC IN1	MCR
主控复位	MCR	ILC	MCR IN1	MCR(E)

注：主控指令在不同的可编程序控制器产品中有不同的名称。有些产品称为内部分支指令。主控指令是成对出现的，因此，通常包括主控置位和主控复位指令或分支开始和分支结束指令。主控置位指令的作用是把控制母线移到主控置位指令控制的分支母线，主控复位指令的作用是控制权返回到上一级母线。在主控置位指令和主控复位指令之间的程序受主控置位前的触点或触点组的控制。

（6）置位和复位指令　见表 3-11。

表 3-11　置位和复位指令

产品名称	GE-I 系列	立石 C 系列	三菱 F 系列	西门子 S5
置位	STR IN1 SET M	LD IN1	LD IN1 S M	A IN1 S M
复位	STR IN2 RST M	LD IN2 KEEP M	LD IN2 R M	A IN2 R M

注：不同产品的置位和复位指令有不同的名称，有些称为自锁、锁存或闩锁继电器，有些称为 SR 触发器等。表中的 M 表示内部继电器或内存单元等，应用时需用相应的地址或编号代替。

在置位和复位指令中，通常是复位优先。有些产品根据置位和复位指令的先后次序确定程序是置位优先还是复位优先，通常，在程序后面的有较高的优先级。

（7）移位寄存器指令　见表 3-12。

表 3-12　移位寄存器指令

产品名称	GE-I 系列	立石 C 系列	三菱 F 系列	产品名称	GE-I 系列	立石 C 系列	三菱 F 系列
数据输入	STR IN1	LD IN1	LD IN1 OUT M	复位输入	STR IN3 SR M	LD IN3 SFT M	LD IN3 RST M
移位脉冲	STR IN2	LD IN2	LD IN2 SFT M		N	N	N

注：在顺序控制系统中，移位寄存器指令常用作时间顺序控制的触发信号。移位寄存器通常有三个输入控制端，即数据输入、移位脉冲输入和复位输入端。有些产品还有左移位或右移位输入。由于移位操作的结果而需要的一组编号或序号连续的内存单元或内部继电器用 M 表示，对不同的产品，可以是 8 位、16 位或 32 位一组。有些产品允许用户定义移位寄存器的长度，表中用 N 表示。

3-52 图 3-38 是一段程序块串并联的梯形图程序，试分别用通用电气公司 GE-I 系列、立石（欧姆龙）C 系列、三菱 F 系列和西门子 S 5 系列 PLC 的指令集编写其布尔助记符程序（或者用其中一种至两种编写）。

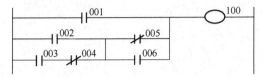

图 3-38

答：程序见表 3-13。

表 3-13 程序块串并联实例程序对照表

GE-I 系列	立石 C 系列	三菱 F 系列	西门子 S5
STR 001	LD 001	LD 001	A 001
STR 002	LD 002	LD 002	O(
STR 003	LD 003	LD 003	A 002
AND NOT 004	AND NOT 004	ANI 004	A(
OR STR／	OR LD	ORB／	O(
STR NOT 005	LD NOT 005	LDI 005	A 003
OR 006	OR 006	OR 006	AN 004
AND STR／	AND LD	ANB／	)
OR STR／	OR LD	ORB／	AN 005
OUT 100	OUT 100	OUT 100	O 006
			)
			)
			= 100

说明：程序块的串并联有先串后并和先并后串两种情况。先串后并是触点组先串联，再将整个触点组和其它触点或触点组并联。先并后串的次序与它相反。在应用时，对同一目的的程序组的串并联，通过改变它们的串并联方式，可以简化程序。例如，上例中 002、003 和 004 的串联组并联，是先并后串，如改为 003 与 004 先串联然后与 002 并联，有相同的效果，但是程序要简单。

3-53 对图 3-39 中的串并联程序块用立石 C 系列 PLC 指令编程。

答：（a）程序块串联程序

LD	00001
OR	00002
LD	00003
OR	00004
AND	LD

OUT   00500

（b）程序块并联

LD	00000
LD	00001
AND	00002
LD	00003
AND	00004
OR	LD
AND	LD
OUT	00501

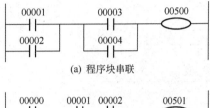

(a) 程序块串联

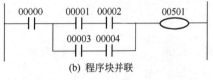

(b) 程序块并联

图 3-39

3-54 对图 3-40 所示的并联和串联电路的梯形图，编制相应的程序（用立石 C 指令）。

答：程序块的组成如下：

A：00001 与 00002；

B：00003 与 00004；

C：00005 与 00006；

D：00007 与 00008。

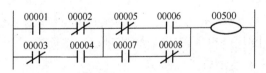

图 3-40

首先，A 与 B 程序块进行并联操作，得到新的程序块 A＋B；其次，C 与 D 程序块进行并联操作，得到新的程序块 C＋D；最后，A＋B 与 C＋D 两个新程序块进行串联操作，得到结果为（A＋B）×（C＋D）。

程序清单如下：

地址	命	令		注	地址	命	令		注
00001	LD		00001		00007	AND		00006	
00002	AND	NOT	00002		00008	LD		00007	
00003	LD	NOT	00003		00009	AND	NOT	00008	
00004	AND		00004		00010	OR	LD		C＋D
00005	OR	LD		A＋B	00011	AND	LD		(A＋B)(C＋D)
00006	LD	NOT	00005		00012	OUT		00500	

3-55 请用三菱 FX 系列 PLC 的指令为图 3-41 中的梯形图编程。

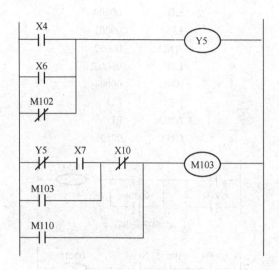

图 3-41

答：

```
0  LD   X    4  ┐
1  OR   X    6  ├─ 并联触点
2  OR1  M   102 ┘
3  OUT  Y    5
4  LDI  Y    5  ┐
5  AND  X    7  │
6  OR   M   103 ├─ 并联触点
7  ANI  X   10  │
8  OR   M   110 ┘
9  OUT  M   103
```

3-56 请用三菱 FX 系列 PLC 的指令为图 3-42 中的梯形图编程（用三菱 FX 指令）。

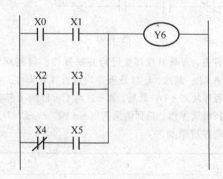

图 3-42

答：

第一种程序		第二种程序（一般不用）	
0 LD	X0	0 LD	X0
1 AND	X1	1 AND	X1
2 LD	X2	2 LD	X2
3 AND	X3	3 AND	X3
4 ORB		4 LDI	X4
5 LDI	X4	5 AND	X5
6 AND	X5	6 ORB	
7 ORB		7 ORB	
8 OUT	Y6	8 OUT	Y6

3-57 请给图 3-43 中的梯形图编程（用三菱 FX 指令）。

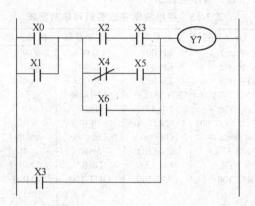

图 3-43

答：

```
0  LD   X0
1  OR   X1
2  LD   X2  ◄── 分支起点
3  AND  X3
4  LDI  X4  ┐
5  AND  X5  ┘
6  ORB       ◄── 并联块结束
7  OR   X6  ┐
8  ANB       ◄── 与前面电路串联
9  OR   X3
10 OUT  Y7
```

3-58 在 PLC 中，计时器的计时范围是有限的，要增加计时时间，可通过计时器与计时器或计时器与计数器的串联组合来实现。图 3-44 所示为三菱 FX 系列 PLC 中，采用计时器与计数器组合实现 5000 s 延时的梯形图和波形。请说明其工作过程并用助记符语言编程。

答：工作过程为：计时器 T0 梯级形成一个设定值为 5 s 的自复位计时器。当 X0 接通时，T0 线圈接通，延时 5 s 后，T0 的常闭触点断开，T0 线圈断开复位，待下一次扫描时，T0 的常闭触点才闭合，T0 线圈又重新接通。即 T0 的触点每 5 s 接通一次，每次接通时间为一个扫描周期。计数器 C0 对这个脉冲

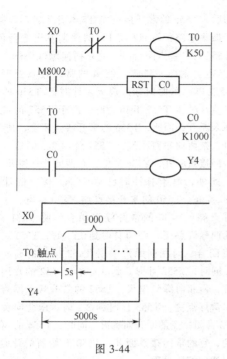

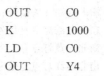

OUT	C0
K	1000
LD	C0
OUT	Y4

3-59 下面是用三菱公司 F1-40MR 可编程序控制器编制的十字交叉路口交通信号灯控制系统梯形图，请说明该控制系统的工作原理并用布尔助记符编程。

（1）控制要求

① 各路口都有红、绿、黄三色交通信号灯，由一个总启动开关控制整个系统的运行。

② 南北向绿灯与东西向绿灯不能同时点亮，否则，应有报警信号并自动关闭整个信号系统。

③ 南北向红灯点亮时间为 25 s，与此同时，东西向绿灯点亮 20 s，到 20 s 时，东西向绿灯闪烁 3 s 后熄灭，东西向绿灯熄灭时，东西向黄灯点亮，并维持 2 s 后熄灭。这时，南北向红灯熄灭，南北向绿灯点亮，东西向红灯点亮，东西向绿灯熄灭。

④ 东西向红灯点亮时间为 30 s，与此同时，南北向绿灯点亮 25 s。到 25 s 时，南北向绿灯闪烁 3 s 后熄灭，南北向绿灯熄灭时，南北向黄灯点亮，并维持 2 s 后熄灭。这时，东西向红灯熄灭，东西向绿灯点亮，南北向红灯点亮，南北向绿灯熄灭。

⑤ 根据上述时序，周而复始。

⑥ 在晚上，交警下班后，总启动开关断开，要求东西向和南北向的黄灯都闪烁。

（2）白天交通信号灯控制时序图　见图 3-45。

（3）输入输出信号分配和计时器的设置　本控制系统有一个输入信号，即启动开关信号。由于信号灯是成组的，即南北向绿灯可共用一个输出信号，因此，共有 6 组输出信号。此外，有一个报警信号输出，所以，本控制系统共有 7 个输出信号。

图 3-44

信号进行计数，计到 1000 次时，C0 的常开触点闭合，使 Y4 线圈接通。从 X0 接通到 Y4 接通，延时时间为计时器和计数器设定值的乘积，即 $T_总 = TC = 5\ \text{s} \times 1000 = 5000\ \text{s}$。初始化脉冲 M8002 在程序运行开始时使 C0 复位清零。

程序如下：

LD	X0
ANI	T0
OUT	T0
K	50
LD	M8002
RST	C0
LD	T0

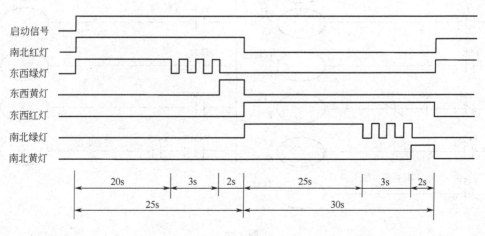

图 3-45

X400 输入启动开关信号;

Y430 东西向红灯点亮信号;

Y432 南北向黄灯点亮信号;

Y434 南北向红灯点亮信号;

Y436 东西向黄灯点亮信号;

Y431 南北向绿灯点亮信号;

Y433 绿灯同时亮报警灯信号;

Y435 东西向绿灯点亮信号。

为产生闪烁信号,需用计时器,本系统采用T452、T453两个计时器组成振荡器。此外,对东西南北各向红绿信号灯的点亮时间、闪烁时间和黄灯的点亮时间都需要有计时器,本系统设置了8组计时器,它们是T550,T551,T552,T553,T554,T555,T556,T557。

(4)梯形图 见图3-46

答:该控制系统的工作原理如下。

当启动开关合上时,X400接点接通,Y434得电,南北向红灯点亮;Y434的常开接点闭合,使Y435得电,东西向绿灯也点亮。X400节点接通时,计时器T555对东西向绿灯的点亮时间计时,20 s计

时到后,T555的常开接点使T556开始计时,同时,由于振荡电路的T452以1 s的周期发出振荡信号,在T555常开接点闭合时,使东西向绿灯闪烁。计时器T556计时3 s到后,T556的常闭接点断开,使Y435失电,东西向绿灯熄灭。计时器T556的常开接点使计时器T557开始计时,由于T557的常闭接点尚未断开,因此,T556的常开接点闭合,使Y436得电,东西向黄灯点亮。T557计时2 s到后,T557的常闭接点断开,Y436失电,东西向黄灯熄灭。

此外,由于总计时已达25 s,相应的计时器T550得电,T550的常开接点使Y430得电,东西向红灯点亮。Y430的常开接点闭合,使Y431得电,南北向绿灯点亮。T550计时到25 s时,T551的常开接点闭合,南北向绿灯根据T452接点的通断而闪烁。同时,T552计时,到3 s时,T552的常闭接点断开,南北向绿灯熄灭。T552的常开接点闭合使南北向黄灯点亮。T553计时到2 s时,南北向黄灯因T553常闭接点的断开而熄灭。同时,T554的30 s计时到,它的常闭接点断开,T550开始新的计时,重复上述的控制过程。

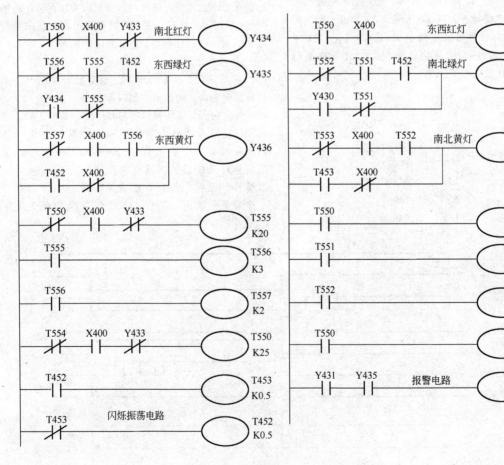

图 3-46

表 3-14 交通信号灯控制系统的布尔助记符程序

序号	命 令		序号	命 令		序号	命 令		序号	命 令	
0	LDI	T550	19	AND	X400	38	OUT	T452	57	LD	T550
1	AND	X400	20	ANI	Y433	39	K	0.5	58	OUT	T551
2	ANI	Y433	21	OUT	T555	40	LD	T550	59	K	25
3	OUT	Y434	22	K	20	41	AND	X400	60	LD	T551
4	LDI	T556	23	LD	T555	42	OUT	Y430	61	OUT	T552
5	AND	T555	24	OUT	T556	43	LDI	T452	62	K	3
6	AND	T452	25	K	3	44	AND	T551	63	LD	T552
7	LD	Y434	26	LD	T556	45	AND	T452	64	OUT	T553
8	ANI	T555	27	OUT	T557	46	LD	Y430	65	K	2
9	ORB		28	K	2	47	ANI	T551	66	LD	T550
10	OUT	Y435	29	LDI	T554	48	ORB		67	OUT	T554
11	LDI	557	30	AND	X400	49	OUT	T431	68	K	30
12	AND	X400	31	ANI	Y433	50	LDI	T553	69	LD	Y431
13	AND	T556	32	OUT	T550	51	AND	X400	70	AND	Y435
14	LD	T452	33	K	25	52	AND	T552	71	OUT	Y433
15	ANI	X400	34	LD	T452	53	LD	T453	72	END	
16	ORB		35	OUT	T453	54	ANI	X400			
17	OUT	Y436	36	K	0.5	55	ORB				
18	LDI	T550	37	LDI	T453	56	OUT	Y432			

在晚上，X400 关闭，它的常闭接点闭合，东西和南北方向的黄灯由振荡电路 T452 和 T453 触发，发出交替的闪烁信号。

布尔助记符程序见表 3-14。

表 3-13 中，序号 0～17 是南北向红灯、东西向绿灯和东西向黄灯的点亮线路，序号 18～39 是相应的时间设定线路，序号 40～56 是东西向红灯、南北向绿灯和南北向黄灯的点亮线路，序号 57～68 是相应的时间设定线路，序号 69～71 是报警线路。

3-60 请根据图 3-47 梯形图用 GE-I 系列 PLC 指令编程。

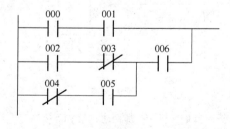

图 3-47

答：STR 000
　　AND 001
　　STR 002
　　AND NOT 003
　　STR NOT 004
　　AND 005
　　OR STR
　　AND 006
　　OR STR

3-61 请根据图 3-48 中梯形图编程（用 GE-I 指令）。

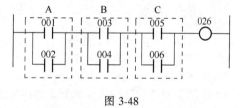

图 3-48

答：方法一：

STR 001 ｝程序块 A
OR 002

STR 003 ｝程序块 B
OR 004

AND STR 将 B 和 A 连接

STR 005 ｝程序块 C
OR 006

AND STR 将 C 和 A·B 连接

OUT 026

方法二：

STR 001 ｝程序块 A
OR 002

STR 003 ｝程序块 B
OR 004

STR 005 ｝程序块 C
OR 006

AND STR   将 C 和 B 连接

AND STR   将 B·C 和 A 连接

OUT   026

3-62 请根据图 3-49 中梯形图编程（用 GE-I 指令）。

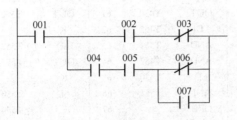

图 3-49

答：将该图划分为四个程序块：

A—001

B—002，003

C—004，005

D—006，007

程序如下：

STR 001   A

STR 002 ⎫

AND NOT 003 ⎬ B

STR 004 ⎫

AND 005 ⎬ C

STR NOT 006 ⎫

OR 007 ⎬ D

AND STR   D 与 C 连接

OR STR   DC 与 B 连接

AND STR   DC＋B 与 A 连接

3-63 图 3-50 是一段 GE-I 系列 PLC 的计时器梯形图，请说明其工作过程，并用助记符语言编程。

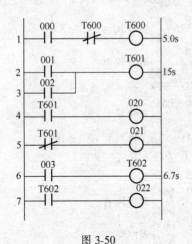

图 3-50

答：图示是三个定时器的梯形图，第 1 逻辑行是一个自复位的计时器 T600，组成一个 5 s 的时钟。

001 或 002 接通后，第 2 行的计时器 T601 开始计时，15 s 后，它的接点第 4、5 行的 T601 动作，使 020 接通，021 断开。

003 接通后，第 6 行的计时器 T602 开始计时，6.7 s 后，第 7 行的 T602 动作，022 接通。

程序如下：

STR   000

AND NOT TMR 600

TMR 600

　　050（计时器预置值）

STR   001

OR   002

TMR 601

　　150（预置值）

STR TMR 601

OUT 020

STR NOT TMR 601

OUT 021

STR   003

TMR 602

　　067（预置值）

STR TMR 602

OUT 022

GE-I 系列的计时范围为 0.1～999.9 s，以 0.1 s 为计时单位，如预置值为 5.0 s、15 s、6.7 s，编程时应输入 50、150、67。

3-64 图 3-51 是一段 GE-I 系列 PLC 的计数器梯形图，请说明其工作原理，并用助记符语言编程。

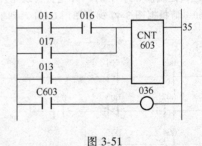

图 3-51

答：当 015 和 016 都接通，或 017 接通时，计数器 CNT603 开始计数。当计数到预置值 35 时，C603 动作（接通），036 输出线圈也接通。此后计数器继续计数。无论何时，只要 013 接通，则计数器立即复零。计数范围为 1～9999。

其程序如下：

STR   015

AND   016

OR   017

STR   013

CNT 603
　　035（预置值）
STR CNT　603
OUT　036

3-65 在 GE-I 系列中，锁存继电器如何编程？试举例说明。

答：在 GE-I 中，有一对设置锁存继电器的"SET"和"RST"指令，分别用于线圈的置位（接通）和复位（断开）。如图 3-52 所示，当 010 接通时，输出线圈 020 被置位，并保持接通状态（即使 010 断开）。只有当 011 接通时，020 才能复位（断开）。

程序如下：
STR　010
SET　020
STR　011
RST　020

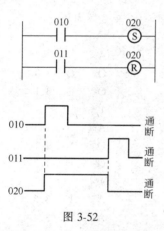

图 3-52

3-66 图 3-53 是 GE-I 系列移位寄存器的梯形图，请说明其工作原理和功能，并用布尔助记符编程。

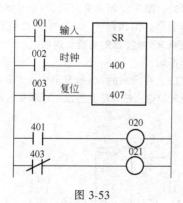

图 3-53

答：GE-I 中移位寄存器的设定需要三个逻辑行，每一行都可以是串并联的逻辑组合，第 1 行是数据输入端，第 2 行是时钟信号端，第 3 行是复位端。当 002 接通时，移位寄存器 SR 进行移位，输入端 001

的状态（接通时为"1"，断开时为"0"）移入 400，400 的状态移入 401，401 的状态移入 402……，406 的状态移入 407，407 的状态就丢失了。无论何时，只要复位端 003 接通，则移位寄存器各位均被清零。移位寄存器中每一位都可以用它的常开或常闭接点来控制其它线圈，图中 401 的常开接点控制 020 输出，403 的常闭接点控制 021 输出。

程序如下：
STR　001
STR　002
STR　003
SR　400
　　407
STR　401
OUT　020
STR NOT　403
OUT　021

3-67 什么是 STEP 5 编程语言？

答：STEP 5 是西门子 S5 系列 PLC 使用的标准编程语言，它主要有以下三种表达方式。

（1）梯形图（LAD）。

（2）语句表（STL）　即布尔助记符编程语言。

（3）控制系统流程图（CSF）　是一种类似于"与"、"或"、"非"等逻辑电路结构的编程语言，它用一系列逻辑功能模块图连接起来，形成系统流程图来表示控制功能，具有直观、方便、易于更改等特点。

3-68 西门子 S5 系列 PLC 中使用的逻辑变量有哪些？请分别说明其表达方式。

答：逻辑变量是进行逻辑运算时所使用的参量，它的值只有"0"或"1"，在工程上也可称为高电平或低电平、开或关、ON（接通）或 OFF（断开）。

西门子 S5 PLC 中使用的逻辑变量主要有以下几种。

（1）输入逻辑变量 I　是现场传送给 PLC 的一个状态。它采用字节表达方式，如 I 0.0～I 0.7、I 1.0～I 1.7、……I 127.0～I 127.7。这种表达方式，不仅指出输入变量在输入模块中所在的位置，而且也给出在输入暂存区中所在的字节和位（小数点前为字节地址，小数点后为位地址），例如 I1.6 表示输入变量在第"1"字节第"6"位。

（2）输出逻辑变量 Q　是 PLC 向现场发出的控制信号。它也采用字节表达方式，如 Q 0.0～Q 0.7、……Q 127.0～Q 127.7。

（3）中间逻辑变量 F　即中间继电器线圈及其触点的状态。它也采用字节表达方式，如 F 0.0～F 0.7、……F 255.0～F 255.7。

（4）计时器 T 0～T 127　计数器 C 0～C 127。

从状态变化这一点上看,它们也相当于中间变量,但用直接方式表达。

3-69 请用西门子 S5 系列语句表指令为图 3-54 中驱动几个输出的梯形图编程。

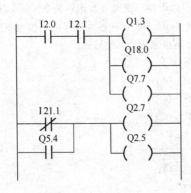

图 3-54

答:

```
A    I    2.0
A    I    2.1
=    Q    1.3
=    Q    18.0
=    Q    7.7
ON   I    21.1
O    Q    5.4
=    Q    2.7
=    Q    2.5
```

3-70 请为图 3-55 中先"与"后"或"逻辑梯形图编程(用西门子 S5 指令)。

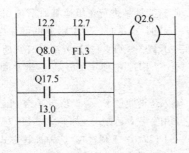

图 3-55

答:

```
A    I    2.2
A    I    2.7
O
A    Q    8.0
A    F    1.3
O    Q    17.5
O    I    3.0
=    Q    2.6
```

3-71 请为图 3-56 中先"或"后"与"逻辑梯形图编程(用西门子 S5 指令)。

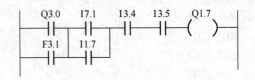

图 3-56

答:

```
A (
O    Q    3.0
O    F    3.1
)
A (
O    I    7.1
O    I    1.7
)
A    I    3.5
A    I    3.4
=    Q    1.7
```

3-72 在 PLC 中,RS 触发器常用来把处理器的操作结果存储在处理器外部,以达到输出自保持(自保)的目的。图 3-57 所示是两段 RS 触发器的梯形图和助记符程序,用西门子 S5 系列 PLC 编程语言编写。请说明 RS 触发器的功能并说明(a)、(b)两段程序有何不同?

答:(1) 在图示的 RS 触发器中,S 是置位输入端,R 是复位输入端,Q 是输出端。如果 S 端为"1"

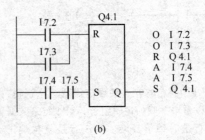

(a)   (b)

图 3-57

（I 7.0 闭合），则输出被置位，即 Q 4.0 为 "1"。此后，无论 S 端如何变化，触发器都保持置位不变。直到 R 端为 "1"（I 7.1 闭合），触发器被复位，即 Q 4.0 为 "0"。此后，无论 R 端如何变化，触发器保持复位不变。

（2）图（a）是复位优先型 RS 触发器。如果 S、R 两个输入端都为 "1"，即图中 I 7.0 和 I 7.1 都闭合，由于 PLC 的工作方式是由前向后扫描（从上向下扫描），则复位输入 R 端优先，触发器或为复位，或保持复位不变。

图（b）是置位优先型 RS 触发器，说明从略。

语句表中 S 为置位操作指令，R 为复位操作指令。

3-73 图 3-58 是西门子 S5 中的一段 RS 触发器程序，请说明它和一般 RS 触发器有何不同？

```
I18.3      F150.0
─┤├──────┤S      ├
                      Q17.7
I18.4              ┌──( )──
─┤├──────┤R   Q├
```

```
A   I   18.3
S   F   150.0
A   I   18.4
R   F   150.0
A   F   150.0
=   Q   17.7
```

图 3-58

答：是一个复位优先型 RS 触发器，它与一般 RS 触发器的不同之处是具有掉电保持功能。图中的自锁存储输出 Q 17.7，当 PLC 电源故障时也被复位了。要保持输出 Q 17.7 不受电源故障的影响，而只是接受程序的控制，则需要把输出信号状态传送给一个标志位 F 150.0。标志位可以通过 CPU 上的开关而具有保持能力（借用后备电池）。标志位的状态再赋值给相应的输出，则这些输出在电源故障时也可以保持原有状态。

3-74 存 PLC 中，通过被驱动的继电器线圈的触点来自锁，也是输出自保的常用方法。图 3-59 所示是用西门子 S5 编程语言编写的两段自保程序，请

```
   I7.6   I7.7   Q4.2
──┤├────┤/├────( )──
   Q4.2
──┤├──
```

```
A(
O   I   7.6
O   Q   4.2
)
AN  I   7.7
=   Q   4.2
```

（a）

```
   I8.0           Q4.3
──┤├────────────( )──
   Q4.3   I8.1
──┤├────┤/├
```

```
O   I   8.0
O
A   Q   4.3
AN  I   8.1
=   Q   4.3
```

（b）

图 3-59

说明（a）、（b）两段程序有何不同？

答：图（a）为停止优先式，当启动按钮和停止按钮同时按下时，I 7.6 接通，I 7.7 断开，Q 4.2 失电。

图（b）为启动优先式，当启动和停止按钮同时按下时，I 8.0 闭合，I 8.1 断开，Q 4.3 通电。

3-75 图 3-60 是西门子 S5 PLC 的计时器 T1，请说明其各个端子的名称和作用。

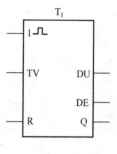

图 3-60

答：一个计时器有三个输入端和三个输出端。

"1" 处的输入端是计时器启动输入端，当其状态从 "0" 变成 "1" 时，计时器开始计时。

TV 是时间值输入端。

R 是计时器复位输入端，当其状态从 "0" 变成 "1" 时，计时器清零，所以也叫清零端。

DU 是以二进制表示的时间值输出端。

DE 是以 BCD 码表示的时间值输出端。

Q 是计时器状态输出端。

3-76 上题中，如何设定 TV 输入端的时间值？

答：设定时间值有两种方式。

（1）用恒定时间值设定，见图 3-61。

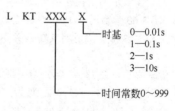

图 3-61

例如 L KT 60.1，计时时间 = 时间常数（计时数量）×时基（计时单位）= 60×0.1 s = 6 s；

（2）用数据字 DW、输入字 IW、输出字 QW、标志字 FW 设定。

例如 L DW 1S 表示将数据字 15 寄存器中的数值（BCD 码）作为计时时间送入 TV 中。

3-77 图 3-62 是西门子 PLC 中的脉冲计时器 SPT 及其信号波形，请说明其功能并用语句表指令编程。

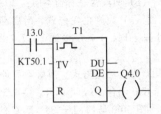

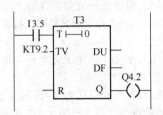

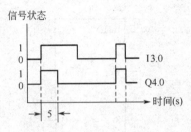

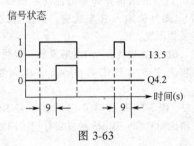

图 3-62

答：如图所示，当启动输入端 I3.0 接通时，状态输出端 Q 变为"1"，计时器开始计时，当计时到 TV 端设定的计时时间 5 s 时，Q 变为"0"，停止计时。

如计时中间启动输入端由"1"变为"0"，则 Q 立即变为"0"，停止计时。程序如下：

```
A  I  3.0
L  KT  50.1
SP  T  1
NOP  0
NOP  0
NOP  0
A  T  1
=  Q  4.0
```

（NOP 为空操作指令）。

3-78 图 3-63 为西门子 PLC 中的延时接通计时器 SDT 及其信号波形，请说明其功能并用语句表指令编程。

答：如图所示，当 I3.5 变为"1"时，T3 开始计时，当计时到 9 s 时，Q4.2 才变为"1"。直至 I3.5 由"1"变为"0"，Q4.2 才变为"0"。

它的控制动作比启动输入延迟一段时间，和启动输入一起停止。程序如下：

```
A  I  3.5
L  KT  9.2
SD  T  3
NOP  0
NOP  0
NOP  0
A  T  3
=  Q  4.2
```

图 3-63

3-79 图 3-64 为西门子 PLC 中的延时断开计时器 SFT 及其信号波形，请说明其功能并用语句表指令编程。

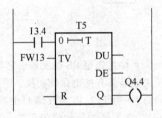

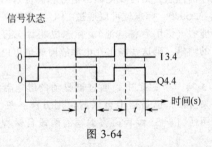

图 3-64

答：如图所示，当 I3.4 从"0"变到"1"时，Q4.4 也从"0"变到"1"，当 I3.4 从"1"变到"0"时，T5 开始计时，当计时至时间 t（t 在标志字 FW13 中给出），Q4.4 才从"1"变到"0"。

当启动输入断开后，它的控制动作要延迟一段时间。程序如下：

```
A  I  3.4
L  FW  13
SF  T  5
NOP  0
NOP  0
NOP  0
```

```
        A  T  5
        =  Q  4.4
```

3-80 图 3-65 是西门子 S5 PLC 的一段计数器程序，请说明计数器各端口的作用并用语句表指令编程。

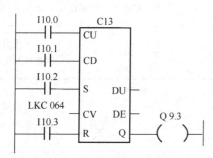

图 3-65

答： 计数器用于对外部事件进行计数。它可以递增计数，也可以递减计数，计数范围为 000～999。

CU 为递增计数输入端，即该端状态从"0"变"1"时，计数器加 1。CD 为递减计数输入端，即该端状态从"0"变"1"时，计数器减 1。S 端是计数器的置位端，当该端状态从"0"变"1"时，在输入端 CV 置入相应的计数值。R 端为复位端，其状态为"1"时计数器的内容为零。DU、DE、Q 分别用来输出计数器的值和状态。DU 端输出二进制码计数值；DE 端输出 BCD 码计数值；在计数值为 0 时，输出状态为"0"，否则为"1"。

程序如下：

```
        A   I   10.0
        CU  C   13
        A   I   10.1
        CD  C   13
        A   I   10.2
        L   KC  064    计数值为63
        S   C   13
        A   I   10.3
        R   C   13
        NOP 0
        NOP 0
        A   C   13
        =   Q   9.3
```

3.4 功能表图及其编程

3-81 什么是功能表图，它有何特点？

答： 功能表图是用图形符号和文字叙述相结合的表示方法，对顺序控制系统的过程、功能和特性进行描述的方法。在 IEC 标准中，称为顺序功能表（Se-quence Function Chart），简称 SFC。

功能表图最早是由法国的国家自动化生产催进会（ADE PA）提出的，由于它精确严密，简单易学，有利于程序设计人员和不同专业人员的交流，因此该方法公布不久，就被许多国家和国际电工委员会接受，并制定了相应的国家标准和国际标准，如 IEC 848，我国 1986 年制定的功能表图国家标准 GB 6988.6—86。

功能表图是近年来应用较广泛的编程语言，具有如下特点：

① 以功能为主线，条理清楚，便于对程序操作的理解和沟通；

② 对大型的程序，可分工设计，采用较为灵活的程序结构，可节省程序设计时间和调试时间；

③ 常用于系统规模较大、程序关系较复杂的场合；

④ 只有在活动步的命令和操作被执行时，才对活动步后的转换进行扫描，因此，整个程序的扫描时间较其它编程语言的程序扫描时间要大为缩短。

3-82 功能表图由步、转换和有向连线三种基本元素组成，请说明其图形符号和含义。

答： 功能表图示例见图 3-66。

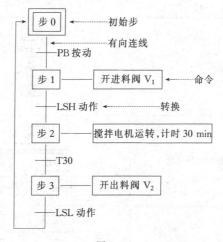

图 3-66

（1）步（Step）——用矩形形框表示（初始步用双线矩形框表示），它相当于一个状态（逻辑"1"或"0"）。

活动步（Active Step）：可用逻辑值"1"表示，当步处于活动状态时，相应的命令或动作被执行。

非活动步（Inactive Step）：可用逻辑值"0"表示，当步处于非活动状态时，相应的命令或动作不被执行。

（2）转换（Transition）——图形符号是一根短划线，通过有向连线与有关的步相连。

转换分为使能转换和非使能转换。转换符号的前级步是活动步（"1"），则转换是使能转换；前级步是非活动步（"0"），则是非使能转换。

如果是使能转换，并且满足相应的转换条件，则实现转换或触发（Firing）。转换条件用文字语言、希尔代数式和图形符号表示。见表 3-15。

（3）有向连线（Arc）——表示步的进展，它把步连接到转换，再把转换连接到步。有向连线是垂直的和水平的，通常从上向下或从左向右。

3-83 步与步之间的进展有哪几种结构形式？

答：有单序列、选择序列和并列序列 3 种结构形式。

单序列——由相继激活的一系列步组成。在这种结构中每个步后面仅接一个转换。

选择序列——用于转换条件不同时满足时，若满足某条件则向某序列步进展，若满足另一条件则向另一序列步进展。选择序列的开始和结束用水平双线表示，转换符号标注在水平双线内侧。

并列序列——当转换的实现能使几个序列同时激活时，这些序列称为并列序列。并列序列的开始和结束用水平双线表示，转换符号只能标注在双线外侧。

三种结构的图形符号和说明见表 3-16。

表 3-15　转换条件的表示

序号	符　号	说　明
1	 触点 B 和 C 中任何一个与触点 A 同时闭合	文字语句说明转换条件
2	 $A(B+C)$	布尔代数式说明转换条件
3	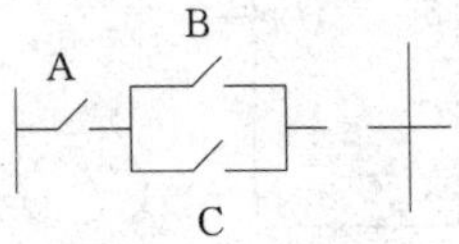 图形符号 A B C	图形符号说明转换条件
4	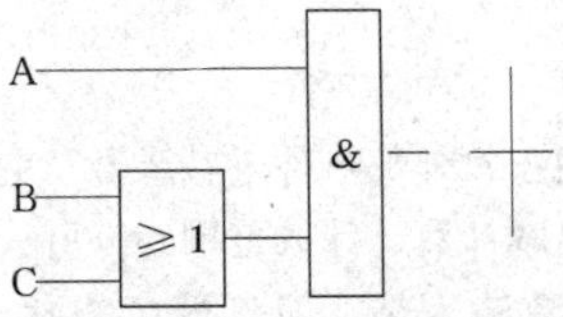 图形符号 A B C ≥1 &	图形符号说明转换条件

表 3-16　各种序列的图形符号

名　称	符　号	说　明
单序列	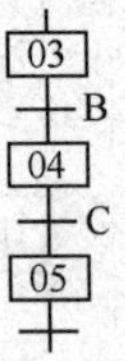 03 B 04 C 05	只有当步 03 处于活动（X03＝1）并且转换条件 B 为真（B＝1）时，才发生步 03 到步 04 的进展。当步 04 处于活动（X04＝1）并有转换条件 C 为真（C＝1）时才发生步 04 到步 05 的进展。转换的实现使步 05 活动而步 04 不活动
选择序列的开始	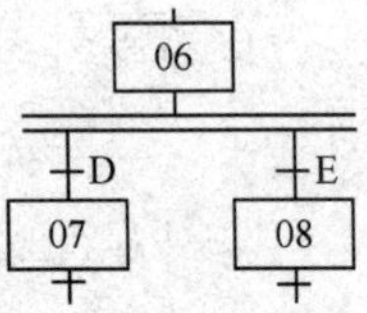 06 D E 07 08	如果步 06 处于活动（X06＝1），并且转换条件 D 为真（D＝1），则发生步 06 到步 07 的进展。如果转换条件 E 为真（E＝1），则发生步 06 到步 08 的进展。转换条件 D 与转换条件 E 不能同时为真（在只选择一个序列时）
选择序列的结束	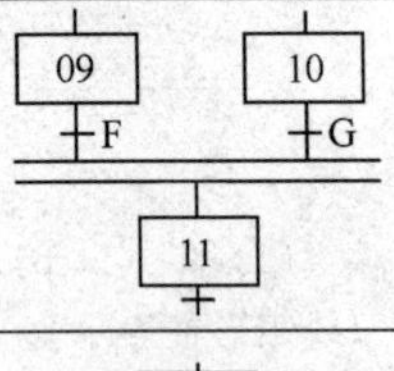 09 10 F G 11	如果步 09 处于活动（X09＝1）并且转换条件 F 为真（F＝1）时，发生步 09 到步 11 的进展。如果步 10 处于活动状态（X10＝1）并且转换条件 G 为真（G＝1），则发生步 10 到步 11 的进展
并列序列的开始	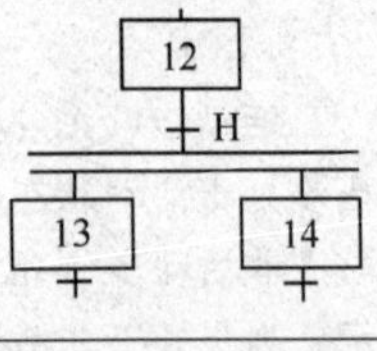 12 H 13 14	如果步 12 处于活动（X12＝1），并且如果转换条件 H 为真（H＝1），则发生步 12 到步 13、14 的进展
并列序列的结束	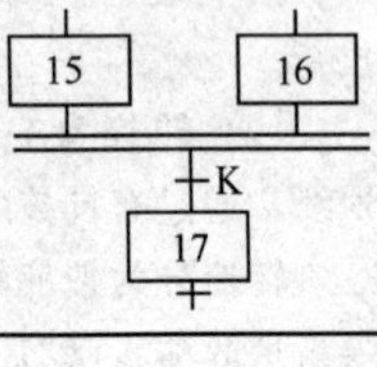 15 16 K 17	如果在水平双线以上的各步都处于活动状态，并且转换条件 K 为真，则发生从步 15、16 等到步 17 的进展

3-84 在功能表图中，往往有以下几种命令或动作。

标记字母	命令或动作的类型
无	非存储型
S	存储型
D	延迟型
L	时限型

请说明这几种命令或动作的含义。

答： 非存储型——命令或动作与步的活动同步，即相应步活动时（为"1"），命令或动作被执行，相应步不活动时（为"0"），命令停止执行，动作回到原来状态。

存储型——相应步活动时，命令或动作被执行，并且一直保持执行状态，直到被后续的步激励复位为止。相当于一个由 SR 触发器触发的命令或动作。

延迟型——该步被激活后延迟若干时间才执行的命令或动作。

时限型——该步被激活后，命令执行规定的时间然后停止。

S 型、D 型、L 型命令或动作的持续时间不一定正好等于相应步的持续时间。

3-85 简述功能表图的绘制方法和要领。

答：（1）在绘制功能表图前，首先应把复杂的控制问题用一系列子问题进行描述。例如，把复杂问题表示为主程序与各子程序的关系，并列程序、选择程序和简单程序的关系等。然后再细划为一系列的"步"和步与步之间的"转换"。

（2）动作或命令与步是有机地联系在一起的。每个动作或命令与一个步有对应的关系，每个步与一定的命令或动作相关。

（3）步与步之间要有一定的转换条件。转换条件可以是时间因素或其它动作或命令的结果，对复杂逻辑运算关系表示的转换条件应列写逻辑表达式，通过简化运算，使表达式既符合逻辑运算的要求，又能达到简化的目的。

（4）步可以是一个实际的顺序步，例如，反应过程的加料步，对应的动作是对反应器进行加料，也可以是程序中的一个阶段，例如，反应过程中，对批量的配方设定等。

（5）只有活动步的命令或动作才起作用。因此，对连续的几步中持续作用的某些命令和动作要采用自保持形式的继电器或 SR 触发器，其 S 端在开始步被激励，而它的 R 端在连续的步的后续步被置位。对分散在不连续各步中的同一命令或动作，可以采用双线圈的方式，也可以用相应接点或操作的方式实现。

（6）在功能表图编程时，要考虑对紧急停车信号和在停车后再启动信号的设置。

3-86 在三菱公司的 FX 系列 PLC 中，采用步进梯形指令 STL（Step Ladder）和其它指令一起来对功能表图进行编程，请说明 STL 指令的功能和其编程方法。

答： STL 指令是与主母线连接的常开接点指令。它将主母线转换到子母线，即转移到相应步的动作和命令，因此，该步的动作和命令可以用 LD、LDI 等指令连接到子母线。这表明，当某一步为活动步时，对应于 STL 指令的常开触点闭合，该步对应的负载被驱动。当该步后续的转换条件满足时，转换被实现，后续步的状态寄存器将把当前步的 STL 触点断开，即把子母线返回到主母线，通过后续步状态寄存器使后续的 STL 触点闭合，即后续步成为活动步。程序最终采用 RET 指令返回。此外，在整个程序结束后不要忘记加上 END 结束指令。

在三菱公司的可编程序控制器中，采用 S 状态寄存器来表示步。例如，S0 表示初始步。

3-87 在使用三菱 FX 系列 PLC 的 STL 指令（步进梯形指令）进行功能表图编程时，应注意哪些问题？

答： 应注意以下问题。

（1）STL 指令后可以采用 LD 或 LDI 指令。采用 STL 指令后，把子母线移到主母线，或主母线转移到子母线，因此，只能采用 LD 或 LDI 指令。

（2）在步进梯形指令中，各个步所驱动的命令或动作只在该步是活动步时才有效，因此，同一个元件的几个继电器线圈可以在不同的 STL 指令所对应的步中起作用。例如，在步 S22 中可以使继电器 Y101 激励，在后续的步 S33 中也可以使继电器 Y101 激励。这种在同一个程序中出现两个或两个以上相同继电器线圈的现象即称为双线圈现象。在一般的梯形图中，通常是不允许出现双线圈现象的。

（3）在某一步中，为了使该步在由活动步转换为非活动步时能使对应的命令或动作保持，可以采用保持的命令或动作。相应地，在程序的另一步，要设置对被保持命令或动作的复位操作。

（4）采用步进梯形指令的最大优点是它只对活动步的命令或动作进行操作，因此，在没有并行序列的程序中，每次只有一个活动步，所以，程序扫描时间大大缩短。

（5）STL 指令只用于 S 状态寄存器。对应于一个 S 状态寄存器的 STL 指令，除了并行序列程序外，只在梯形图中出现一次。

（6）在三菱公司的不同类型可编程序控制器中，对 STL 指令的使用范围和方法也有所不同，实际应

128

用时应根据产品说明书的要求进行编程。

3-88 试用三菱公司 FX 系列 PLC 的指令为下述功能表图编程。

某运料车运动控制的要求是当按动启动按钮 PB 后，运料车开始沿轨道向前运动，运料车到达送料点时，位置开关 LS1 动作，运料车停止，延时 5 s 用于装料，5 s 后，运料车自动返回，到达起点后，位置开关 LS2 动作，运料车停止，进行卸料并加工，2 min 后，加工好的物料被装上运料车，运料车自动沿轨道向前到达仓库，触动位置开关 LS3 动作，停止运料车的运动。卸料时间为 5 s，运料车在延时 5 s 后回到起点。整个过程结束，等待下一次再按动 PB。

按照上述控制要求，首先，对运料车的电动机应设置两种工作方式，即前进和后退，分别设为 Y021 和 Y022；其次，为了对装料和卸料进行等待，需要设置三个计时器，分别设为 T1、T2 和 T3。设三个

位置开关的信号为 L1、L2 和 L3。最后，根据控制的要求画出功能表图，见图 3-67。

答： 步进顺序图（STL 图）见图 3-68。程序清单见表 3-17。

程序说明： 由于初始步的状态是由可编程序控制器从 STOP 向 RUN 切换的瞬间由固定的特殊继电器 M8002 启动的，因此，在编程时，首先应加入由 M8002 对 S0 置位的程序。其它步的状态可以采用 STL 指令设置。

表 3-16 中，X000 是 PB 按钮信号，X001 是 LS1 信号，X002 是 LS2 信号，X003 是 LS3 信号。

控制系统的动作过程如下：当系统上电时，M8002 接点闭合，使 S0 状态寄存器触点闭合，即 S0 是活动步。按下按钮 PB，X000 闭合，使转换条件满足，实现转换，S21 成为活动步，由于 Y022 常闭，因此，继电器 Y021 激励，运料车电机正转并行驶到

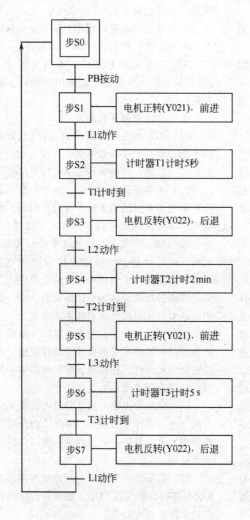

(a) 功能表图(文字表述)

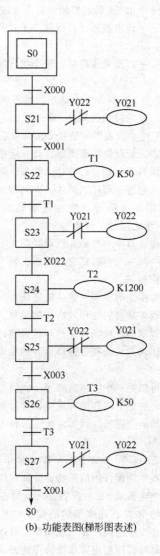

(b) 功能表图(梯形图表述)

图 3-67

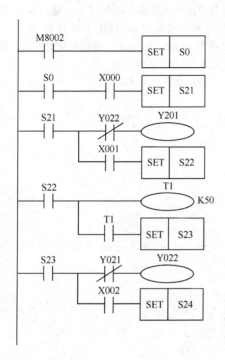

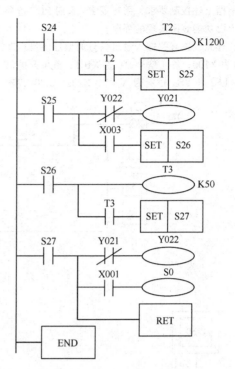

图 3-68

表 3-17 往复运动的步进梯形图程序清单

序号	命	令	序号	命	令	序号	命	令	序号	命	令
1	LD	M8002	12	OUT	T1	23	SP	K1200	34	LD	T3
2	SET	S0	13	SP	K50	24	LD	T2	35	SET	S27
3	STL	S0	14	LD	T1	25	SET	S25	36	STL	S27
4	LD	X000	15	SET	S23	26	STL	S25	37	LDI	Y021
5	SET	S21	16	STL	S23	27	LDI	Y022	38	OUT	Y022
6	STL	S21	17	LDI	Y021	28	OUT	Y021	39	LD	X001
7	LDI	Y022	18	OUT	Y022	29	LD	X003	40	OUT	S0
8	OUT	Y021	19	LD	X002	30	SET	S26	41	RET	
9	LD	X001	20	SET	S24	31	STL	S26	42	END	
10	SET	S22	21	STL	S24	32	OUT	T3	43		
11	STL	S22	22	OUT	T2	33	SP	K50	44		

LS1 行程开关闭合，即 X001 闭合，转换条件满足，使转换实现，S22 成为活动步，电机停止运转，运料车停止，同时，计时器 T1 启动，当计时时间到 5 s 时，T1 触点闭合，步 S23 成为活动步，计时器复位，由于正转继电器 Y021 已失励，它的常闭接点使 Y022 激励，运料车电机反转，沿原路返回到 LS2 行程开关 X002 动作，S24 成为活动步。它使 Y022 失励，并启动计时器 T2，计时时间到 120 s（2 min），S25 成活动步，并在 Y022 常闭接点的闭合条件下，使运料车电机正转，运料车前进到 LS3 行程开关 X003 动作，并使 S26 成活动步，经启动计时器 T3，在计时时间到 5 s 时，运料车沿原路返回到 LS1 行程开关 X001 动作，程序回复到 S0 步成为活动步，等待下次 PB 按钮的按动。

3-89 某批量控制生产过程如图 3-69 所示，两种物料进行混合和搅拌的全过程如下。

(1) 加料阶段：按动启动按钮 PS，物料 A 的进料阀 V_1 打开，液位上升到 LS3 时，搅拌电动机 M 开始运转和搅拌，液位到达 LS2 时，进料阀 V_1 关闭，物料 B 的进料阀 V_2 打开，到液位上升到 LS1 时，进料阀 V_2 关闭，加料过程结束。

(2) 搅拌阶段：加料过程结束后，搅拌电动机 M 继续运转 1h，进行物料的充分混合。

(3) 放料阶段：搅拌 1 h 后，打开混合物料的出料阀 V_3，搅拌电动机继续运转，直到液位下降到 LS3 才停止运转，同时关闭出料阀 V_3。

(4) 停止阶段：按动停止按钮 PT，混合物料的出料阀 V_3 打开 8 s，混合物料排空。

请根据上述控制要求，用三菱 FX 系列 PLC 指令编制一个由功能表图实现的程序。

答：首先设置有关输入输出信号的地址。设启动信号 PS 为 X100，停止信号 PT 为 X101，液位开关信号 LS1、LS2 和 LS3 分别为 X201、X202、X203，输出到搅拌电动机的信号为 M100，输出到阀门 V_1、V_2 和 V_3 的信号分别为 M101、M102 和 M103，设置计时器为 T1 和 T2；其次，根据控制的要求，画出功能表图和 SFC 图见图 3-70。

程序清单见表 3-18。

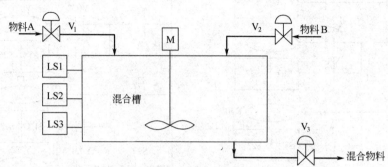

图 3-69

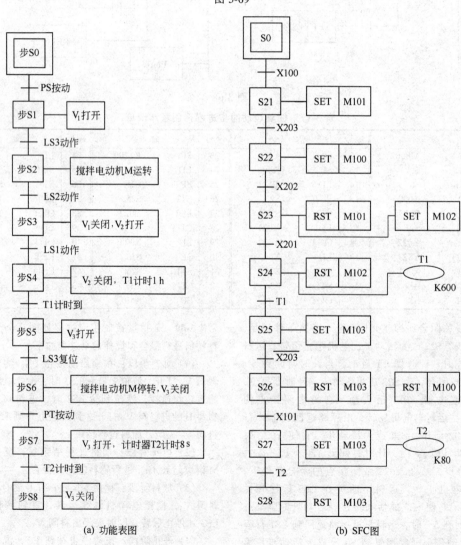

(a) 功能表图   (b) SFC图

图 3-70

本题中，对电动机和开关阀的控制均采用了具有保持功能的置位 SET 和复位 RST 指令。由于在步的控制中，当转换条件满足后，活动步成为非活动步，活动步引发的动作也因此而中止，因此，在本题中，部分执行机构需要采用保持的功能，使非活动步时能够保持在运行状态。

3-90 选择序列编程：在称重控制系统中，常常有自动和手动两种选择，在自动时，称重控制过程按自动的工作方式进行；在手动时，称重控制过程按手动的工作方式进行。

图 3-71 是某称重系统的功能表图。图中有关信号和命令如下：

PS——启动按钮，X001＝1 表示启动；

PT——停止按钮，X002＝2 表示停止；

X000——手动/自动选择开关处于自动位置，X000＝1；

$\overline{X000}$——选择开关处于手动位置，$\overline{X000}$＝0；

V₁——出料阀，X101＝1 表示 V₁ 阀关；Y101＝1 表示 V₁ 阀开；

V₂——进料阀，X102＝1 表示 V₂ 阀关；Y102＝1 表示 V₂ 阀开；

WS——自动称重仪位置开关，Y103＝1 表示工作开始；Y104＝1 表示称重达到设定值。

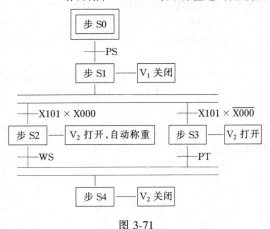

图 3-71

请根据功能表图用三菱 FX 系列 PLC 的指令编程。

答： 程序清单见表 3-19。

表 3-18　物料混合批量控制的程序清单

序号	命令		序号	命令		序号	命令		序号	命令	
1	LD	M8002	12	LD	X202	23	LD	T1	34	STL	S27
2	SET	S0	13	SET	S23	24	SET	S25	35	SET	M103
3	STL	S0	14	STL	S23	25	STL	S25	36	OUT	T2
4	LD	X100	15	RST	M101	26	SET	M103	37	SP	K80
5	SET	S21	16	SET	M102	27	LDI	X203	38	LD	T2
6	STL	S21	17	LD	X201	28	SET	S26	39	SET	S28
7	SET	M101	18	SET	S24	29	STL	S26	40	STL	S28
8	LD	X203	19	STL	S24	30	RST	M100	41	RST	M103
9	SET	S22	20	RST	M102	31	RST	M103	42	RET	
10	STL	S22	21	OUT	T1	32	LD	X101			
11	SET	M100	22	SP	K600	33	SET	S27			

表 3-19　称重控制系统程序清单

序号	命令		说明	序号	命令		说明
1	LD	M8002		15	OUT	Y102	V₂ 阀开
2	SET	S0		16	OUT	Y103	自动称重开始
3	STL	S0		17	STL	S23	
4	LD	X001	PS 按下	18	OUT	Y102	V₂ 阀开，手动称重
5	SET	S21		19	STL	S22	
6	STL	S21		20	LD	Y104	自动称重结束
7	OUT	Y101	V₁ 阀开，排空	21	SET	S24	
8	LD	X101	V₁ 阀关	22	STL	S23	
9	AND	X000	自动	23	LD	X002	PT 按下，手动称重结束
10	SET	S22		24	SET	S24	
11	LD	X101	V₁ 阀关	25	STL	S24	
12	AND NOT X000		手动	26	OUT	X102	V₂ 阀关
13	SET	S23		27	RET		
14	STL	S22					

3-91 并列序列编程。

在某配料控制系统中，当按动启动按钮 PS 后，同时打开两种物料的进料阀 V_1 和 V_2，采用对各自流量进行积算，当两种物料的累积量分别达到各自的设定值时，关闭各自的进料阀，并等到两种物料的进料阀全部关闭以后才能启动搅拌机电机，开始用电加热器加热物料。

设 PS 信号是 X000，阀门的信号分别是 Y101 和 Y102，各自流量累积量到达设定值的开关信号是 X101 和 X102，搅拌机电机的运行信号是 Y103，电加热器送电信号是 Y104。图 3-72 是配料控制系统功能表图，请用三菱 FX 系列 PLC 指令编程。

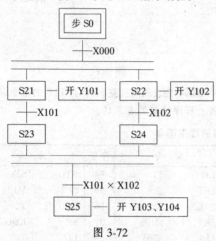

图 3-72

答：程序清单见表 3-20。

表 3-20　配料控制系统程序清单

序号	命	令	序号	命	令
1	LD	M8002	13	LD	X102
2	SET	S0	14	SET	S24
3	STL	S0	15	STL	S23
4	LD	X000	16	STL	S24
5	SET	S21	17	LD	X101
6	SET	S22	18	AND	X102
7	STL	S21	19	SET	S25
8	OUT	Y101	20	STL	S25
9	LD	X101	21	OUT	Y103
10	SET	S23	22	OUT	Y014
11	STL	S22	23	RET	
12	OUT	Y102			

程序说明：只有在并行序列程序合并时，才采用多个 STL 指令作为合并程序的处理操作。在并行序列程序的分支时，需采用多个 SET 指令来对分支的各个 S 状态寄存器进行置位。此外，由于 X101 和 X102 接点通常不可能同时接通，因此，步 23 和步 24 用于关闭相应的加料阀 Y101 和 Y102，并等待两个接点同时满足接通的条件，即步 23 和步 24 转换到步 25 的转换条件满足。这里，步 23 和步 24 不执行命令或动作，仅用于等待转换条件的实现。

4 紧急停车系统（ESD）

4.1 名词术语

4-1 什么是 ESD 系统？目前 ESD 产品主要有哪几种类型？

答：ESD 是 Emergency Shutdown System 的简称，中文的意思是紧急停车系统，它用于监视装置或独立单元的操作，如果生产过程超出安全操作范围，可以使其进入安全状态，确保装置或独立单元具有一定的安全度。

目前市场上销售的产品主要有双重化诊断系统、三重化表决系统和从双重化诊断系统发展出来的四重化诊断系统。

4-2 SIS、PES、FSC 的含义是什么？目前安全系统的产品及厂商还有哪些？

答：SIS 是 Safety Instrumented System 的简称，中文的意思是安全仪表系统，它是根据美国仪表学会（ISA）对安全控制系统的定义而得名的。

FSC 是 Fail Safe Control System 的简称，中文的意思是故障安全控制系统，它是 P + F 公司开发的一种安全系统，后被 Honeywell 收购，名称不变。

PES 是 Programmable Electronic System 的简称，中文的意思是可编程电子系统，它是德国著名的安全系统制造商 HIMA 生产的产品。

除了以上这些系统之外，还有一些制造商生产的安全系统在全球工业生产中有较多应用，如：

Moore Product 公司的 Quadlog PLC；

GE 公司的 GMR；

ABB August System 公司的 Triguard SC300E；

ICS 公司的 Trusted；

YOKOGAWA 公司的 ProSafe-PLC。

4-3 什么是可用度（A）？什么是可靠性（R）？

答：可用度就是系统可使用时间的概率，用字母 A 表示。用百分数计算：

$$A = MTBF/(MTBF + MDT)$$

其中，MTBF 指的是平均故障间隔时间，MDT 指的是平均停车时间。

可靠性指的是安全联锁系统在故障危险模式下，对随机硬件或软件故障的安全度，用 R 表示。可靠性计算是根据故障（失效）模式来确定的，故障模式有显性故障模式（失效-安全型模式）和隐性故障模式（失效-危险型模式）两种。显性故障模式表现为系统误动作，可靠性取决于系统硬件所包含的元器件总数，一般由 MTBF 表示。隐性故障模式表现为系统拒动作，可靠性取决于系统的拒动作率（PFD），一般表示为：

$$R = 1 - PFD$$

4-4 什么是安全度？什么是安全度等级？

答：安全联锁系统在一定条件一定时间周期内执行指定安全功能的概率称为安全度。

安全联锁系统的安全等级称为安全度等级，用 PED（Probability of Failure on Demand）来定义。

4-5 什么是 SIL？SIL 分为几级？

答：SIL 是 Safety Integrity Level 的简称，中文的意思就是安全度等级，它是美国仪表学会（ISA）在 S 84.01 标准中对过程工业中安全仪表系统所作的分类等级，SIL 分为 1、2、3 三级。

SIL1 级每年故障危险的平均概率为 0.10 ~ 0.01 之间；

SIL2 级每年故障危险的平均概率为 0.01 ~ 0.001 之间；

SIL3 级每年故障危险的平均概率为 0.001 ~ 0.0001 之间。

4-6 什么是 IEC 61508 标准？

答：IEC 61508 标准是国际电工委员会（IEC）对与安全相关的控制系统制定的性能安全标准，与 ISA 的 SIL 相比，除了覆盖 ISA 中的 SIL1 ~ 3 级以外，增加了第 4 级标准，IEC SIL4 级标准每年故障危险的平均概率为 0.0001 ~ 0.00001 之间。

4-7 什么是 TüV 标准？

答：TüV 标准是德国莱茵认证机构对工业过程安全控制系统所作的分类等级。TüV 共分为 8 级（AK1 ~ AK8），AK1/2 对应于 SIL1 级，AK3/4 对应于 SIL2，AK5/6 对应于 SIL3，AK7 对应于 SIL4，AK8 是目前最高级别的安全标准，故障概率大于十万分之一，ISA 和 IEC 尚未制定相应于 AK8 的标准。

4-8 SIL1 ~ 4 级标准具体对应于哪些生产过程？

答：SIL1 级仅对少量的财产和简单的生产进行保护；SIL2 级对大量的财产和复杂的生产进行保护，也对生产操作人员进行保护；SIL3 级对工厂的财产、全体员工的生命和整个社区的安全进行保护；SIL4 避免灾难性的、会对整个社区形成巨大冲击的事故。

4-9 评价安全系统的常用指标有哪些？

答：一般用可用度（Availability）和年平均故障概率（Probability of Failure）来评价。可用度（A）用百分数来表示，如 SIL3 级的可用度为 99.90% ~

99.99%，年平均故障概率（PFDavg）用小数表示，如 SIL3 级表示为 PFDavg＝0.001～0.0001。

4-10 什么是冗余？什么是冗余系统？

答： 冗余（Redundant）有指定的独立的 $N:1$ 重元件，并且可以自动地检测故障，切换到后备设备上。

冗余系统指并行地使用多个系统部件，以提供错误检测和错误校正能力。

4-11 什么是"表决"？

答： 表决（Voting）是指冗余系统中用多数原则将每个支路的数据进行比较和修正的一种机理。例如：

1002（1 out of 2）   2 取 1

2003（2 out of 3）   3 取 2

4-12 什么是容错？什么是容错技术？

答： 容错（Fault Tolerance）是指对失效的控制系统元件（包括硬件和软件）进行识别和补偿，并能够在继续完成指定的任务、不中断过程控制的情况下进行修复的能力。容错是通过冗余和故障屏蔽（旁路）的结合来实现的。

容错技术是发现并纠正错误，同时使系统继续正确运行的技术，包括错误检测和校正用的各种编码技术、冗余技术、系统恢复技术、指令复轨、程序复算、备件切换、系统重新复合、检查程序、论断程序等。

4-13 什么是故障安全？

答： 故障安全是指 ESD 系统发生故障时，不会影响到被控过程的安全运行。ESD 系统在正常工况时处于励磁（得电）状态，故障工况时应处于非励磁（失电）状态。当发生故障时，ESD 系统通过保护开关将其故障部分断电，称为故障旁路或故障自保险，因而在 ESD 自身故障时，仍然是安全的。

4-14 什么是故障性能递减？

答： 故障性能递减指的是在 ESD 系统 CPU 发生故障时，安全等级降低的一种控制方式。故障性能递减可以根据使用的要求通过程序来设定。如 2-1-0 方式就表示当第一个 CPU 被诊断出故障时，该 CPU 被切除，另一个 CPU 继续工作，当第二个 CPU 再被诊断出故障时，系统停车。又如 3-2-0 方式，是采用三取二表决的方式，即三个 CPU 中若有一个运算结果与其它两个不同，即表示该 CPU 故障，然后切除，其它两个 CPU 则继续工作，当其它两个 CPU 运算结果再不同时，则无法表决出哪一个正确，系统停车。在出现 CPU 故障时，安全等级下降，但仍能保持一段时间的正常运行，此时必须在允许故障修复时间内修复，否则系统将出现停车。如 3-2-0 方式允许的最大修复时间为 1500 h。对于不同的系统、不同的安全等级故障修复时间不同。

4-15 安全控制系统主要应用于哪些场合？

答： 主要应用于：生产过程的联锁保护控制和停车控制，以及装置的整体安全控制；火焰和气体检测控制；锅炉安全控制；燃气轮机、透平机、压缩机的机组控制；化学反应器控制；电站、核电站控制；铁路、地铁控制。

4.2　Tricon 控制器

4-16 什么是 Tricon 控制器？

答： Tricon 控制器是一种三重化冗余容错控制器（Triple Modular Redundant ——TMR 控制器），它采用"3 取 2"表决方式进行工作。由于该控制器是美国 Triconex 公司首先开发的，所以也称其为 Tricon 控制器。

另外，Tricon 控制器也特指 Triconex 公司的 TMR 产品，以别于其它公司开发的 TMR 产品。

4-17 试述 Tricon 控制器的工作原理。

答： Tricon 三重化冗余容错控制器是通过三重模件冗余结构（TMR）来实现容错的。不论是部件的硬件故障，还是内部或外部的瞬时故障，Tricon 控制器都能做到无差错，不会中断控制。Tricon 控制器三重化结构图见图 4-1。

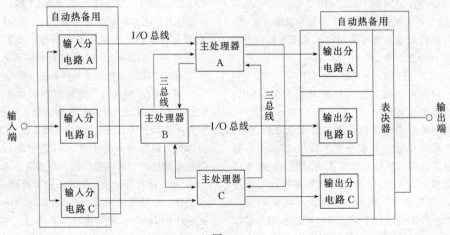

图 4-1

由图 4-1 可见，现场信号分 3 路，在相应输入分电路 A、B、C 读入过程数据并传送到主处理器 A、B、C，3 个主处理器利用其专有的高速的三总线（TRIBUS）进行相互通信。每扫描一次，3 个主处理器通过三总线与其相邻的 2 个主处理器进行通信，达到同步传送，同时进行表决和数据比较，如发现不一致，信号值以 3 取 2 表决法取值，一次不相同还可从不同的取样时间用不同数据进行判别以修正存储器内数据。在每次扫描后，Tricon 控制器要用内部的差错分析程序判别输入数据，表决出一个正确数据，输入到每个主处理器，主处理器执行各种控制算法，并算出输出值送到各输出模件，在输出模件中进行输出数据表决，这样可使其尽可能与现场靠近，对三总线表决与驱动现场的最终输出之间可能发生的任何错误进行检测和补偿。

4-18 试述 Tricon 控制器的主要特点。

答：① 不会因单点的故障而导致系统失效；

② 可以在 3 个、2 个或 1 个主处理器完好的情况下正确操作；

③ CPU、总线、部分输入/输出卡件三重化表决结构；

④ 提供硬件和软件诊断系统；

⑤ 各种类型的 I/O 模块；

⑥ 远程 I/O 可达 12 km；

⑦ 简单的在线模块更换；

⑧ 具有高可靠性和可用率。

4-19 Tricon 控制器由哪些部件构成？

答：由下述部件构成：①主处理器模件；②输入模件；③输出模件；④三重化总线系统；⑤通信模件；⑥电源模件；⑦端子模件（无源电气回路板）；⑧编程用的 Tristation 站；⑨Trivien 工作站（个人计算机，IBM 或 COMPAQ）。

4-20 图 4-2 是 Tricon 控制器主处理器的结构图。请说明图中主要部件的功能和作用。

答：Tricon 控制器有三个主处理器（Main Processor），图 4-2 仅是一个主处理器的结构图。

主处理器是 32 位微处理器，它是控制器的中枢，它带有一个协处理器，两者同时并行地执行控制程序。

主处理器模件中还有两个通信处理器：I/O 通信处理器（IOP）和 COMM 通信处理器（IOC）。IOP 管理主处理器和 I/O 模件之间的数据交换，IOC 管理主处理器和通信模件之间的数据交换。

主处理器通过 TRIBUS、I/O BUS、COMM BUS 分别与其它主处理器、I/O 模件和通信模件相互连接。

存储器有两种，Tricon 3006# 为 512 KB EPROM 和 2 MB SRAM（如图所示）。Tricon 3007# 为 512 KB EPROM 和 1 MB SRAM。EPROM 用于存储操作系统，SRAM 用于存储用户程序和 SOE 数据、输入输出数据和诊断及通信缓冲等。

4-21 试述 Tricon 控制器输入模件的类型和功能。

答：输入模件分数字输入模件和模拟输入模件两类。

数字输入模件内有 A、B、C 三个相同分电路，接收数字开关量信号。

模拟输入模件内有 A、B、C 三个相同分电路，接收模拟量电流、电压、热电阻或热电偶的信号。

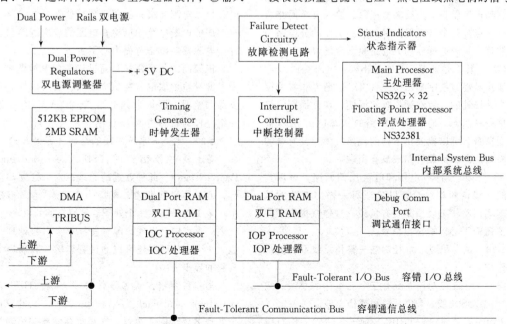

图 4-2

A、B、C 三个相同分电路安装在一个模件内，但是相互隔离并且独立工作，每个分电路与现场间全部采用光隔离，一个分电路故障不会影响到另外的分电路。每个分电路有一个 8 位微处理器（IOP）可对信号进行调理，且与相应的主处理器通信。

数字输入模件接受数字信号，先输入到三个分电路的输入目录内，在主处理器模件的通信处理器（IOC）轮流查询到时送出其状态信号。模拟输入模件接受模拟信号，三个分电路不同步测量并将信号经模/数转换后放在数值表内。每个主处理器的输入值表通过三总线传送到相邻主处理器，每个主处理器可从中选择出中间值，其它主处理器也同样按中间值进行修正，中间值送往控制程序。

自我测试的直流增强型数字输入模件通过输入电路中一个开关的闭合，使光电隔离电路读取 0 输入值，以此来检测"ON 粘住"状态。

4-22 试述 Tricon 控制器输出模件的类型和功能。

答：数字输出模件又分双输出模件、监督型输出模件、DC 数字输出模件、AC 数字输出模件。

数字输出模件内有三个分电路 A、B、C，是完全相同的三重化，相互隔离。每个分电路有 8 位微处理器接受主处理器的输出目录，有专用方形输出表决器的输出电路，可在加载前对各个输出进行表决。监督型数字输出模件可以监视现场设备工况，若工作不正常，没有负载，在输出模件上就有信号指示。

模拟输出模件内有三个分电路 A、B、C，可从相应的主处理器获取各自目录中的数值，经数模转换器（DAC）转换，若其中一个分电路被选中，就可输出去驱动现场设备。连续输出用每点输入反馈回路校核，每一点被三个处理器同时读取。工作的分电路一旦出故障，立刻选择新的分电路驱动现场设备。

4-23 什么是监督型数字输出模件（SDO）？

答：监督型数字输出模件（SDO）是为非常关键的场合而设计的，旨在延长时间周期，在此周期内输出保持一种状态。它将现场回路的状态也由 SDO 模件实现监督，可以检测出下列的现场故障：没有电源或熔断器烧断；负载开路或没有负载。

每一 SDO 模件有电压和电流反馈回路，可以与复杂的在线诊断相结合，以验证每一输出开关的操作、现场回路状态以及是否有负载，这样就提供了完整的覆盖而不必影响输出信号。

4-24 试说明 Tricon 控制器三重化总线系统的功能和作用。

答：Tricon 控制器系统有三个三重化的总线，它们是 TRIBUS 总线、I/O 总线和通信总线。

TRIBUS 总线——TRIBUS 有三条独立的串行链路，通信速率为 4 Mbps。TRIBUS 实现三个主处理器之间的信息传送和同步，其功能是：

① 模拟数据、诊断数据、通信数据传送；

② 数字输入数据的传送和表决；

③ 数字输出数据和控制程序存储器进行数据比较和标识。

I/O 总线——负责各主处理器与相应 I/O 模件之间的信息传送，通信速率为 375 kbps。

通信总线——负责各主处理器和通信模件之间的信息传送，通信速率为 2 Mbps。

4-25 试述 Tricon 控制器通信模件的类型和功能。

答：Tricon 通信模件是 Tricon 系统与外部设备进行通信的接口，它有 5 种类型。

增强型智能通信模件 EICM——采用 RS-232 和 RS-422 串行通信，通信速率 19.2 kbps。它有 4 个带光电隔离的串行口，可以与 MODBUS 通信协议的主机、辅机或 Tristation 接口相连接。该模件还提供一个与 Centronics 兼容的并行接口。

高速通道接口模件 HIM——用于 Tricon 系统与 Honeywell TDC-3000 局部控制网络（LCN）通信。

安全管理模件 SMM——用于 Tricon 系统与 Honeywell TDC-3000 万能控制网络（UCN）通信。

网络通信模件 NCM——运行 IEEE 802.3 协议网络，通信速率可达 10 Mbps。

先进通信模件 ACM——用于 Tricon 系统和 Foxboro I/A DCS 通信。

4-26 Tricon 系统采用何种方式供电？

答：每个机架有 2 块电源模件，以冗余的方式工作。每个机架电源能独立承担机架中所有模件的供电，每个电源在机架的背面装有独立的电源导轨，并有内部的诊断电路用以检查电压的输出范围和超温条件。电源导轨位于背面中心下方。

机架内的每个模件是通过双重化电源调整器从 2 个电源导轨中取电。在每个输入和输出模件上有 4 组电源调整器，即每个分电路 A、B、C 各有一组，另一组是作为状态指示 LED 用。

4-27 Tricon 系统采用的是何种容错方式？

答：软件容错方式（SIFT, Software Implement Fault Tolerant）。此种方式的原理：三个处理器异步运行，但在程序周期内，在每一个输入/输出扫描过程中，至少有一次，每个处理器等待它的邻机进行表决。在表决过程中，出现故障和差异都会引起处理器的注意。三个主处理器还可以通过智能输入和输出卡进行其它的异步表决。

另一种容错方式为硬件容错方式（HIFT, Software Implement Fault Tolerant）。此种方式的原理：三个处理器要求同步运行，在每个存储器的读周期，每个存储字在一个硬件表决器中循环，同时，与其它两个处理器的存储字比较，进行 2003 表决。如果正常，存储字就被锁存在处理器的有关寄存器中，并被使用。每个存储器的读周期都有上述操作。

此两种方式都应用在 TMR 结构中。

4-28 Tricon 系统有哪两种在线维护方式？

答：Tricon 系统有热备用法和在线更换模件法两种在线维护方式。三重化系统结构上对每一 I/O 卡件指定 2 个逻辑槽位，第 1 逻辑槽位放置运行 I/O 卡，第 2 逻辑槽位放置备用 I/O 卡。

热备用法　逻辑槽位装有 2 块相同的 I/O 模件。主模件在运行时（卡上的灯指示 Active），另一模件作为"热备用"，已通电但未投入运行。Tricon 控制器在完好的 I/O 模件间循环扫描，对每个 I/O 模件按规范进行全面的诊断。如主模件有问题，自动切换到热备用模件，使系统始终保持有三条完好的分电路。有故障的模件可以拆下并更换。

在线更换模件法　在逻辑槽位只安装 1 块 I/O 模件，可以在线更换模件。如果发生故障，"失效"发光二极管接通，但是模件的 2 条分电路仍然在运行，未用的槽位空间可插入更换的模件，经过诊断试验后，Tricon 授予第 2 块 I/O 模件处理权。当更换的 I/O 模件投入运行后，则故障的 I/O 可以拆下。

4-29　如何诊断和分析 Tricon 系统出现的故障？

答：可以从以下两个方面来诊断和分析出现的故障。

（1）硬件部分

① 电源模件故障报警。故障主要原因：硬件配置与控制程序的逻辑组态不一致；模件故障；模件在系统中丢失；主处理器检出一个系统故障；电源模件输入供电线路故障；电源处于"后备电池电压低或超温"警告。

② 每个 I/O 模件上有故障报警 LED 灯，该模件出现故障时 FAULT 灯亮。

（2）软件部分　系统提供了 Tricon 诊断画面，允许用户监视 Tricon 系统机架和模件的状态，并诊断故障。

此外，Tricon 系统事件序列收集功能，也为系统维护和停车分析提供依据。

4-30　什么是 Tristation 和 MSW？

答：Triconex 提供了 Tristationt 和 MSW 两种可编程软件系统。该软件可为过程控制开发 Tricon 应用程序，为过程控制应用提供文件化功能。

Tristation 1131 是运行在 Windows NT 下的开发平台。MSW 多系统工作站是运行在 DOS 下的开发平台。

4-31　Tristation 1131 工作平台提供了哪三种编辑器？

答：（1）功能块图（FBD）；

（2）梯形图（LD）；

（3）结构化语句（ST）。

4-32　Tristation 1131 可提供哪几种工具来支持 Tricon 控制器？其功能和作用是什么？

答：（1）Tricon 组态编辑器；

（2）模拟控制画面；

（3）Tricon 控制画面；

（4）Tricon 诊断画面。

功能和作用有以下几个方面：

（1）创建程序、功能和功能块；

（2）通过下列步骤，可为 Tricon 组态一种过程应用：

① 定义 I/O 模件配置；

② 定义 I/O 点的位号；

③ 定义程序名称；

④ 把程序名下的输入和输出连接到输入/输出点位号；

（3）用模拟画面来测试和监视程序的运行；

（4）下装和监视程序的执行（在 Tricon 中）；

（5）监视 Tricon 系统状态和故障诊断。

4-33　Tricon 系统组态定义主要有哪些编辑功能？

答：（1）硬件组态　借助画面窗口，用户可以组态使用的机架和 I/O 模件。Tristation1131 自动分配模件所需的任何存储器。

（2）定义位号　允许用户手动或自动地定义 I/O 点、假名或非假名内存点的位号和其它特性。

（3）定义程序 Instance　允许用户把将要下装到 Tricon 控制器的每个程序赋予 Instance 名称，一个程序可以被赋予多个 Instance 名称。

（4）程序 Instance 变量的连接　允许用户把每个程序中的输入、输出变量与 Tricon I/O 点或内存点进行连接。

4-34　什么是 SOE 功能？SOE 变量的类型有哪几种？编制 SOE 程序需要进行哪些工作？

答：SOE 是 Sequence Of Events 的简称。用于对事件的收集和管理。SOE 变量的类型有离散输入；离散只读存储量；离散读/写存储量。

编制 SOE 程序需要进行下述工作：

① 定义事件变量及其假名号；

② 将事件变量集中编入 SOE 块中；

③ 在梯形逻辑上加入 SOE 功能，以启动或停止 SOE 块的数据收集；

④ 控制程序下装。

4.3　Quadlog PLC 系统

4-35　试简述 Quadlog PLC 的特点。

答：Quadlog PLC 是美国 Moore Product 公司开发的可编程序控制系统，可广泛用于紧急停车系统、燃烧器控制系统以及因故障会导致人身及设备发生危险而造成重大事故的各种设施。除了具有一般 PLC 的特点外，还具有以下突出优点：

① 具有经过考验的故障自保险及带保护的输出特性，可增加系统的安全性；

② 四重化冗余的容错结构，有特殊的自测试软件及防护机制，使系统提高了有效利用率；

③ 具有抗工业环境影响的高强度结构和 I/O 子系统间隔离办法，提高了可靠性；

④ 开放的通信结构及多种操作员接口方案。

4-36 什么是故障自保险和带保护的输出？

答： 图 4-3 所示是一个标准的 Quadlog 结构的方框图。输出电流流过"双开关"至负荷一个开关是正常的控制模块输出，另一个开关是内部故障自诊断电路控制的继电器触点，即一个是输出开关，一个是保护开关。当故障诊断电路在输出通道中检测到一个危险的故障，其继电器触点打开，这个动作使输出失电，以确保发生故障时的安全。此时，系统是断电的（保护开关切断系统供电），称为故障自保险，而该线路称为带保护的输出线路。

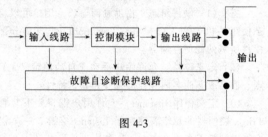

图 4-3

4-37 请说明下述代号的含义。

1001D，2003，1002D，2004

答： 这些都是 IEC 65A/1508-2 和 ISA SP84.01 标准规定的硬件结构代号，其中前 4 位阿拉伯数字代表"表决"方式，第 5 位 D 代表带有故障自诊断功能。

1001D——1 取 1，带自诊断结构（如双重化诊断系统）；

2003——3 取 2 结构（如 TMR）；

1002D——2 取 1，带自诊断结构（如四重化诊断系统）；

2004——4 取 2 结构。

4-38 图 4-4 是 ESD 系统硬件结构的几种方案，请分别说明其工作原理和优缺点。

答：（a）典型的 PLC（1001）结构 从图可以看出，单一的输入电路接受现场来的传感器信号，经处理器解算逻辑功能后，产生一输出去控制执行元件。由于是单一的输入和输出部件，又无故障自诊断电路，所以只要任何内部部件发生故障，就容易导致危险，不适宜用于关键场合。

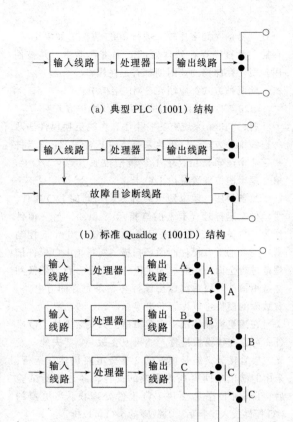

（a）典型 PLC（1001）结构

（b）标准 Quadlog（1001D）结构

（c）Tricon 三重化 TMR（2003）结构

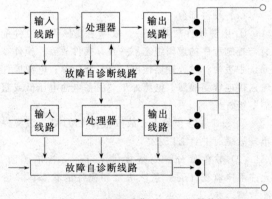

（d）Quadlog 四重化（1002D）结构

图 4-4

（b）标准 Quadlog（1001D）结构 具有单一的处理器，单一 I/O 电路，但带有故障自诊断保护输出。输出电流流过"双开关"至负荷，其中一个开关是控制输出，另一个开关是保护输出。其价格较低廉。

（c）Tricon 三重化 TMR（2003）结构 它采用了 3 选 2 多数表决方案，输入模块、处理器、输出模块、通信总线完全是三重化冗余结构，电路之间相互隔离，独立工作，其特点是具有冗余容错功能，安全性十分可靠，可用性高的特点，但价格昂贵。

（d）Quadlog 四重化 1002D 结构　采用两个 PLC 通道及两个不同设计的故障诊断通道，带一个四开关并行/串行线路。两个单元的每一个都读输入，进行计算，并能写输出；故障诊断线路监督正确的运行，如果检测到一个故障，则将该单元断电。

从表面上看，四重化 1002D 结构是两个双重化 1001D 的叠加，事实上并非如此，因为 1002D 中两个故障诊断线路的设计是不同的，它们可实现处理器之间的相互比较和故障的相互诊断，也就是说 1002D 是一个有机的整体，而不是两个单元的简单组合。

四重化 1002D 的特点是性能上达到 Tricon TMR 的要求，但价格上较 TMR 低。

4-39　图 4-5 是一种什么结构的冗余线路？

答：是一种冗余处理器的 1001D 结构，是 Quadlog 1001D 的扩展型。

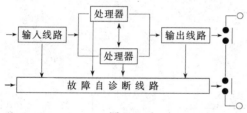

图 4-5

4-40　在 Quadlog PLC 中，采取了哪些耐环境影响和干扰的措施？

答：有如下一些措施。

（1）提高耐热性能　热会降低电子产品寿命，Quadlog 所有模块都采用铝制外壳盖住，使壳内元件发出的热量通过铝壳起散热器作用而形成热短路。

（2）抗湿度及化学物质　电子器件敷有一层抗湿度及化学物质的涂层，连接件采用镀金的触点，并有一种特殊的触点润滑剂可起到气密接触作用。

（3）抗冲击及振动　所有安装在机架上的组件都用锁紧机构，按 TUV、IEC、MIL 及 ABS 的冲击和振动标准锁紧。

（4）防电冲击及放电　I/O 线路与系统共用线有电隔离措施。过程 I/O 及供电线路都具有电冲击抑制器，保护电阻及其它措施可确保其有效性。放电效应采用 ANSI/IEEE 和 IEC 静压放电级别超过 15 kV 及电冲击级别 5 kV 标准进行测试。

（5）电磁反射和抗扰性　符合 IEC801 和 100D-4 标准及欧洲联盟的电磁兼容（EMC）指标。

（6）安全性检测　Quadlog 已取得 TUV6 级最高的认可证书。

4.4　PES、FSC、GMR 系统

4-41　HIMA PES 由哪几种型号组成？

答：HIMA 是德国一家专业生产安全控制设备的公司，PES 是可编程电子系统的简称，是该公司新近开发出的一种安全系统。主要由 H41q 和 H51q 系统组成。

H41q 也叫小系统，它分为不冗余的系统和冗余的系统，不冗余的系统型号为 H41q-M，冗余系统又分为高可靠系统 H41q-H 和极高性能的系统 H41q-HR。

H51q 称为模块化的系统，它也分为不冗余的系统和冗余的系统，不冗余的系统型号为 H51q-M，冗余系统又分为高可靠系统 H51q-H 和极高性能的系统 H51q-HR。

各种型号的 PES 都具有 TüV1～6 级认证。

4-42　画出 MS 系统的构成简图。

答：不冗余的系统也能提供 TüV6 级要求的完整的安全系统，而需要的硬件数量最少，它由两个 CPU 构成，见图 4-6。

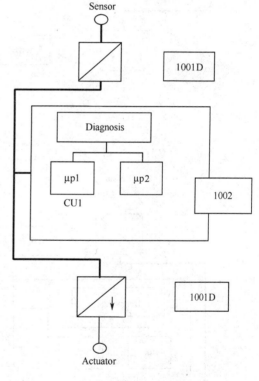

图 4-6

注：1001D—带诊断的 1 取 1 方式；
　　1002—不带诊断的 2 取 1 方式

4-43　画出 HS 系统的构成简图。

答：见图 4-7。

4-44　试述 HRS 与 HS 的主要区别并画出 HRS 的构成简图。

答：HRS 是完全冗余的安全系统，包括中央处理器、I/O 总线和 I/O 模件，三个部分都为冗余结构。而 HS 的 I/O 总线是不冗余的，I/O 模件可以为冗余结构，也可以不为冗余构成。HRS 构成简图见图 4-8。

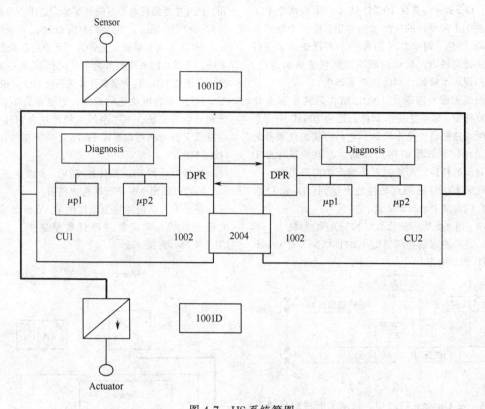

图 4-7　HS 系统简图
注：2004—不带诊断的 4 取 2 方式

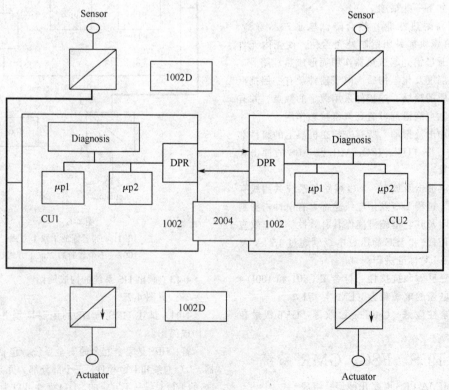

图 4-8
注：1002D—带诊断的 2 取 1 方式

4-45 HIMA PES 系统的 ELOPII-NT 是一种什么软件?

答: ELOPII-NT 是一种编程、工程管理、操作、通信为一体的智能软件，它是按 IEC 61131-3 标准开发的，可提供开发、设计、离线测试等功能。除此之外，还有与 CAE 交换数据、简单编程和安全操作的功能，以及在线测试、诊断、监控和无问题的维护功能。

4-46 FSC（Fail Safe Control System）故障安全控制系统是 Honeywell 公司的产品，主要用于安全保护和紧急停车系统。图 4-9 是 FSC 系统基本构成图，试对其加以简要说明。

答: FSC 系统由中央处理器和输入/输出接口两部分构成:

(1) 中央处理器（Control Part, CP） 中央处理器（CP）是 FSC 系统的心脏，是模块化的微处理器系统，用于对安全要求特别高的场合。CP 包括三种处理器模块：控制处理器模块、监控器模块和通信处理器模块。

① 控制处理器模块。读入过程数据，执行逻辑图（FLD）组态的控制程序，并将执行结果传到输出接口。在有冗余 CP 的 FSC 系统中，主 CP 将操作结果通过专门的通信链路与冗余的 CP 同步。控制处理器对 FSC 硬件作连续测试，确保对过程的安全控制、系统扩展的控制及过程设备的诊断；

② 监控器模块。监视控制处理器的操作及操作条件。监视操作是在预先设置的时间里控制器应完成所有的任务。监视操作条件包括处理器内存中的数据完整性和电源电压范围（超压或电压不足）。如果监控器监测到控制器的操作或操作条件发生故障，它将 FSC 系统的输出接口置于安全输出回路状态，并独立于控制处理器。

③ 通信处理器模块。允许 FSC 系统通过串行通信链路与其它计算机设备交换信息。每个 CP 可容纳 4 个通信模块，8 条通信链路。

(2) 输入/输出接口 FSC 系统有各种规格的数字量和模拟量 I/O 接口模块，所有的 I/O 模块在它的输入、输出电路及 FSC 内部电源之间采用光隔离。

故障安全 I/O 模块支持 FSC 系统的自诊断功能，用于安全监测和控制。当系统监测到硬件或现场设备发生故障时，自动地将系统输出设置为安全状态。

4-47 在 FSC 系统中，CP 可以冗余或非冗余配置，I/O 接口模块也可以冗余或非冗余配置。CP 和 I/O 之间的组合方案有多种，以适应现场各种不同的控制和安全可靠性要求。表 4-1 是 FSC 的 4 种系统配置方案，图 4-10 是 FSC 系统正面布置图。试对表 4-1 中 FSC101R 配置方案作一简要说明。

答: FSC101R 属于完全冗余配置，每一个 CP 对应自己的 I/O 系统，有唯一的访问权，这是一种具有容错功能的四重化诊断系统，符合 IEC 标准中 1002D 的结构。

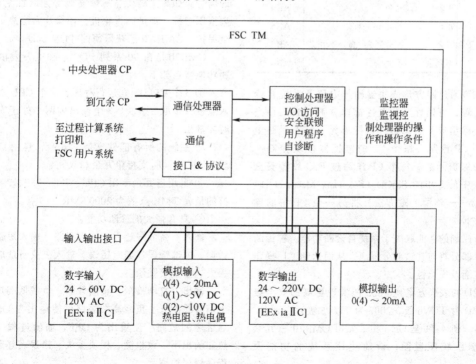

图 4-9

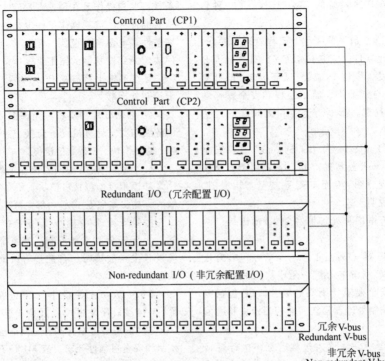

图 4-10

表 4-1 FSC 系统配置方案

类　型	控制 处理器	I/O 接口	安全等级 （TUV）
FSC101R	冗余	冗余	AK6
FSC102	冗余	不冗余	AK5
FSC101R/102	冗余	部分冗余/部分不冗余	AK5
FSC101	不冗余	不冗余	AK4

1002D 通过四方形表决器输出电路及系统自诊断功能实现，可用性及安全性都非常高。1002D 是由两个线路组成，驱动最终执行单元。每个线路主要由一个 CP 控制，每个 CP 的监视器模块控制一个独立的保护开关。每个 CP 还通过 FSC 故障安全输出模块中的专用的 SMOD（Secondary Means of De-energization——辅助去磁方法）将另一个 CP 中的输出通道关掉。

输出控制的功能取决于系统自诊断功能。被诊断出有故障部分将与其它部分隔离，从而达到工厂操作的最优性能及安全性。

1002D 的表决方案比 2003 能实现更高的安全级别（1002D 为 TUV6 级，2003 为 TUV5 级）。

4-48 图 4-11 是 GE Fanuc 公司 GMR70 三冗余容错控制系统配置图，请简述该系统的功能及特点。

答：GMR 70 三冗余容错控制系统（Genius Modular Redundancy），是美国通用电器公司 GE Fanuc 开发的，适用于紧急停车系统（ESD）和故障安全系统的场合。如高温高压、易燃易爆等连续性生产过程，大型压缩机、锅炉、汽轮机，环保及火焰检测等的安全保护。GMR 70 已获得德国 TUV 认证。

GMR70 是在 90 系列 PLC 基础上开发的，其主要功能特点如下。

① 3 个 CPU 独立运行程序，每个 CPU 对每个输入点进行 3 取 2 表决，3 个输出中两个处于安全状态时才输出。

② 系统的所有部件支持三冗余，包括 CPU、总线和 I/O。同时支持单冗余和双冗余。

③ 采用三冗余专用 CPU：788、789、790，其支持的最大 TMR 点数为 2000TMR I/O 点。

④ 具有强大的诊断功能。

输入 高低限超界、输入开路、输入短路、接线错误、内部错误、偏差错误、输入表决自适应、模块丢失、错误表登录。

输出 自动检测、负载开路、负载低端短路、输出信号线断开、负载高端短路、使输出为 ON、输出通道之间短路、使输出为 OFF、输出过载、输出过热、输出不一致检测、模块丢失、错误表登录、用户程序错误检测。

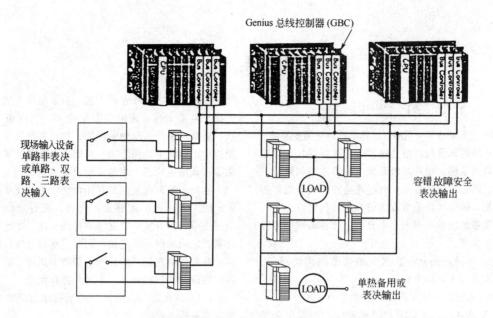

现场输入设备
单路非表决
或单路、双
路、三路表
决输入

Genius 总线控制器 (GBC)

容错 故障安全
表决输出

单热备用或
表决输出

GMR 70 三冗余容错控制系统

图 4-11

5 数据通信

5.1 局域网络

5-1 什么是计算机网络？计算机网络有哪些类型？

答：所谓计算机网络是通过通信线路相互连接起来的计算机系统，由计算机系统、通信链路和网络节点组成，网络节点通常是一台起通信控制处理机作用的小型机，通信链路是节点间的一条通信信道。

从覆盖的地域范围大小来分类，计算机网络可分为以下三大类：

① 远程网，是分布在很大地理范围内的网络，传输距离在数千米以上；

② 局域网，传输距离在几千米之内；

③ 紧耦合网，也称多处理机系统，传输距离局限于几米之内。

5-2 局域网络有什么特点？

答：局域网络（LAN：Local Area Network）与远程网和紧耦合网相比，有如下一些特点：

① 有限的地理范围，传输距离一般在几百米至几千米之间；

② 较高的通信速率，一般在几百千波特率至几十兆波特率，比远程网高，但比紧耦合网低；

③ 通信可靠，误码率低，一般误码率在 $10^{-8} \sim 10^{-11}$ 数量级。

5-3 工业控制用局域网络有何特点？

答：工业控制用的局域网络与一般办公室用的局域网络相比，有如下一些特点。

（1）快速实时响应能力 一般办公室自动化局域网响应时间可在几秒范围内，而工业计算机网的响应时间应在 $0.01 \sim 0.5$ s，高优先级信息对网络存取时间则应不超过 10 ms。

（2）可靠性高 一般采用双网备份方式和其它冗余技术以提高可靠性。

（3）适应恶劣的工业现场环境 集散控制系统运行于工业环境中，现场总线更是直接敷设在工业现场。而工业现场存在各种干扰，包括电源干扰、雷击干扰、电磁干扰、地电位差干扰等，为克服各种干扰，通信网络应采取种种措施，如对通信信号采用调制技术，以减少低频干扰；采用光电隔离技术，以避免雷击或地电位差干扰对通信设备的损害。

（4）开放系统互连和互操作性 为了使不同厂商生产的 DCS、PLC 能够互相连接，进行通信，其通信网络应符合开放系统互连的标准，这样才能使异种计算机之间能够互相连接。同时，现场总线应能使不同厂商的符合现场总线标准的智能变送器、执行器和其它智能仪表进行通信，实现互操作性。

5-4 什么是网络拓扑？局域网络常见的拓扑结构形式有哪几种？

答：网络拓扑（Topology）是网络中各节点之间连接方式的几何抽象。它把网络中的接点抽象成点，把连接节点的链路抽象成线，构成全连接的网络。网络的拓扑结构和物理结构是两个不同的概念，例如，物理结构是总线型的，但其拓扑结构可能是总线形，也可能是环形的。

局域网络常见的拓扑结构有总线型、环形和星形 3 种，见图 5-1。树形是总线型的一般化形式，它是在总线网上引入分支构成。

5-5 试说明总线网的数据传送方式和特点。

答：总线网的拓扑结构最简单，所有通信站经过网络适配器直接挂在总线上。数据传送采用广播方式，即任何一个通信站发出的信号到达适配器后沿总线向两个相反方向传输，可以为所有通信站接收到。收信站从总线得到的数据中，挑选出目的地址为本站的数据加以接收。

总线网的优点：

① 灵活性较好，可连接多种不同传输速度、不同数据类型的设备，也易获得较宽的传输频带；

② 可扩展性好，增删节点十分方便，增加一个节点时，只需把带有网络接口的工作站（节点）通过

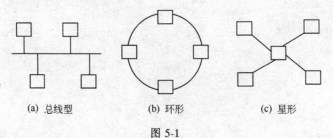

(a) 总线型　　　　(b) 环形　　　　(c) 星形

图 5-1

T形接头挂到总线上，并把地址通知其它各节点即可，删除节点只需把相应地址清除即可，连原来的连接线都可以不必拆除；

③ 通信速度快，控制比较简单；

④ 某站点发生故障时，对整个系统的影响较小。

其缺点是：

① 任一时刻，总线上只允许一个节点发送信息，如果两个或两个以上节点同时发送信息，就会发生冲突，为此应对媒体访问规定有关的控制协议；

② 由于只用一条通信总线来为所有站点服务，一旦失效就会造成整个通信系统瘫痪，为此通常采用冗余总线。

5-6 试说明环形网的数据传送方式和特点。

答：环形网是由一系列通信链路把一系列节点连接成首尾相闭合的环路，信息在环路上流动。由一个工作站发出的信息只传送到下一个节点，若该节点不是目的站，则把信息转发，信息再向下一个节点传送，直到发出的信息到达目的站。

环形网的优点：

① 控制方式比较简单，每个站点的任务就是接收相邻上游站点发出的数据，然后将其转发给相邻的下游站点；

② 各站点之间可以采用不同的传输媒体和不同的传输速度；

③ 通信线路上的传输损耗仅限于两个站之间的最大距离，因此环形网的覆盖区域不受限制；

④ 多个站点可以同时沿环路发送数据，在数据通信频繁、随机时，传输效率比较高。

其缺点是某个站点发生故障会阻塞信息通路，可靠性较差。为此，可采用双环网的办法，在原有主环上增加一个辅环，利用旁路技术和自愈技术克服某一段链路故障造成全网失效的脆弱性。

5-7 什么是双环网？什么是旁路技术和自愈技术？

答：所谓双环网，就是在物理结构上采取措施，在原环形网主环上增加一个辅环，但它与冗余总线的备份方式不同，而是采用旁路技术和自愈技术来克服单一主环的脆弱性。

当主环上某一节点或某段通信链路发生故障时，在它两侧的两个网络再生单元自动接通辅环上的相应通信链路，把故障旁路，从而保证环网通信的畅通，这种技术称为旁路技术。

当两个相邻节点间的一对通信链路（主、辅环）均发生故障时，采用旁路技术不能修复网络，这时，双环网的再生单元自动把辅环和主环接通，使主、辅环组成一个环路，其中，辅环上的流向与主环上的流向相反，从而使环网未发生故障的部分仍能正常工作，这种技术称为自愈技术。

5-8 试说明星形网的数据传送方式和特点。

答：星形网是中央控制型结构，各通信站与中央控制站之间都有一条点对点的链路连接，所有站点的数据通信都由中央控制站控制并转接。

其优点是控制容易，软件简单，数据流向明确。缺点是由于中央控制站负责整个系统的数据交换，存在着"瓶颈阻塞"和"危险集中"两大问题，如果采用冗余中央控制站的方法来解决，则会增加系统的复杂程度和成本。

5-9 总线型、环形、星形是基本的网络拓扑结构，把某一网络作为一个节点，把它接入另一网络中，就构成复合型网络拓扑结构。典型的复合型网络拓扑结构如图 5-2 所示，请说明图中 a、b、c、d 4 种网络的结构型式。

答：a——星形/总线型；

b——总线型/总线型；

c——星形/星形；

d——总线型/环形。

在集散控制系统中，常见的复合型网络是星形/总线型和总线/总线型。其中，现场总线常采用星形/总线型，DCS 系统和上位机系统常采用总线/总线型。

5-10 局域网络常用的通信媒体有哪几种？

答：通信媒体是通信网络中传输信息的物理介质，局域网常用的通信媒体有以下 3 种。

(1) 双绞线 可传输数字信号和模拟信号，具有价格低廉、数据传输率低（1~2 Mbps）、可连接的设备少等特点，使用较广泛，现场总线常采用双绞线。

(2) 同轴电缆 有 50 Ω、75 Ω 两种。50 Ω 同轴电缆传输数字信号，传输速率 10Mbps，它的抗干扰能力强，多站适应性较好，在集散系统中应用较多。75 Ω 同轴电缆一般传输模拟信号，也可传输数字信号，传输速率 50 Mbps，常用于电视系统。

(3) 光导纤维 不受电磁干扰影响，数据传输速率高达几百兆波特率，可支持的设备多，但价格很贵，集散系统远程通信采用光缆。

5-11 试述双绞线的结构和通信性能。

答：双绞线如图 5-3 (a) 所示，是由有规则地扭制在一起的两根绝缘导线组成。一根作为信号线，而另一根作为地线，两根线扭绞在一起，可大大减小外部电磁干扰对传输信号的影响。将这些线对捆在一起，封在屏蔽护套内，可构成一条电缆，如图 5-3 (b) 所示。双绞线可用来传输模拟信号及数字信号，对模拟信号，约 5~6 km 要有一个放大器，对数字信号，每 2~3 km 需用一个转发器，双绞线最大带宽为 100 kHz~1 MHz，其容量一般小于 2 Mbps 数据速率。双绞线可用于点对点和多点应用场合，当用于点

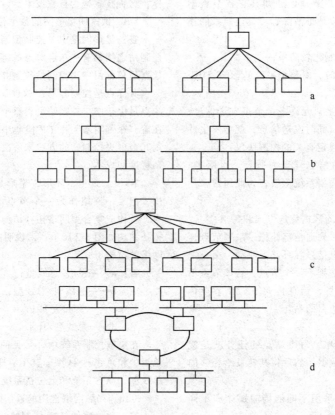

图 5-2

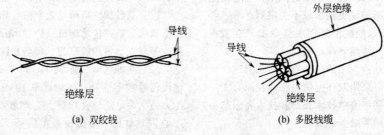

(a) 双绞线　　　　　　　　　(b) 多股线缆

图 5-3

对点数据传输时，其距离可达 15 km 或更长。双绞线容易与电磁场耦合，故对干扰和噪声十分敏感。可用金属编织物或护套来屏蔽双绞线，屏蔽双绞线可加强抗干扰能力。与其它介质相比，双绞线在距离、带宽和数据速率方面受到限制，对低频传输来说，其抗干扰性可与同轴电缆相比，但频率高于 10 ～ 100 kHz时，同轴电缆抗干扰能力优于双绞线。双绞线的优点是较为便宜，安装成本也较低。

5-12 试述同轴电缆的结构和通信性能。

答：同轴电缆如图 5-4 所示，由中心导体、固定中心导体的电介质绝缘层、外屏蔽导体和外绝缘层构成，同轴电缆是局部网中较通用的传输介质，可分为用于基带数字信号传输的基带同轴电缆（如 50 Ω 同轴电缆），以及用于宽带传输的宽带同轴电缆［如公

用天线电视（CATV）系统中使用的 75 Ω 电缆］。基带同轴电缆专门用于数字传输，数据率可高达 10 Mbps。宽带同轴电缆（如 CATV 电缆）既可用于模拟传输（如传送视频信号），也可用于数字传输，当用于数字转输时，其数据速率可高达 50 Mbps。同轴电缆可用于点对点和多点配置，每段 50 Ω 基带电缆可

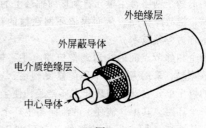

图 5-4

支持 100 个节点，而 75 Ω 宽带电缆每段能支持数千个节点。典型基带同轴电缆所覆盖的最大距离限于几千米，而宽带同轴电缆可延伸到数十千米。对高频信号的传输，同轴电缆的抗干扰性较双绞线好。同轴电缆成本介于双绞线和光纤成本之间。

5.2 通 信 技 术

5-13 什么是并行通信？

答：并行数据通信是指以字节或字为单位的数据传输方式。在这种数据传输方式中，除了传输数据用的数据线外，还需要数据通信联络用的控制线。如图 5-5 所示。

图 5-5 并行数据通信

并行数据通信的通信过程为：

① 发送方在发送数据之前，首先判别接收方发出的应答信号线的状态，以决定是否可以发送数据；

② 发送方在确定可以发送数据后，在数据线上发送数据，并在选通线上输出一个状态信号给接收方，表示数据线上的数据有效；

③ 接收方在接收数据前，先判别发送方发出的选通信号线的状态，以决定是否可以接收数据；

④ 接收方在确定可以接收数据后，在数据线上接收数据，并在应答信号线上输出一个状态信号给发送方，表示可以再发送数据。

并行数据通信时，每次传送的数据位数多（字节或字），速度快，但信号传输线的开销大（数据线的数量对应于传送的数据位数），成本高。并行数据通信常用于近距离、高速度的数据传输场合。例如，计算机向具有 Centronics 接口的打印机的数据传送及与具有 IEEE488 标准接口的设备之间的数据通信等。

5-14 什么是串行通信？

答：串行数据通信是指以位为单位的数据传输方式。在这种数据传输方式中，数据传输在一个传输方向上只用一根通信线。这根线既作为数据线又作为通信联络控制线。数据和联络信号在这根线上按位进行传输。由于串行通信方式要求的传输信号线少，数据传输的速度慢，因此常用于低速、远距离的通信场合。如计算机与计算机、计算机与有串行接口的外部设备的数据交换等。串行数据通信按其传输的信息格式可分为异步通信和同步通信两种方式。

5-15 什么是异步串行通信方式？

答：在异步串行通信方式中，发送的每一个数据字符均由 4 个部分组成：起始位（1 位），字符代码数据位（5～8 位），奇偶校验位（1 位，或没有该位），停止位（1 位，或 1.5 位，或 2 位），如图 5-6 所示。

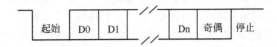

图 5-6

在通信开始之前，收发双方要把所采用的信息格式和数据传输速率作统一的约定。通信时，发送方把要发送的代码数据拼装成以起始位开始，停止位结束，代码数据的低位在前，高位在后的串行字符信息格式进行发送，在每个串行字符之间允许有不定长的空闲位，一直到要发送的代码数据结束。起始位"0"，作为联络信号，通知接收方开始接收数据，停止位"1"和空闲位"1"告诉接收方一个串行字符传送完毕。通信开始后，接收方不断地检测传输线，查看是否有起始位到来，当收到一系列的"1"（空闲位或停止位）之后，检测到一个"0"时，说明起始位出现，开始接收所规定的数据位和奇偶校验位以及停止位。经过校验处理后，把接收到的代码数据位部分拼装成一个代码数据。一个串行字符接收完成后，接收方又继续检测传输线，监视"0"的到来和开始接收下一个串行字符。异步串行通信是按字符传输的，发送方每传送一个字符，就用起始位来通知接收方，以此来重新核对收发双方的同步。这样，即使接收方和发送方的时钟频率略有偏差，也不会因偏差的累计而导致错位。加上字符之间的空闲位也为这种偏差提供了一种缓冲，所以异步串行通信的可靠性很高。由于在每一个数据字符的传送过程中，异步串行通信方式都要花费时间来传送起始位、停止位等附加的非有效信息位，因此它的传输效率较低，一般用于低速通信场合。

5-16 什么是同步串行通信方式？

答：同步通信传输的信息格式是一个包括同步信息、固定长度的数据字符块及校验字符组成的数据帧。其中每个数据字符由 5～8 位组成，在数据字符块的前面置有 1～2 个同步字符，最后是错误校验字符，如图 5-7 所示。

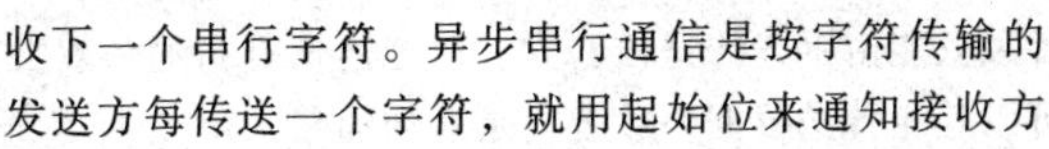

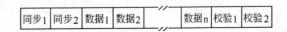

图 5-7

采用一个同步字符称为单同步方式，采用两个同步字符称为双同步方式。在同步通信的信息格式中，设置的同步字符起联络作用，由它来通知接收方开始接收数据。同步字符的编码由不同通信系统的通信双方约定，通常是 8 位长度。在开始通信之前，收发双方约定同步字符的编制形式和同步字符的个数。通信开始之后，接收方首先要搜索同步字符，即从串行位流中拼装字符，与事先约定的同步字符进行比较。若比较结果相同，则说明同步字符已经到来，接收方就开始接收数据，并按规定的数据位长度拼装成一个个数据字符，直到所有数据接收完毕。经校验处理确认合格后，完成一个信息帧的接收。

在同步串行通信方式中，发送方和接收方要保持完全的同步。这就要求收发双方使用同一时钟。在近距离通信时，可以采用在传输线中增加一根时钟信号线来解决，在远距离通信时，可以采用锁相技术通过调制解调方式从数据流中提取同步信号，使接收方得到和发送时时钟频率完全相同的接收时钟信号。

由于同步通信方式不需要在每个数据字符前后加起始位和停止位，而只需在数据字符块（往往长度很长）前加 1 个或 2 个同步字符，因而传输效率较高，但硬件复杂。所以，一般在高速通信场合（大于 2 MB/s）采用这种通信方式。

5-17 什么是单工，什么是双工？什么是全双工，什么是半双工？

答：所谓单工和双工，是指串行通信中数据传送的方向。单工通信是指只能沿单一方向传送数据，或者说只能由甲方传送给乙方。双工通信是指通信双方可以互相传送数据，或者说是双向通信。

在双工通信中，又分为两种传送模式。

（1）全双工　当数据的发送和接收分别由两根不同的传输线传送时，通信双方都能在同一时刻进行发送和接收操作。这样的传送模式称为全双工。如图 5-8 所示。

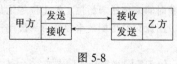

图 5-8

（2）半双工　当用一根传输线进行数据的发送和接收时，通信双方在同一时刻只能进行发送或接收中的一项操作。这样的传送模式称为半双工。如图 5-9 所示。

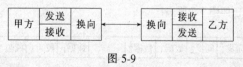

图 5-9

采用半双工时，通信双方一般均有通信方向切换功能，以实现分时发送和接收操作。

5-18 在并行通信和串行通信中，数据传输速率各用什么单位表示？

答：在并行通信中，传输速率是以每秒传送多少字节（字节/s）来表示；而在串行通信中，传输速率是用每秒传送的位数（位/s），即波特率来表示，常用的标准波特率有 110，300，600，1200，2400，4800，9600 和 19200 等。如在一个异步串行通信中传送一个字符，其格式为 1 个起始位，8 个数据位，1 个偶校验位，2 个停止位，传输速率为 1200 bps，则每秒所能传送的字符数为 1200 ÷（1 + 8 + 1 + 2）= 100。

5-19 什么是基带传输？它有何特点？

答：直接将二进制信号以电脉冲信号形式传输，对信号未做任何调制，称为基带传输。此时，传输介质的整个频率范围都用来传输数字信号，且传输是双向的，即进入传输介质任一点的信号将沿两个方向传播到终点，传输信息被介质上所有节点共享。

基带传输可使用 50 Ω 同轴电缆，此时最大传输速率可达 10 Mbps；也可使用双绞线，此时最大传输速率可达 1 Mbps。基带传输的优点是安装、维护费用小，信号可双向传输，特别适用于总线网。其缺点是信息传送容量小，每条传输线只可传送一路信号，且信息传送距离短。

5-20 基带传输中，需将二进制信号转换为电脉冲信号进行传输，这一过程称为编码；在接收方，再将电脉冲信号还原为二进制信号，称为解码。常用的编码方式有不归零编码、曼彻斯特编码和差分曼彻斯特编码 3 种，如图 5-10 所示。请说明其编码方法和特点。

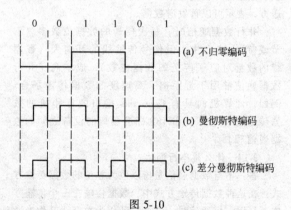

图 5-10

答：不归零编码（NRZ Code）——分别用相同宽度和幅度但极性相反的脉冲电压表示数字"1"和"0"（图中用正电压表示"1"，用负电压表示"0"）。它实施简单，但缺点是无法决定每一位的开始和结束，难于实现收发双方的同步。当信号中"1"和"0"的个数不相同时，存在直流分量，不利于信号的稳定传输。由于存在以上两个缺点，在局部网中一般不采用。

曼彻斯特编码（Manchester Code）——其特点是每一位中间都有跳变，由低电平跳到高电平代表"0"，由高电平跳到低电平代表"1"。接收方依据跳变信号来同步，并分离出数字数据。

差分曼彻斯特编码——其特点是每一位中间的跳变仅用于同步，不代表二进制数据的取值，其值由每一位开始的边界是否存在跳变而定，一位开始的边界处有跳变代表"0"，不存在跳变代表"1"。

曼彻斯特编码和差分曼彻斯特编码都不含直流成分，并包含同步信号，因此应用较广。

5-21 什么是宽带传输？它有何特点？

答：用数字信号对载波进行调制，以调制信号进行数据传输称为宽带传输。用这种传输技术，可以在一条通信线路上，通过频分多路复用（FDM）技术，将其划分为多个信道，从而支持多路信号的传输，所以称之为"宽带"。换句话说，可以将传输介质的频率范围加以划分，用来传输多路信号。

宽带传输一般采用 75Ω 同轴电缆，此时最大传输速率可达 50 Mbps。宽带传输的优点是信息传送容量较大，传送距离较长，可同时传送数据、图像和声音信息。其缺点是安装、维护费用较高（需增设射频 MODEM），信号只能沿一个方向传送（不可能做出在两个方向上传递同一频率信号的放大器）。

5-22 宽带传输中，选用某一音频频率的模拟信号作为载波，用二进制信号的值（"1"或"0"）改变载波的幅度、频率或相位，这一过程称为调制。在接收端，再将载波信号还原为二进制信号称为解调。常用的调制方式有调幅、调频和调相 3 种，如图 5-11

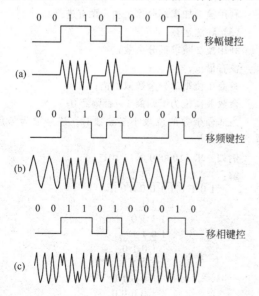

图 5-11

所示。请说明其调制方法和特点。

答：调幅——按数字信号的值改变载波的幅度，又称移幅键控（ASK）。数字信号由载波幅度表示，当载波存在，即幅度为逻辑 1 时，代表数字信号"1"；而载波不存在，即其幅度为 0 时，代表数字信号"0"。调幅对信道增益的变化敏感，而且效率低，因此未被广泛使用。

调频——按数字信号的值去改变载波的频率，又称移频键控（FSK）。数字信号由载波频率表示，载波频率为高频时，代表数字信号"1"；载波频率为低频时，代表数字信号"0"。调频较调幅有较高的抗干扰性，但占用频带较宽。

调相——按数字信号的值去改变载波的相位，又称移相键控（PSK）。数字信号由载波的相位或相移值表示。由相位的绝对值代表数字信号，称为绝对调相；用相位的移动值来代表数字信号，称为相对调相。图 5-11（c）为相对调相的一个例子，载波不产生相移，代表数字信号"0"；载波有 180°相移，代表数字信号"1"这是二相制调相。常用的有四相制、八相制调相，可分别对两个比特或 4 个比特数据同时进行调制。在 3 种调制方式中，调制效率最高、抗干扰能力最强的是调相方式。

5-23 什么是多路复用？

答：在同一通信媒体上先把多路信号混合后传输，接收后再把它们分离开来，称为多路复用（Multiplexing），分为频分多路复用（FDM）和时分多路复用（TDM）两种类型。

（1）频分多路复用（FDM） 在宽带传输中，由于通信媒体频带宽度超过给定信号所需带宽，因此可以把多路信号以不同载波频率进行调制，各载波频率相互独立，使信号带宽不发生混叠，从而使同一通信媒体可以同时传输多路信号，这种方法称为频分多路复用。

（2）时分多路复用（TDM） 在基带传输中，由于通信媒体能达到的位传输率超过给定信号所需的数据传输率，因此利用每个信号在时间上的交叉，在同一通信媒体上传输多路信号，这种方法称为时分多路复用，可分为同步和异步两种。同步时分多路复用（STDM）按固定顺序把时间片分给各路信道，接收端只需严格同步地按时间片分割和复原各路信号。这种方法不管各个信道是否有数据要发送，均要分配时间片，因此造成信道资源的浪费。异步时分多路复用（ATDM）只有当某一路信道有数据要发送时才分配时间片给它，为使接收端了解数据的来龙去脉，在所送数据中需加入发送站、接收站等附加信息。

时分多路复用技术适用于数字数据传输，在集散控制系统中得到了广泛应用。

5-24 在数据传输中，产生差错的原因有哪些？

答： 在传输线路中，不可避免地存在噪声，这些噪声可能使传输的数据出错。噪声的来源可分为两类。一类是热噪声，主要由传输介质或放大电路中电子热运动产生，热噪声具有随机性，它引起的差错表现为出错位和其前后位是否出错无关；另一类是冲击噪声，它来源于脉动的电磁干扰，如触点电弧、电力线上的浪涌电流、发动机不正常点火等，虽然这类尖峰脉冲持续时间约 10 ms 数量级，但对传输率为 9600 bps 的信息将意味着 96 位的数据受干扰而出错。

此外，传输失真、载波干扰、传输反射、线间串扰、静电干扰等都会造成数据传输差错。

5-25 什么是检错与纠错？

答： 在数据传输过程中，发现错误的过程叫检错。发现错误之后，消除错误的过程叫纠错。在基本通信控制规程中，一般采用奇偶校验或方阵码检错，以反馈重发方式纠错。在高级通信控制规程中，一般采用循环冗余码（CRC）检错，以自动纠错方式纠错。

5-26 什么是抗干扰编码？常用的抗干扰编码有哪几种？

答： 所谓抗干扰编码是按一定规则给数据码加上冗余码，然后一起发送，在接收端按相应规则检查数据码和冗余码的关系，发现差错甚至自动纠正差错。只能检测错误不能纠正错误的抗干扰编码称为检错码，具有自动纠错功能的抗干扰编码称为纠错码。

常用的抗干扰编码有：

① 奇偶校验码——是一种常用的检错码，发现错误后，通过请求发送端重发数据达到无错传送的目的；

② 循环冗余码——是一种应用广泛的纠错码，可以发现并自动纠正数据传输差错。

5-27 什么是奇偶校验码？试简述其编码规则。

答： 奇偶校验码的编码规则是先将要传送的数据分组，在每一组数据后面加上一位奇偶校验位，使该组数据连同校验位在内的码字中"1"的个数为奇数（奇校验）或为偶数（偶校验），接收端按同样规则检查，如果不符则说明有差错产生。这种编码方法只能发现奇数位错误，不能发现偶数位错误，而且不能确定差错的位置。

为了提高检错能力，常把数据组成矩阵的形式，分别对水平行和垂直列进行奇偶校验，这种编码称为水平垂直奇偶校验码或方阵码。

5-28 什么是循环冗余码？试简述其编码规则。

答： 循环冗余码的英文缩写为 CRC（Cyclic Redundancy Check）。CRC 码利用生成多项式为 k 个数据位产生 r 个校验位进行编码，其编码长度为 $n = k + r$，所以又称 (n, k) 码。其编码规则如下。

设有 k 个数据位，需要添加 r 个校验位，$n = k + r$：

① 用 $C(x) = C_{k-1} C_{k-2} \cdots C_0$ 表示 k 个数据位，把 $C(x)$ 左移 r 位，即相当于 $C(x) \times 2^r$，给校验位空出 r 位来；

② 给定一个 r 阶的多项式 $g(x)$，可以求出一个校验位表达式 $r(x)$，$g(x)$ 称为该循环码的生成多项式。

$$\frac{C(x) \times 2^r}{g(x)} = q(x) + \frac{r(x)}{g(x)}$$

用 $C(x) \times 2^r$ 除以生成多项式 $g(x)$，商为 $q(x)$，余数则为 $r(x)$。据此可得：

$$C(x) \times 2^r = q(x)g(x) + r(x)$$

③ 在 CRC 编码过程中，四则运算采用模 2 运算，即不考虑错位和进位，所以有：

$$C(x) \times 2^r + r(x) = q(x)g(x)$$

④ $C(x) \times 2^r + r(x)$ 即为所求 n 位 CRC 码，它应是生成多项式 $g(x)$ 的倍式，即可以被 $g(x)$ 整除；

⑤ 校验数据时用数据的 n 位 CRC 编码除以 $g(x)$，若余数为 0 则说明数据正确，否则根据余数的值即可查出差错位。

5-29 在 CRC 编码过程中，四则运算采用模 2 运算，请说明模 2 运算的运算规则。

答： 模 2 运算是不考虑借位和进位的二进制运算，运算规则如下。

（1）加减法运算

$0 \pm 0 = 0$，$0 \pm 1 = 1$，$1 \pm 0 = 1$，$1 \pm 1 = 0$

没有进位和借位。

（2）乘法运算

利用模 2 加求部分积之和，没有进位。

（3）除法运算

利用模 2 减求部分余数；

没有借位；

每商 1 位则部分余数减 1 位；

余数最高位为 1 则商 1，否则商 0；

当部分余数的位数小于除数时，该余数为最后余数。

例如：求 1100000 除以 1011。

解：

```
              1 1 1 0
      1011)1 1 0 0 0 0 0
            1 0 1 1
            -------
            1 1 1 0
            1 0 1 1
            -------
              1 0 1 0
              1 0 1 1
              -------
                0 0 1 0
                0 0 0 0
                -------
                  0 1 0
```

答：商为 1110，余数为 010。

5-30 试用（7，4）CRC 码对 $C(x) = 1010$ 进行编码,给定生成多项式为 $g(x) = x^3 + x + 1 = 1011$。

答：已知：$C(x) = 1010$，$n = 7$，$k = 4$，$r = 3$，$g(x) = 1011$

(1) $C(x) \times 2^3 = 1010 \times 1000 = 1010000$

(2) $\dfrac{C(x) \times 2^3}{g(x)} = \dfrac{1010000}{1011}$

$$= 1001 + \dfrac{011}{1011}$$

则余数 $r(x) = 011$

(3) $C(x) \times 2^r + r(x) = 1010000 + 011$

$$= 1010011$$

所求（7，4）CRC 编码为 1010011。

5-31 上题中 $C(x) = 1010011$，假设在传送过程中发生了差错，变成 $C'(x) = 1000011$，如何进行检查和纠正？

答：(1) 将 $C'(x)$ 除以 $g(x)$

$$\frac{C'(x)}{g(x)} = \frac{1000011}{1011} = 1011 + \frac{110}{1011}$$

余数 $r(x) = 110 \neq 0$，说明有传送错误。

(2) 查 $g(x) = x^3 + x + 1$ 的出错位表（见表 5-1）

表 5-1　出错位表

余数	出错位	余数	出错位
000	无	011	4
001	1	110	5
010	2	111	6
100	3	101	7

可知第 2 位出错。

(3) 对 1000011 第 5 位求反　得 1010011，完成纠错。

5-32 在集散控制系统中，常用的 CRC 码有哪些？

答：有如下几种。

CRC-12(6,6)　$g(x) = x^{12} + x^{11} + x^3 + x^2 + x + 1$

CRC-16(8,8)　$g(x) = x^{16} + x^{15} + x^2 + 1$

CRC-CCITT(8,8)　$g(x) = x^{16} + x^{12} + x^5 + 1$

IEEE 8024(32,16)　$g(x) = x^{32} + x^{26} + x^{23} + x^{22} + x^{16} + x^{12} + x^{11} + x^{10} + x^8 + x^7 + x^5 + x^4 + x^2 + x + 1$

上述编码和查错过程，都可以通过移位寄存器用硬件实现。

5.3　通信协议和网络标准

5-33 什么是通信协议？

答：通信协议是通信双方为了实现通信所进行的约定或所做的对话规则。协议由语义、语法和定时关系 3 部分构成。

语义（Semantics）——规定通信双方彼此"讲什么"，即确定协议元素的类型，如规定通信双方要发什么控制信息、执行的动作和返回的应答等（这里的控制信息指通信中的存取控制、差错处理等）。

语法（Syntax）——规定通信双方彼此"如何讲"，即确定协议元素的格式，如数据格式、控制信息格式、信号电平等。

定时关系（Timing）——规定通信过程中双方的速度匹配、通信执行的顺序等。

5-34 什么是 OSI 参考模型？为什么要制定 OSI 参考模型？

答：OSI 参考模型是国际标准化组织（ISO）1974 年在 ISO 7498 标准中提出的开放系统互连参考模型。OSI 是 Open Sestems Interconnection 的缩写，即"开放系统互连"的意思，表示凡遵循参考模型相关标准的任何两个系统，具有相互连接的能力。而遵循参考模型相关标准的系统称之为"开放系统"，或者说该系统是开放的。

随着计算机技术的不断发展，越来越需要解决计算机之间的通信和连网问题。对于同一型号的计算机，由于通信硬件相同，因此不会产生什么问题。然而异种计算机之间进行通信时，由于不同厂商使用不同的数据格式和交换约定，这项工作将十分困难，通信软件开发工作量很大，而且一次开发一个专用软件其代价将是用户不可接受的。唯一的解决办法，是使计算机厂商接受并采取一组共同的约定，为此，应由适当的机构颁布一套标准，使各厂商实现这些标准，以达到其产品可以相互通信的目的。

但是，计算机通信是一项非常复杂的任务，没有单一的标准可以满足不同厂商、不同型号计算机的通信要求，为此，国际标准化组织提出了 OSI 参考模型，它定义了异种计算机互连时通信任务的结构框架，将复杂的通信任务加以分解，分为若干个较为简单的层次来处理。OSI 参考模型本身不是通信协议，它只是为系统互连各种协议的制定提供一个共同的基础，起到参考、指导和规范的作用。

5-35 OSI 参考模型将通信系统的软硬件功能分为 7 个层次，请说明各层的定义、作用和功能。

答：OSI 参考模型见图 5-12。

各层的定义、作用和功能简述如下。

(1) 物理层　涉及在物理介质上传输无结构意义的比特流，包括信号电压幅度和比特宽度之类的参数。本层要处理与电、机械、功能和过程有关的问题，以便接通、保持和断开物理连接。例如，规定"1"和"0"的电平值，1 比特的时间宽度，双方如何建立和拆除连接，接口引脚个数，每个引脚所代表

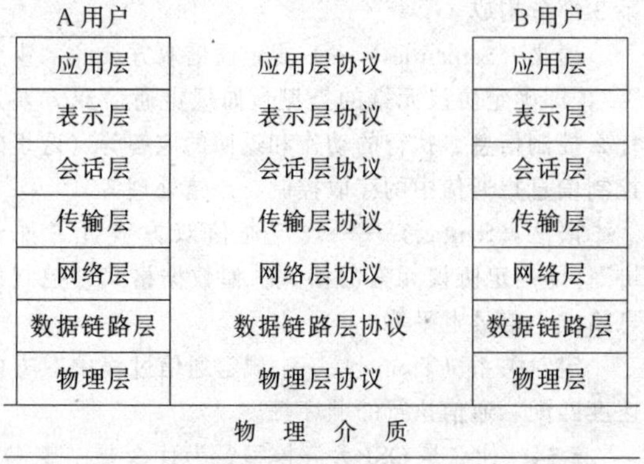

A用户		B用户
应用层	应用层协议	应用层
表示层	表示层协议	表示层
会话层	会话层协议	会话层
传输层	传输层协议	传输层
网络层	网络层协议	网络层
数据链路层	数据链路层协议	数据链路层
物理层	物理层协议	物理层

物 理 介 质

图 5-12

的信号意义，信号传送方向特性，以及所采用的编码等。物理层标准的例子有 RS232C、RS499/422、X.21 的一部分。

(2) 数据链路层 在物理层提供的比特服务基础上，建立相邻接点之间的数据链路，传送数据帧。本层要将不可靠的物理传输信道处理为可靠的信道，如在帧中包含应答、差错控制和流量控制等信息，以实现应答、差错控制、数据流控制和发送顺序控制等功能。数据链路层标准的例子有 HDLC、SDLC、IEEE802 有关部分等。

(3) 网络层 在通信网络中传输信息包（带有网络地址和网络层协议信息的格式化信息组）。信息包在网内可以独立传输（数据报），也可以通过一条预先建立的网络连接（虚电路）传输。本层还要负责网络内的路径选择和拥挤控制等工作。

(4) 传输层 在网络内两实体之间建立端—端通信信道，提供端到端的错误恢复和流量控制。传输层任务取决于网络层提供的服务，若网络层提供虚电路服务，可保证报文按次序、无差错、不丢失、不重复地从发送方传送给接收方，则传输层的任务相当简单（因为这些任务已由网络层完成了）。如果网络层提供不够可靠的数据报服务，而通信进程中又必须按次序、无差错、不丢失、不重复地传送报文，则传输层的任务要复杂得多，此时传输协议应包括范围广泛的差错检测和恢复功能。

(5) 会话层 对用户应用程序之间的通信进行管理和同步。

(6) 表示层 对用户应用程序进行数据变换，例如加密、文本压缩和重新格式化。

(7) 应用层 为用户应用程序提供访问 OSI 环境的手段。

上述 7 层协议可以分为两组。一组是与应用有关的层，它们是应用层、表示层和会话层；另一组是与传输有关的层，它们是传输层、网络层，数据链路层和物理层。其中传输层和网络层主要负责系统的互连，而数据链路层和物理层定义实现通信的具体技术。

5-36 什么是差错控制？差错控制方法有哪几种？

答：所谓差错控制，就是在实际通信中，发现错误和修正错误的措施。差错控制是数据链路层的任务，物理层只对数据进行抗干扰编码。

OSI 参考模型中数据链路层采用 4 种差错控制方法。

(1) 超时重发 在发送第一个数据帧时启动计时器，以后每接到一个应答就重新启动一次，直到全部数据都得到应答为止。如果计时器超时时，仍收不到应答信号，发送端重发全部未应答的数据帧。

(2) 拒绝接收 接收端接收到数据帧后，若校验有错，就发出拒绝接收（REJ）帧，该否认信号使发送端在超时之前就得知出错并开始重发。这种方式对出错帧后面送达的数据帧一律拒绝接收，直到收到重发的那个数据帧为止。

(3) 选择拒绝 当接收到一个出错的数据帧时，接收端发出选择拒绝（SREJ）帧，要求发送端重发该帧。它并不拒绝接收后续的帧，而是将后续帧存入缓冲区，待重发的帧到达后，一起送主机，并且一并发出应答，从而使后续帧不必重发。

(4) 探询（P011） 发送端主动发出探询命令，接收端接到探询命令后尽快做出响应，接收端收到应答，则信道工作正常，否则接收端重发数据帧。

5-37 什么是流量控制？流量控制的方法有哪些？

答：流量控制主要用来协调发送端和接收端的速度，使得当发送端的速度高于接收端的速度时，不会造成数据丢失。流量控制的方法有以下两种。

(1) 停止—等待 发送端发完一个数据单元后，需要等待接收端的确认，该确认表示它已经处理完刚才收到的数据单元，可以接收下一个单元。发送端只有接收到这个确认信号，才能进行下一个单元的发送。

(2) "滑动窗口" 事先约定发送端和接收端一次能发送或接收的数据单元的个数（设为 n 个），事实上也就是在收发两端指定 n 个缓冲器。发送数据时，如果没有接收端的确认信号，发送端将一直发送下去，并进行计数直到发满 n 个数据单元为止，然后处于等待状态，一旦接到确认信号，则将发送计数器置零（也叫调整窗口）；在确认信号中还包含有接收端已接收并确认了的数据单元序号，发送端将根据这个序号来决定下次应发送的数据单元，再继续它的发送过程。此过程一直继续下去，直到所有的数据单元发完为止。

5-38 什么是数据报？什么是虚电路？

答：数据报和虚电路是分组交换的两种方式，所谓分组交换是把一个较长的报文分成若干长度较短的分组，然后以分组为单位进行发送、存储和转发，从而大大缩短了信息传输过程中的延滞时间，提高了传输线路的使用效率。

数据报（Datagram）——各个分组被独立地处理，称为数据报，它们可以经过不同的路径转送到目的站，到达的次序和发送的次序可以不同，然后接收站按发送站发送次序排列。这种方式类似于日常发信，只要提供发信人和收信人的地址即可，而不考虑邮局如何传递。

虚电路（Virtual Circuit）——在发送分组信息之前，先要在发送站与接收站之间建立一条逻辑的通路，称为虚电路。每个分组除了信息数据外，还附有虚电路标识符，从而不需路由选择判别就能引导分组送达有关节点，传输结束后，需拆除虚电路。这种方式就像打电话一样，事先需要拨号建立联系，通话过程中要相互协调，通话结束后还要挂机取消。不过应当指出，虚电路建立的逻辑链路不像实际电路那样是专用的，它还可为其它站分享。

5-39 图 5-13 是 OSI 参考模型中数据的封装和流动过程，试对该过程加以说明。

答：OSI 参考模型共分为 7 层，不同机器的相应层之间可以进行对话，它们之间对话的规则和惯例就是该层的协议。称不同机器在相应层上所含的两个实体为等层实体或等层进程。等层进程通过协议进行通信，各层协议通信是虚通信，实际上，数据流并不在两个同等层（不同机器上的相应层）之间直接流动，而是在相同机器上相邻的两层（如 N→N-1 或 N-1→N）间流动。相邻层之间的界面称为接口。而协议是通过封装处理而实现的。当 APX 有数据向 APY 发送时，它就将这些数据传送到应用层（层 7）中的一个实体，并将一个标题添加到数据上，它包括等层 7 协议所需的信息，这就叫做数据封装。原始数据加上标题，作为一个单元传递到第 6 层，第 6 层中的实体将整个单元作为数据处理，并添加上它自己的标题（第二次封装）。这种处理过程一直继续到第 2 层，在第 2 层通常同时添加标题和标尾。标尾包括用于差错检测的帧检验序列（FCS）。第 2 层构成的单元被称为一帧数据，并由物理层发送到传输介质。当目的系统接收到一帧数据时，进行相反的处理过程，当每层将数据向高层递交时，都将其最外的标题剥除，并根据标题中包含的协议信息进行动作，将其余部分向上传递给上一层。这样做，由于高一层数据不含低层协议控制信息，使得相邻层之间保持相对独立性。亦即低层实现方法的变化不影响高一层功能的实现。

5-40 如何实现网络间的互连？

答：网络间的互连分别采用重复器（Repeater）、网桥（Bridge）和信关（Gatway）实现。

① 相容网络间的互连，在物理层采用重复器即可实现互连，如图 5-14 所示。

② 当两个网络具有相同的逻辑链路控制（LLC）协议，而采用不同的介质存取控制（MAC）协议时，则要在数据链路层采用网桥实现互连，如图 5-15 所示。

网桥对帧的格式不加修改，不做重包装，但为了

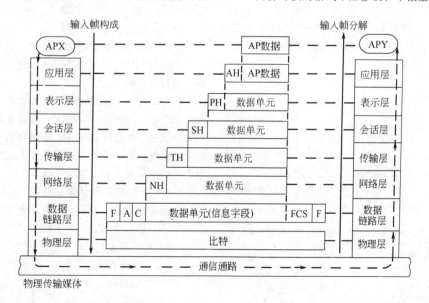

图 5-13

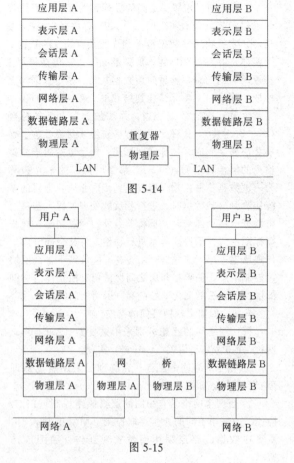

图 5-14

图 5-15

满足高峰通信的要求，要设置足够大的缓冲，它还必须包含寻址和路由选择的功能。

③ 如果两个网络的逻辑链路控制（LLC）也不同时，则必须使用信关（也叫网络连接器）实现互连，如图 5-16 所示。

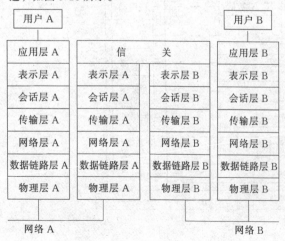

图 5-16

信关的功能是将一个网络协议层次上的报文"映射"为另一网络协议层次上的报文。在不同类型局域网络互连时，必须制定互连协议（IP：Interconnection protocol）。设计信关主要实现 IP 解决网际寻址、路由选择、网际虚电路/数据报、流量控制、拥挤控制以及网际控制等服务功能的问题。信关分为介质转换型和协议转换型两类。前者是从一个子网中接收数据，拆除"信封"，并产生一个新"信封"，然后将数据转发到另一个子网。后者则是将一个子网的协议转换为另一个子网的协议，对语义不同的网，这种转换还要先经过标准互连协议的中间阶段。

网络互连接口应用在局域网的扩展中，因而在较大的集散系统中其地位十分重要。特别是在现代的集成系统中，信关是将厂家数字系统集成为一上实用大系统的主要设备。

5.4　串行通信标准接口

5-41 填空。

（1）RS-232C 的标准插件件是 25 针的 D 型连接器，凸型连接器安装在＿＿＿设备上，凹型连接器安装在＿＿＿设备上。

（2）RS-232C 使用＿＿＿逻辑，ON 状态对应逻辑＿＿＿，OFF 状态对应逻辑＿＿＿。

（3）RS-232C 中，驱动器输出电压在 $+3\sim+15V$ 时表示逻辑＿＿＿，在 $-15\sim-3V$ 时表示逻辑＿＿＿。

（4）RS-232C 的通信速率为＿＿＿bps。终端设备 DTE 和通信设备之间的电缆最大长度为＿＿m。

答：（1）数据终端，数据通信；

（2）负，0，1；

（3）0，1；

（4）$0\sim20k$，15。

5-42 在 RS-232C 通信协议中，常用到 DTE 和 DCE 两个缩写词，请解释什么是 DTE？什么是 DCE？并举例加以说明。

答：DTE——数据终端设备，指能产生或接收数据的任一设备，如计算机、打印机、编程器、PLC 等；

DCE——数据通信设备，指能将数据信号编码、解码、调制、解调，并能长距离传输数据信号的任一设备，如编码解码器、调制解调器等。

5-43 RS-232C 的引脚虽然有 25 个，但绝大多数应用场合只需要 9 根引线，它们的引脚号和名称、缩写如下，请说明其含义和功能。

1——保护接地，PG；

2——发送数据，TXD；

3——接收数据，RXD；

4——请求发送，RTS；

5——允许发送，CTS；

6——通信设备备妥，DSR；

7——信号接地，SG；

8——载波检测，RCD；

20——终端设备备妥，DTR。

答：RS-232C 协议中，信号的方向是从数据终端设备（DTE）的角度来定义的，上述 9 根引线可分为 3 组：控制线 5 根，数据线 2 根，接地线 2 根。

（1）控制线（均为高电平有效）

6——DSR，通信设备备妥。表示数据通信设备处于可以使用的状态。

20——DTR，终端设备备妥。表示数据终端设备处于可以使用的状态。

4——RTS，请求发送。终端设备要发送数据，向通信设备发出请求。

5——CTS，允许发送。是通信设备对请求发送信号 RTS 的响应。

8——RCD，载波检测。当通信设备正在接收由通信链路另一端的通信设备发送来的载波信号时，通知终端设备做好接收准备（然后将接收下来的载波信号解调后送到终端设备）。

（2）数据线

2——TXD，发送数据。终端设备至通信设备的数据线。

3——RXD，接收数据。通信设备至终端设备的数据线。

（3）接地线

1——PG，保护地线。设备保护接地线。

7——SG，信号地线。所有通信线路和信号的公用接地线。

RS-232C 的 25 针 D 型连接器尺寸和引脚图见图 5-17。

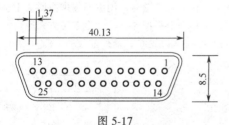

图 5-17

5-44 RS-232C 的引脚有 25 个，最多时可以用到 22 根引线，绝大多数场合使用 9 根引线，最简单的通信方式只需 3 根引线。请说出何时用 9 根引线？何时用 3 根引线？

答：当数据终端设备 DTE 和数通通信设备 DCE 相连时，如计算机与 MODEM 连接，使用 9 根引线，此时用于远距离通信。

当近距离通信时，通常不用 DCE（如 MODEM），

两台 DTE（如两台计算机）可直接连接，这时只需使用 3 根引线（发送线、接收线、信号地线）便可实现全双工异步串行通信，见图 5-18。

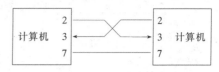

图 5-18　RS-232C 互连时的信号连接

5-45 什么是调制解调器 MODEM？

答：对于远距离的信号传输，如果采用数字方波信号形式，容易发生信号畸变，误码率高。一般采用调制器把要发送的数字信号转换成模拟信号，送到通信线路上；同时采用解调器把通信线路上收到的模拟信号还原成数字信号，从而有效地消除数据通信中的信号失真，并可方便地利用各种传输媒体，如公共电话网、无线电波、微波等进行数据通信。大多数情况下，通信是双向的，调制器和解调器合在一个装置中，该装置称为调制解调器 MODEM。串行通信使用调制解调器的示意图见图 5-19。

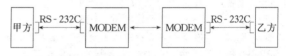

图 5-19

MODEM 把从 RS-232C 接口输入的通信发送方发送的数字方波信号，调制成适合各种传输媒体传输的调制波送至模拟发送端；它也把从模拟接收端输入的调制波，解调还原成数字方波信号送至 RS-232C 接口，并输出给通信接收方。

5-46 RS-232C、RS-422A 和 RS-485 都是串行通信接口，请对以下项目进行选择。

（1）它们的通信方式是：

单工、全双工、半双工

（2）它们的最大传输速率是：

20 kbps，1 Mbps，2 Mbps

（3）它们的最大传输距离是：

15 m，600 m，1200 m

答：RS-232C——单工、全双工、半双工均可；

20 kbps，15 m；

RS-422A——全双工，1 Mbps，1200 m；

RS-485——半双工，1 Mbps，1200m。

5-47 什么是 RS-422A 串行通信接口？它与 RS-232C 接口有何不同？

答：RS-232C 的电气接口电路是单端驱动、单端接收的电路，如图 5-20 所示。由于它不能区分出驱动电路产生的有用信号和外部引入的干扰信号，容易受到公共信号地线电位差和外部电气信号引入的干扰

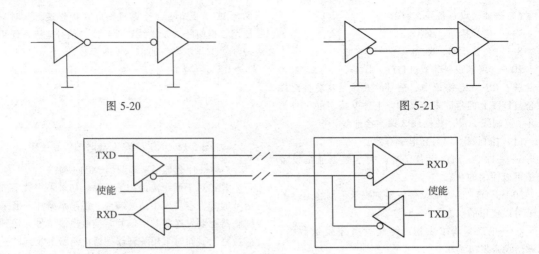

图 5-20   图 5-21

图 5-22

TXD—发送数据线；RXD—接收数据线

影响，因此它的数据传输速率局限于 20 kbps（1 k = 1024），传输距离局限于 15 m。为了提高传输速率和增加通信距离，美国 EIA（电子工业联合会）于 1977 年制定了新的串行通信标准 RS-499。在这个标准中定义了 RS-232C 中所没有的 10 种电路功能，特别对 RS-232C 接口的电气特性作了改进。RS-422A 是 RS-499 标准的子集。在 RS-422A 标准中规定了差分平衡的电气接口，它能够在较长距离内明显地提高数据传输速率。如在 1200 m 距离内传输速率为 100 kbps，而在 12 m 距离内可达到 10 Mbps（1 M = 1000 k）。如图 5-21 所示。

采用平衡驱动、差分接收电路从根本上消除了信号地线，也就不存在对地参考系统的地电位差和波动引入的干扰问题。平衡驱动器相当于两个单端驱动器，它们输入的信号是同一个信号，而一个驱动器的输出正好与另一个驱动器的输出反相，因此外部电气干扰信号是以共模信号的形式出现的，由于接收器是差分输入，只要它具有足够的抗共模电压工作范围，就能从干扰信号中识别出驱动器输出的有用信号，从而有效地克服外部电气信号的干扰影响。

5-48 什么是 RS-485 串行通信接口？它与 RS-422A 接口有何不同？

答：RS-485 串行接口是 RS-422A 接口的变型。它与 RS-422A 的不同之处是：RS-422A 为全双工，采用两对平衡差分信号线分别用于发送和接收操作；而 RS-485 为半双工，只采用一对平衡差分信号线用于发送和接收操作。在 RS-485 互连中，某一时刻只有一个站点可以发送数据，其它站点只能接收，因此，其发送电路必须由使能端加以控制。如图 5-22 所示。

由于减少了信号线的数量，RS-485 更加适合在工业环境下应用。它用于多站点的互连十分方便，可连接 32 台发送器和 32 台接收器，可以串行通信，也可以组成环形数据链路系统。由于 RS-485 可以高速（达 1 Mbps）远距离（达 1200 m）传送，因此，在许多智能仪器中用它作为现场总线接口，并经联网后组成集散系统的现场控制总线。

5-49 什么是接口转换装置？RS-232C 与 RS-422A（或 RS-485）之间如何实现转换？

答：众所周知，RS-232C 是广泛使用的计算机接口，但其传输距离仅限于 15 m，为了把远距离间的两台或多台带有 RS-232C 接口的计算机连接起来，或使带有 RS-232C 接口的计算机与带有 RS-422A 或 RS-485 接口的智能仪表、可编程序控制器连接起来进行通信时，可以采用 RS-232C/RS-422A（或 RS-485）转换装置来解决。如图 5-23 所示。用 RTS 作为数据发送的控制信号。图中不连虚线时为 RS-422A 接口，使用两对平衡差分线，全双工方式通信。虚线连接后为 RS-485 接口，对外连接为一对平衡差分信

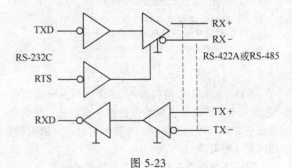

图 5-23

TXD—发送数据线；RXD—接收数据线；
TX＋、TX－—发送数据平衡差分线；
RX＋、RX－—接收数据平衡差分线；
RTS—请求发送

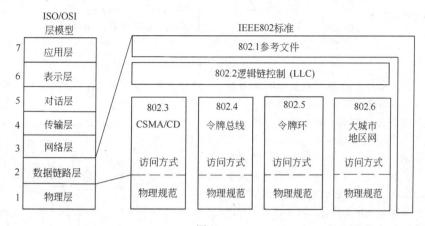

图 5-24

号线，半双工方式通信。转换装置的 RS-232C 接口与计算机的 RS-232C 接口连接，包括信号地线的连接；转换装置的 RS-422A 或 RS-485 接口与转换装置的 RS-422A 或 RS-485 接口连接，或者与其它装置上的相同接口连接。

5.5 IEEE802 通信协议

5-50 什么是 IEEE802 标准？它与 OSI 参考模型是什么关系？

答：IEEE 是电气和电子工程师协会（Institute of Electrical and Electronics Engineers）的缩写，IEEE802 标准是该协会于 1981 年底提出的局域网标准，它相当于 OSI 参考模型的第 1 层和第 2 层，而在高层与 OSI 模型兼容。

IEEE802 标准规定了 3 个层次的内容，即逻辑链路控制层（LLC）、介质存取控制层（MAC）和物理层（PS）。其中 LLC 和 MAC 对应于 OSI 模型的第 2 层数据链路层，而 PS 对应于 OSI 模型的第 1 层物理层。

IEEE802 标准由 9 个分标准组成，其中与工业过程控制有关的主要有以下几个。

IEEE802.1：综述和体系结构；

IEEE802.2：逻辑链路控制（LLC）协议；

IEEE802.3：CSMA/CD 介质存取控制（MAC）协议；

IEEE802.4：令牌总线网介质存取控制（MAC）协议；

IEEE802.5：令牌环形网介质存取控制（MAC）协议。

IEEE802 标准的组成及其与 OSI 模型的关系示于图 5-24。

5-51 试简述 IEEE802.2 协议的主要内容。

答：IEEE802.2 是逻辑链路控制协议。逻辑链路控制层（LLC）是局域网结构的最高层，在 LLC 的上端是网络层及以上各层，称为 LLC 用户；在 LLC 下端是介质存取控制层（MAC）。LLC 的任务是为上端用户提供连接服务和多路复用，对下端进行差错控制和流量控制。

（1）连接服务 LLC 向其用户提供 3 种连接服务。

① 无应答非连接服务。这是一种数据报服务，不需要建立实际连接，也不需要接收端的应答信号。

② 面向连接的服务。这是一种虚电路服务，即为用户之间建立实际连接，并等待接收端的应答信号。

③ 有应答非连接服务。这也是一种数据报服务，虽然不用建立实际连接，但需要接收端发回应答信号。

（2）多路复用 LLC 提供在一个物理链路上多路复用的功能，对局域网而言，由于物理链路比较单一，这种功能显然是必要的。

（3）差错控制 完成端到端的差错控制，以解决物理层带来的数据传输错误。

（4）流量控制 完成端到端的流量控制，以解决当发送端与接收端速率不匹配时（特别是当发送端速率高于接收端速率时）带来的问题。

LLC 数据单元（PDU）格式见图 5-25。

图 5-25

DSAP——目的用户 SAP 地址；

SSAP——源用户 SAP 地址；

SAP——服务访问点，即 OSI 模型中上下层之间的接口。

5-52 试简述 IEEE802.3 协议的主要内容。

答：IEEE802.3 是 CSMA/CD 介质存取控制协议，

CSMA/CD 帧

7	1	2 或 6	2 或 6	2	0－1500		4	（字节）
前序	SFD	DA	SA	长度	LLC PDU	PAD	FCS	

图 5-26

所谓 CSMA/CD 是"带冲突检测的载波侦听多路存取"的英文缩写。在载波侦听多路存取（CSMA）技术中，当一个站想发送数据时，首先应在介质上侦听，以确定是否有其它的传输正在进行。如果有的话，则退避一段时间再试；如果介质空闲，即可发送。但即使使用了事先侦听的方法，仍有可能有两个或更多的站同时发送，这时发送站就应得到对方发回的确认信号，如果确实发生了冲突，将无确认信号的回送，发送站应重发该帧。

但 CSMA 技术仍有一个严重影响效率的缺陷，即当两个帧发生了冲突时，在这两个帧的传输时间里，网络介质将无法使用，特别对于长帧的传输来说，时间的浪费更为明显。针对这一缺陷，在 CSMA 技术中又增加了冲突检测（CD）技术，即当发送站开始发送数据后，在发送过程中继续保持对介质的侦听，一旦检测到了冲突，即发送一干扰信号，通知所有的站已有冲突发生，随即停止发送。发送了该干扰信号后等待一随机时间，然后重新尝试发送。

总而言之，CSMA/CD 技术是一种随机访问，争用网络使用权的技术，它主要适用于总线型和树形网。

物理媒体规范如下。

传输媒体和信号技术：

① 50 Ω 同轴电缆，基带，曼彻斯特编码；

② 75 Ω 同轴电缆，宽带，移相键控 DPSK。

数据速率：10 Mbps

数据帧格式：见图 5-26。

SFD——帧起始字段；

DA——目的节点地址；

SA——源节点地址；

LLC PDU——LLC 数据单元；

PAD——补充字节（以使最小帧长为 64 字节）；

FCS——帧校验字段。

5-53 试简述 IEEE802.4 协议的主要内容。

答：IEEE802.4 是令牌总线（Token Bus）网的介质存取控制协议。

令牌总线是一种较新的 MAC 技术。挂在媒体上的各个站构成一个逻辑环路，各站排成一个有序的序列，并且该序列中的第一个站接在最后一个站之后。

这种逻辑上的顺序和各站在网络上的物理顺序是不相干的，见图 5-27。

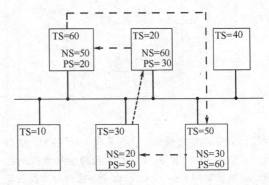

图 5-27

TS—本站标识；NS—后继站标识；PS—前趋站标识

令牌总线技术是一种控制权分散的网络访问技术，各站对网络的访问权是通过一种被称为令牌（Token）的控制帧在各站间依次传递而循环得到的。令牌的传递顺序和各站排列的逻辑顺序一致。

当某站获得令牌之后，它也就获准在一段时间内控制网络的访问权，并在这段时间内发送一个或多个数据帧。若该站没有需要发送的帧或在规定时间内发送完了所需要发送的帧，或者该站的控制时间终了时，它就将令牌传递给下一个站，这样这个接收站就准许进行数据发送了。

相对于 CSMA/CD 技术，令牌总线技术的方案是比较复杂的，它需要对网络的大量维护。这些维护功能有：

① 成员控制功能，包括添加节点、删除节点及环初始化；

② 故障控制，当网络上发生了一些差错，如丢失令牌或出现双重令牌时，应具有某种恢复机制；

③ 优先级控制，在令牌总线方案中使用了容量分配技术。

物理媒体规范如下。

传输媒体：70 Ω 同轴电缆；

信号技术：①载波频带，移频键控 FSK；

②宽带，移相键控 PSK。

数据速率：1～10 Mbps

数据帧格式：见图 5-28。

令牌总线帧

≥1	1	1	2 或 6	2 或 6	≥0	4	1	（字节）
前序	SD	FC	DA	SA	LLC PDU	FCS	ED	

图 5-28

	1	1	1	2 或 6	2 或 6	≥0	4	1	1	（字节）
令牌环帧	SD	AC	FC	DA	SA	LLC PDU	FCS	ED	FS	

图 5-29

SD——帧起始字段；

FC——帧控制字段；

DA——目的节点地址；

SA——源节点地址；

LLC PDU——LLC 数据单元；

FCS——帧校验字段；

ED——帧结束字段。

5-54 试简述 IEEE802.5 协议的主要内容。

答：IEEE802.5 是令牌环形网的介质存取控制协议。

令牌环是一种较老的环形网络控制技术。所有的站被连接成环状，并使用了一个称之为令牌的比特数据模型，沿着环旋转。当某个站需要发送数据时，必须先捕获令牌，并将令牌转变成一帧的帧起始字段，然后将待发送的数据加挂在其后并构成一个完整的帧，再进行发送。在令牌持有站发送期间，环上不会有令牌存在，因此，别的需发送的站必须等待。这个帧环形一周后回到发送站，由发送站将其清除，并在环上插入一新的令牌，它下游的第一个站若有数据要发送，将能够抓住这个令牌并进行发送。

在轻负载的情况下，令牌环的效率很低，因为一个站必须等到令牌到来才能发送，但在重负载的情况下，由于令牌能在环上依次循环传递，因此该策略便既有效又公平。

令牌环和令牌总线一样，也需要较复杂的环维护功能和优先级支持功能。

物理媒体规范如下。

传输媒体：15 Ω 屏蔽双绞线（两对）；

信号技术：基带，差分曼彻斯特编码；

数据速率：1 Mbps 或 4 Mbps；

数据帧格式：见图 5-29。

SD——帧起始字段；

AC——访问控制字段；

FC——帧控制字段；

DA——目的节点地址；

SA——源节点地址；

LLC PDU——LLC 数据单元；

FCS——帧校验字段；

ED——帧结束字段；

FS——帧状态字段。

5-55 什么是以太网？试简述其结构和特点。

答：以太网（Ethernet）是 1980 年由 Xerox、DEC、Intel 三家公司联合发表的，以太网是著名的总线网，集散控制系统中，采用 CSMA/CD 方式传输数据的总线网大多采用以太网。

以太网的结构分为 3 层：物理层、数据链路层和高层用户层。结构的实现如图 5-30 所示。控制器插件板完成数据链路层的功能，同轴电缆侧的收发器完成物理层的功能。

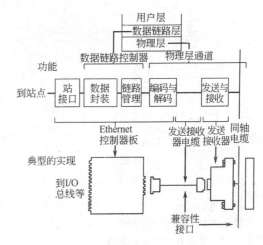

图 5-30 以太网的分层及其物理实现

（1）物理层

传输媒体：50 Ω 同轴电缆；

信号技术：基带，曼彻斯特编码；

数据速率：10 Mbps；

通信距离：每根同轴电缆长度小于 500 m，通过中继器连接可达 2.5 km；

工作站数量：最多 1024 个（每根电缆可挂 100 个）；

工作站：由收发器、收发器电缆、以太网接口及主机接口等组成。

（2）数据链路层

链路控制服务：只提供无应答非连接服务（数据报服务）；

介质存取控制，CSMA/CD（带冲突检测的载波侦听多路存取）；

数据帧格式：见图 5-31；

6	6	2	46-1500	4	（字节）
目的地址	源地址	协议类型	数据	帧校验字段	

图 5-31 以太网数据帧格式

链路控制器：Intel 82586，AMD Am7990，富士通 MB8795A。

除了数据帧格式和链路服务方式之外，以太网规范（2.0版）与IEEE802.3基本上保持一致。

5-56　什么是MAP协议？

答：MAP是制造自动化协议（Manufacture Automation Protocol）的英文缩写，是由美国通用汽车公司（GM）发起，有几千家公司参加的MAP用户集团制定的工业局域网标准，它的分层与OSI参考模型一一对应。MAP有3种结构：全MAP、小MAP、增强性能结构EPA MAP。全MAP分为7层，小MAP只有3层（即应用层、数据链路层和物理层），EPA MAP介于全MAP与小MAP之间，其分层结构如图5-32所示。

图 5-32

在数据链路层和物理层，MAP采用IEEE802.2 LLC协议和IEEE802.4令牌总线MAC协议，在网络层及以上各层采用ISO有关标准。

5.6　现场总线通信协议

5-57　什么是现场总线？什么是基金会现场总线？

答：所谓现场总线，是指现场仪表（包括检测仪表、变送器和执行机构）的数据通信网络。

目前，世界上出现了多种现场总线标准，市场上也有各自的现场总线产品，导致多种现场总线共存的局面，这里面有技术性原因，也有各集团之间的商业利益问题。这些现场总线可归纳为基金会现场总线和非基金会现场总线两大类。

（1）基金会现场总线　1992年，Fisher-Rosemount、Foxboro、Siemes、Yokogawa等大公司发起成立ISP集团（Interoperable System Project：可互换操作的系统方案），进行现场总线的标准制定和推广工作。1993年，Honeywell，Square D.A-B.Bailey等公司组成的北美World FIP集团（World Factory Instrumentation Protocol——世界工厂仪表协议）也开始现场总线开发工作。1994年ISP和北美World FIP合并成立了现场总线基金会（Fieldbus Foundation，简称FF）。FF是非商业性的公正的国际标准化组织，其目的是制定符合IEC/ISA标准的、唯一的国际性的现场总线。1996年，FF先后公布了低速现场总线（H1）和高速现场总线（H2）标准。

（2）非基金会现场总线　如Profibus、CAN、LONWORKS、HART等，分别由德国、美国的一些组织和公司开发。

5-58　FF现场总线有哪些类型？试分别说明其规格和特性。

答：FF现场总线按数据传输速率可分为低速H1（31.25 kbps）和高速H2（1.0 Mbps和2.5 Mbps）两类；按是否使用在本安场所，可分为本安型和非本安型两类；按供电来源，可分为独立电源总线和自带电源总线两类；按电源类型，可分为交流和直流两类；按信号电平类型，可分为电压和电流两类。目前，现场总线有6种实施方案可选，见表5-2。

说明：① 由于H2总线传输速率高，为防止信号失真，在H2现场总线中不允许存在支线，其网络也只能是总线形的；

② 现场总线电缆采用双绞线或多对双绞线电缆；

③ 信号传输技术采用曼彻斯特编码。但对本安型H2总线，使用AC电源，采用调制解调方式，把数字信号调制在16 kHz交流信号上。

5-59　FF现场总线使用的电缆有哪几种？

答：有A、B、C、D 4种，详见表5-3。

说明：① 在使用现场总线时，在每段现场总线的两个终端必须连接终端器，它是由电容和电阻串联组成的；

② AWG是美国线规代号，与我国线规对照如下：

线规代号	线径/mm	标称截面/mm²
18AWG	1.00	0.80
22AWG	0.63	0.315
26AWG	0.40	0.125
16AWG	1.25	1.25

表 5-2　现场总线物理层的实施方案

传输速率	传输电平	网络拓扑	总线电源	本安类型	连接设备数	电缆长度/m	支缆长度/m
31.25 kbps	电压	总线/树	无		2～32	1900	120
31.25 kbps	电压	总线/树	DC	本安	2～32	1900	120
31.25 kpbs	电压	总线/树	DC		2～32	1900	120
1.0 Mbps	电压	总线	无		2～32	750	
1.0 Mbps	电流	总线	AC	本安	2～32	750	
1.0 Mbps	电压	总线	无		2～32	750	

表 5-3　现场总线的电缆类型和允许的最大长度

电 缆 类 型	H1(31.25 kbps)		H2(1.0 Mbps)		H2(2.5 Mbps)	
	规格	最大长度/m	规格	最大长度/m	规格	最大长度/m
A 型:屏蔽双绞线	18AWG	1900	22AWG	750	22 AWG	500
B 型:屏蔽多对双绞线	22AWG	1200	—	—	—	—
C 型:无屏蔽双绞线	26AWG	400	—	—	—	—
D 型:多芯屏蔽电缆	16AWG	200	—	—	—	—

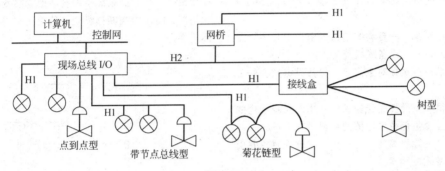

图 5-33

5-60 图 5-33 是现场总线网络拓扑结构示意图,请对其加以说明。

答:图中 H1 和 H2 分别是低速和高速现场总线,变送器和调节阀泛指现场总线仪表。从图中可以看出, H1 总线可以采用点到点、带节点总线,菊花链和树形等拓扑结构,而 H2 总线只有总线形一种拓扑结构。

5-61 试简述 FF 现场总线通信协议的主要内容。

答:FF 现场总线通信协议采用 OSI 参考模型的第 1、2 和第 7 层,即物理层、数据链路层和应用层(应用层又分为 FMS 和 FAS 两个子层),同时,吸收用户意见又增加了用户层,所以,现场总线通信协议为 4 层框架结构,见图 5-34。在物理层、数据链路层和应用层,采用 IEC/ISA 规定的现场总线标准。

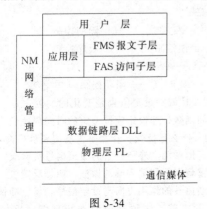

图 5-34

各层的作用和功能简述如下。

(1) 物理层(PL) 规定传输媒体的种类,传输长度,传输速率,与现场仪表连接技术及台数、供电方式、本安隔离栅等,这一层完全是硬件方面的问题,信道编码采用曼彻斯特编码。

(2) 数据链路层(DLL) 主要作用是对总线上传输数据的存取、控制方式和错误检测进行规定。数据的存取分定时传输和非定时传输两种。定时传输如控制系统的数据是按预定时序进行;非定时传输如报警信息、故障诊断信息等是随机无序的。无论哪种传输,都受 DLL 主设备内 LAS(Link Active Sched-ule——链路活动调度器)控制。

(3) 应用层 分为 FAS 访问子层和 FMS 报文子层。这一层主要是为设备间和网络间数据要求服务的。包括发送变送器来的 PV 信息和操作员报文信息、事件通知、趋势报告和发布上装及下装的命令。

(4) 用户层 其作用是把数据规格化成为特定的数据结构,以便能为网络上连接的设备所识别。它又分为 3 部分:

① 功能块(FB),如开关量输入/输出、PID 控制、手操器等;

② 设备描述(DD),通过编译器使各厂商的设备可以互相识别,它是实现各厂商产品可以互相操作的关键;

③ 系统管理(SM),包括设备地址分配、设备位号搜索、实时时钟传递等。

(5) 网络管理(NM) 对所有网络间的数据交换进行管理,监视通信性能及诊断是否出现故障等。

6 自动控制系统

6.1 基本概念

6-1 说明以下名词术语的含义：被控对象、被控变量、操纵变量、扰动（干扰）量、设定（给定）值、偏差。

答：被控对象——自动控制系统中，工艺参数需要控制的生产过程、设备或机器等。

被控变量——被控对象内要求保持设定数值的工艺参数。

操纵变量——受控制器操纵的，用以克服干扰的影响，使被控变量保持设定值的物料量或能量。

扰动量——除操纵变量外，作用于被控对象并引起被控变量变化的因素。

设定值——被控变量的预定值。

偏差——被控变量的设定值与实际值之差。

6-2 什么是闭环自动控制？什么是开环自动控制？

答：闭环自动控制是指控制器与被控对象之间既有顺向控制又有反向联系的自动控制。图 6-1 即是一个闭环自动控制。图中控制器接受检测元件及变送器送来的测量信号，并与设定值相比较得到偏差信号，再根据偏差的大小和方向，调整蒸汽阀门的开度，改变蒸汽流量，使热物料出口温度回到设定值上。

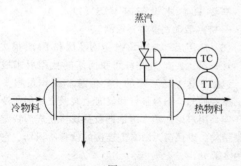

图 6-1

开环控制系统是指控制器与被控对象之间只有顺向控制而没有反向联系的自动控制系统。即操纵变量通过被控对象去影响被控变量，但被控变量并不通过自动控制装置去影响操纵变量。从信号传递关系上看，未构成闭合回路。

开环控制系统分为两种，一种按设定值进行控制，如图 6-2（a）所示。这种控制方式的操纵变量（蒸汽流量）与设定值保持一定的函数关系，当设定值变化时，操纵变量随其变化进而改变被控变量。另一种是按扰动进行控制，即所谓前馈控制系统，如图 6-2（b）所示。这种控制方式是通过对扰动信号的测量，根据其变化情况产生相应控制作用，进而改变被控变量。开环控制系统不能自动地觉察被控变量的变化情况，也不能判断操纵变量的校正作用是否适合实际需要。

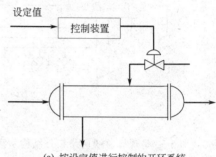

(a) 按设定值进行控制的开环系统

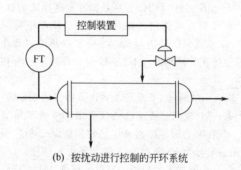

(b) 按扰动进行控制的开环系统

图 6-2

6-3 下列控制系统中，哪些是开环控制，哪些是闭环控制？

A. 定值控制　　B. 随动控制

C. 前馈控制　　D. 程序控制

答：C——开环控制；

　　　A、B、D——闭环控制。

（程序控制的设定值也是变化的，但它是一个已知的时间函数，即设定值按一定的时间程序变化。）

6-4 什么是反馈？什么是正反馈和负反馈？

答：把系统（或环节）的输出信号直接或经过一些环节重新引回到输入端的做法，叫做反馈。

反馈信号的作用方向与设定信号相反，即偏差信号为两者之差，这种反馈叫做负反馈；反之为正反馈。

6-5 什么是自动控制系统的方块图？它与工艺

管道及控制流程图有什么区别？

答：自动控制系统的方块图是由传递方块、信号线（带有箭头的线段）、综合点、分支点构成的表示控制系统组成和作用的图形。其中每一个方块代表系统中的一个组成部分，方块内填入表示其自身特性的数学表达式；方块间用带有箭头的线段表示相互间的关系及信号的流向。采用方块图可直观地显示出系统中各组成部分，以及它们之间的相互影响和信号的联系，以便对系统特性进行分析和研究。而工艺管道及控制流程图则是在控制方案确定以后，根据工艺设计给出的流程图，按其流程顺序标注有相应的测量点、控制点、控制系统及自动信号、联锁保护系统的图。在工艺管道及控制流程图上设备间的连线是工艺管线，表示物料流动的方向，与方块图中线段的含义截然不同。

6-6 在石油化工生产过程中，常常利用液态丙烯汽化吸收裂解气体的热量，使裂解气体的温度下降到规定的数值上。图6-3是一个简化的丙烯冷却器温度控制系统。被冷却的物料是乙烯裂解气，其温度要求控制在（15±1.5）℃。如果温度太高，冷却后的气体会包含过多的水分，对生产造成有害影响；如果温度太低，乙烯裂解气会产生结晶析出，堵塞管道。

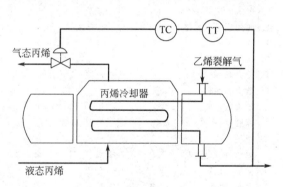

图 6-3

（1）指出系统中被控对象、被控变量和操纵变量各是什么？

（2）试画出该控制系统的组成方块图。

答：（1）被控对象为丙烯冷却器；被控变量为乙烯裂解气的出口温度；操纵变量为气态丙烯的流量。

（2）该系统方块图如图6-4所示。

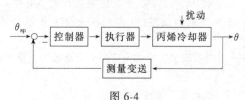

图 6-4
θ—乙烯裂解气的出口温度；
θ_{sp}—乙烯裂解气的出口温度设定值

6-7 图6-5所示是一反应器温度控制系统示意图。A、B两种物料进入反应器进行反应，通过改变进入夹套的冷却水流量来控制反应器内的温度保持不变。图中TT表示温度变送器，TC表示温度控制器。试画出该温度控制系统的方块图，并指出该控制系统中的被控对象、被控变量、操纵变量及可能影响被控变量变化的扰动各是什么？

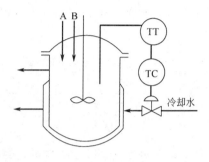

图 6-5

答：反应器温度控制系统中被控对象为反应器；被控变量为反应器内温度；操作变量为冷却水流量；干扰为A、B物料的流量、温度、浓度、冷却水的温度、压力及搅拌器的转速等。

反应器的温度控制系统的方块图如图6-6所示。

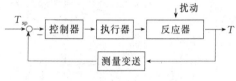

图 6-6
T—反应器内温度；T_{sp}—反应器内温度设定值

6-8 乙炔发生器是利用电石和水来产生乙炔气的装置。为了降低电石消耗量，提高乙炔气的收率，确保生产安全，设计了如图6-7所示温度控制系统。工艺要求发生器温度控制在（80±1）℃。试画出该温

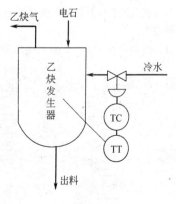

图 6-7

164

度控制系统的方块图，并指出图中的被控对象、被控变量、操纵变量以及可能存在的扰动。

答：乙炔发生器温度控制系统方块图如图6-8所示（图中 T、T_0 分别为乙炔发生器温度及其设定值）。

被控对象：乙炔发生器；
被控变量：乙炔发生器内温度；
操纵变量：冷水流量；
扰动量：冷水温度、压力；电石进料量、成分等。

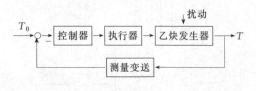

图 6-8

6-9 图6-9所示为一列管式换热器。工艺要求出口物料温度保持恒定。经分析如果保持物料入口流量和蒸汽流量基本恒定，则温度的波动将会减小到工艺允许的误差范围之内。现分别设计了物料入口流量和蒸汽流量两个控制系统，以保持出口物料温度恒定。

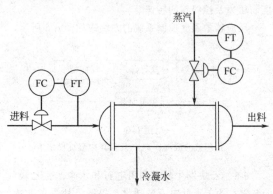

图 6-9

（1）试画出对出口物料温度的控制系统方块图；
（2）指出该系统是开环控制系统还是闭环控制系统，并说明理由。

答：（1）控制系统方块图如图 6-10 所示。

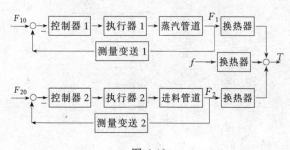

图 6-10

（2）控制系统为开环控制系统。从方块图可以看出，对物料入口流量和蒸汽流量均为闭环控制系统；而对于出口物料温度，未经过测量变送环节反馈到系统输入端，没有形成闭环系统。

6-10 仪表位号由哪几部分组成，各表示什么意义？

答：在自动控制系统中，构成一个回路的每一个仪表（或元件）都有自己的仪表位号。仪表位号由字母代号组合和回路编号两部分组成。仪表位号中的第一位字母表示被测变量，后续字母表示仪表的功能。常用的字母代号含义如表 6-1 所示。回路编号中第一位数表示工序号，后续数字（两位或三位）表示顺序号。

表 6-1　常用字母代号及含义

字母	第一位字母		后续字母
	被测变量	修饰词	功　能
A	分析		报警
C	电导率		控制
D	密度	差	
E	电压（电动势）		检测元件
F	流量	比（分数）	
H	手动		
I	电流		指示
K	时间或时间程序	变化速率	自动-手动操作器
L	物位		灯
M	水分或湿度		
P	压力或真空		连接点、测试点
Q	数量或件数	累积、积算	
R	核辐射		记录
S	速度、频率	安全	开关、联锁
T	温度		传送
V	振动、机械监视		阀、风门、百叶窗
W	重量、力		套管
Y	事件、动态	Y 轴	继动器、计算器、转换器
Z	位置、尺寸	X 轴	驱动器、执行机构或未分类的最终执行元件

6-11 图6-11是硫酸生产中的沸腾炉。请说明图中位号和图形的含义。

答：（1）仪表位号 TI-101、TI-102、TI-103 表示第一工序第 01、02、03 个温度检测回路。其中：T 表示被测变量为温度；I 表示仪表具有指示功能；

表示该温度指示仪安装于主要位置，操作员监视用（仪表盘正面）。

（2）仪表位号 PI-101 表示第一工序第 01 个压力检测回路。其中：P 表示被测变量为压力；I 表示仪表具

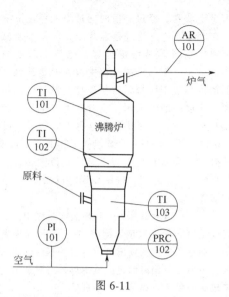

图 6-11

有指示功能；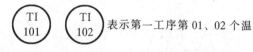表示该压力指示仪表安装在现场。

（3）仪表位号 PRC-102 表示第一工序第 02 个压力控制回路。其中：P 表示被测变量为压力；RC 表示仪表具有记录、控制功能。

（4）仪表位号 AR-101 表示第一工序第 01 个成分分析回路。其中：A 表示被测变量为成分；R 表示仪表具有报警功能。

6-12 图6-12所示为某化工厂超细碳酸钙生产中碳化部分简化的工艺管道及控制流程图，试指出图中所示符号的含义。

答：  表示第一工序第 01 个流量控制回路（带累计指示），累计指示仪及控制器安装在仪表盘正面；

表示第一工序第 01 个带指示的手动控制回路，手动控制器（手操器）安装在仪表盘正面；

表示第一工序第 01 个带指示的液位控制回路，液位指示控制器安装在仪表盘正面；

表示第一工序第 01、02 个温度检测回路，温度指示仪安装在现场；

表示第一工序第 01、02 个压力检测回路，压力指示仪安装在现场。

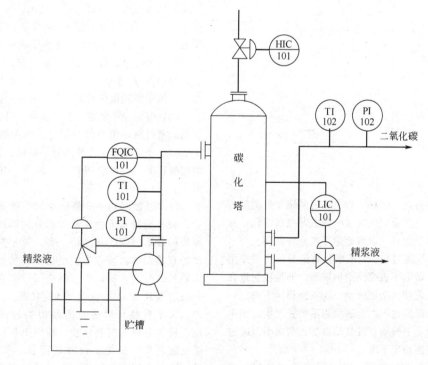

图 6-12

6-13 什么是过渡过程？

答：对于任何一个控制系统，扰动作用是不可避免的客观存在。系统受到扰动作用后，其平衡状态被破坏，被控变量就要发生波动，在自动控制作用下，经过一段时间，使被控变量回复到新的稳定状态。把系统从一个平衡状态进入另一个平衡状态之间的过程，称为系统的过渡过程。

6-14 图6-13所示是在阶跃扰动作用下过渡过程曲线的几种形式，请说明图中（a）、（b）、（c）、（d）、（e）各是何种过渡过程？其中哪种过渡过程能满足控制要求？

答：（a）发散振荡过程。它表明当系统受到扰动作用后，被控变量上下波动，且波动幅度逐渐增大，即被控变量偏离设定值越来越远，以致超越工艺允许范围。

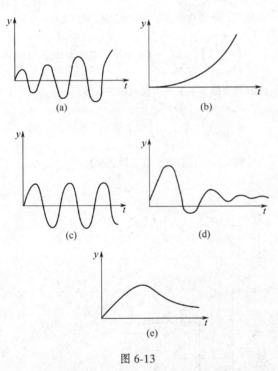

图 6-13

（b）非振荡发散过程。它表明当系统受到扰动作用后，被控变量在设定值的某一侧做非振荡变化，且偏离设定值越来越远，以致超越工艺允许范围。

（c）等幅振荡过程。它表明当系统受到扰动作用后，被控变量做上下振幅恒定的振荡，即被控变量在设定值的某一范围内来回波动，而不能稳定下来。

（d）衰减振荡过程。它表明当系统受到扰动作用后，被控变量上下波动，且波动幅度逐渐减小，经过一段时间最终能稳定下来。

（e）非振荡衰减过程。它表明当系统受到扰动作用后，被控变量在给定值的某一侧做缓慢变化，没有上下波动，经过一段时间最终能稳定下来。

在上述5种过渡过程形式中，非振荡衰减过程和衰减振荡过程是稳定过程，能基本满足控制要求。但由于非振荡衰减过程中被控变量达到新的稳态值的进程过于缓慢，致使被控变量长时间偏离给定值，所以一般不采用。只有当生产工艺不允许被控变量振荡时，才考虑采用这种形式的过渡过程。

6-15 图6-14是一个典型的衰减振荡过程曲线，衰减振荡的品质指标有以下几个：最大偏差、衰减比、余差、过渡时间、振荡周期（或频率）。请分别说明其含义。

答：（1）最大偏差——是指过渡过程中被控变量偏离设定值的最大数值。图中 A 表示最大偏差。最大偏差描述了被控变量偏离设定值的程度，最大偏差愈大，被控变量偏离设定值就越远，这对于工艺条件要求较高的生产过程是十分不利的。

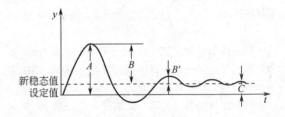

图 6-14

（2）衰减比——是指过渡过程曲线上同方向第一个波的峰值与第二个波的峰值之比。图中衰减比 $n = B : B'$。对于衰减振荡而言，n 总是大于1的。若 n 接近1，控制系统的过渡过程曲线接近于等幅振荡过程；若 n 小于1，则为发散振荡过程；n 越大，系统越稳定，当 n 趋于无穷大时，系统接近非振荡衰减过程。根据实际操作经验，通常取 $n = 4 \sim 10$ 为宜。

（3）余差——是指过渡过程终了时，被控变量所达到的新的稳态值与设定值之间的差值。图中 C 表示余差。余差是一个重要的静态指标，它反映了控制的精确程度，一般希望它为0或在一预定的允许范围内。

（4）过渡时间——是指控制系统受到扰动作用后，被控变量从原稳定状态回复到新的平衡状态所经历的最短时间。从理论上讲，对于具有一定衰减比的衰减振荡过程，要完全达到新的平衡状态需要无限长的时间。所以在实际应用时，规定只要被控变量进入新的稳态值的 ±5%（或 ±2%）的范围内，且不再越出时为止所经历的时间。过渡时间短，说明系统恢复稳定快，即使干扰频繁出现，系统也能适应；反之，过渡时间长，说明系统稳定慢，在几个同向扰动作用下，被控变量就会大大偏离设定值而不能满足工艺生产的要求。一般希望过

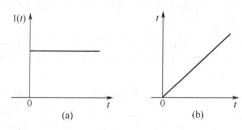
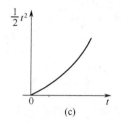
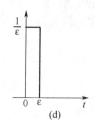

图 6-15

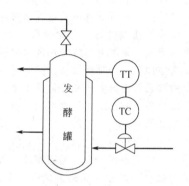
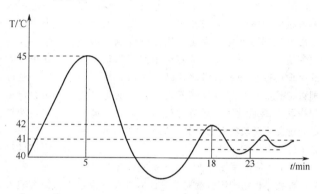

图 6-16

渡时间愈短愈好。

（5）振荡周期（或频率）——振荡周期是指过渡过程同向两波峰（或波谷）之间的间隔时间，其倒数为振荡频率。在衰减比相同的条件下，周期与过渡时间成正比。一般希望振荡周期短些好。

6-16 图6-15所示是自控系统研究中几种典型的输入信号，其中哪一种是阶跃函数信号？为什么常采用它作为输入信号？

答：（a）阶跃函数；（b）斜坡函数；（c）抛物线函数；（d）单位脉冲函数。

在分析、研究自动控制系统时，常采用阶跃信号作为系统的输入信号。因为阶跃信号具有突发性，且持续时间较长，对被控变量的影响较大。另外，阶跃信号的数学表示形式简单，容易实现，便于分析、实验和计算。如果一个控制系统能够有效地克服这种扰动的影响，那么对于其它比较缓和的扰动也一定能取得很好的校正效果。

电源的突然接通，负荷的突然变化，以及其它突变形式的信号，均可视为阶跃函数。若阶跃幅值 $A=1$，则是单位阶跃函数。

6-17 某发酵过程工艺规定操作温度为（40±2)℃。考虑到发酵效果，控制过程中温度偏离给定值最大不能超过 6℃。现设计一定值控制系统，在阶跃扰动作用下的过渡过程曲线如图 6-16 所示。试确定该系统的最大偏差、衰减比、余差、过渡时间（按被控变量进入±2%新稳态值即达到稳定来确定）和振荡周期等过渡过程指标，并回答该系统能否满足工艺

要求？

答：由反应曲线可知：

最大偏差　$A=45-40=5$℃

余　　差　$C=41-40=1$℃

衰减比　第一个波峰值 $B=45-41=4$℃

　　　　　第二个波峰值 $B'=42-41=1$℃

　　　　　$n=B/B'=4:1$

过渡时间　由题要求，被控变量进入新稳态值的±2%，就可以认为过渡过程已经结束，那么限制范围应是 $41×(±2)\%=±0.82$℃

由图可看出，过渡时间 $T_s=23$ min

振荡周期 $T=18-5=13$ min

6-18 某化学反应器工艺规定操作温度为（800±10)℃。为确保生产安全，控制中温度最高不得超过850℃。现运行的温度控制系统，在最大阶跃扰动下的过渡过程曲线如图6-17所示。

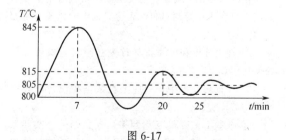

图 6-17

请分别求出最大偏差、余差、衰减比、过渡时间（温度进入按±2%新稳态值即视为系统已稳定来确

定）和振荡周期。

答：最大偏差：$A = 45℃$；余差：$C = 5℃$；衰减比：$n = 4:1$；过渡时间：$T_s = 25min$；振荡周期：$T = 13min$。

6.2 对象特性和数学模型

6-19 什么是被控对象特性？什么是被控对象的数学模型？

答：被控对象特性是指被控对象输入与输出之间的关系。即当被控对象的输入量发生变化时，对象的输出量是如何变化、变化的快慢程度以及最终变化的数值等。对象的输入量有控制作用和扰动作用，输出量是被控变量。因此，讨论对象特性，就要分别讨论控制作用通过控制通道对被控变量的影响，和扰动作用通过扰动通道对被控变量的影响。

定量地表达对象输入输出关系的数学表达式，称为该对象的数学模型。

6-20 什么是机理分析法？什么是实验测取法？

答：机理分析法和实验测取法是建立被控对象数学模型的两种主要方法。

机理分析法是通过对对象内部运动机理的分析，根据对象中物理或化学变化的规律（比如三大守恒定律等），在忽略一些次要因素或做出一些近似处理后推导出的对象特性方程。通过这种方法得到的数学模型称之为机理模型，它们的表现形式往往是微分方程或代数方程。

实验测取法是在所要研究的对象上，人为施加一定的输入作用，然后，用仪器测取并记录表征对象特性的物理量随时间变化的规律，即得到一系列实验数据或实验曲线。然后对这些数据或曲线进行必要的数据处理，求取对象的特性参数，进而得到对象的数学模型。

6-21 为什么往往用实验测取法来获取对象的动态特性？

答：对于简单对象，可以通过机理分析，用数学推导的方法来获得其动态特性表达式。但对绝大多数对象，特别是化工对象，完全借助于机理分析法来得到较为符合实际的动态特性表达式则十分困难。主要原因是：

① 理论分析和数学推导首先必须对对象做大量的简化假设；

② 在推导过程中，一些工艺数据在设计阶段尚不确切或不完备；

③ 某些工艺变量互为因果，互相影响，某些系数是随时间、随工况或其它因素而改变的，难以确定。

由于以上原因，所以往往通过实验的手段，利用阶跃响应曲线法和矩形脉冲法来获取对象的动态特性。

6-22 实验测取对象特性常用的方法有阶跃响应曲线法和矩形脉冲法两种，请分别说明其测取方法和优缺点。

答：阶跃响应曲线法是当对象处于稳定状态时，在对象的输入端施加一个幅值已知的阶跃扰动，然后测量和记录输出变量的数值，就可以画出输出变量随时间变化的曲线。根据这一响应曲线，再经过一定的处理，就可以得到描述对象特性的几个参数。阶跃响应曲线法是一种比较简单的方法，如果输入量是流量，只需将阀门的开度做突然的改变，便可认为施加了一个阶跃扰动，同时还可以利用原设备上的仪表把输出量的变化记录下来，既不需要增加仪器设备，测试工作量也不大。但由于一般的被控对象较为复杂，扰动因素较多，因此，在测试过程中，不可避免地会受到许多其它扰动因素的影响而使测试精度不高。为了提高精度，就必须加大输入量的幅度，这往往又是工艺上不允许的。因此，阶跃响应曲线法是一种简易但精度不高的对象特性测定方法。

矩形脉冲法是当对象处于稳定状态时，在时间 t_0 突然加一幅度为 A 的阶跃扰动，到 t_1 时突然除去，这时测得输出变量随时间变化的曲线，称为矩形脉冲特性曲线。矩形脉冲信号可以视为两个方向相反、幅值相等、相位为 $t_1 - t_0$ 的阶跃信号的叠加。可根据矩形脉冲特性曲线，用叠加法作图求出完整的阶跃响应曲线，然后就可以按照阶跃响应曲线法进行数据处理，最后得到对象的数学模型。采用矩形脉冲法求取对象特性，由于加在对象上的扰动经过一段时间后即被除去，因此，扰动的幅值可以取得较大，提高了实验的精度；同时，对象的输出又不会长时间偏离设定值，因而对正常工艺生产影响较小。但该方法比较复杂和麻烦。

6-23 什么是放大系数 K，时间常数 T 和滞后时间 τ？

答：K、T 和 τ 都是描述被控对象特性的参数。

（1）放大系数 K　放大系数 K 在数值上等于对象处于稳定状态时输出的变化量与输入的变化量之比，即

$$K = \frac{输出的变化量}{输入的变化量}$$

（2）时间常数 T　时间常数是指当对象受到阶跃输入作用后，被控变量如果保持初始速度变化，达到新的稳态值所需的时间。或当对象受到阶跃输入作用后，被控变量达到新的稳态值的 63.2% 所需时间。

（3）滞后时间 τ 滞后时间 τ 是纯滞后时间 τ_0 和容量滞后 τ_c 的总和。输出变量的变化落后于输入变量变化的时间称为纯滞后时间。纯滞后的产生一般是由于介质的输送或热的传递需要一段时间引起的。容量滞后一般是因为物料或能量的传递需要通过一定的阻力而引起的。

6-24 试说明对象的特性参数对调节通道和干扰通道的影响。

答： 放大系数 K 取决于稳态下的数值，是反映静态特性的参数。对各种不同的通道，诸干扰通道和调节通道的 K 值可以不同，所以在构成控制系统时，应使调节通道有较大的 K 值，这样控制作用灵敏。而在诸干扰中，出现频繁、K 值较大的干扰，就是控制系统的主要干扰，必要时可通过它引入前馈校正作用。

对象的纯滞后时间使调节器改变输出时不能立刻看出它的影响，因而使得它无法提供合适的校正作用，常常造成控制作用过头，因此对调节通道来说，希望它的对象纯滞后时间越小越好。对干扰通道来说，它的纯滞后时间的存在，即相当于干扰的影响要过一段时间才开始起作用，因而调节过程也将在时间轴上往后平移，但不受影响。容量滞后的存在，相当于滤波一样，使调节作用或干扰作用的影响和缓起来。若容量滞后存在于干扰通道，显然是有利于控制的。

调节通道的时间常数越大，则控制作用的影响越和缓，调节过程变得很缓慢；反之时间常数过小，调节过程变化较激烈，容易振荡，所以调节通道的时间常数过大或过小，在控制上都不利。而对干扰通道，则时间常数越大越好，这样干扰的影响和缓，控制就容易。

6-25 对于一阶对象特性，通常可以用放大系数 K 和时间常数 T 来表示。图 6-18 所示为甲乙两个液体贮罐，假设流入和流出侧的阀门、管道尺寸及配管均相同。对象的输出变量为液位 H，输入变量为流入量 Q_{in}。试分析两对象的放大系数 K 和时间常数 T 是否相同？为什么？

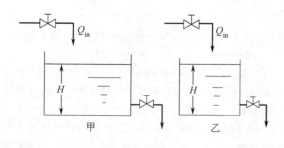

图 6-18

答： 时间常数是在贮罐流入量 Q_{in} 发生阶跃变化时，液位 H 变化至某一高度所需要的时间。由于甲贮罐的截面积大于乙贮罐的截面积，甲乙两贮罐流入和流出侧的阀门、管道尺寸及配管相同，所以甲贮罐的时间常数大于乙贮罐的时间常数。

放大系数表示贮罐在流入量 Q_{in} 发生阶跃变化时，液位 H 变化至新稳态值与原稳态值之差和流入量的变化量之比。由于甲乙两贮罐流入和流出侧的阀门、管道尺寸及配管相同，所以甲乙两贮罐的放大系数是相同的。

6-26 填空。

（1）根据实践经验的总结发现，除少数无自衡的对象以外，大多数对象均可用＿＿＿、＿＿＿、＿＿＿、＿＿＿这 4 种典型的动态特性来加以近似描述。

（2）为了进一步简化，也可以将所有的对象的动态特性都减化为＿＿＿的形式，用传递函数可以表示为＿＿＿。

（3）在对象传递函数表达式 $W(s)$ 中，K 表示对象的＿＿＿，T 表示对象的＿＿＿，τ 表示对象的＿＿＿。

答：（1）一阶；二阶；一阶加纯滞后；二阶加纯滞后。

（2）一阶加纯滞后；$W(s) = \dfrac{K}{Ts+1} e^{-\tau s}$

（3）静态放大系数；时间常数；纯滞后时间。

6-27 如何用阶跃响应曲线法获取一阶加纯滞后对象（单容对象）的动态特性？

答： 在对象输入端加一阶跃干扰，输出端经过一段时间后才开始发生变化，其反应曲线如图 6-19 所示。

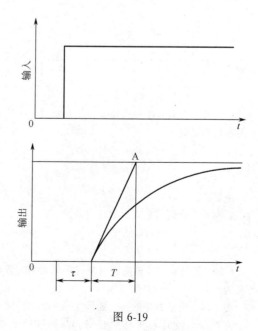

图 6-19

从加入阶跃干扰时刻起，到输出开始变化为止，这段时间就是对象的纯滞后时间 τ。在单位阶跃作用下，当时间趋于无穷大时，对象的稳态输出值就是相应于此输入下的放大系数 K。从输出量开始变化的起始点作一切线，使该切线与稳态值相交，从输出量开始变化的时刻起，至上述交点 A 所对应的时刻为止，这一段时间即等于时间常数 T 的值。

求得 τ、K、T 后，即可写出该对象的传递函数 $W(s) = \dfrac{Ke^{-\tau s}}{Ts+1}$。

6-28 为了测定某物料干燥筒的对象特性，在 t_0 时刻突然将加热蒸汽量从 $25\mathrm{m}^3/\mathrm{h}$ 增加到 $28\mathrm{m}^3/\mathrm{h}$，物料出口温度记录仪得到的阶跃响应曲线如图 6-20 所示。试写出描述物料干燥筒对象的传递函数（温度变化量作为输出变量，加热蒸汽量的变化量作为输入变量；温度测量仪表的测量范围 $0 \sim 200℃$；流量测量仪表的测量范围 $0 \sim 40\ \mathrm{m}^3/\mathrm{h}$）。

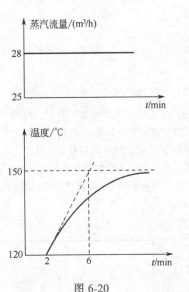

图 6-20

答：由阶跃响应曲线可以看出该对象是个一阶具有纯滞后的对象。

放大系数 $\quad K = \dfrac{(150-120)/200}{(28-25)/40} = 2$

时间常数 $\quad T = 4$

滞后时间 $\quad \tau = 2$

所以，物料干燥筒对象的近似传递函数为：

$$W(s) = \frac{K}{1+Ts}e^{-\tau s} = \frac{2}{1+4s}e^{-2s}$$

6-29 如何将二阶或高阶对象（多容对象）近似处理为一阶加纯滞后对象特性？

答：多容对象的阶跃响应曲线如图 6-21 所示。

在响应曲线的 D 处作一切线，与横轴交于 C。

这样可以把多容对象的响应曲线 $ABDF$ 看做一个纯滞后 τ（AC 段）与一个一阶响应曲线 CDF 所组成。图中 AB 段为纯滞后时间 τ_0，BC 段为容量滞后时间 τ_c，但在近似处理中，将 τ_0 及 τ_c 合在一起，一并叫做纯滞后时间 τ。在做了这种近似处理以后，就可以将一般的工业对象均用一阶加纯滞后的特性来描述。

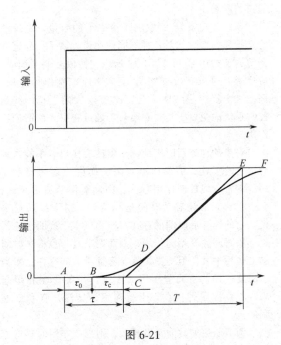

图 6-21

6-30 在高次阶跃响应曲线拐点上引一切线，它与时间轴的交点和最终值直线的交点之间的时间 T_G（如图 6-22 所示）应叫做什么时间？

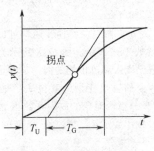

图 6-22

A. 积分时间；B. 微分时间；C. 滞后时间；D. 等效上升时间；E. 等效滞后时间。

答：D. T_G 可叫做等效上升时间，T_U 可叫做等效滞后时间。T_G/T_U 是评价控制对象的可控性的重要指标，当 $T_G/T_U > 10$ 时，很容易控制，而 $T_G/T_U < 3$ 时，控制就很困难，前者采用简单控制系统就足够了，而后者要得到良好控制效果时，必须采用复杂控制系统。在 $10 > T_G/T_U > 3$ 时，控制性能适中。

6-31 什么是传递函数？与微分方程相比，传递函数有什么优点？

答：传递函数就是在零初始条件下，系统或环节的输出拉氏变换与输入拉氏变换之比，记为：

$$G(s) = \frac{输入变量拉氏变换}{输出变量拉氏变换}\bigg|_{初始条件=0} = \frac{Y(s)}{X(s)}$$

在自动控制系统中，其初始条件都看做零，所以 $G(s) = Y(s)/X(s)$。

由于 $G(s)$ 起着输入到输出的传递作用，因此称为传递函数。

微分方程和传递函数都是系统或环节动态特性的数学模型表达式，微分方程在时间（t）域内表征输入与输出关系，传递函数则在复变量 s 域内表征输入与输出关系。传递函数可以把复杂的微积分关系转化为用 s 去乘除的简单代数关系，使运算大为简化。加之传递函数可以更直观、形象地表示出一个系统的结构和系统各变量间的数学关系，所以用它去研究系统的动态特性更为方便，而微分方程求解法则很少使用。

6-32 选择

定值控制系统的传递函数反映了以干扰量为输入，以被控变量为输出的动态关系，它

A. 与系统本身的结构参数、扰动量的形式及大小均有关；

B. 仅与扰动量的形式和大小有关；

C. 仅与系统本身的结构参数有关；

答：C。因为凡是能用线性常系数微分方程式描述其输出与输入之间动态关系的系统、环节或元件，均可在零初始条件下通过拉氏变换得到相应的传递函数。所以它们不过是同一系统、环节或元件动态特性的不同的数学表达式而已。既然微分方程仅取决于系统、环节或元件本身的特性，那么传递函数也就仅与其本身的结构参数有关，而与外输入无关了。

6-33 试写出下列典型环节的微分方程和传递函数；

（1）比例；（2）积分；（3）微分；（4）一阶；（5）一阶加纯滞后；（6）二阶

答：（1）比例环节

$$y = Kx \qquad G(s) = \frac{Y(s)}{X(s)} = K$$

（2）积分环节

$$y = \frac{1}{T_I}\int x\,dt \qquad G(s) = \frac{Y(s)}{X(s)} = \frac{1}{T_I s}$$

（3）微分环节

$$y = T_D \frac{dx}{dt} \qquad G(s) = \frac{Y(s)}{X(s)} = T_D s$$

（4）一阶环节

$$T\frac{dy}{dt} + y = Kx \qquad G(s) = \frac{Y(s)}{X(s)} = \frac{K}{Ts+1}$$

（5）一阶加纯滞后环节

$$T\frac{dy(t+\tau)}{dt} + y(t+\tau) = Kx(t)$$

$$G(s) = \frac{Y(s)}{X(s)} = \frac{K}{Ts+1}e^{-\tau s}$$

（6）二阶环节

$$T_1 T_2 \frac{d^2 y(t)}{dt} + (T_1+T_2)\frac{dy(t)}{dt} + y(t) = Kx(t)$$

$$G(s) = \frac{Y(s)}{X(s)} = \frac{K}{T_1 T_2 s^2 + (T_1+T_2)s + 1}$$

6-34 某控制系统的传递函数为

$$Y(s) = \frac{\omega_0^2}{s(s-s_1)(s-s_2)}$$

其中：s_1 及 s_2 是两个特征根，分别为

$$s_1 = -\zeta\omega_0 + \omega_0\sqrt{\zeta^2-1}$$

$$s_2 = -\zeta\omega_0 - \omega_0\sqrt{\zeta^2-1}$$

ω_0 为系统的自然频率。

试分析后指出当 ζ 为何值时，这个系统是不稳定的？

A. $\zeta>1$；B. $\zeta=1$；C. $0<\zeta<1$；D. $\zeta=0$；E. $\zeta<0$。

答：正确解 D 和 E。由分析可知：

A. s_1、s_2 为两个相异实根，这是个不振荡的衰减过程；

B. s_1、s_2 是两个相等的实根，这是个不振荡的衰减过程；

C. s_1、s_2 是一对共轭复根，是一个衰减振荡过程；

D. s_1、s_2 是两个虚根，是个等幅振荡过程；

E. s_1、s_2 两个根将具有正实根，是一个发散过程。

这是一个二阶系统，系统稳定的基本条件是：系统的特征根必须具有负的实部，对应的 $\zeta>0$ 时，系统的过渡过程才是衰减的，因而系统才能稳定，当特征根具有正实部或实部为零，对应的 $\zeta<0$ 或 $\zeta=0$ 时，系统的过渡过程是发散的或是等幅振荡的，这样的系统是不稳定的。

6-35 系统或环节的方块图一般有 3 种基本连接方式，即串联、并联和反馈，如图 6-23 所示。请写出图中各种连接方式的传递函数。

答：（a）串联连接 $G = \dfrac{Y}{X} = G_1 G_2 G_3$

（b）并联连接 $G = \dfrac{Y}{X} = G_1 + G_2 + G_3$

172

(c) 负反馈连接 $W = \dfrac{Y}{X} = \dfrac{G}{1 + GH}$

(d) 正反馈连接 $W = \dfrac{Y}{X} = \dfrac{G}{1 - GH}$

因此系统传递函数为

$$G = \frac{C}{R} = \frac{G_2}{1 + G'G_2} = \frac{G_2}{1 + G_2 \times \dfrac{G_1}{1 - G_1}}$$

$$= \frac{G_2(1 - G_1)}{1 - G_1 + G_1 G_2}$$

6-38 化简图 6-28 所示方块图，求该系统的传递函数。

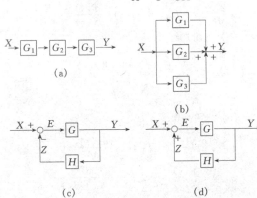

(a)

(b)

(c)

(d)

图 6-23

6-36 把方块图 6-24 简化，写出闭环传递函数。

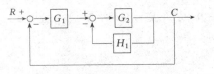

图 6-24

答： 先将内环简化，变成图 6-25。

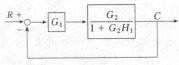

图 6-25

所以闭环传递函数为：

$$G(s) = \frac{C}{R} = \frac{G_1 G_2}{1 + G_2 H_1 + G_1 G_2}$$

6-37 把图 6-26 简化，并写出系统传递函数。

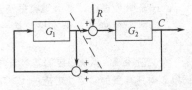

图 6-26

答： 先看图 6-26 中虚线左半部，从相加点看到，输入是 C，是一个正反馈环节，传递函数为：

$$G' = \frac{G_1}{1 - G_1}, \quad 图\ 6\text{-}26\ 可化简成图\ 6\text{-}27。$$

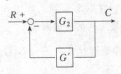

图 6-27

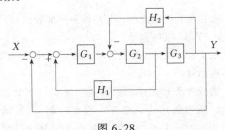

图 6-28

答： 化简步骤见图 6-29。

（a）将包含 H_2 的负反馈回路的比较点，移到包含 H_1 的正反馈回路的外面。由于比较点后移，故需串联一个 $1/G_1$ 的环节；

（b）消去包含 H_1 时正反馈回路；

（c）消去包含 H_2/G_1 的负反馈回路；

（d）最后再消去单位反馈回路，就得到图中所标注的传递函数。

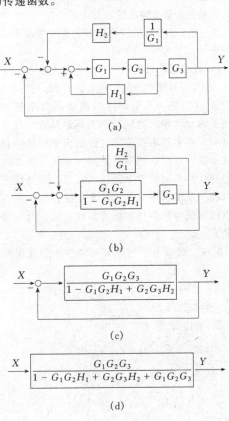

(a)

(b)

(c)

$$\frac{G_1 G_2 G_3}{1 - G_1 G_2 H_1 + G_2 G_3 H_2}$$

(d)

$$\frac{G_1 G_2 G_3}{1 - G_1 G_2 H_1 + G_2 G_3 H_2 + G_1 G_2 G_3}$$

图 6-29

6-39 图 6-30 是一个自动控制系统的典型函数方块图。

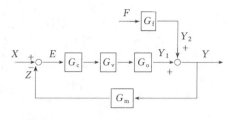

图 6-30

G_c—调节器传递函数；G_v—调节阀传递函数；G_m—测量、变送器传递函数；G_o—对象调节通道传递函数；G_f—对象干扰通道传递函数；X—输入量；Y—输出量；F—干扰量；Z—反馈信号；E—偏差信号

请写出该系统的闭环传递函数。

答： 反馈回路接通后，系统的输出量与输入量之间的传递函数，称为闭环传递函数。从图中可以看出，该系统有一个输出参数（被调参数）Y，有两个输入参数，一个是给定值 X，一个是干扰 F。因此，又可分为系统对给定值的闭环传递函数（随动系统传递函数）和系统对干扰量的传递函数（定值系统传递函数）。当 X 和 F 同时作用于线性系统时，可以对每个输入参数单独进行处理，最后应用叠加原理即可得到闭环系统的总输出响应。

（1）随动系统传递函数　把给定值的变化作为系统的输入参数，只考虑 X 对 Y 的影响，忽略其它干扰作用的影响（$F = 0$）此时的方块图如图 6-31 所示，闭环传递函数为：

$$\frac{Y}{X} = \frac{G_c G_v G_o}{1 + G_c G_v G_o G_m}$$

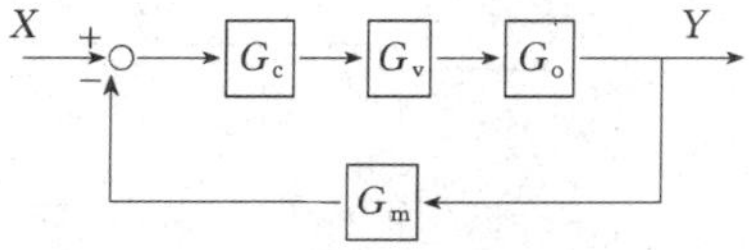

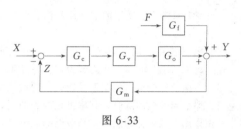

图 6-31

（2）定值系统传递函数　只考虑 F 对 Y 的影响，而 $X = 0$（给定值的增量为零，即给定值不变），此时方块图如图 6-32 所示，闭环传递函数为：

$$\frac{Y}{F} = \frac{G_f}{1 + G_c G_v G_o G_m}$$

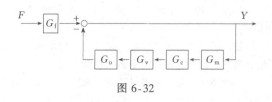

图 6-32

（3）闭环系统总输出响应

$$Y = \frac{G_c G_v G_o}{1 + G_c G_v G_o G_m} X + \frac{G_f}{1 + G_c G_v G_o G_m} F$$

$$= \frac{G_c G_v G_o X + G_f F}{1 + G_c G_v G_o G_m}$$

6-40 一个简单控制系统典型的方块图如图 6-33，判断：

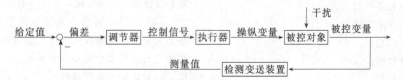

图 6-33

（1）定值系统的传递函数，是由 $X = 0$ 时，推导得 $\dfrac{Y}{F} = \dfrac{G_f}{1 + G_c G_v G_o G_m}$。这里 $X = 0$ 的含义是_____。

（A. 没有给定值；B. 给定值不为 0 而给定值变化量为 0；C. 给定值不为 0，且给定值是变化的）

（2）随动系统的传递函数，是由 $F = 0$ 时，推导得 $\dfrac{Y}{X} = \dfrac{G_c G_v G_o}{1 + G_c G_v G_o G_m}$。这里 $F = 0$ 的含义是_____。

（A. 没有扰动；B. 扰动量不为 0，但其变化量为 0；C. 扰动量不为 0，且扰动量是变化的）

答：（1）B；（2）B。

6.3 简单控制系统

6.3.1 控制系统的构成

6-41 什么是简单控制系统？试画出简单控制系统的典型方块图。

答： 所谓简单控制系统，通常是指由一个被控对象、一个检测元件及传感器（或变送器）、一个调节器和一个执行器所构成的单闭环控制系统，有时也称为单回路控制系统。

简单控制系统的典型方块图如图 6-34 所示。

图 6-34

6-42 简述选择调节器正、反作用的目的和步骤。

答：其目的是使调节器、调节阀、对象三个环节组合起来，能在控制系统中起负反馈作用。

一般步骤，首先由操纵变量对被控变量的影响方向来确定对象的作用方向，然后由工艺安全条件来确定调节阀的气开、气关型式，最后由对象、调节阀、调节器三个环节组合后为"负"来确定调节器的正、反作用。

6-43 被控对象、调节阀、调节器的正、反作用方向各是怎样规定的？

答：被控对象的正、反作用方向规定为：当操纵变量增加时，被控变量也增加的对象属于"正作用"；反之，被控变量随操纵变量的增加而降低的对象属于"反作用"。

调节阀的作用方向由它的气开、气关型式来确定。气开阀为"正"方向，气关阀为"反"方向。

如果将调节器的输入偏差信号定义为测量值减去给定值，那么当偏差增加时，其输出也增加的调节器称为"正作用"调节器；反之，调节器的输出信号随偏差的增加而减小的称为"反作用"调节器。

6-44 单参数控制系统中，调节器的正反作用应怎样选择？

答：先做两条规定：

（1）气开调节阀为 + A，气关调节阀为 - A；

（2）调节阀开大，被调参数上升为 + B，下降为 - B。

则　A·B = "+"调节器选反作用；

　　A·B = "-"调节器选正作用。

例如，图 6-35 中，阀为气开 + A，阀开大，液位下降 - B 则（+ A）·（- B）= "-"调节器选正作用。

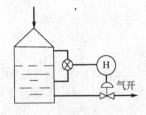

图 6-35

6-45 图 6-36 中，控制系统的调节器应该选用正作用方式，还是反作用方式？

答：(a)——正作用；

（b）——正作用；

（c）——反作用；

（d）——正作用；

（e）——反作用。

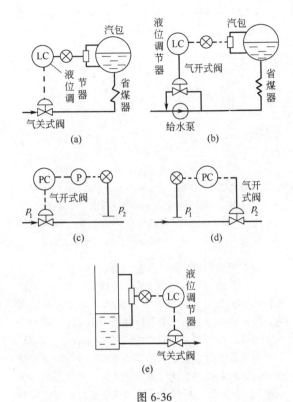

图 6-36

6-46 图 6-37 中的液面调节回路，工艺要求故障情况下送出的气体中也不许带有液体。试选取调节阀气开、气关型式和调节器的正、反作用，再简单说明这一调节回路的工作过程。

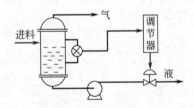

图 6-37

答：因工艺要求故障情况下送出的气体不许带液，故当气源压力为零时，阀门应打开，所以调节阀是气关式。当液位升高时，要求调节阀开度增大，由于所选取的是气关调节阀，故要求调节器输出减少，调节器是反作用。

其工作过程如下：液体↑→液位变送器输出↑→调节器输出↓→调节阀开度↑→液体输出↑→液位↓。

6-47 图 6-38 所示为加热炉温度控制系统。根据工艺要求，出现故障时炉子应当熄火。试说明调节阀的气开、气关型式，调节器的正、反作用方式，并简述控制系统的动作过程。

答：故障情况下气源压力为零，应切断燃料，以

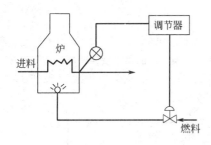

图 6-38

确保炉子熄火。故要求调节阀为气开式，气源中断时关闭。

当炉温增高时，要求燃料量减少，即减小调节阀开度。由于是气开阀，所以要求调节器输出减小，应选用反作用调节器。

控制系统的动作过程为：

进料↓→温度↑→调节器输出↓→调节阀开度↓→燃料量↓→炉温↓。反之，由于各种原因引起炉温↓→调节器输出↑→调节阀开度↑→燃料量↑→炉温↑。

6-48 请判定图 6-39 所示温度控制系统中，调节阀和调节器的作用型式。

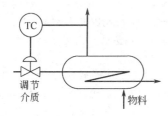

图 6-39

（1）当物料为温度过低时易析出结晶颗粒的介质，调节介质为过热蒸汽时；

（2）当物料为温度过高时易结焦或分解的介质，调节介质为过热蒸汽时；

（3）当物料为温度过低时易析出结晶颗粒的介质，调节介质为待加热的软化水时；

（4）当物料为温度过高时易结焦或分解的介质，调节介质为待加热的软化水时。

答：（1）气关调节阀，正作用调节器；

（2）气开调节阀，反作用调节器；

（3）气开调节阀，正作用调节器；

（4）气关调节阀，反作用调节器。

6-49 图 6-40 为一蒸汽加热器，它的主要作用是对工艺介质加热，要求此介质出口温度恒定。

（1）选择被控变量和控制变量，组成调节回路，并画出方块图。

（2）决定调节阀的气开、气关型式和调节器的正

反作用。

（3）当被加热的流体为热敏介质时，应选择怎样的调节方案为好？

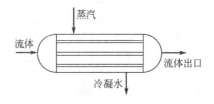

图 6-40

答：（1）方块图见图 6-41。

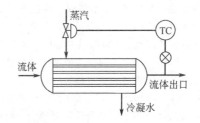

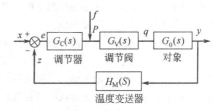

图 6-41

（2）对于非热敏介质或易结晶介质，调节阀应选气关式，调节器的作用方向应是正作用的。

（3）对于热敏介质，为防止局部过热而气化，调节参数不宜为蒸汽而选冷凝水为好。即将调节阀装于冷凝水管线上。

6-50 图 6-42 为一液体储槽，需要对液位加以自动控制。为安全起见，储槽内液体严格禁止溢出，试在下述两种情况下，分别确定调节阀的气开、气关型式及调节器的正、反作用。

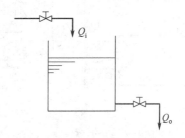

图 6-42

（1）选择流入量 Q_i 为操纵变量；

（2）选择流出量 Q_o 为操纵变量。

答：(1) 当选择流入量 Q_i 为操纵变量时，调节阀安装在流入管线上，这时，为了防止液体溢出，在调节阀膜头上气源突然中断时，调节阀应处于关闭状态，所以应选用气开型式调节阀，为"＋"作用方向。这时，操纵变量即流入量 Q_i 增加时，被控变量液位是上升的，故对象为"＋"作用方向。

由于调节阀与对象都是"＋"作用方向，为使整个系统具有负反馈作用，调节器应选择反作用方向；

(2) 当选择流出量 Q_o 为操纵变量时，调节阀安装在流出管线上，这时，为防止液体溢出，在调节阀膜头上气源突然中断时，调节阀应处于全开状态，所以应选用气关型式调节阀，为"－"作用方向。这时，操纵变量即流出量 Q_o 增加时，被控变量液位是下降的，故对象为"－"作用方向。

由于选择流出量 Q_o 为操纵变量时，对象与调节阀都是"－"作用方向，为使整个系统具有负反馈作用，应选择反作用方向的调节器。

6-51 有一冷却器，以冷却水作为冷剂来冷却物料温度，现选择冷却水流量为操纵变量，物料出口温度为被控变量。试确定在下述 3 种情况下的调节阀气开、气关型式和调节器的正、反作用。

(1) 被冷却物料温度不能太高，否则对后续生产不利；

(2) 被冷却物料温度不能太低，否则易凝结；

(3) 冷却器置于室外，而该地区冬季温度最低达 0℃ 以下。

答：(1) 应选气关型调节阀、反作用式调节器；

(2) 应选气开型调节阀、正作用式调节器；

(3) 应选气关型调节阀、反作用式调节器。

6-52 气体脱硫装置的 PRC-203 与 PRC-204（自控流程见图 6-43）不能同时投入自动，试分析其原因，并提出改进措施。

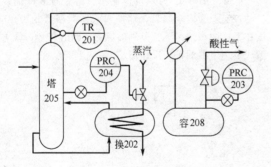

图 6-43

答：不能同时投自控的原因是：(1) 从流程图可看出，塔 205 中部压力与容 208 压力是关联的，任一个压力变化，另一个压力即跟着变化；(2) 两者选用的都是压力控制系统，反应速度都较快，互相干扰

较大。

改进措施：容 208 的压力，实际上代表着塔 205 的压力，故塔 205 的压力不需要再控制，而改用塔顶温度调节换 202 的蒸汽量，使两个调节回路的响应速度变成一快一慢，减少互相干扰。改进后的自控流程见图 6-44。

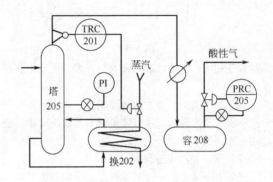

图 6-44

6.3.2 调节规律的选择

6-53 什么是比例、积分、微分调节规律？在自动控制中起什么作用？

答：比例调节依据"偏差的大小"来动作，它的输出与输入偏差的大小成比例。比例调节及时、有力，但有余差。它用比例度 δ 来表示其作用的强弱，δ 愈小，调节作用愈强，比例作用太强时，会引起振荡。

积分调节依据"偏差是否存在"来动作，它的输出与偏差对时间的积分成比例，只有当余差消失时，积分作用才会停止，其作用是消除余差。但积分作用使最大动偏差增大，延长了调节时间。它用积分时间 T 来表示其作用的强弱，T 愈小，积分作用愈强，但积分作用太强时，也会引起振荡。

微分调节依据"偏差变化速度"来动作。它的输出与输入偏差变化的速度成比例，其效果是阻止被控变量的一切变化，有超前调节的作用，对滞后大的对象有很好的效果。它使调节过程偏差减小，时间缩短，余差也减小（但不能消除）。它用微分时间 T_d 来表示其作用的强弱，T_d 大，作用强，但 T_d 太大，也会引起振荡。

6-54 填空。

在 PID 调节中，比例作用是依据_____来动作的，在系统中起着_____的作用；积分作用是依据_____来动作的，在系统中起着_____的作用；微分作用是依据_____来动作的，在系统中起着_____的作用。

答：偏差的大小；稳定被控变量；偏差是否存在；消除余差；偏差变化速度；超前调节。

6-55 在什么场合下选用比例（P）、比例积分（PI）、比例积分微分（PID）调节规律？

答：比例调节规律适用于负荷变化较小、纯滞后不太大而工艺要求不高、又允许有余差的调节系统。

比例积分调节规律适用于对象调节通道时间常数较小、系统负荷变化较大（需要消除干扰引起的余差）、纯滞后不大（时间常数不是太大）而被调参数不允许与给定值有偏差的调节系统。

比例积分微分调节规律适用于容量滞后较大、纯滞后不太大、不允许有余差的对象。

6-56 填空。

调节器的比例度 δ 越大，则放大倍数 K_C _____，比例调节作用就_____，过渡过程曲线越_____，但余差也_____。积分时间 T_i 越小，则积分速度_____，积分特性曲线的斜率_____，积分作用_____，消除余差_____。微分时间 T_D 越大，微分作用_____。

答：越小；越弱；平稳；越大；越大；越大；越强；越快；越强。

6-57 试判断下述说法是否正确，并略加解释：

（1）微分时间愈长，微分作用愈弱；

（2）微分时间愈长，微分作用愈强；

（3）积分时间愈长，积分作用愈弱；

（4）积分时间愈长，积分作用愈强。

答：第二、第三这两种说法是正确的，其余说法不对。通常说的积分时间，实指"重定"时间，它是调节器重复一次比例作用输出所需要的时间。显然，积分时间愈长，积分愈慢，积分作用愈弱。而微分时间的长短是说明微分作用存在的长短，因此微分时间愈长，其作用存在也愈长，所以说微分作用愈强。

6-58 选择。

由于微分调节规律有超前作用，因此调节器加入微分作用主要是用来

A．克服调节对象的惯性滞后（时间常数 T）、容量滞后 τ_c 和纯滞后 τ_0；

B．克服调节对象的纯滞后 τ_0；

C．克服调节对象的惯性滞后（时间常数 T）、容量滞后 τ_c。

答：C。微分作用不能克服调节对象的纯滞后 τ_0，因为在 τ_0 时间内，被控变量的变化速度为零。

6-59 为什么压力、流量的调节一般不采用微分规律？而温度、成分调节多采用微分调节规律？

答：对于压力、流量等被控变量来说，对象调节通道时间常数 T_0 较小，而负荷又变化较快，这时微分作用和积分作用都要引起振荡，对调节质量影响很大，故不采用微分调节规律。

而对于温度、成分等测量通道和调节通道的时间常数较大的系统来说，采用微分规律这种超前作用能够收到较好的效果。

6-60 炉出口温度调节适当引入微分作用后，有人说比例度可以比无微分作用时小些，积分时间也可短些，对吗？为什么？

答：这样说是对的。在这里无论微分作用的切入，还是比例度、积分时间的减小都要适当，这在设置调节器参数时要注意。微分作用是超前的调节作用，其实质是阻止被控变量的变化，提高系统稳定性，使过程衰减得厉害。如要保持原来的衰减比，则比例度可减小些，这样可使最大偏差减小；适当减小积分作用后，可使余差消除得快。比例度和积分时间减小后虽然使系统稳定程度下降，但这一点恰恰是微分作用所弥补。因此说引入微分作用后，比例度和积分时间都可小一些，使调节质量更好一些。

6-61 判断（是为√，非为×）

（1）对纯滞后大的调节对象，为克服其影响，可引入微分调节作用来克服。

（2）当调节过程不稳定时，可增大积分时间或加大比例度，使其稳定。

（3）比例调节过程的余差与调节器的比例度成正比。

（4）调节系统投运时，只要使调节器的测量值与给定值相等（即无偏差）时，就可进行手、自动切换操作。

（5）均匀控制系统的调节器参数整定可以与定值控制系统的整定要求一样。

答：1．×；2．√；3．√；4．×；5．×。

6-62 采用 PID 调节器，在什么情况下需要对纯滞后对象进行补偿？

答：采用 PID 调节器的条件是对象纯滞后不能太大。如果对象纯滞后较大，仍采用 PID 调节器，就必须考虑纯滞后补偿。纯滞后对象传递函数为

$$G(s)=\frac{Ke^{-\tau s}}{Ts+1}$$

根据对象时间常数 T、对象增益 K、对象纯迟后 τ 之间的函数关系来决定是否进行补偿。

（1）对象纯迟后 τ 小于对象时间常数 T 的 $1/10$ 时，则不用进行纯迟后补偿；

（2）当 τ 大于 $T/2$ 时，需要考虑补偿；

（3）当 τ 大于 $1.5T$ 时，则一定要补偿。

6-63 某一生产过程经温控而稳定在 60℃，此时温度调节器（刻度为 $0\sim100$ ℃，PID 作用）的输出为 30%。如用手动将输出改为 50%，温度经过如图 6-45 的变化而稳定在 75℃。

利用下表计算 P．I．D 三种调节作用的最佳值，将其结果记入横线上。

比　例　带	$85\dfrac{K_{p}L}{T}$
积分时间/min	$2L$
微分时间/min	$0.5L$

表中，L：滞后时间（min）；T：等效时间常数（min）；K_{p}：过程灵敏度＝控制增量/操作增量。

(1) $L=$ ____ min；

(2) $T=$ ____ min；

(3) $K_{p}=$ ____；

(4) 比例带＝ ____ %；

(5) 积分时间＝ ____ min；

(6) 微分时间＝ ____ min；

答：(1) 1.3；(2) 1.5；(3) 0.75；(4) 55.25；(5) 2.6；(6) 0.65。

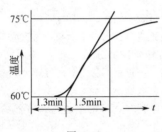

图 6-45

6-64 有一台比例积分调节器，它的比例度为50%，积分时间为 1 min。开始时，测量、给定和输出都在 50%，当测量变化到 55% 时，输出变化到多少？1min 后又变化到多少？

答：比例积分调节器的输出和输入的关系为

$$P=\frac{1}{\delta}P_{入}+\frac{1}{\delta T_{i}}\int P_{入}\,\mathrm{d}t$$

式中　δ——比例度；

$P_{入}$——偏差值（等于测量值减给定值）；

T_{i}——积分时间。

如果输入为一阶跃信号，则相应的输出为

$$\Delta P_{出}=\frac{1}{\delta}\Delta P_{入}+\frac{1}{\delta T_{i}}\Delta P_{入}\,t$$

当测量由 50% 跃变到 55% 的一瞬间，时间 $t=0$。已知调节器的比例度 $\delta=50\%$，积分时间 $T=1$ min，$\Delta P_{入}=55\%-50\%=5\%$，代入上式可得

$$\Delta P_{出}=\frac{1}{50\%}\times5\%+\frac{1}{50\%\times1}\times5\%\times0=10\%$$

即输出变化为 10%，加上原有的 50%，所以输出跃变到 60%。

1 min 后，输出变化为

$$\Delta P_{出}=\frac{1}{50\%}\times5\%+\frac{1}{50\%\times1}\times5\%\times1=20\%$$

加上原有的 50%，所以 1 min 后输出变到

$$50\%+20\%=70\%$$

6-65 有一台 PI 调节器，$P=100\%$，$T_{i}=1$ min，若将 P 改为 200% 时，问：

(1) 控制系统稳定程度提高还是降低？为什么？

(2) 动差增大还是减小？为什么？

(3) 静差能不能消除？为什么？

(4) 调节时间加长还是缩短？为什么？

答：$\because \Delta y=K_{p}\Delta x+\dfrac{K_{p}}{T_{i}}\displaystyle\int\Delta x\,\mathrm{d}t$

其中，Δy 为输出变化量；Δx 为输入变化量；K_{p} 为比例常数，$K_{p}=\dfrac{1}{P}$。

当 P 从 100% 变为 200%、T_{i} 不变时，外界来一干扰信号 Δx，输出信号 Δy 变小。所以

(1) 稳定程度提高（因为 P 增大后，Δy 变小，不易产生振荡）；

(2) 动差增大（由于 Δy 变小后，调节幅度小即调节作用弱，造成动差增大）；

(3) 静差会消除（因有积分作用存在）；

(4) 调节时间加长（因 K_{p} 是调节器的放大系数，当比例度 P 增大即 K_{p} 减小时，调节器灵敏度降低，则克服动、静差的时间加长）。

6-66 试根据被控变量的特点，选择适当的调节器控制规律和调节阀流量特性填入下表。

被控变量	调节器控制规律	调节阀流量特性
流量		
液位		
气体压力		
液体压力		
蒸汽压力		
温度		
成分		

答：

被控变量	调节器控制规律	调节阀流量特性
流量	PI（快积分）	直线、等百分比
液位	P（或 PI）	直线
气体压力	PI（或 P）	直线
液体压力	PI（快积分）	直线、等百分比
蒸汽压力	PID	等百分比
温度	PID	等百分比
成分	PID	等百分比

6.3.3　参数整定和系统投运

6-67 调节器参数整定的任务是什么？工程上常用的调节器参数整定有哪几种方法？

答：调节器参数整定的任务是：根据已定的控制方案，来确定调节器的最佳参数值（包括比例度 δ、积分时间 T_I、微分时间 T_D），以便使系统能获得好的调节质量。

调节器参数整定的方法有理论计算和工程整定两大类，其中常用的是工程整定法。

属于调节器参数的工程整定法主要有临界比例度法、衰减曲线法和经验凑试法等。

6-68 什么是临界比例度法？有何特点？

答：临界比例度法是在纯比例运行下通过试验，得到临界比例度 δ_k 和临界周期 T_k，然后根据经验总结出来的关系，求出调节器各参数值。

这种方法比较简单，易于掌握和判断，适用于一般的控制系统。但是不适用于临界比例度小的系统和不允许产生等幅振荡的系统，否则易影响生产的正常进行或造成事故。

6-69 试述临界比例度法的参数整定步骤。

答：在闭环的控制系统中，先将调节器变为纯比例作用，即将 T_I 放大"∞"位置上，T_D 放在"0"位置上，在干扰作用下，从大到小地逐渐改变调节器的比例度，直至系统产生等幅振荡（即临界振荡），如图 6-46 所示。这时的比例度叫临界比例度 δ_k，周期为临界振荡周期 T_k。记下 δ_k 和 T_k，然后按表 6-2 中的经验公式计算出调节器的各参数整定数值。

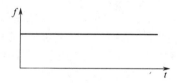

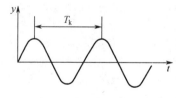

图 6-46

表 6-2 临界比例度法参数计算公式表

调节作用	比例度 /%	积分时间 T_I/min	微分时间 T_D/min
比例	$2\delta_k$		
比例＋积分	$2.2\delta_k$	$0.85T_k$	
比例＋微分	$1.8\delta_k$		$0.1T_k$
比例＋积分＋微分	$1.7\delta_k$	$0.5T_k$	$0.125T_k$

6-70 某控制系统采用临界比例度法整定参数。已测得 $\delta_k = 30\%$、$T_k = 3$ min。试确定 PI 作用和 PID 作用的调节器参数。

答：在采用 PI 调节器时，其比例度

$\delta = 2.2\,\delta_k = 66\%$

积分时间 $T_I = 0.85\,T_k = 2.55$ min

在采用 PID 调节器时，其比例度

$\delta = 1.7\delta_k = 51\%$

积分时间 $T_I = 0.5T_k = 1.5$ min

微分时间 $T_D = 0.125T_k = 0.375$ min

由计算中可以看出，在采用 PID 调节器时，由于加了微分作用，提高了系统的稳定性，所以在保证系统具有相同稳定性的情况下，PID 调节器的比例度、积分时间都比 PI 调节器的 δ、T_I 有所减小。

6-71 某控制系统用临界比例度法整定参数。已测得 $\delta_k = 20\%$，$T_k = 4$ min。试分别确定 P、PI、PID 作用时调节器的参数。

答：P：$\delta = 40\%$；

PI：$\delta = 44\%$，$T_I = 3.4$ min；

PID：$\delta = 34\%$，$T_I = 2$ min，$T_D = 0.5$ min。

6-72 选择。

对简单控制系统中的 PI 调节器采用临界比例度法进行参数整定，当比例度为 10% 时系统恰好产生等幅振荡，这时的等幅振荡周期为 30 s，问该调节器的比例度和积分时间应选用下表所列何组数值整定为最好？

序号	比例度/%	积分时间/min
A	17	15
B	17	36
C	20	60
D	22	25.5
E	22	36

答：D。

临界比例度法考虑的实质是通过现场试验找到等幅振荡的过渡过程，得到临界比例度和等幅振荡周期。其具体整定方法，首先用纯比例作用将系统投入控制，然后逐步减小比例度，使系统恰好达到振荡和衰减的临界状态，即等幅振荡状态，记下这时的比例度 δ_K 和振荡周期 T_K，则调节器的比例度和积分时间可按下面两式求出：

$\delta = 2.2\delta_k = 2.2 \times 10\% = 22$（%）

$T_I = 0.85T_k = 0.85 \times 30$（s）

$= 25.5$（s）

所以，调节器参数应选 D 组数值。

6-73 什么是衰减曲线法？有何特点？

答：衰减曲线法是在纯比例运行下，通过使系统产生衰减振荡，得到衰减比例度 δ_s 和衰减周期 T_s（或上升时间 $T_升$），然后根据经验总结出来的关系求出调节器各参数值。

这种方法比较简便，整定质量高，整定过程安全可靠，应用广泛，但对于干扰频繁、记录曲线不规则的系统难于应用。

6-74 试述衰减曲线法的参数整定步骤。

答： 在闭环控制系统中，先将调节器变为纯比例作用，并将比例度预置在较大的数值上。在达到稳定后，用改变给定值的办法加入阶跃干扰，观察被控变量记录曲线的衰减比，然后从大到小改变比例度，直至出现 4:1 衰减比为止，见图 6-47（a），记下此时的比例度 δ_s（叫 4:1 衰减比例度），从曲线上得到衰减周期 T_s。然后根据表 6-3 中的经验公式，求出控制器的参数整定值。

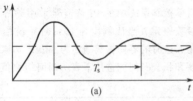

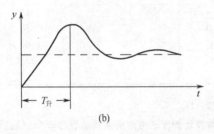

图 6-47 4:1 和 10:1 衰减振荡过程

表 6-3   4:1 衰减曲线法调节器参数计算表

调节作用	$\delta/\%$	T_I/min	T_D/min
比例	δ_s		
比例 + 积分	$1.2\delta_s$	$0.5T_s$	
比例 + 积分 + 微分	$0.8\delta_s$	$0.3T_s$	$0.1T_s$

表 6-4   10:1 衰减曲线法调节器参数计算表

调节作用	$\delta/\%$	T_I/min	T_D/min
比例	δ'_s		
比例 + 积分	$1.2\delta'_s$	$2T_升$	
比例 + 积分 + 微分	$0.8\delta'_s$	$1.2T_升$	$0.4T_升$

有的过程，4:1 衰减仍嫌振荡过强，可采用 10:1

衰减曲线法。方法同上，得到 10:1 衰减曲线，见图 6-47（b），记下此时的比例度 δ'_s 和最大偏差时间 $T_升$（又称上升时间），然后根据表 6-4 中的经验公式，求出相应的 δ、T_I、T_D 值。

6-75 采用衰减曲线法整定调节器参数时，应注意哪些问题？

答： 采用衰减曲线法必须注意以下几点：

① 加的干扰幅值不能太大，要根据生产操作要求来定，一般为额定值的 5% 左右，也有例外的情况；

② 必须在工艺参数稳定情况下才能施加干扰，否则得不到正确的 δ_s、T_s 或 δ'_s 和 $T_升$ 值；

③ 对于反应快的系统，如流量、管道压力和小容量的液位控制等，要在记录曲线上严格得到 4:1 衰减曲线比较困难。一般以被控变量来回波动两次达到稳定，就可以近似地认为达到 4:1 衰减过程了。

6-76 某控制系统用 4:1 衰减曲线法整定调节器的参数。已测得 $\delta_s = 40\%$，$T_s = 6\ \mathrm{min}$。试分别确定 P、PI、PID 作用时调节器的参数。

答： P：$\delta = 40\%$；

PI：$\delta = 48\%$，$T_I = 3\ \mathrm{min}$；

PID：$\delta = 32\%$，$T_I = 1.8\ \mathrm{min}$，$T_D = 0.6\ \mathrm{min}$。

6-77 某控制系统用 10:1 衰减曲线法整定调节器的参数。已测得 $\delta_s = 50\%$，$T_升 = 2\ \mathrm{min}$。试分别确定 PI、PID 作用时调节器的参数。

答： PI：$\delta = 60\%$，$T_I = 4\ \mathrm{min}$；

PID：$\delta = 40\%$，$T_I = 2.4\ \mathrm{min}$，$T_D = 0.8\ \mathrm{min}$。

6-78 某控制系统用 4:1 衰减曲线法整定调节器参数。已测得 $\delta_s = 50\%$，$T_s = 5\ \mathrm{min}$。试确定采用 PI 作用和 PID 作用时的调节器参数值。

答： 由相应的 4:1 衰减曲线法调节器参数计算表可以求得：

PI 调节器时，比例度 $\delta = 1.2$ $\delta_s = 60\%$；

积分时间 $T_I = 0.5$ $T_s = 2.5\ \mathrm{min}$。

PID 调节器时，比例度 $\delta = 0.8$ $\delta_s = 40\%$；

积分时间 $T_I = 0.3$ $T_s = 1.5\ \mathrm{min}$；

微分时间 $T_D = 0.1$ $T_s = 1\ \mathrm{min}$。

6-79 选择

一个采用 PI 调节器的控制系统，按 1/4 衰减振荡进行整定，其整定参数有以下 4 组，试选择一组作为最佳整定参数。

组　别	比例带/%	积分时间 T_I/s
A	50	110
B	40	150
C	30	220
D	25	300

答：正确解为 A。

在 PI 调节时，可以用比例带 P 和积分时间 T_I 的乘积来判断一个调节系统的好坏。如果一个系统按 1/4 衰减振荡进行整定后，其整定参数有许多组，而其中 P 与 T_I 乘积最小的一组就是最佳参数，所以选用 A。

6-80 什么是经验凑试法？有何特点？

答：经验凑试法是根据经验先将调节器参数置于一定数值上，然后通过不断观察过渡过程曲线，逐渐凑试，直到获得满意的调节器参数值为止。

这种方法很简单，应用广泛，特别是外界干扰作用频繁、记录曲线不规则的控制系统，采用此法最为合适。但这种方法主要是凭经验，有一定的主观性，整定过程较费时，整定质量因人而异。

6-81 试述经验凑试法的参数整定步骤。

答：整定的步骤有以下两种。

（1）先用纯比例作用进行凑试，待过渡过程已基本稳定并符合要求后，再加积分作用消除余差，最后加入微分作用是为了提高控制质量。按此顺序观察过渡过程曲线进行整定工作。具体作法如下。

表 6-5　调节器参数的经验数据表

调节对象	对　象　特　性	$\delta/\%$	T_I/min	T_D/min
流量	对象时间常数小，参数有波动，δ 要大；T_I 要短；不用微分	40~100	0.3~1	
温度	对象容量滞后较大，即参数受干扰后变化迟缓，δ 应小；T_I 要长；一般需加微分	20~60	3~10	0.5~3
压力	对象的容量滞后一般，不算大，一般不加微分	30~70	0.4~3	
液位	对象时间常数范围较大。要求不高时，δ 可在一定范围内选取，一般不用微分	20~80		

根据经验并参考表 6-5 的数据，选定一个合适的 δ 值作为起始值，把积分时间放在"∞"，微分时间置于"0"，将系统投入自动。改变给定值，观察被控变量记录曲线形状。如曲线不是 4:1 衰减（这里假定要求过渡过程是 4:1 衰减振荡的），例如衰减比大于 4:1，说明所选 δ 偏大，适当减小 δ 值再看记录曲线，直到呈 4:1 衰减为止。注意，当把调节器比例度改变以后，如无干扰就看不出衰减振荡曲线，一般都要稳定以后再改变一下给定值才能看到。若工艺上不允许反复改变给定值，那只好等候工艺本身出现较大

干扰时再看记录曲线。δ 值调整好后，如要求消除余差，则要引入积分作用。一般积分时间可先取为衰减周期的一半值，并在积分作用引入的同时，将比例度增加 10%~20%，看记录曲线的衰减比和消除余差的情况，如不符合要求，再适当改变 δ 和 T_I 值，直到记录曲线满足要求。如果是 PID 调节器，则在已调整好 δ 和 T_I 的基础上再引入微分作用。而在引入微分作用后，允许把 δ 值缩小一点，把 T_I 值也再缩小一点。微分时间 T_D 也要在表 6-5 给出的范围内凑试，以使过渡过程时间短，超调量小，控制质量满足生产要求。

（2）先按表 6-5 中给出的范围把 T_I 定下来，如要引入微分作用，可取 $T_D = \left(\dfrac{1}{3} \sim \dfrac{1}{4}\right)T_I$，然后对 δ 进行凑试，凑试步骤与前一种方法相同。

一般来说，这样凑试可较快地找到合适的参数值。但是，如果开始 T_I 和 T_D 设置得不合适，则可能得不到所要求的记录曲线。这时应将 T_D 和 T_I 作适当调整，重新凑试，直至记录曲线合乎要求为止。

6-82 填空。

经验凑试法的关键是"看曲线，调参数"，因此，必须弄清楚调节器参数变化对过渡过程曲线的影响关系。一般来说，在整定中，观察到曲线振荡很频繁，需把比例度_____以减少振荡；当曲线最大偏差大且趋于非周期过程时，需把比例度_____。当曲线波动较大时，应_____积分时间；而在曲线偏离给定值后，长时间回不来，则需_____积分时间，以加快消除余差的过程。如果曲线振荡得厉害，需把微分时间_____，或者暂时_____微分作用，以免更加剧振荡；在曲线最大偏差大而衰减缓慢时，需_____微分时间。经过反复凑试，一直调到过渡过程振荡 2 个周期后基本达到稳定，品质指标达到工艺要求为止。

答：增大；减小；增大；减小；减到最小；不加；增大。

6-83 选择。

某控制系统采用比例积分作用调节器。某人用先比例后加积分的凑试法来整定调节器的参数。若比例带的数值已基本合适，在加入积分作用的过程中，则（　　）。

A．应适当减小比例带；

B．应适当增加比例带；

C．无需改变比例带。

答：B。

因为随着积分作用的增强，系统过渡过程的振荡将加剧，所以为了使系统得到与用纯比例作用相同的衰减比或达到同样的调节质量，应适当增加调节器的

比例带。这就相当于减少了放大倍数。对二阶系统将会使衰减系数增大。

6-84 当调节器的比例度过小、积分时间过小或微分时间过大时，都会引起振荡。如何区分该振荡过程是由什么原因引起的？

答：主要由振荡过程的振荡周期或振荡频率来判断。当比例度过小，即比例放大系数过大时，比例控制作用很强，特别当比例度接近临界比例度时，系统有可能产生强烈的振荡，被控变量忽高忽低。由于比例控制作用比较及时，控制作用的变化与被控变量的变化几乎是同步的，所以引起的振荡过渡过程周期较短，频率较高。

当积分时间过小时，积分控制作用很强，也会使系统稳定性降低，有可能出现振荡过渡过程。但是由于积分控制作用比较缓慢，不够及时，控制作用的变化总是滞后于被控变量的变化，所以引起的振荡过渡过程周期较长、频率较低。

当微分时间过大时，微分控制作用过强，也会使系统稳定性降低，有可能出现振荡过渡过程。由于微分控制作用是超前的，它的强弱取决于被控变量的变化速度。一旦被控变量变化，就会有较强的微分控制作用产生，特别是当对象的时间常数较小，或系统中有噪声存在时，微分控制作用对被控变量的变化非常敏感，过强的控制作用会使振荡加剧，而这时产生的振荡过渡过程周期很短，其频率远高于由比例度过小或积分时间过小所引起的振荡频率。

6-85 图 6-48 中三组记录曲线分别是由于比例度太小、积分时间太短、微分时间太长引起，你能加以鉴别吗？

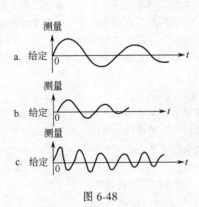

图 6-48

答：a. 积分时间太短；b. 比例度太小；c. 微分时间太长。

6-86 控制系统在调节器不同比例度情况下，分别得到两条过渡过程曲线如图 6-49（a）、（b）所示，试比较两条曲线所对应的比例度的大小（假定系统为

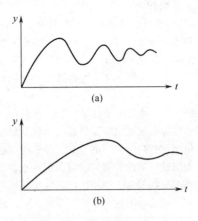

图 6-49

定值系统）。

答：曲线（a）所对应的比例度比曲线（b）所对应的比例度要小，其原因可从两方面分析。

曲线（a）的振荡情况比曲线（b）要剧烈，频率要高，衰减比要小，稳定性要差。这说明曲线（a）所对应的比例度要小，这是因为比例度小，控制作用强。在同样的被控变量偏差的情况下，容易产生过调，致使系统稳定性下降。

曲线（b）的余差比曲线（a）的余差大，这也说明曲线（b）所对应的比例度要大。这是因为比例度大，在负荷变化以后，要产生同样的控制作用，所需的偏差数值就要大，所以在比例控制系统中，比例度越大，所产生的余差也越大。

6-87 控制系统在调节器积分时间不同的情况下，分别得到两条过渡过程曲线如图 6-50（a）、（b）所示，试比较两条曲线所对应的积分时间的大小。

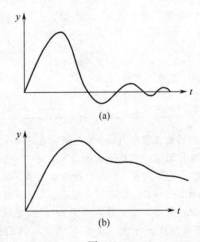

图 6-50

答：由于调节器具有积分作用，所以余差最终都能消除。由图可以看出，曲线（b）消除余差较慢，所以它所对应的调节器具有较大的积分时间 T_I 值。

而曲线（a）所对应的积分时间 T_I 值较小，具有较强的积分控制作用，因而消除余差速度快，但系统的稳定性下降，振荡情况比曲线（b）严重。

6-88 控制系统的记录曲线出现以下几种现象（图6-51）：

（1）记录曲线呈周期长、周期短的周期性的振荡，如图中（a）、（b）、（c）所示；

（2）记录曲线偏离给定值，如图中（d）、（e）所示；

（3）记录曲线有呆滞或有规律地振荡，如图中（f）、（g）、（h）所示；

（4）记录曲线有狭窄的锯齿状和临界振荡状况，如图中（i）、（j）所示。

试判断系统不正常的原因。

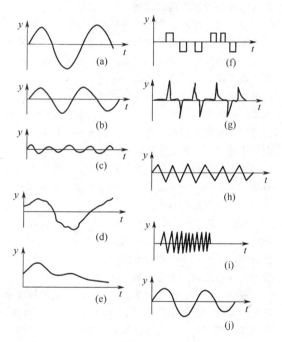

图 6-51

答：（a）积分时间太短；

（b）比例度太小；

（c）微分时间太长；

（d）比例度太大；

（e）积分时间太长；

（f）调节阀阀杆有干摩擦或死区；

（g）记录笔卡住或被记录纸挂住；

（h）阀门定位器产生自持振荡；

（i）阀门尺寸太大或阀芯特性不好，引起曲线呈狭窄的锯齿状，并有明显间隔的振荡；

（j）当比例度很大，调节作用微弱时由其它工艺参数引起振荡，呈临界状态。

6-89 选择

以下流量系统采用的仪表及投运方法，哪一条理解不够全面？

A．开停灌隔离液的差压流量计的方法同一般差压流量计的启停方法；

B．差压法测流量采用开方器，一是为了读数线性化，二是防止负荷变化影响系统的动态特性；

C．流量控制系统一般不采用阀门定位器；

D．流量控制系统仅采用 PI 调节器，不采用 PID 调节器。

答：正确解为 A。

A．一般差压流量计的启停方法主要是考虑防止仪表单向受压，而灌隔离液的差压计还要防止隔离液被冲走。这就要求开启前，首先关平衡阀门，再打开孔板取压阀。停用时，应首先切断取压阀，然后打开平衡阀门，使表处于平衡状态。总之，不能让取压表形成连通器，将隔离液冲走。

B．采用差压法测流量时，流量与差压的关系是

$$\frac{Q}{Q_{max}} = \sqrt{\frac{\Delta P}{\Delta P_{max}}}$$

这就是说流量与差压的平方根成正比。根据平方根关系，流量刻度在零点附近分度线密，在上限时分度线稀，显然加了开方器后，流量标尺成了均匀刻度（见图6-52）。另外，由于孔板的节流特性是 $\Delta P = KQ^2$，动态放大倍数为 $\dfrac{\mathrm{d}(\Delta P)}{\mathrm{d}Q} = 2KQ$，可以看出，这个放大倍数随流量的增大而增大，流量愈小，动态放大倍数愈小；流量愈大，动态放大倍数愈大。这就是说不同负荷，系统的放大倍数不一样。如果将流量控制系统在某个负荷下把调节器按"最佳"整定参数整定好后，那么当负荷变化了，调节器的参数也得变化。否则，调节质量就会受到影响，甚至使系统不稳定。加了开方器后，系统成了线性，此时动态放大倍数基本上为一常数。

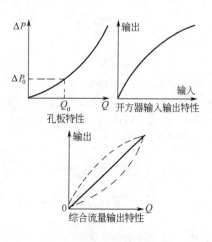

图 6-52

C. 由于流量对象时间常数小，采用阀门定位器后容易引起振荡，反而使调节质量下降。

D. 因为流量信号一般存在脉动信号，虽然脉动幅度不大，但脉动的频率是较高的，如果加上微分作用，调节器的输出便会频繁地波动，反而影响了调节质量。

6-90 有一流量控制系统（图 6-53），其对象是一段管道，流量用孔板和电动差压变送器进行测量、变送，并经开方器变为 4～20 mA 输出。流量测量范围为 0～25 t/h，调节器为比例作用，调节器输出 4～20 mA 信号作用于带阀门定位器的调节阀，阀的流量范围是 0～20 t/h。在初始条件下，流量为 10 t/h，调节器输出在 12 mA。现因生产需要加大流量，将给定值提高 2.5 t，试问实际流量将变化多少？余差有多大（假定调节器的比例度为 40%）？

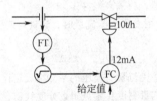

图 6-53

答： 求各个环节的放大系数：

调节器 $K_c = \dfrac{100\%}{\delta} = \dfrac{100}{40} = 2.5$

调节阀 $K_v = \dfrac{(20-0)\text{t/h}}{(20-4)\text{mA}} = 1.25 \text{ t/h/mA}$

（假定工作特性是线性的）

对象 $K_o = 1$（对于管道，$\Delta y = \Delta q$）

测量变送器 $K_m = \dfrac{(20-4)\ \text{mA}}{(25-0)\ \text{t/h}} = 0.64 \text{ mA/t/h}$

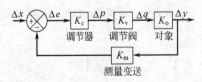

图 6-54

被测流量的给定值范围 0～25 t/h（4～20 mA），所以将给定值提高 2.5 t，即改变给定值 10%，相当 $10\% \times (20-4) = 1.6$ mA。

由方块图 6-54 得：

$$\Delta y = \frac{K_c K_v K_o}{1 + K_c K_v K_o K_m} \Delta x$$
$$= \frac{2.5 \times 1.25 \times 1}{1 + 2.5 \times 1.25 \times 1 \times 0.64} \times 1.6$$
$$= 1.667 \text{ t/h}$$

由此可见，当给定值改变 10%，管道内流量的变化是 1.667 t/h，即由原来的 10 t/h 提高为 11.667 t/h，

与 12.5 t/h 的要求相比，有 0.833 t/h 的余差。

6-91 对于单参数流量调节回路，操作人员反映流量波动大，你如何进行检查并推断是何处的问题？

答：（1）观察调节器偏差指示是否波动，若偏差指示稳定而显示仪表示值波动，则是显示仪表故障。

（2）若显示仪表示值和调节器偏差指示同时波动，则是变送器输出波动，这时将调节器改为手动遥控，若示值稳定则是调节器自控不稳。调节器自控故障或参数需重新整定。

（3）调节器改手动遥控后，变送器输出仍波动，则应观察调节器手动电流是否稳定，若不稳定则是调节器手动控制故障；若稳定，则应观察调节阀风压表。若调节阀风压表示值波动，调节阀阀杆上、下动作，则是电气转换器或电器阀门定位器故障，也可能是它们受振动而使输出波动。

（4）调节器改手动后，调节阀风压稳定，阀杆位置不变，变送器输出仍波动，这时通知工艺操作人员后，将变送器停用，关闭二次阀，打开平衡阀，检查变送器工作电流、输出电流是否正常，若正常，将变送器输出迁移到正常生产时的输出值，此时，观察变送器输出值是否稳定，若不稳定则是变送器故障，或变送器输出回路接触不良；若变送器输出稳定，此时取消迁移量，启表后变送器输出仍波动，则是变送器引压管内有气阻或液阻，将气阻、液阻排除后，变送器输出仍波动，则是工艺流量自身波动，与操作人员共同分析原因加以解决。

6-92 某流量控制系统，调节阀是对数特性。在满负荷生产时，测量曲线平直；改为半负荷生产时，曲线漂浮，不容易回到给定值。是何原因？怎样才能使曲线在给定值上稳定下来？

答： 对一个好的控制系统来说，其总的灵敏度要求是一定的，而整个系统的灵敏度又是由调节对象、调节器、调节阀、测量元件等各个环节的灵敏度综合决定。满负荷生产时，调节阀开度大，而对数阀开度大时放大系数大，灵敏度高，改为半负荷生产时，调节阀开度小，放大系数小，灵敏度低。由于调节阀灵敏度降低，致使整个系统灵敏度降低，因而不易克服外界扰动，引起曲线漂浮。所以，改为半负荷生产时，测量曲线漂浮，不易回到给定值。

为使曲线在给定值上重新稳下来，可适当减小调节器比例带，也即增大调节器放大倍数，以保证调节阀小开度时，整个控制系统灵敏度不至于降低。

6-93 一台量程为 0～800 mm 的 UTQ 型浮筒液面计，用水校验时，当水柱高度从 400 mm 增至 600 mm 时，控制部分出风由 80 kPa 降到 40 kPa，问比例度 δ 为多大？若不再调整，当用于密度为 0.7 g/cm³ 的汽油液面控制时，实际比例度多大？

答：根据比例度定义式计算

$$\delta = \frac{\Delta h / \Delta H_{量程}}{\Delta p / \Delta P_{量程}} \times 100\%$$

$$= \frac{200/800}{40/80} \times 100\% = 50\%$$

式中　Δh——测量值变化值；

ΔH——调节器量程范围；

Δp——调节器输出变化值；

ΔP——调节器信号范围。

当介质由校验时的水变为使用时的汽油后，则同样的液面高度变化引起的输出变化只能为原来的 0.7 倍，所以

$$\delta_{实} = \frac{\Delta h / \Delta H_{量程}}{\Delta p \times 0.7 / \Delta P_{量程}} \times 100\%$$

$$= \frac{50\%}{0.7} \approx 71.43\%$$

用水校验时比例度为 50%，投入运行后，实际比例度为 71.43%。

6-94 某精馏塔进料有可能出现大幅度负荷变化，工艺上允许对进料量进行自动调节，故设置了一中间容器和一套液面调节系统（图 6-55）。已知：$Q_{max} = 800$ kg/min，$Q_{min} = 160$ kg/min，流体密度 $\rho = 800$ kg/m³，调节器选比例，调节阀为线性特性，最大流通能力为 1000 kg/min，变送器量程为 $0 \sim 800$ mmH₂O（1 mmH₂O ≈ 10 Pa），调节阀、变送器滞后忽略。

（1）写出系统框图及传递函数；

（2）整定调节器参数。

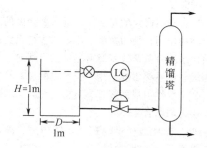

图 6-55

答：（1）系统方框图见图 6-56。

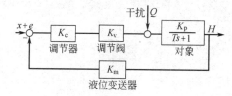

图 6-56

由于对象为一阶特性：$K_P = R$

设正常流量为 480 kg/min，液位为 0.5 m。

$$R = \frac{2h}{Q} = \frac{2 \times 0.5}{480} = 2.08 \times 10^{-3} \text{ m·min/kg}$$

$$T = RC = R \frac{\pi}{4} D^2 \rho$$

$$= 2.08 \times 10^{-3} \times \frac{\pi}{4} \times 1^2 \times 800$$

$$= 1.31 \text{ min}$$

液位仪表量程 $\Delta H = \dfrac{P}{\rho} = \dfrac{800 \times 10^{-4}}{800 \times 10^{-6}}$

$$= 100 \text{ cm} = 1 \text{ m}$$

$$K_m = \frac{\Delta P}{\Delta H} = \frac{1.0 - 0.2}{1} = 0.8$$

$$K_v = \frac{Q_v}{\Delta P} = \frac{1000 - 0}{1.0 - 0.2} = 1250$$

则传递函数：

$$\frac{H(s)}{Q(s)} = \frac{K_p \dfrac{1}{Ts+1}}{1 + K_P K_C K_m K_v \dfrac{1}{Ts+1}}$$

（2）为确保负荷大幅度变化时，精馏塔进料变化缓慢，故对调节系统采用均匀调节。

设干扰为 $Q = 800 - 480 = 320$ kg/min，系统稳定时，余差为 0.25 m。

利用终值定理，$Q(s) = 320/s$

$$h(\infty) = \lim_{s \to 0} sH(s) = 0.25$$

$$\lim_{s \to 0} sH(s) = \lim_{s \to 0} s \times \frac{\dfrac{0.00208}{1.31s+1}}{1 + K_c \times 1250 \times 0.8 \times \dfrac{0.00208}{1.31s+1}}$$

$$\times 320/s \times = \frac{0.00208 \times 320}{1 + K_c \times 1250 \times 0.8 \times 0.00208} = 0.25$$

$$K_c = 0.8$$

比例度 　$\delta = \dfrac{1}{K_c} \times 100\%$

$$= \frac{1}{0.8} \times 100\% = 125\%$$

6-95 为什么有的控制系统不稳定时，加装一个气阻气容（或电阻电容）就会变好些，加装时应注意什么？

答：当调节对象时间常数很小或测量信号噪声大时，加装阻容元件组成的一阶滞后环节，可以部分消除调节对象的零点（或者说阻容环节有滤波作用），因而可使调节过程曲线变好些。加装阻容环节时应注意阻容不能太小（这时滤波效果差），也不能太大，后者会造成调节质量变差，若阻容环节加在工艺设备或管线间，会因阻容过大造成测量信号失真或管线容易堵塞使调节失灵。

6-96 某装置加热炉出口温控采用由热电偶、温度变送器、显示记录调节仪组成的检控系统，由于长周期运行，热电偶保护管有结焦现象，致使热电偶的测温时间常数达 3 min（若认为是单容对象）。这样，

在温度波动时，记录的不是真实温度。问两者之间有什么规律性关系？你采取什么措施补救，能够使记录的温度真实些，又能改善调节质量？

答：当被测温度相对稳定不变时，所记录温度就是被测温度；当被测温度波动时，所记录温度就不是真实温度；其波动幅度小于真实温度波动幅度，在相位上落后。波动的频率愈高，记录温度波动的幅度就愈小，相位落后愈严重。补救措施是在温度变送器的输出线路上串入一个正微分器，使其实际微分时间等于热电偶的时间常数 3 min。这样记录下来的温度就真实些，克服了滞后，也改善了调节品质。

6-97 为什么有些控制系统工作一段时间后控制质量会变坏？

答：控制系统的质量与组成系统的四个环节的特性有关，当系统工作一段时间后，这四个环节的特性都有可能发生变化，以致影响控制质量。这时，要从仪表和工艺两个方面去找原因，特别重要的是工艺人员与仪表人员的密切配合。

首先是对象特性的变化会对控制质量产生很大的影响。有些对象本身具有非线性，当负荷变化时，系统的放大系数、时间常数都会随之变化。不少温度对象，它的特性与换热情况有很大关系，系统刚运行时，传热效率较高，时间常数较小，可能控制质量是不错的，但运行了一段时间后，由于传热壁上结垢变厚，或由于工艺波动等原因，使易结晶的物料不断析出，聚合物不断产生，或一些反应器内催化剂活性下降等，必然会使对象特性发生变化，控制质量变差。调节器参数的整定是在一定的对象特性情况下进行的，对象特性的变化很可能会使开车时整定好的参数不再适应新的对象特性，这时如不及时调整参数，当然也会使控制质量变差。

属于调节阀上的原因也不少。如有的阀由于受介质的腐蚀，使阀芯、阀座形状发生变化，阀的流通面积变大，也易造成系统不能稳定地工作。另外，调节阀的流量特性在对象负荷变动时也会产生变化。如果阀的特性是线性的，在负荷比较低时，系统的控制作用就较强，有可能使被控变量产生较大的波动，如果是这种原因，使控制质量变差，就应设法改变阀的特性，如采用等百分比阀等。

检测元件特性的变化也会影响控制质量。有的检测元件在使用一段时间后，特性变坏，例如孔板磨损、污物堵塞等，有的测温元件被结晶或聚合物包住，使时间常数变大，测量精度下降等。检测元件信号的失真会直接影响调节器的输入信号和输出信号，当然会使控制质量下降。

由于组成控制系统的对象、检测元件、调节阀在系统运行一段时间后，其特性都可能发生变化，以致影响控制质量，所以控制系统在运行一段时间后，往往要对调节器的参数重新进行整定，以适应情况的变化，满足对控制质量的要求。

6.4　复杂控制系统

6.4.1　串级控制系统

6-98 什么叫串级控制系统？请画出串级控制系统的典型方块图。

答：串级控制系统是由其结构上的特征而得名的。它是由主、副两个调节器串接工作的。主调节器的输出作为副调节器的给定值，副调节器的输出去操纵调节阀，以实现对主变量的定值控制。

串级控制系统的典型方块图如图 6-57 所示。

6-99 串级控制系统有哪些特点？主要使用在哪些场合？

答：串级控制系统的主要特点为：

（1）在系统结构上，它是由两个串接工作的调节器构成的双闭环控制系统；

（2）系统的目的在于通过设置副变量来提高对主变量的控制质量；

（3）由于副回路的存在，对进入副回路的干扰有超前控制的作用，因而减少了干扰对主变量的影响；

（4）系统对负荷改变时有一定的自适应能力。

串级控制系统主要应用于：对象的滞后和时间常数很大、干扰作用强而频繁、负荷变化大、对控制质量要求较高的场合。

6-100 怎样选择串级控制系统中主、副调节器的控制规律？

答：串级控制系统的目的是为了高精度地稳定主变量，对主变量要求较高，一般不允许有余差，所以主调节器一般选择比例积分控制规律，当对象滞后较

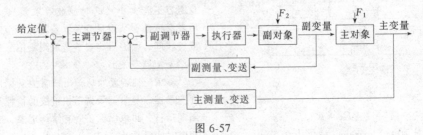

图 6-57

大时，也可引入适当的微分作用。

串级控制系统中对副变量的要求不严。在控制过程中，副变量是不断跟随主调节器的输出变化而变化的，所以副调节器一般采用比例控制规律就行了，必要时引入适当的积分作用，而微分作用一般是不需要的。

6-101 如何选择串级控制系统中主、副调节器的正、反作用？

答：副调节器的作用方向与副对象特性、调节阀的气开、气关型式有关，其选择方法与简单控制系统中调节器正、反作用的选择方法相同，是按照使副回路成为一个负反馈系统的原则来确定的。

主调节器作用方向的选择可按下述方法进行：当主、副变量增加（或减小）时，如果要求调节阀的动作方向是一致的，则主调节器应选"反"作用的；反之，则应选"正"作用的。

从上述方法可以看出，串级控制系统中主调节器作用方向的选择完全由工艺情况确定，或者说，只取决于主对象的特性，而与执行器的气开、气关型式及副调节器的作用方向完全无关。这种情况可以这样来理解：如果将整个副回路看做是构成主回路的一个环节时，其方块图可以简化为图 6-58 所示。由图可见，这时副回路这个环节的输入就是主调节器的输出（即副回路的给定），而其输出就是副变量。由于副回路的作用总是使副变量跟随主调节器的输出变化而变化，不管副回路中副对象的特性及执行器的特性如何，当主调节器输出增加时，副变量总是增加的，所以在主回路中，副回路这个环节的特性总是"正"作用方向的。由图可见，在主回路中，由于副回路、主测量变送这两个环节的特性始终为"正"，所以为了使整个主回路构成负反馈，主调节器的作用方向仅取决于主对象的特性。主对象具有"正"作用特性（即副变量增加时，主变量亦增加）时，主调节器应选"反"作用方向；反之，当主对象具有"反"作用特性时，主调节器应选"正"作用方向。

图 6-58

6-102 图 6-59 所示的串级控制系统是否有错？错在什么地方？应作如何改正，为什么？

答：很显然，工艺要求是控制塔釜温度，温度是主控制量。所以，图 6-59 中主、副调节器位置搞错了。应以温度调节器为主调节器，流量调节器为副调节器，则温度调节器输出是流量调节器的给定，而不

是流量调节器输出是温度调节器的给定，否则就不能起到提前克服蒸汽压力干扰的作用。应作如图 6-60 所示的改正。

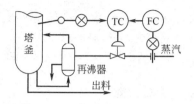

图 6-59

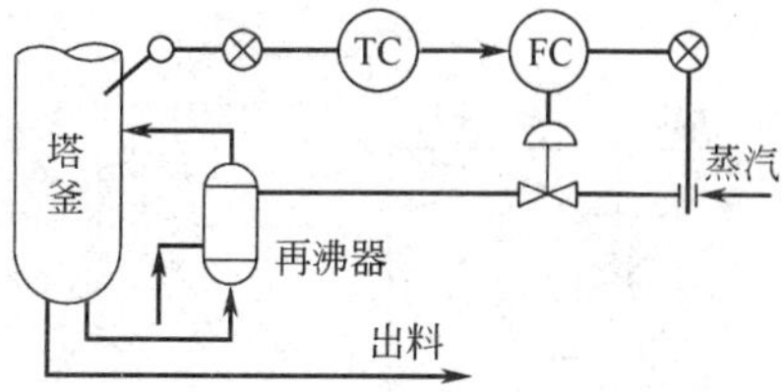

图 6-60

6-103 炉温与燃料油流量构成的串级控制系统中，炉温为主参数，燃料油流量为副参数，采用气开阀。主、副调节器的"正、反"作用可分为四种组合，指出下表中哪种组合是正确的，为什么？

作用　　　组别 调节器	1	2	3	4
主调节器	正作用	正作用	反作用	反作用
副调节器	正作用	反作用	反作用	正作用

答：第 1 组和第 3 组是正确的。

在串级控制系统中，主调节器的输出作为副调节器的给定，当炉温上升时，主调节器的输出增大，副调节器的给定也增大，相对地副调节器的偏差减小，于是副调节器的输出减小，调节阀的开度减小，燃料油流量随之减小，致使炉温下降。

采用第 3 组组合也能获得同上述的控制效果，但采用第 2、4 组组合则达不到串级调节的目的。

6-104 图 6-61 所示氨冷器，用液氨冷却铜液，要求出口铜液温度恒定。为保证氨冷器内有一定汽化

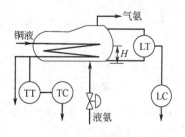

图 6-61

空间，并避免液氨带入冰机造成事故，采用温度-液位串级控制。

（1）试画出温度-液位串级控制系统示意图和方块图；

（2）试确定气动调节阀的气开、气关型式；

（3）试确定调节器的正、反作用形式。

答：（1）串级控制系统示意图见图6-62，方块图见图6-63。

（2）气开式调节阀；

（3）液位调节器为反作用，温度调节器为正作用。

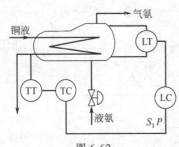

图 6-62

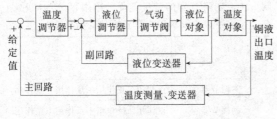

图 6-63

6-105 某聚合反应釜内进行放热反应，釜温过高会发生事故，为此采用夹套水冷却。由于釜温控制要求较高，且冷却水压力、温度波动较大，故设置控制系统如图6-64所示。

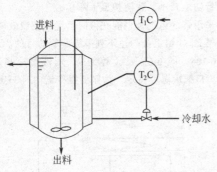

图 6-64

（1）这是什么类型的控制系统？试画出其方块图，说明其主变量和副变量是什么？

（2）选择调节阀的气开、气关型式；

（3）选择调节器的正、反作用；

（4）如主要干扰是冷却水的温度波动，试简述其控制过程；

（5）如主要干扰是冷却水压力波动，试简述其控制过程。

答：（1）这是串级控制系统。主变量是釜内温度θ_1，副变量是夹套内温度θ_2。其方块图如图6-65所示。

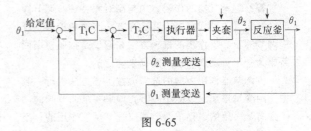

图 6-65

（2）为了在气源中断时保证冷却水继续供应，以防止釜温过高，故调节阀应采用气关型，为"－"方向。

（3）主调节器T_1C的作用方向可以这样来确定：由于主、副变量（θ_1、θ_2）增加时，都要求冷却水的调节阀开大，因此主调节器应为"反"作用。

副调节器T_2C的作用方向可按简单（单回路）控制系统的原则来确定。由于冷却水流量增加时，夹套温度θ_2是下降的，即副对象为"－"方向。已知调节阀为气关型，"－"方向，故副调节器T_2C应为"反"作用。

（4）如主要干扰是冷却水的温度波动，整个串级控制系统的工作过程是这样的：设冷却水的温度升高，则夹套内的温度θ_2升高，由于T_2C为反作用，故其输出降低，因而气关型的阀门开大，冷却水流量增加以及时克服冷却水温度变化对夹套温度θ_2的影响，因而减少以致消除冷却水温度波动对釜内温度θ_1的影响，提高了控制质量。

如这时釜内温度θ_1由于某些次要干扰（例进料流量、温度的波动）的影响而波动，该系统也能加以克服。设θ_1升高，则反作用的T_1C输出降低，因而使T_2C的给定值降低，其输出也降低，于是调节阀开大，冷却水流量增加以使釜内温度θ_1降低，起到负反馈的控制作用。

（5）如主要干扰是冷却水压力波动，整个串级控制系统的工作过程是这样的：设冷却水压力增加，则流量增加，使夹套温度θ_2下降，T_2C的输出增加，调节阀关小，减少冷却水流量以克服冷却水压力增加对θ_2的影响。这时为了及时克服冷却水压力波动对其流量的影响，不要等到θ_2变化才开始控制，可改进原方案，采用釜内温度θ_1与冷却水流量F的串级控制系统，以进一步提高控制质量。

6-106 图 6-66 所示为聚合釜温度控制系统。冷却水通入夹套内，以移走聚合反应所产生的热量。试问：

（1）这是一个什么类型的控制系统？试画出它的方块图；

（2）如果聚合温度不允许过高，否则易发生事故，试确定调节阀的气开、气关型式；

（3）确定主、副调节器的正、反作用。

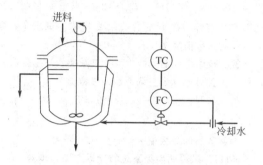

图 6-66

答：（1）这是以聚合温度为主变量，冷却水流量为副变量的串级控制系统，方块图见图 6-67。

（2）气关型。

（3）TC 为正作用，FC 为正作用。

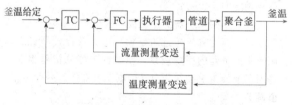

图 6-67

6-107 某干燥器的流程图如图 6-68 所示。干燥器采用夹套加热和真空抽吸并行的方式来干燥物料。夹套内通入的是经列管式加热器加热后的热水，而加热器采用的是饱和蒸汽。为了提高干燥速度，应有较高的干燥温度 θ，但 θ 过高会使物料的物性发生变化，这是不允许的，因此要求对干燥温度 θ 进行严格控制。

（1）如果蒸汽压力波动是主要干扰，应采用何种控制方案？为什么？试确定这时调节阀的气开、气关型式与调节器的正、反作用。

（2）如果冷水流量波动是主要干扰，应采用何种控制方案？为什么？试确定这时调节器的正、反作用和调节阀的气开、气关型式。

（3）如果冷水流量与蒸汽压力都经常波动，应采用何种控制方案？为什么？试画出这时的控制流程图，确定调节器的正、反作用。

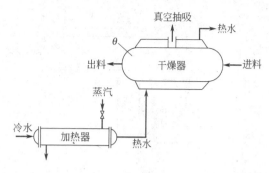

图 6-68

答：（1）应采用干燥温度与蒸汽流量的串级控制系统。这时选择蒸汽流量作为副变量。一旦蒸汽压力有所波动，引起蒸汽流量变化，马上由副回路及时得到克服，以减少或消除蒸汽压力波动对主变量 θ 的影响，提高控制质量。

调节阀应选择气开型，这样一旦气源中断，马上关闭蒸汽阀门，以防止干燥器内温度 θ 过高。

由于蒸汽流量（副变量）和干燥温度（主变量）升高时，都需要关小调节阀，所以主调节器 TC 应选"反"作用。

由于副对象特性为"＋"（蒸汽流量因阀开大而增加），阀特性也为"＋"，故副调节器（蒸汽流量控制器）应为"反"作用。

（2）如果冷水流量波动是主要干扰，应采用干燥温度与冷水流量的串级控制系统。这时选择冷水流量作为副变量，以及时克服冷水流量波动对干燥温度的影响。

调节阀应选择气关型，这样一旦气源中断，调节阀打开，冷水流量加大，以防止干燥温度过高。

由于冷水流量（副变量）增加时，需要关小调节阀；而干燥温度增加时，需要打开调节阀。主、副变量增加时，对调节阀的动作方向不一致，所以主调节器 TC 应选"正"作用。

由于副对象为"＋"，阀特性是"－"，故副调节器（冷水流量调节器）应选"正"作用。

（3）如果冷水流量与蒸汽压力都经常波动，由于它们都会影响加热器的热水出口温度，所以这时可选用干燥温度与热水温度的串级控制系统，以干燥温度为主变量，热水温度为副变量。在这个系统中，蒸汽流量与冷水流量都可选作为操纵变量，考虑到蒸汽流量的变化对热水温度影响较大，即静态放大系数较大，所以这里选择蒸汽流量作为操纵变量，构成如图 6-69 所示的串级控制系统。

由于干燥温度（主变量）和热水温度（副变量）升高时，都要求关小蒸汽阀，所以主调节器（干燥温度调节器）应选用"反"作用。

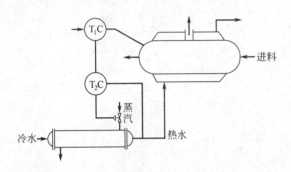

图 6-69

由于蒸汽流量增加时，热水温度是升高的，副对象特性为"＋"，调节阀为气开型，为"＋"，故副调节器（热水温度调节器）应选"反"作用。

6-108 什么是两步整定法？试述其整定步骤。

答： 两步整定法就是按主、副回路分别整定，第一步先整定副回路，第二步再整定主回路。其步骤如下：

(1) 在工艺生产稳定，主副回路均在纯比例调节规律运行的条件下，将主调节器比例度置于 100%，逐渐减小副调节器比例度，当副回路达到 4:1 的衰减过程时，记下副调节器的比例度 δ_{2s} 和操作周期 T_{2s}；

(2) 将副调节器比例度固定在 δ_{2s}，逐渐减小主调节器的比例度，当主回路达到 4:1 衰减过程时，记下主调节器的比例度 δ_{1s} 和操作周期 T_{1s}；

(3) 根据求出的 δ_{1s}、T_{1s}、δ_{2s}、T_{2s}，按 4:1 衰减法调节器参数计算表计算出主、副调节器的比例度、积分时间和微分时间；

(4) 按"先副后主"、"先比例次积分后微分"的原则，将计算得出的调节器参数加到调节器上；

(5) 观察记录曲线，进行适当的调整。

6-109 什么是一步整定法？试述其整定步骤。

答： 一步整定法就是根据经验先确定副调节器的参数，然后按简单控制系统参数整定方法对主调节器参数进行整定。其步骤如下：

(1) 在生产正常、系统为纯比例运行的条件下，按经验（见表 6-6）将副调节器比例度设定为某一数值；

表 6-6 采用一步整定法时副调节器参数选择范围

副变量类型	比例度 δ_2/%	比例放大倍数 K_{p2}
温度	20～60	5.0～1.7
压力	30～70	3.0～1.4
流量	40～80	2.5～1.25
液位	20～80	5.0～1.25

(2) 利用简单控制系统任一种整定方法整定主调节器参数；

(3) 观察调节过程，根据 $K_{p1} \times K_{p2} =$ 常数的原理，适当调整调节器参数，使主变量调节精度最好；

(4) 如果出现"共振"现象，也不必紧张，只要加大主调节器或减小副调节器的任一组参数值，一般即可消除。如"共振"剧烈，可先转入遥控，待系统稳定之后，将调节器参数适当加大（比"共振"时略大），重新投运，重新整定即可。

6-110 某串级控制系统采用两步整定法整定调节器参数，测得 4:1 衰减过程的参数为：$\delta_{1s} = 8\%$，$T_{1s} = 100s$；$\delta_{2s} = 40\%$，$T_{2s} = 10s$。若已知主调节器选用 PID 规律，副调节器选用 P 规律。试求主、副调节器的参数值为多少？

答： 按简单控制系统中 4:1 衰减曲线法整定参数的计算表，可计算出主调节器的参数值为：

$\delta_1 = 0.8\delta_{1s} = 6.4\%$；$T_{I1} = 0.3T_{1s} = 30s$；$T_{D1} = 0.1T_{1s} = 10s$。

副调节器的参数值为 $\delta_2 = \delta_{2s} = 40\%$。

6-111 试说明串级系统的投运方法和步骤。

答： 用两步法投运：先投副环，后投主环。

(1) 将副调节器"内、外"给定置外给定，"自动-手动"放在"手动"。主调节器"内，外"给定置"内给定"，"自动-手动"放在"手动"，并把"正、反"作用开关分别放在正确位置，调节器的参数分别放在预定的位置上；

(2) 用副调节器的手操拨盘进行遥控；

(3) 当主参数接近给定值，副参数也较平稳后，调节主调节器的手操拨盘，使副调节器的偏差为零，将副调节器由手动切到自动，副调节器实行外给定定值调节；

(4) 调节主调节器给定拨盘，使主调节器偏差等于零；

(5) 将主调节器切向自动，完成串级控制系统的投运工作。

6.4.2 均匀控制系统

6-112 什么是均匀控制系统？它有何特点？

答： 均匀控制系统是为了解决前后工序的供求矛盾，使两个变量之间能够互相兼顾和协调操作的控制系统。

均匀控制系统的特点是其控制结果不像其它控制系统那样，不是为了使被控变量保持不变，而是使两个互相联系的变量都在允许的范围内缓慢地变化。均匀控制系统中的调节器一般都采用纯比例作用，且比例度很大，必要时才引入少量的积分作用。

6-113 判断。

有一个控制系统如图 6-70 所示，请你指出错误之处，并给予改正。

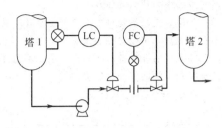

图 6-70

答：按此控制方案液位控制与流量控制相互独立；塔 1 的出料正好是塔 2 的进料，彼此相互干扰，无法进行调节。

应改为串级均匀控制方案，如图 6-71 所示。

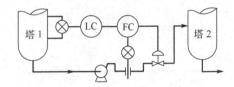

图 6-71

6-114 图 6-72 所示为一脱乙烷塔塔顶的气液分离器。由脱乙烷塔塔顶出来的气体经冷凝器进入分离器，由分离器出来的气体去加氢反应器。分离器内的压力需要比较稳定，因为它直接影响精馏塔的塔顶压力。为此通过控制出来的气相流量来稳定分离器内的压力，但出来的物料是去加氢反应器的，也需要平稳。所以设计如图 6-72 所示的压力-流量串级均匀控制系统。试画出该系统的方块图，说明它与一般串级控制系统的异同点。

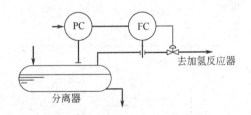

图 6-72

答：方块图如图 6-73 所示。

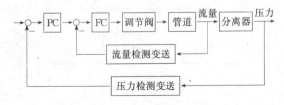

图 6-73

由系统的方块图可以看出，该系统与一般的串级控制系统在结构上是相同的，都是由两个调节器串接工作的，都有两个变量（主变量与副变量），构成两个闭环系统。

该系统与一般的串级控制系统的差别，主要在于控制目的是不相同的。一般串级控制系统的目的是为了稳定主变量，而对副变量没有什么要求，但串级均匀控制系统的目的是为了使主变量和副变量都比较平稳，但不是不变的，只是在允许的范围内缓慢地变化。为了实现这一目的，串级均匀控制系统在调节器的参数整定上不能按 4:1（或 10:1）衰减整定，而是强调一个"慢"字，一般比例度的数值很大，如需要加积分作用时，一般积分时间也很大。

6-115 上题图 6-72 所示的串级均匀控制系统中，如已经确定调节阀为气关阀，试确定调节器的正、反作用，并简述系统的工作过程。

答：由于主变量压力升高时需要开大调节阀，副变量流量增加时需要关小调节阀，所以主调节器 PC 应选"正"作用。由于调节阀为气关阀，特性为"－"，副对象特性为"＋"（阀开大时流量增加），所以副调节器 FC 应选"正"作用。

系统的工作过程是这样的：如果由于某种原因气相流出量增加，则 FC 的输出也增加（因为 FC 为正作用），所以使气关阀关小，流量降低，起着快速稳定副变量的目的。如果由于某种原因使分离器内压力增加，则 PC 的输出也增加（因为 PC 是正作用的）。由于 PC 的输出就是 FC 的给定，FC 给定增加时，其输出是降低的（因为 FC 为正作用），这样一来，调节阀就开大，气相流出量增加，使分离器内的压力下降，起着稳定压力的作用。由于在串级均匀控制系统中，调节器的参数值整定得很大，控制作用很弱，所以当分离器内的压力波动时，不可能使输出流量有很大的变化来使压力很快回到给定值，而只能使流量缓慢地变化，因此压力也是缓慢变化的，这样就实现均匀控制的目的。

6-116 某容器设置了液位-流量均匀控制系统，如图 6-74 所示。

工艺要求本系统具有较大的操作灵活性，即可投入主控、副控、串控及遥控运行。由于本系统的出料量为下一工序进料量，工艺在任何状况下不允许本系统出料量突然中断。请按以上要求正确选用主、副调节器和调节阀的作用型式及配置必要的辅助器件。并简要说明其理由。

答：根据工艺要求在任何状况下不允许中断出料量的条件，故而选用气关调节阀。

由于本控制系统的结构决定，在选用气关调节阀后，无论主、副调节器的作用型式如何配置，均不能实现串控、主控、副控均可投运的要求。为此要求通

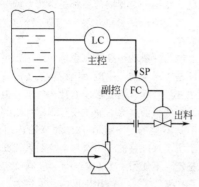

图 6-74

过配置反作用阀门定位器或在副调节器的输出回路中串入反向器，使该气关阀在调节过程中具有"气开"阀的动态特性，此时主调节器选用正作用调节器，副调节器选用反作用调节器，即可实现串控、主控、副控的各种操作要求。在事故状况，如气源中断，该调节阀仍是一个气关阀，出料不会突然中断。

6-117 试述均匀控制系统调节器参数的整定方法。

答： 均匀调节的目的是允许液面在一定范围内上下波动的情况下，使流量变化比较均匀平稳，以求不至于突然发生大的波动。因此，该控制系统调节器的整定，不必也不可能是定值。对于串级均匀结构形式整定过程，首先把副调节器的比例度放在一适当数值上，然后由小到大变化，使副回路调节过程出现缓慢的非周期性衰减过程。再把主调节器的比例度放在一个适当的数值上，逐步由小到大改变比例度，以求得缓慢的非周期性衰减过程。在此调节系统的整定过程中，主、副调节器都不必加积分。最后，视曲线情况，也可以适当加入一点积分。

要指出的是，均匀控制系统从形式上看符合串级控制系统结构，具有主、副调节器，但在参数整定时却不能按一般的串级控制系统的方法去整定。

6.4.3 比值控制系统

6-118 什么是比值控制系统？什么是变比值控制系统？

答： 实现两个或两个以上的参数符合一定比例关系的控制系统，称为比值控制系统。通常为流量比值控制系统，用来保持两种物料的流量保持一定的比值关系。

变比值控制是相对于定比值控制而言的。当要求两种物料的比值大小能灵活地随第三变量的需要而加以调整时，就要求设计比值不是恒定值的比值控制系统，称为变比值控制系统。

6-119 图 6-75 所示为一单闭环比值控制系统，试问：

（1）系统中为什么要加开方器？

（2）为什么说该系统对主物料来说是开环的，而对从物料来说是一个随动控制系统？

（3）如果其后续设备对从物料来说是不允许断料的，试选择调节阀的气开、气关型式；

（4）确定 FC 的正、反作用。

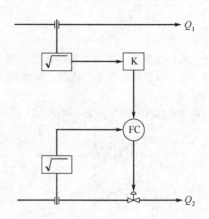

图 6-75

答：（1）因为节流装置的输出差压信号是与流量的平方成比例的，加开方器后，使其输出信号与流量成线性关系。

（2）由于主物料只测量，不控制，故是开环的。

从物料的流量控制器 FC 的给定值是随主物料的流量变化而变化，要求从物料流量亦随主物料流量变化而变化，故为随动控制系统。

（3）应选气关型。

（4）应选正作用。

6-120 图 6-76 所示为一控制系统示意图，Q_A、Q_B 分别为 A、B 物料的流量，试问：

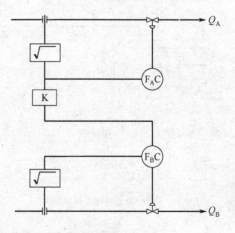

图 6-76

（1）这是一个什么控制系统？

（2）主物料和从物料分别指什么？

（3）如 A、B 物料比值要求严格控制，试确定调节阀的气开、气关型式；

（4）确定调节器的正、反作用；

（5）说明对于物料 A、B 来说，是定值系统还是随动系统？

（6）如果 A、B 物料流量同时变化，试说明系统的控制过程。

答：（1）是一个双闭环比值控制系统；

（2）主物料是 A，从物料是 B；

（3）两阀都应选气开型；

（4）两调节器都应选"反"作用；

（5）A 物料的控制系统为定值系统，B 物料的控制系统为随动系统；

（6）如 B 物料流量增加，F_BC 输出降低，调节阀关小，以稳定 B 物料的流量。

如 A 物料流量增加，F_AC 输出降低，调节阀关小，以稳定 A 物料流量。与此同时，在 A 物料流量的变化过程中，通过比值器 K，使 F_BC 的给定值亦变化，使 B 物料流量亦变化，始终保持 A、B 两物料流量的比值关系。

6-121 某化学反应器要求参与反应的 A、B 两种物料保持一定的比值，其中 A 物料供应充足，而 B 物料受生产负荷制约有可能供应不足。通过观察发现 A、B 两物料流量因管线压力波动而经常变化。该化学反应器的 A、B 两物料的比值要求严格，否则易发生事故。根据上述情况，要求：

（1）设计一个比较合理的比值控制系统，画出原理图与方块图；

（2）确定调节阀的气开、气关型式；

（3）选择调节器的正、反作用。

答：（1）因为 A、B 两物料流量因管线压力波动而经常变化，且对 A、B 两物料的流量比值要求严格，故应设计双闭环比值控制系统。由于 B 物料受生产负荷制约有可能供应不足，所以应选择 B 物料为主物料，A 物料为从物料，根据 B 物料的实际流量值来控制 A 物料的流量，这样一旦主物料 B 因供应不足而失控，即调节阀全部打开尚不能达到规定值时，尚能根据这时 B 物料的实际流量值去控制 A 物料的流量，而始终保持两物料的流量比值不变。如果反过来，选择 A 物料为主物料，就有可能在 B 物料供应不足时，调节阀全部打开，B 物料流量仍达不到按比值要求的流量值，这样就会造成比值关系失控，容易引发事故，这是不允许的。

该比值控制系统的原理图如图 6-77 所示，方块图见图 6-78；

（2）由于 A、B 两物料比值要求严格，否则反应器易发生事故，所以两只调节阀都应为气开阀，这样，一旦气源中断，就停止供料，以保证安全；

（3）由于调节阀为气开阀，特性为"＋"，流量对象特性也为"＋"（因为阀打开，流量是增加的），故两只调节器 F_AC 和 F_BC 都应选"反"作用。这样，一旦流量增加，FC 的输出就降低，对于气开阀来说，其阀门开度就减少，使流量降低，起到负反馈的作用。

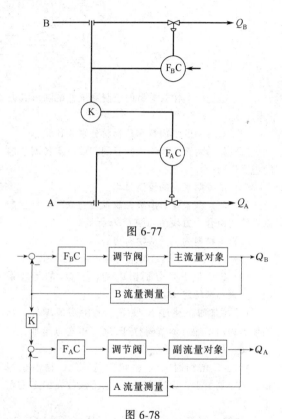

图 6-77

图 6-78

6-122 图 6-79 所示为一反应器的控制方案。Q_A、Q_B 分别代表进入反应器的 A、B 两种物料的流量，试问：

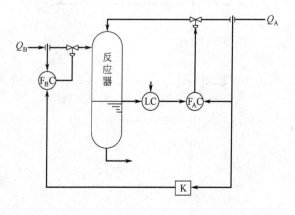

图 6-79

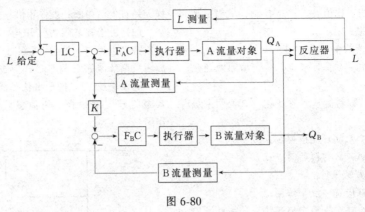

图 6-80

（1）这是一个什么类型的控制系统？试画出其方块图；

（2）系统中的主物料和从物料分别是什么？

（3）如果两调节阀均选气开阀，试决定各调节器的正反作用；

（4）试说明系统的控制过程。

答：（1）该系统为串级控制系统与双闭环比值控制系统的组合。方块图如图 6-80 所示；

（2）主物料为 A，从物料为 B；

（3）F_AC、F_BC、LC 均应为反作用；

（4）F_AC 与 F_BC 分别构成 Q_A 与 Q_B 的闭环系统，分别用来稳定 Q_A 与 Q_B。

Q_A 增加时，通过 K 使 F_BC 的给定值增加，从而使其输出增加，调节阀打开，Q_B 相应也增加，以保持 Q_A 与 Q_B 的比值关系。

液位 L 增加时，LC 输出降低，F_AC 输出也降低，调节阀关小，以减少 Q_A，维持液位在给定的数值上。

6-123 图 6-81 所示为一单闭环比值控制系统，图中 F_1T 和 F_2T 分别表示主、从流量的变送器，将差压信号变为电流信号，假设采用的是 DDZ-Ⅲ型差

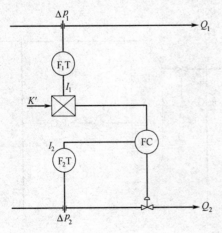

图 6-81

压变送器。已知 $Q_{1max} = 625$ m³/h，$Q_{2max} = 290$ m³/h，要求两流量的比值 $K = Q_2/Q_1 = 0.5$，设确定乘法器的比值设定 K'。

答：比值控制是为了保持物料流量之间的比例关系。工艺上规定的 K 是指两物料的流量比 $K = Q_2/Q_1$，而乘法器比值系数 K' 的设定是指仪表之间的信号关系，目前通用的仪表有它使用的统一信号，所以要设法将工艺规定的流量比 K 转换为比值系数 K'。

图中没有加开方器，所以差压变送器的输入信号 Δp 与流量 Q 之间不呈线性关系，有

$$Q = C\sqrt{\Delta p}$$

式中 C 为差压式流量变送器的比例系数。

对于 DDZ-Ⅲ型差压变送器，其输出信号为 $4 \sim 20$ mA，输入信号为差压，与流量的平方成比例。因此对于 F_1T 和 F_2T，其输出信号分别为：

$$I_1 = \frac{\Delta p_1}{\Delta p_{1max}} \times 16 + 4 = \frac{Q_1^2}{Q_{1max}^2} \times 16 + 4$$

$$I_2 = \frac{\Delta p_2}{\Delta p_{2max}} \times 16 + 4 = \frac{Q_2^2}{Q_{2max}^2} \times 16 + 4$$

比值系数 $K' = \dfrac{I_2 - 4}{I_1 - 4} = \dfrac{Q_2^2}{Q_1^2} \times \dfrac{Q_{1max}^2}{Q_{2max}^2} = K^2 \times \dfrac{Q_{1max}^2}{Q_{2max}^2}$

将给定数据代入，得

$$K' = 0.5^2 \times \frac{625^2}{290^2} = 1.16$$

6-124 用石脑油为原料在一段转化炉制备生产合成氨的合成气，其工艺控制流程图见图 6-82。工艺要求水碳比为 3.7 kgmol/kgatom，已知石脑油平均分子量为 122，含碳量为 85.5% t/h。石脑油仪表量程为 $0 \sim 8000$ Nm³/h，蒸汽仪表量程为 $0 \sim 140$ t/h，求蒸汽与石脑油气比值系统的比值系数。

答：由题意知，所给水碳比（工艺比值）3.7 kgmol/kgatom 与所给仪表量程单位不统一，故需转换。将仪表量程转换为以 kgmol 或 kgatom 表示的形式

$$K = K \frac{Q_{1M}}{Q_{2M}}$$

$$= \frac{1}{3.7} \times \frac{140 \times 10^3 / 18}{\dfrac{8000}{22.4} \times \dfrac{122 \times 0.855}{12}}$$

$$\left(\frac{\text{kgatom}}{\text{kgmol}} \times \frac{\text{kgmol}}{\text{kgmol} \cdot \dfrac{\text{kgatom}}{\text{kgmol}}} \right) = 0.68$$

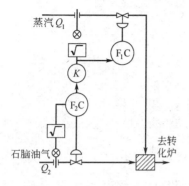

图 6-82

6-125 在图 6-83 所示的比值控制系统中，采用除法器并用孔板测量流量，请回答该调节系统的非线性来自何处？对控制系统有何影响？如何克服？（图中 G_c 为比值调节器）

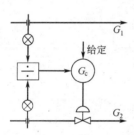

图 6-83

答：（1）当在流量差压变送器后采用开方器时，

$$K = \frac{G_2}{G_1} \times \frac{G_{1\max}}{G_{2\max}}$$

那么 G_2 流量对象的放大系数

$$K_m = \frac{dK}{dG_2}$$

$$= \frac{1}{G_1} \times \frac{G_{1\max}}{G_{2\max}}$$

$$= K \times \frac{1}{G_2} \times \frac{G_{1\max}}{G_{2\max}}$$

当不采用开方器时，

$$K = \left(\frac{G_2}{G_1} \right)^2 \times \left(\frac{G_{1\max}}{G_{2\max}} \right)^2$$

同样可求：

$$K_m = \frac{dK}{dG_2} = 2 \frac{G_2}{G_1^2} \times \left(\frac{G_{1\max}}{G_{2\max}} \right)^2$$

$$= 2 K^2 \times \frac{1}{G_2} \times \left(\frac{G_{1\max}}{G_{2\max}} \right)^2$$

由所得 K_m 的表达式可知，不论采用开方器与否，由于 K、$G_{1\max}$、$G_{2\max}$ 是恒定的常量，K_m 值都要随 G_2 值的大小（即生产负荷的大小）的变化而变化。

（2）该比值控制系统方块图见图 6-84。

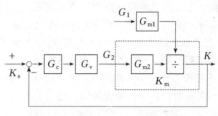

图 6-84

从方块图上不难看出，除法器是整个闭环系统的一个环节，那么这个闭环系统的开环放大倍数，$K_{开} = K_c K_v K_m$。显然也随负荷 G_2 的变化而变化，从而使整个系统的调节质量受负荷大小的影响。

为使 $K_{开}$ 不变，可以通过选择适宜的调节阀流量特性来加以校正。

$$\because \qquad K_m \propto \frac{1}{G_2}$$

那么，若使 $K_v \propto G_2$，则：

$$K_m K_v K_c = 常量$$

这时选择等百分比阀可以克服来自除法器的非线性，使调节质量得到保证。

6.4.4 前馈控制系统

6-126 选择

单纯的前馈调节是一种能对（　　）进行补偿的控制系统。

A. 测量与给定之间的偏差；

B. 被控变量的变化；

C. 干扰量的变化。

答：C。

因为前馈控制系统和按测量与给定之间的偏差进行调节的反馈控制系统之间的本质区别是前者为开环，后者为闭环，所以它只能对干扰量的变化进行补偿。说它能对被控变量的变化进行补偿也是不正确的。因为工业对象中引起被控变量变化的干扰因素很多，实际上不可能对每一个干扰都加一个前馈补偿装置，只能选择其中的一两个主要干扰进行补偿，而其它干扰仍将使被控变量发生偏差。

6-127 填空。

定值控制系统是按____进行调节的，而前馈调节是按____进行调节的；前者是____环调节，后者是____环调节。采用前馈-反馈调节的优点是____。

答：测量与给定的偏差大小；扰动量大小；闭；开；利用前馈调节的及时性和反馈调节的静态准确性。

6-128 工业控制中为什么不用单纯的前馈调节，而选用前馈-反馈控制系统？

答：一般来讲，一个前馈调节的对象中，只考虑主要的前馈变量。而在实际的工业对象中，干扰往往有很多个，而且有些变量用现有的检测技术尚不能直接测量出来。因此单纯的前馈调节应用在工业控制中就会带来一定的局限性。为克服这一弊端，常选用前馈-反馈控制系统。此时选择对象中的最主要干扰或反馈调节所不能克服的干扰作为前馈变量，再用反馈调节补偿其它干扰带来的影响。这样的调节系统能确保被控变量的稳定和及时有效地克服主要干扰。

6-129 前馈控制系统适用于什么场合？有某前馈-反馈控制系统，其对象干扰通道的传递函数为 $G_{of}=\dfrac{2}{10s+1}$，调节通道的传递函数为 $G_{op}=\dfrac{4}{20s+1}$，反馈调节器用 PID 规律，试设计前馈调节器，并画出前馈-反馈控制系统的方框图，画出干扰在单位阶跃作用下前馈调节器的输出。

答：前馈控制系统的特点是按照干扰作用的大小进行调节的，当某一干扰出现后，调节器就对操纵变量进行调整，来补偿干扰对被控变量的影响。它调节及时，并且不受系统滞后大小的限制。前馈调节器是开环的调节系统，前馈调节规律不能用 PID，它是一种特殊的调节规律，适用于以下 4 种场合：(1) 滞后比较大的调节对象；(2) 时间常数很小的对象；(3) 非线性的调节对象；(4) 按计算指标进行调节的对象。

由理想的前馈调节规律可知：

$$G_{ff}=-\frac{G_{of}}{G_{op}}$$

式中　G_{ff}——前馈补偿装置的传递函数；

　　　G_{of}——对象干扰通道的传递函数；

　　　G_{op}——控制通道的传递函数。

则

$$G_{ff}=-\frac{2}{10s+1}\bigg/\frac{4}{20s+1}$$

$$=-\frac{20s+1}{2\,(10s+1)}$$

方块图见图 6-85。

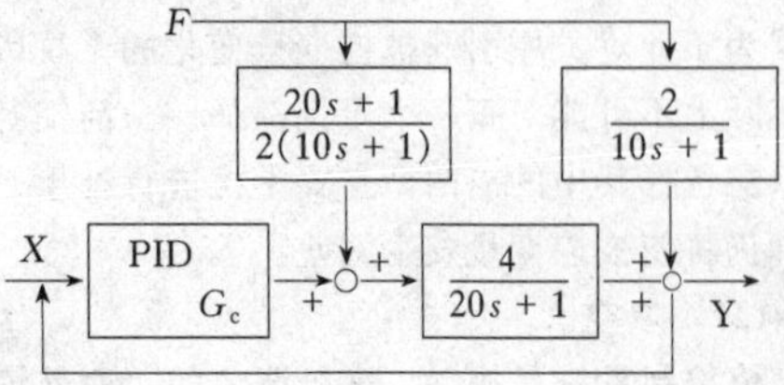

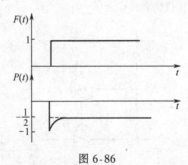

图 6-85

前馈输出为 $P(s)$

$$\frac{P(s)}{F(s)}=-\frac{20s+1}{2(10s+1)}$$

$$\therefore\quad P(s)=-\frac{20s+1}{2(10s+1)}F(s)$$

设 $F(t)$ 为单位阶跃量 $F(s)=\dfrac{1}{s}$

$$\therefore\quad P(s)=-\frac{20s+1}{2s(10s+1)}$$

设 $P(s)=-\dfrac{20s+1}{2s(10s+1)}$

$$=\frac{A}{2s}+\frac{B}{10s+1}\qquad(1)$$

(1)式 $\times s$ 得 $\dfrac{A}{2}+\dfrac{Bs}{10s+1}=-\dfrac{20s+1}{2(10s+1)}$

令 $s=0$ 得 $A=-1$

(1)式 $\times(10s+1)$

得 $\dfrac{A(10s+1)}{2s}+B=-\dfrac{20s+1}{2s}$

令 $s=-\dfrac{1}{10}$，得 $B=-5$

$$\therefore\quad P(s)=\frac{-1}{2s}+\frac{-5}{10s+1}$$

$$P(t)=-1/2-1/2e^{-1/10t}$$

$t=0$，$P(t)=-1$；$t=10$，$P(t)=-1/2$

干扰在单位阶跃作用下前馈调节器的输出见图 6-86。

图 6-86

6-130 图 6-87 所示为加热炉的三种控制方案。试分别画出 (a)、(b)、(c) 所示三种情况的方块图，并比较这三种控制方案的特点。

答：其方块图如图 6-88 所示。其中 (a) 为典型的串级控制系统。主变量为加热炉出口温度 θ，副变量为燃料油流量 Q_1。引入副变量 Q_1 的目的是为了及时克服由于燃料油压力（流量）波动对主变量 θ 的影响，以提高主变量 θ 的控制质量。

图 (b) 为典型的前馈-反馈控制系统。系统的被控变量是原油的出口温度 θ。由于原油流量的变化是引起原油出口温度变化的主要干扰，所以一旦原油流量变化，通过前馈补偿装置（即前馈调节器 FC），及时调整燃料油的加入量，以克服原油流量变化对原油出口温度的影响。同时，原油出口温度的变化又能通过反馈调节器 TC 来调整燃料量的加入量，以克服其它干扰对原油出口温度的影响。这种典型的前馈-反

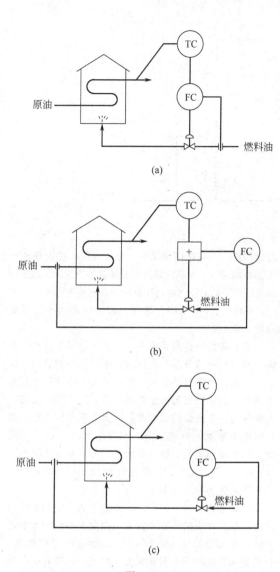

图 6-87

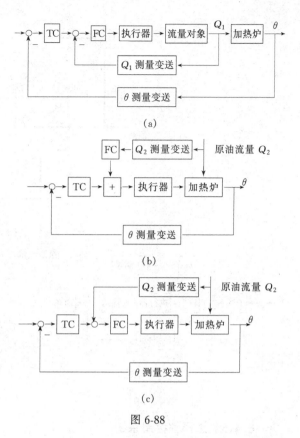

(a)

(b)

(c)

图 6-88

馈控制综合了前馈与反馈控制的优点，既发挥了前馈控制及时克服主要干扰的优点，又保持了反馈控制能克服多种干扰，始终保持被控变量等于给定值的优点，因此是一种较为理想的控制方式。

图（c）是一种形似串级控制但实际上是一种前馈-反馈控制的非标准结构形式。两个调节器 TC 与 FC 串级工作，TC 的输出作为 FC 的给定，形似串级控制，但并没有副回路，只有一个反馈回路，执行器的输出并不能改变原油的流量，所以不能认为是一个串级控制系统。将图 6-88 所示的（c）与（b）相比较，可知将图（b）中的前馈调节器 FC 移到了控制回路内，便成了图（c）所表示的形式了。这时如将 FC 选择为比例调节器，那么原油流量的变化仍能及时通过 FC 来改变燃料油的流量，起到了静态前馈作用，而 TC 能根据被控变量 θ 的变化起到反馈作用，

所以这种系统是一种静态前馈-反馈控制的非标准形式。需要注意的是这时 FC 不能有积分作用，否则当原油流量变化时，会导致调节阀趋于全开或全关的极限位置，使系统无法正常运行。

6-131 图 6-89 所示为一加热炉，用燃料油在炉内燃烧来加热原油。如果对原油出口温度控制要求很高，且原油流量与燃料油压力经常波动，试设计一个控制系统，且画出系统的原理图与方块图。当调节阀选用气开阀时，试确定各调节器的正、反作用。

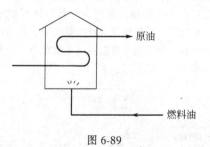

图 6-89

答：应当设计前馈-串级控制系统，其原理图与方块图分别见图 6-90 与图 6-91。图中 G_{ff} 表示前馈补偿装置。

当调节阀为气开型时，FC 与 TC 均应为"反"作用。

前馈补偿调节器 G_{ff} 的符号应为"＋"。

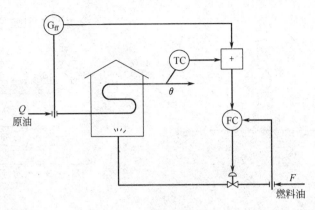

图 6-90

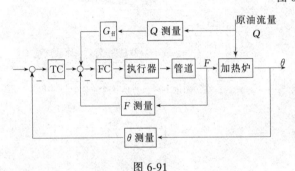

图 6-91

6.4.5 选择性控制系统

6-132 什么是选择性控制系统？请画出其典型方块图，并说明工作原理。

答： 选择性控制又叫取代控制，在该系统中，一般有两只调节器，它们的输出通过一只选择器后，送往执行器。这两只调节器，一只在正常情况下工作，另一只在非正常情况下工作。在生产处于正常情况时，系统由用于正常工作下工作的调节器进行控制；一旦生产出现不正常情况，用于非正常情况下工作的调节器将自动取代正常情况下工作的调节器，对生产过程进行安全性控制，直到生产自行恢复到正常情况，正常情况下工作的调节器又取代非正常情况下工作的调节器，恢复对生产过程的正常控制。其典型方块图见图 6-92。

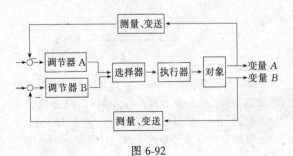

图 6-92

由方块图可以看出，在取代控制系统中，有两个控制回路，但在任何情况下，总只有一个控制回路在工作，而另一个控制回路处于开环状态，这时，这个回路中的调节器的输出被选择器切断，不再送往执行器。

6-133 什么叫积分饱和？积分饱和对控制系统有什么影响？

答： 选择性控制系统中，在正常情况下仅由一个调节器（称甲调节器）起控制作用，另一调节器（称乙调节器）处于开环状态。切换后由乙调节器控制调节阀时，则甲调节器处于开环状态。对于开环状态下的调节器，它的偏差始终存在，由于积分的作用，其输出将不断地上升或下降，甚至超出统一信号的范围，如气动调节器其输出可能超过 100 kPa 达到接近 140 kPa 的气源压力，也可能低于 20 kPa 乃至 0 kPa，这种现象称为积分饱和。

设置选择性调节的目的，是为了通过快速的自动选择消除生产中的不安全因素。但由于积分饱和中死区的存在（例如从 140 kPa 降到 100 kPa 这段时间，自动切入系统的调节器并未真正投用，这段时间即为死区），使调节器不能及时工作，延误了不安全因素的及时消除，危及安全生产。这与设置选择性调节的目的是不相符的，因此，在选择性控制系统中，必须采取防积分饱和的措施。

6-134 在选择性控制系统中防止积分饱和的方法一般有几种？

答： 有 3 种。

（1）限幅法 用高值或低值限幅器向调节器引入积分反馈限制积分作用，使调节器的输出信号不超过工作信号的最高或最低限值。

（2）外反馈法 当调节器处于开环状态时，借其它信号对调节器引入积分外反馈信号，使之不能形成偏差积分作用，限制了积分作用，防止积分饱和。

（3）积分切除法 从调节器本身的线路结构上改进，使调节器原有的积分电路在开环状态下暂时被切除而只保留比例作用，从而防止积分饱和。具有这种功能的调节器称为 PI-P 调节规律调节器。

6-135 对某 PI 控制系统，为了防止积分饱和，采取以下措施，问哪一条是不起作用的？

A. 采用高低值阻幅器；

B. 采用调节器外部积分反馈法；

C. 采用 PI-P 调节器；

D. 采用 PI-D 调节器。

答： 正确解为 D。

积分饱和现象发生在调节器处于开环状态和偏差存在时。对于 PID 调节器来说，当偏差持续存在时，它的输出会达到上限或下限，以后即使偏差减小，输出信号仍维持为上限或下限值，一直要到偏差改变极性（由正变负或由负变正），调节器输出才起变化。这种由于积分作用而使输出长期处于上限或下限值的现象，叫做积分饱和。

A. 使调节器的输出信号不超过工作信号的最高或最低限值称限幅法；

B. 在开环情况下，选用调节器外部积分反馈法，使之不能形成偏差积分作用，称外反馈法；

C. 改变原调节器的线路结构，使在开环情况下暂时切除积分项，只让比例起作用，称积分切除法；

D. 有积分作用故会产生积分饱和，更谈不上防止积分饱和。

6-136 图 6-93 所示为氨冷器，要求保证冷却器出口流体温度恒定，防止冷却器中液氨液位过高，使气氨中不夹带液滴进入冷冻机，确保冷冻机的安全。

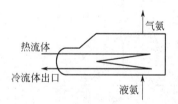

图 6-93

（1）设计一套选择性控制系统（用控制系统示意图直接在图上表示）；

（2）选择调节阀的开、关型式，调节器的作用规律和作用方向；

（3）当调节器采用积分作用时，如何防止"积分饱和"现象？

答： （1）调节系统示意图见图 6-94；

（2）调节阀为气开式，当液位达最高点时，调节器输出为最小，通过低选器，阀门关死，使液位下降。液位调节器选比例式和反作用式；温度调节器为 PID 调节规律，正作用式；

（3）采用积分外反馈法防止积分饱和，即将低选器至调节阀上的信号反馈至温度调节器 TC。使温度

调节器 TC 被液位调节器 LC 取代呈开环状态时，引入积分外反馈信号，限制积分作用，防止积分饱和。

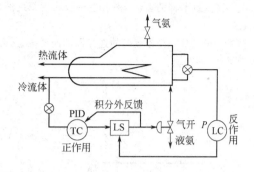

图 6-94

6-137 一高位槽的出口流量需要进行平稳控制，但为防止高位槽液位过高而造成溢水事故，又需对槽的液位采取保护性措施。根据上述要求设计一连续型选择性控制系统，画出该系统的原理图，选择调节阀的开关式，调节器的正、反作用及选择器的高选、低选类型，并简要说明该系统的工作过程。

答： 原理图如图 6-95 所示。

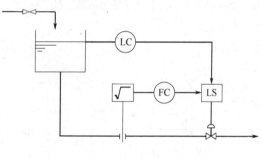

图 6-95

调节阀为气关型；FC 为"正"作用；LC 为"反"作用；选择器为低值选择器。

高位槽的液位在正常范围内时，LS 选中 FC，进行流量的平稳控制；当液位高达安全上限时，LS 选中 LC，以控制液位不超过允许值，保证安全。

6-138 图 6-96 所示为一冷却器，用以冷却经五段压缩后的裂解气，采用的冷剂为来自脱甲烷塔的釜液。正常情况下，要求冷剂流量维持恒定，以保证脱甲烷塔的平稳操作。但是裂解气冷却后的出口温度 θ 不得低于 15 ℃，否则裂解气中所含的水分就会生成

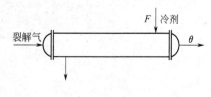

图 6-96

水合物而堵塞管道。根据上述要求，试设计一控制系统，并画出控制系统的原理图，确定调节阀的气开、气关型式及调节器的正、反作用，简要说明系统的控制过程。

答：可设计一个连续型的选择性控制系统，其原理图见图 6-97。

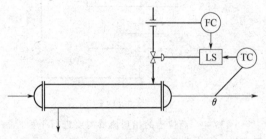

图 6-97

调节阀为气开型；TC 为"正"作用，FC 为"反"作用；选择器应为低值选择器。

正常工况下，温度 θ 高于 15 ℃，TC 输出较高，不被 LS 选中。系统实际上是一个流量的定值控制系统，维持冷剂流量稳定，有利于脱甲烷塔的平稳操作。当 θ 低于 15 ℃时，TC 输出降低，被 LS 选中，关小冷剂阀，以使温度上升，保证安全。

6-139 某乙烯精馏塔的塔底温度需要恒定，其手段是改变进入塔底再沸器的热剂流量。本系统中采用 2 ℃的气态丙烯作为热剂，在再沸器内释热后呈液态进入冷凝液储罐。储罐中的液位不能过低，以免气态丙烯由凝液管中排出，危及后续设备，故设计了图 6-98 所示的控制系统。试问图所示为一个什么类型的控制系统？试画出其方块图，并确定调节阀的气开、气关型式，调节器的正、反作用，简述系统的控制过程。

答：方块图如图 6-99 所示。这是一个串级选择性控制系统。

调节阀为气关型。FC 为"正"作用，TC 为"反"作用，LC 为"正"作用。

正常工况下，为一温度与流量的串级控制系统，气丙烯流量（压力）的波动通过副回路及时得到克服。如塔釜温度升高，则 TC 输出减小，FC 的输出增加，调节阀关小，减少丙烯流量，使温度下降，起到负反馈的作用。

异常工况下，储罐液位过低，LC 输出降低，被 LS 选中，这时实际上是一个液位的单回路控制系统。串级控制系统的 FC 输出被切断，处于开环状态。

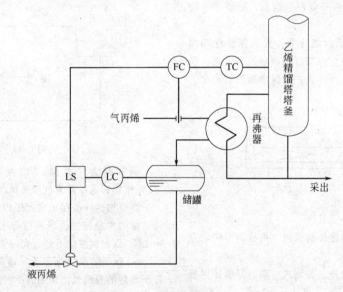

图 6-98

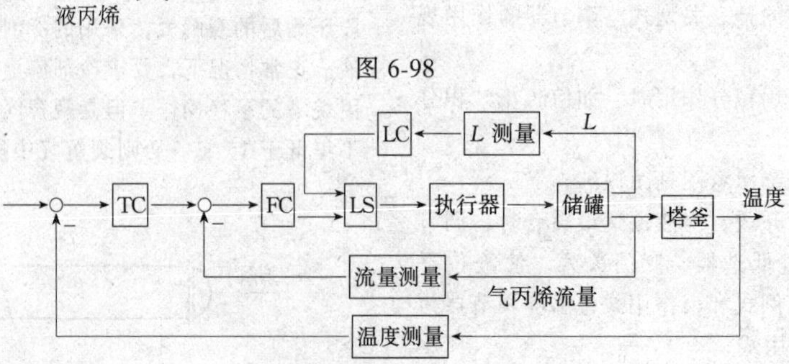

图 6-99

6-140 同轴催化裂化工艺过程中，提升管温度控制再生塞阀，从生产过程安全考虑，要求再生塞阀在调节过程中开到一定程度就不允许继续再开，而要自动使调节过程朝关阀方向进行。根据这种要求，试问应采取什么调节方案好？

答：应采取自动选择调节方案。以提升管反应温度调节器为正常调节器，再生塞阀压降调节器为取代调节器，组成自动选择控制系统（见图 6-100）。正常情况下，温度调节器处于闭环控制状态，而压降调节器处于开环待切入状态。当反应温度因某种原因开始下降，反作用的温度调节器 p_1 则不断上升，塞阀朝开阀方向运行；塞阀压降 Δp 则不断下降，正作用的压降调节器 p_2 不断下降。当这种情况继续，使 $p_2 < p_1$ 时，通过选择器将压降调节器自动选入以取代温度调节器来自动调节塞阀朝关阀方向运行，以确保正常流化，防止高温空气窜入沉降器或油气窜入再生器而造成恶性事故。这时，温度调节器处于开环状态。经过塞阀压降调节器自动调节使过程恢复正常后，则温度调节器又通过低值选择器自动切入来进行自动调节。

自动选择控制系统的特点是正常调节时，取代调节器处于开环状态，当取代调节器通过选择器选入进行自动调节后，正常调节器又处于开环状态。所以，这一控制系统中必须设置抗"积分饱和"措施，否则根本无法实现调节目的。

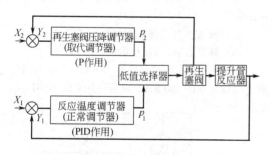

图 6-100

6-141 图 6-101 为某合成氨厂合成塔弛放气的自动控制系统控制简图，试简述此系统为什么能起节能作用？

答：该系统是由合成回路压力和弛放气惰性气体组分组成的选择控制系统。一般合成氨厂弛放气是由手操器来控制调节阀，在生产过程中将此调节阀开到一定开度，将合成塔惰性气连续放空。但在放空的气体中，CH_4 和 C_n 惰性气体的总和并不是经常含量高。这样将放走一部分合成气，而且将减少合成压缩机有效功率。而该系统在正常情况下，在合成塔压力不超过额定值时，AIC 调节器根据 AT 组分变送器测量惰性气体的高低，对合成塔进行弛放气调节，使合成塔内的惰性气体组分为一定值，保证合成塔的合成率，

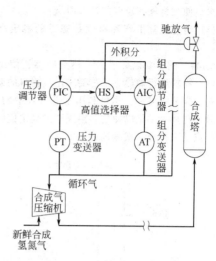

图 6-101
AT—测量循环气中的惰性气体
CH_4 和 Ar 的总和

而又不浪费氢氮合成气。当合成塔压力超过额定值，PIC 调节器根据 PT 压力变送器测量值，输出增大，经过 HS 高值选择器，取代 AIC 调节器而组成压力控制调节，以防止合成回路超压。

6-142 接上题，当 AT 组分变送器在生产过程中出现波动，应怎样处理此控制系统？

答：当 AT 组分变送器在生产过程中出现波动，将引起 AIC 调节器输出波动，影响该系统的正常控制调节，此时将 PIC 调节器给定降低，使 PIC 调节器输出增大，取代 AIC 调节器，然后将两调节器打到手动位置，由 PIC 手动控制调节系统。再来检查 AT 组分变送器。如要想系统处于压力自动控制，将 AIC 调节器的给定整定到最大，转动手动旋钮，使 AIC 调节器输出为最小值，然后将 PIC 投到自动调节系统。

6.4.6 分程控制系统

6-143 何谓分程控制系统？设置分程控制系统的目的是什么？

答：分程控制系统就是一个调节器同时控制两个或两个以上的调节阀，每一个调节阀根据工艺的要求在调节器输出的一段信号范围内动作。

设置分程控制系统的主要目的是扩大可调范围 R。例如大小调节阀流量系数分别为 $C_1 = 4, C_2 = 100$，其可调范围为 $R_1 = R_2 = 30$。如只用一台 $C = 100$ 阀时，$C_{min} = 100/30 = 3.3, R_{max} = 30$。分程后 $C_{1min} = \dfrac{4}{30} = $ $0.134, R_{max} = \dfrac{4 + 100}{0.134} = 776$。正因为能扩大可调范围，所以能满足特殊调节系统的要求。如：

（1）改善调节品质，改善调节阀的工作条件；

（2）满足开停车时小流量和正常生产时的大流量

的要求，使之都能有较好的调节质量；

（3）满足正常生产和事故状态下的稳定性和安全性。

6-144 图 6-102 所示为一热交换器，使用热水与蒸汽对物料进行加热。工艺要求出口物料的温度保持恒定。为节省能源，尽量利用工艺过程中的废热，所以只是在热水不足以使物料温度达到规定值时，才利用蒸汽予以补充。试根据以上要求：

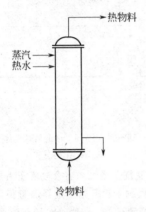

热物料

蒸汽
热水

冷物料

图 6-102

（1）设计一控制系统，画出系统的原理图与方块图；

（2）物料不允许过热，否则易分解，请确定调节阀的开关型式；

（3）确定蒸汽阀与热水阀的工作信号段，并画出其分程特性图；

（4）确定调节器的正、反作用；

（5）简述系统的控制过程。

答：（1）设计分程控制系统，原理图略，方块图见图 6-103；

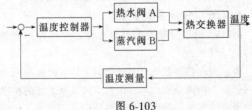

温度控制器 → 热水阀 A ／ 蒸汽阀 B → 热交换器 → 温度 → 温度测量

图 6-103

（2）调节阀应选气开式；

（3）A、B 阀分程特性见图 6-104；

（4）调节器应为反作用；

（5）温度高时，TC 输出小，蒸汽阀全关，以热水阀来控制物料出口温度。

热水阀全部打开后，温度仍比给定值低时，TC 输出高，达 60 kPa 以上，此时蒸汽阀打开，补充蒸汽，以使温度达到给定值。

6-145 图 6-105 所示为一燃料气混合罐，罐内

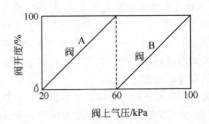

阀 A ／ 阀 B

阀开度/% 阀上气压/kPa

图 6-104

压力需要控制。一般情况下，通过改变甲烷流出量 Q_A 来维持罐内压力。当罐内压力降低到 $Q_A = 0$ 仍不能使其回升时，则需要调整来自燃料气发生罐的流量 Q_B，以维持罐内压力达到规定值。为此要求：

（1）设计一控制系统，画出系统的原理图；

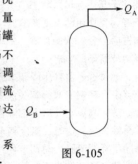

Q_A

Q_B

图 6-105

（2）罐内压力不允许过高，请选择调节阀的气开、气关型式；

（3）确定调节器的正、反作用；

（4）确定调节阀的工作信号段，并画出其分程特性图。

答：（1）设计压力分程控制系统，其原理图见图 6-106；

（2）阀 A 为气关阀，阀 B 为气开阀；

（3）调节器 PC 为反作用；

（4）A 阀的工作信号段为 20～60 kPa；B 阀的工作信号段为 60～100 kPa，分程特性见图 6-107。

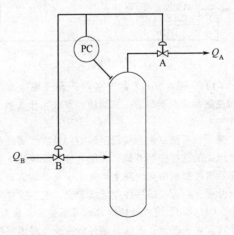

PC
A
Q_A
Q_B
B

图 6-106

6-146 图 6-108 为一管式加热炉，工艺要求用煤气与燃料油加热，使原油出口温度保持恒定。为节省燃料，要求尽量采用煤气供热，只有当煤气气量不

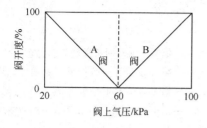

图 6-107

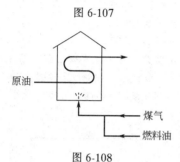

图 6-108

足以提供所需热量时，才以燃料油作为补充。

根据以上要求

（1）设计一控制系统，画出其方块图，并阐述系统的工作原理；

（2）以不烧坏炉子为安全条件，选择阀门的气关、气开型式；

（3）决定每个阀的工作信号段（假定分程点为 60 kPa）；

（4）确定调节器的正、反作用。

答：（1）设计分程控制系统，方块图见图 6-109。

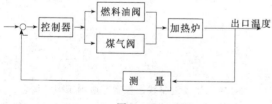

图 6-109

工作过程如下：当温度很低时，两只阀全打开，使温度逐渐升高；当温度较高时，逐渐关小燃料油阀，直至全关；若温度还高，就逐渐关小煤气阀，直到温度达到要求为止；

（2）两阀均采用气开阀，当气源事故中断时，两阀均关闭，以免烧坏炉子；

（3）两阀的工作信号段如图 6-110 所示。其中 A 阀为燃料油阀，工作信号段为 60～100 kPa；B 阀为煤气阀，工作信号段为 20～60 kPa；

（4）分程控制系统中调节器正、反作用的确定，可按单回路控制系统中调节器正、反作用确定的原则进行。本题中的阀为气开阀，特性为"＋"；燃料油或煤气流量增加时，原油出口温度上升，故对象特性

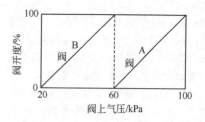

图 6-110

亦为"＋"；调节器应为"反"作用，只有这样，当温度升高时，调节器输出下降，阀门逐渐关小，起到负反馈的作用。

6-147 某工艺过程中的脱水工序，要用酒精以 2∶1 的比例加入到另一待脱水的物料中。酒精来源有两个：一为新鲜酒精；二为酒精回收工序所得。工艺要求尽量使用回收酒精，只有当回收酒精量不足时，才允许添加新鲜酒精予以补充。根据以上要求，试

（1）设计一控制系统，画出系统的原理图与方块图；

（2）若脱水工序中不允许酒精过量，选择调节阀的气开、气关型式；

（3）确定调节阀的工作信号段及分程特性；

（4）确定调节器的正、反作用。

答：（1）可设计一比值-分程控制系统，其原理图与方块图分别见图 6-111 与图 6-112；

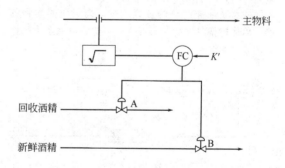

图 6-111

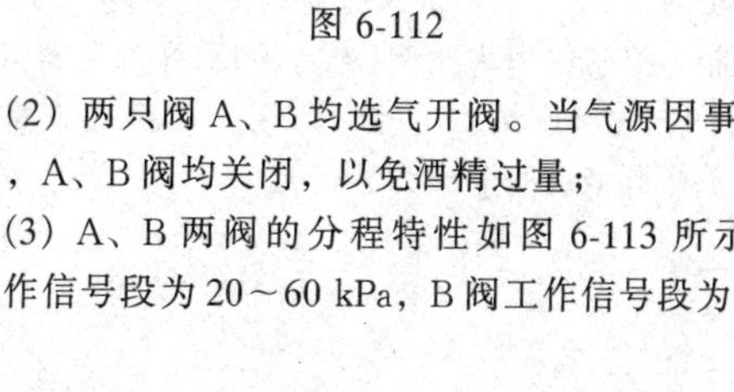

图 6-112

（2）两只阀 A、B 均选气开阀。当气源因事故中断时，A、B 阀均关闭，以免酒精过量；

（3）A、B 两阀的分程特性如图 6-113 所示，A 阀工作信号段为 20～60 kPa，B 阀工作信号段为 60～

（4）调节器应为"正"作用。当主物料流量 Q 较小时，FC 输出较小，在 $20\sim60$ kPa 范围内变化，这时 B 阀关闭，不使用新鲜酒精，A 阀起控制作用，用以保持回收酒精与主物料的比值关系。如主物料流量 Q 增加，使控制器 FC 的输出达到 60 kPa 以上时，A 阀全开，尚不能满足所需的酒精量，所以 B 阀也开启，来控制加入的新鲜酒精量。主物料流量 Q 越大，FC 的输入也越大，加入的酒精总流量也越大，以满足酒精与主物料流量比值关系的要求。

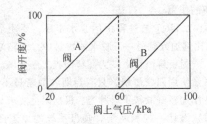

图 6-113

6.4.7 其它控制系统

6-148 什么是采样控制？适用于何种场合？

答：采样控制属离散控制，其测量和控制作用是通过采样开关每隔一定时间进行一次，这种断续的控制方法称为采样控制。由于采样控制中调节器的输出是断续的，为了在采样开关断开以后，调节阀仍能继续保持它在采样时刻的位置不变，需设置零阶保持器，以保持调节器的输出不变。采样控制系统方框图如图 6-114 所示。

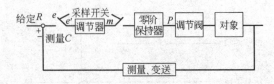

图 6-114

采样控制用于下述两类场合。

一类是被控变量的测量信息本身是断续的，如工业色谱仪输出的分析测量数据，或用计算机进行直接数字控制（DDC）时，计算机输入的被控变量信息等。

另一类是具有特大纯滞后的工艺对象。

6-149 采样调节器的工作原理是什么？

答：采样调节器的采样周期为 T，采样开关接通的时间为 Δt，则零阶保持器的保持时间为 $T-\Delta t$。调节器的控制作用为比例积分，则采样调节器只有在 Δt 时间内才起比例积分控制作用，在第 n 个采样周期时采样调节器的输出为

$$P_n = K_c\left(e_n + \frac{\Delta t}{T_i}\sum_{n=0}^{n} e_n\right)$$

则有

$$\Delta P_n = P_n - P_{n-1} = K_c\left(\Delta e_n + \frac{\Delta t}{T_i}e_n\right)$$

式中 P_n——第 n 次采样时采样调节器的输出；

ΔP_n——第 n 次采样时采样调节器输出的增量；

e_n——第 n 次采样时的偏差值；

Δe_n——第 n 次与第 $n-1$ 次采样时的偏差之差；

K_c——放大倍数；

T_i——积分时间；

i——采样序号。

在恒定偏差 e 下，采样调节器的输出特性如图 6-115 所示。Δt 越长，积分作用越强。当 $\Delta t = T$ 时，采样调节器和连续调节器的输出特性一致。

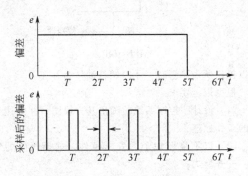

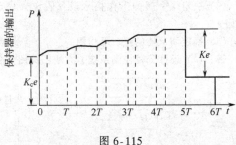

图 6-115

6-150 什么是非线性控制？适用于何种场合？

答：非线性控制是一种比例增益可变的控制作

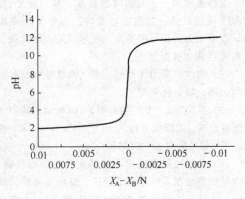

图 6-116

$$X_A - X_B = H^+ - OH^- = 10^{-pH} - 10^{pH-14}$$

用，常用于具有严重非线性特性的工艺对象，如 pH 值的控制等。

化工生产中经常碰到 pH 值的控制问题，如用 pH 值控制某个化学反应的终点，用 pH 值控制废水的中和过程等。pH 对象具有严重的非线性。酸碱浓度差与 pH 值的对应关系如图 6-116 所示。

从图 6-116 可见，在 pH 值为 4～10 的范围内，对象的放大系数极大，约为其它区段的 200～300 倍。在 pH4～10 区段内，只要酸碱浓度之差不为零，即使其差值极小，pH 值就会远远偏离中性点（pH＝7），致使 pH 控制系统极难稳定工作在 pH＝7 附近。

采用非线性调节器可以较好地解决这一问题。非线性调节器是在基型调节器的基础上增加了一个非线性单元，其输出特性如图 6-117 所示。

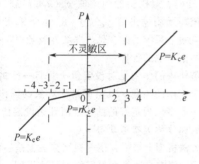

图 6-117
e—pH 测量值与给定值的偏差增量；
P—调节器输出增量（用于控制加酸或加碱阀）；K_c—放大系数；r—衰减系数

由图 6-117 可见，在控制点附近的一个区域内，比例增益大幅度降低，这个区域称为不灵敏区。在不灵敏区内，比例增益的衰减系数为 0.02～0.2。在不灵敏区之外，比例增益恢复原值。由此可见，采用非线性调节器后，可使组合后的开环特性基本接近线性，或使组合后的开环特性在 pH 值为 4～10 的区段内较为平缓，可大大改善 pH 控制系统的调节品质。

6.5 新型控制系统

6-151　什么是新型控制系统？

答：所谓新型控制系统，是近 20 年来新发展起来的一些控制系统，如自适应控制、预测控制、智能控制与专家系统、模糊控制、神经元网络控制等。它们具有对模型要求低、在线计算方便、控制综合效果好的特点，与传统的 PID 控制相比，控制性能有了明显的提高，与现代控制理论的状态反馈控制相比，避开了建立精确数学模型的难点（这也是现代控制理论在过程控制中收效甚少、难于推广的原因所在）。因而，这些新的控制算法和系统，在实际复杂的工业过程控制中得到了

成功应用，受到工程界和用户的普遍欢迎和好评。

6-152　什么是自适应控制系统？

答：自适应控制系统是针对不确定性的系统而提出来的。这里的所谓"不确定性"，主要是指被控对象的数学模型不是完全确定的，或者是随时间而变化的。为了能够随时适应对象特性的变化，控制系统必须随时测取系统的有关信息，了解对象特性的变化情况，再经过某种算法自动地改变调节器的有关参数，使系统始终运行在最佳状况下，这种系统就称为自适应控制系统。

6-153　自适应控制系统可分为哪几类？试简述其工作原理。

答：可分为以下 4 类。

第一类是变增益自适应控制系统。这类系统中的调节器增益是可变的，以适应对象特性的变化。它的工作原理是根据能测量到的系统辅助变量，直接查找预先设计好的表格来改变控制器的增益，以补偿对象特性变化对系统控制质量的影响（图 6-118）。

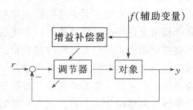

图 6-118　变增益自适应控制系统

第二类是模型参考自适应控制系统。这类系统实际上是引入一个参考模型，根据实际对象的输出与参考模型的输出之差值，随时调整调节器的参数，以使控制系统的输出响应尽量接近以致等于参考模型的输出响应，以获得最佳的控制性能（图 6-119）。

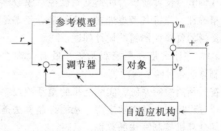

图 6-119　模型参考自适应控制系统

第三类是直接优化目标函数的自适应控制系统。这类系统是引入一个与被控对象的输入、输出有关的目标函数，直接根据对此目标函数优化计算的结果来随时改变调节器的参数，以使系统在对象特性发生变化后，仍能运行在最佳状态（图 6-120）。

第四类是自校正控制系统。这类系统是由一个对象参数辨识器，随时根据对象的输入信号 u 与输出信号 y，在线辨识出时变对象的数学模型，根据这个数学模型，经过一定的计算机构，计算出调节器应有

的最佳参数，使调节器参数能随对象数学模型的变化而变化，以获得控制性能的自适应性（图6-121）。

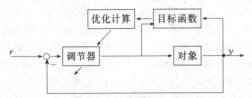

图 6-120　直接优化目标函数的自适应控制系统

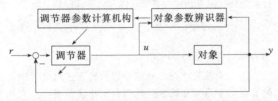

图 6-121　自校正控制系统

6-154　试简述自校正控制系统与传统的 PID 控制系统的本质区别。

答：传统的控制系统其调节器参数整定是在一定的对象数学模型下进行的，当对象特性变化后，调节器参数不会自动调整，因此会影响控制质量。自校正控制系统是在原有控制回路的基础上，增加一个外回路，它能随时在线辨识对象数学模型，根据变化了的对象数学模型来调整调节器参数，使之始终处于最佳值，因此属于自适应控制系统。

6-155　何为控制系统的鲁棒性问题？

答：鲁棒性是 Robustnes 一词的音译，如果意译的话，可理解为稳健性。

控制系统的鲁棒性指的是被控对象数学模型出现不精确时，仍能确保整个控制系统具有优良的控制性能。在调节器设计阶段，就预见到被控对象数学模型的不精确性，并将其考虑进去，这就是近年来越来越受到重视的鲁棒控制器的设计问题。

6-156　什么是预测控制系统？最有代表性的预测控制算法是什么？

答：预测控制系统，实际上指的是预测控制算法在工业过程控制上的成功应用。预测控制算法是一类特定的计算机控制算法的总称。

最有代表性的预测控制算法，是一种基于模型的预测控制算法。这种算法的基本思想是先预测后控制，即首先利用模型预测对象未来的输出状态，然后据此以某种优化指标来计算出当前应施加于过程的控制作用。

6-157　模型算法控制的基本结构包括哪几部分？试简述各部分的作用。

答：模型算法控制是预测控制系统中较有代表性的一种预测控制算法。它的基本结构中包括 4 个基本计算环节：模型、反馈校正、滚动优化和参考轨迹。

其结构原理图如图 6-122 所示。

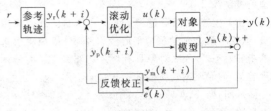

图 6-122

模型算法控制中所采用的模型亦称内部模型，其主要作用是根据控制作用 $u(k)$ 算出模型的当前输出值 $y_m(k)$ 及预测未来输出值 $y_m(k+i)$。

反馈校正（亦称闭环预测输出）环节的作用是利用模型输出值 $y_m(k)$ 与过程的实际可测输出值 $y(k)$ 的误差 $e(k)$，对模型的预测值 $y_m(k+i)$ 进行校正，以得到闭环预测输出值 $y_p(k+i)$。由于采用了反馈校正，克服了系统的时变性、非线性及随机干扰的影响，提高了系统的鲁棒性。

参考轨迹的作用是对设定值 r 进行一定的处理，亦称设定作用的柔化。其目的是使对象的输出 $y(k)$ 能沿着一条事先规定好的曲线逐渐到达设定值 r，这条指定的曲线称为参考轨迹 $y_r(k)$。

从方法机理上来说，预测控制算法也是一种优化控制算法，但它与通常的最优控制算法不同。滚动优化指的就是优化目标是随时间推移的，是滚动式的。优化过程不是通过离线一次得到，而是在线反复计算，所得到的只是一个全局次优解。由于滚动实现优化，所以对模型时变、干扰和失配等影响能及时补偿。

6-158　试简述模型算法控制与动态矩阵控制的相同点与不同点。

答：模型算法控制与动态矩阵控制都是预测控制的一种算法，其系统的结构与基本原理是相同的。其基本思想都是利用内部模型来预测过程未来的输出及其与给定值之差，并据此以某种优化指标来计算当前应施加于过程的控制作用。

模型算法控制与动态矩阵控制的主要不同之处是在于内部模型上。模型算法控制是采用单位脉冲响应曲线这类非参数模型作为内部模型，基于这个模型，可以用对象的输入、输出数据，从折积方程预测对象未来的输出。动态矩阵控制是采用工程上易于测取的对象阶跃响应曲线作为内部模型。由于对象的阶跃响应曲线与单位脉冲响应曲线是可以互相转换的，因此从折积方程同样可以推导出用单位阶跃响应表示的预测模型的输入、输出关系。

6-159　什么是智能控制系统？它由哪几部分组成？

答：智能控制系统是实现某种控制任务的一种智

能系统，由于它具备一定的智能行为，所以可以解决那些用传统方法难以解决的复杂系统的控制问题。

智能控制系统主要由广义对象与智能控制器两大部分组成，其基本结构如图 6-123 所示。

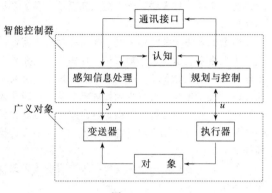

图 6-123

广义对象由对象、执行器和变送器组成，它的输入是控制作用 u，其输出是过程信息 y。

智能控制器由感知信息处理、认知和规划与控制三大部分组成。感知信息处理将变送器送来的生产过程信息 y 加以处理。认知部分主要接收和储存知识、经验和数据，并对它们进行分析、推理和预测，做出控制的决策。规划与控制部分的作用是根据系统的要求、反馈的信息及经验知识，进行自动搜索、推理决策和规划，最后产生具体的控制作用 u，经执行器作用于对象。

通讯接口的作用是建立各环节的信号联系和人-机界面，在需要时还可将智能控制系统与上位计算机联系起来。

6-160 智能控制系统的主要功能特点是学习功能、适应功能和组织功能。请分别对其加以解释和说明。

答： 智能控制系统的学习功能，是指系统能对生产过程或其环境的未知特征所固有的信息进行学习，并将得到的经验用于进一步的估计、分类、决策或控制，从而使系统的性能得到改善。

智能控制系统的适应功能比自适应控制系统中的适应功能具有更广泛的含义，它可以看成是不依赖于模型的自适应功能，具有很好的适应性能。当系统的输入不是已经学习过的例子时，由于它具有插补功能，从而可给出合适的输出。甚至当系统中某些部分出现故障时，系统也能正常地工作。如果系统具有更高程度的智能，它还能自动找出故障甚至具备自修复的功能，从而体现了更强的自适应性。

智能控制系统的组织功能指的是对于复杂的系统和分散的变送器信息具有自行组织和协调的能力，它表现为系统具有相应的主动性和灵活性，即智能控制

器可以在任务要求的范围内自行决策，主动地采取行动。而当出现多目标冲突时，在一定的限制条件下，控制器有权可以自行裁决。

6-161 何谓自学习控制系统？它应具备什么功能？

答： 自学习控制系统应是具有模拟人的"自学习"功能的控制系统。"自学习"是人的智能的显著特征，也是人提高智能水平的重要手段，这也是一个熟练的操作人员能够较好地控制生产过程的重要原因。

对于一个自学习控制系统来说，它应具备下列功能。

自动获取知识功能：在控制系统运行过程中，能够自动获取知识；积累经验；修改、扩充和更新所获得的知识库，提高其智能水平。

改善控制系统的功能：利用所获得的知识，通过改变系统的参数或结构、修正控制规则或算法，逐步提高或改善系统性能。

在线实时学习功能：能够在控制系统运行过程中进行学习，指联机在线、实时运转的条件下，自动获取知识和改善控制性能。

6-162 何谓专家系统？专家控制系统有什么作用？

答： 专家系统的一种比较一致、粗略的定义是：专家系统是一个（或一组）能在某特定领域内，以人类专家水平去解决该领域中困难问题的计算机程序。

将专家系统的设计规范和运行机制与传统的控制理论和技术相结合而成的实时控制系统的设计和实现方法，便是专家控制系统。

专家控制系统能够运用控制工作者的成熟的控制思想、策略和方法，包括成熟的理论方法、直觉经验和手动控制技能。因此，专家控制系统不仅可以提高常规控制系统的控制品质，拓宽系统的作用范围，增加系统的功能，而且可以对传统控制方法难以奏效的复杂过程实现高品质的控制。

6-163 什么是模糊控制？什么是模糊算法？

答： 在自控系统中，由于被控对象的复杂性，在控制过程中往往出现很多无法精确度量的模糊量，虽然有自适应控制等方法，但由于对象的非线性、时变、不确定性，无法建立精确的数学模型，再加上环境的干扰等，使这些系统的控制效果并不理想。而这些复杂的系统若由有经验的人进行模糊的推理、判断和调节，却能控制得较好。于是就提出了如何使自控系统能模拟人的操作方式，从而导致模糊控制的产生。

一个有经验的控制工作者，可以把熟练的操作人员的操作方法，用一组语言定性地表达出来，这就是模糊算法，按此算法对生产过程进行控制就是模糊控制。

6-164 与传统控制方法相比，模糊控制有哪些特点和不同之处？

答：模糊控制具有以下特点：

（1）适用于不易获得精确数学模型的对象，只要能获取操作人员成功的知识、经验和操作数据即可；

（2）控制规律只用语言变量来表达，避开了传递函数、状态方程等；

（3）适应性强，适用于滞后、高阶、非线性、时变的对象；

（4）被控变量可以不是唯一的。

6-165 试简述模糊控制器的基本构成。

答：模糊控制器的基本结构如图 6-124 所示，主要由模糊化、模糊规则推理、清晰化及知识库等几部分组成。

图 6-124

模糊化部分的作用是将给定值 r 与输出量 y 的偏差 e 及其变化率 c 的精确量转换为模糊化量 E 与 C。模糊化实际上也就是将精确的输入数据转换为人们通常描述过程的自然语言的过程。

模糊规则推理部分实际上就是模糊算法器，运用一些模糊推理规则，可以得到控制决策。模糊推理规则一般表示为"若……则……"形式的条件语句，或写为"if……then……"。

清晰化部分亦称模糊判决，它的作用是将用语言表示的模糊量回复为精确的数值，即将由模糊推理得到的控制决策 U 转换为操纵变量的确切值 u，这样才能去控制工业过程。

知识库中包含了具体应用领域中的知识和要求的控制目标，它通常由数据库和模糊控制规则库组成。

6-166 试举例说明如何用查表法来进行模糊控制？

答：查表法是模糊控制最早采用的方法，也是应用最为广泛的一种方法，该方法原理简单，易于掌握和使用。

所谓查表法就是将输入量、模糊控制规则及输出量都用表格来表示，这样输入量的模糊化、模糊规则推理和输出量的清晰化，都是通过查表的方法来实现。输入模糊化表、模糊规则推理表和输出清晰化表的制作都是离线进行的，可以通过离线计算将这三种表合并为一个模糊控制表，这样就可以简单地进行模糊控制了。

下面简单地列举一个模糊控制表以说明该表的制作及运用。

模糊控制的输入量是偏差 e 及偏差的变化率 $\dfrac{\mathrm{d}e}{\mathrm{d}t}$，下面分别以 e 和 c 表示。由于 e 和 c 是精确量，所以先要进行整量化。必要时可以根据具体问题的需要，先将 e 和 c 分别乘以一定的比例系数，然后整量化。假定将 e 和 c 划分为 13 个等级，整量化后的 E 和 C 的等级分别为 -6、-5、-4、-3、-2、-1、0、1、2、3、4、5、6。根据 E 和 C 决定的控制作用用 U 表示，U 划分为 15 个等级，分别用 -7 至 $+7$ 的整数表示。利用 E 和 C，可以制作模糊控制表，如表 6-7 所示。

如已知 E 和 C，由表 6-7 可以查得相应的控制作用 U，必要时乘以一定的比例系数，就是应施加于对象的控制作用 u 了。

例当 E 为 -3，C 为 -2 时，U 应为 6；E 为 3，C 为 1 时，U 应为 -4。

表 6-7　模糊控制表

U ＼ E ／ C	-6	-5	-4	-3	-2	-1	0	1	2	3	4	5	6
-6	7	7	7	7	7	7	7	4	4	2	0	0	0
-5	7	7	7	7	7	7	6	4	4	2	0	0	0
-4	7	7	7	7	7	6	4	4	3	1	0	0	0
-3	7	7	7	7	6	4	4	3	1	0	-1	-2	-2
-2	6	6	6	6	4	4	3	1	0	-1	-1	-2	-2
-1	4	4	4	4	3	3	1	0	-1	-2	-2	-3	-3
0	4	4	3	2	2	1	0	-1	-2	-3	-3	-4	-4
1	3	3	2	2	1	0	-1	-3	-3	-4	-4	-4	-4
2	2	2	1	1	0	-1	-2	-4	-4	-6	-6	-6	-6
3	2	2	1	0	-1	-3	-4	-4	-6	-7	-7	-7	-7
4	0	0	0	-1	-2	-4	-4	-6	-7	-7	-7	-7	-7
5	0	0	0	-2	-4	-4	-6	-7	-7	-7	-7	-7	-7
6	0	0	0	-2	-4	-4	-7	-7	-7	-7	-7	-7	-7

6-167 什么叫人工神经元网络？它在控制中有哪些作用？

答：人工神经元网络是利用物理器件来模拟生物神经网络的某些结构和功能。它在控制中的主要作用：在基于精确模型的各种控制结构中充当对象的模型；在反馈控制系统中直接充当控制器的作用；在传统控制系统中起优化计算作用；在与其它智能控制方法，如模糊控制、专家控制等相融合中，为其提供非参数化模型、优化参数、推理模型和故障诊断等。

6-168 什么是控制系统的故障检测与故障诊断？故障检测与诊断有哪些主要方法？

答：故障检测主要指当控制系统发生故障时，能够及时发现并报警，以保证控制系统的正常运行。控制系统的故障主要有传感器故障、执行器故障、控制器故障、计算机故障等。

故障诊断的作用是分离出故障的部位，判别故障的类型，估计出故障的大小与时间，并做出评价与决策，以防止故障扩大（传播）和灾难事故的发生。

故障检测与诊断方法主要有两大类。一类是基于控制系统数学模型的方法，其中又可分为基于系统静态数学模型和基于系统动态数学模型的故障检测与诊断两种方法。另一类是不依赖于系统数学模型的方法，其中有采用专家系统的诊断方法、模糊数学的诊断方法、模式识别的诊断方法及人工神经元网络诊断方法等。

6-169 试举例简述基于系统数学模型的故障检测方法。

答：基于系统的数学模型，可以将事故在萌芽状态被检测出来，以避免事故的发生与扩大。下面分别举例说明基于稳态数学模型的故障检测和基于动态数学模型的故障检测方法。

20世纪60年代初的美国卢林合成氨厂计算机控制中的例子，是一个基于系统稳态数学模型的故障检测方法。该厂的合成工段用的是多台往复式压缩机，由于压缩机的活塞环容易泄漏，影响整个压缩工段的正常运行。为了便于修复，必须先在众多台压缩机中确定是哪一台压缩机的活塞环泄漏，为此，分别测量每台压缩机的气体流量、进出口压力和原动机的功率，将测量的数据送往计算机进行简单的计算，求出每台压缩机的效率，如效率低于某一界限值，就说这台压缩机出现故障，有可能是活塞环泄漏。

类似的例子还有很多，像吸收塔的液泛、转化炉的结焦等，都可以基于静态数学模型，通过简单的工艺计算，来发现是否已出现事故的萌芽，甚至还可以

确定事故的大致部位。

20世纪70年代的地下煤气管道泄漏检测，可以作为基于系统动态数学模型进行故障检测的一个例子。对地下煤气管道系统的各个部位经常地或周期性地进行系统辨识，估计其动态模型参数，如果发现其参数有较大变化，与原来的动态模型参数有较大差异且超过界限值时，就可确定该部位的地下煤气管道出现故障。

6-170 试简述采用专家系统进行故障检测和诊断的方法。

答：由于控制系统的复杂性，使得很多的控制系统的建模非常困难或很不精确；另外，故障的原因、类型、性质也很复杂，因此，基于系统数学模型的故障检测和诊断方法有一定困难。鉴于上述情况，引入专家系统，通过综合性的分析，加强逻辑推理，是进行故障检测与诊断的一条有效途径。

采用专家系统来诊断故障的方法如图6-125所示。

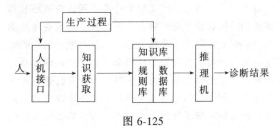

图 6-125

该系统主要由两大部分组成：知识库与推理机。知识库中存有一系列反映引起故障的因果关系的规则，它属于判断性的经验知识；数据库可存放一些叙述性的环境知识、系统知识和实时检测到的生产过程特征数据和故障时检测到的数据。推理机就是专家系统的诊断程序，在规则库和数据库的支持下，综合运用各种规则，进行一系列的推理，必要时还可随时调用各种应用程序。专家系统的知识库通过知识获取环节、人机接口与被控过程和人联系。知识获取过程就是从被控过程测取新知识，以便更新数据库中的知识，也可为数据库增添系统故障前或故障发生时观测到的一些特征量。推理机在运行中间，可经人机接口向用户索取到必要的信息，然后就可快速地直接找到最终故障或提供最有可能的故障信息。

6.6 典型设备控制方案

6.6.1 流体输送设备

6-171 什么是流体输送设备？其常用的控制方法有哪几种？

答：用于输送流体并提高其压头的机械设备，通

称为流体输送设备。用于输送液体并提高其压头的机械称之为泵，用于输送气体并提高其压头的设备称之为压缩机和风机。这些流体输送设备在生产过程中的主要作用：

（1）克服设备或管道阻力，以便流体的输送；

（2）根据生产过程的要求提高流体的压头；

（3）实现能量的转换，如制冷装置的气体压缩。

对流体输送设备的控制，主要是流量、压力控制，如定值控制、比值控制、以流量作为副变量的串级控制等。此外，还有为保护输送设备不致损坏的一些保护性控制，如离心式压缩机的防喘振控制。

6-172 在流体输送设备的流量控制中，应注意些什么问题？

答：应注意以下问题：

（1）流量控制对象的被控变量和操纵变量是同一物料的流量，只是处于管路的不同位置。由于时间常数很小，其控制通道基本上是一个放大系数接近 1 的放大环节。因此，广义对象特性中测量变送环节和调节阀的滞后就不能忽略，使得对象、测量变送及调节阀的时间常数在数量级上相同，且数值不大。此时组成的系统可控性较差，且频率较高，所以调节器的比例度必须放得大些。为了消除余差，有必要引入积分作用，积分时间通常在 0.1min 到数分钟之间。同时，调节阀一般不装阀门定位器，因为后者引入所组成的串级副环，其振荡频率与主环频率相当，可能造成强烈振荡；

（2）流量测量常采用节流装置，由于流体通过节流装置时湍动加大，使被控变量的信号常呈现脉动，并伴有高频噪声，为此在测量时应考虑对信号的滤波，而在控制系统中不必引入微分，以避免其对高频噪声的放大而影响系统的平稳工作。有时可在变送器和调节器间接入反微分器，以提高系统的控制质量。

（3）流量系统的广义对象静态特性呈现非线性，尤其是采用节流装置又未加开方器时更为严重，可通过选用具有相反流量特性的调节阀加以补偿。

6-173 试简述离心泵的工作原理，分析其特性，并说明如何确定离心泵的平衡工作点。

答：离心泵主要由叶轮和壳体两部分组成，叶轮在原动机（电动机或蒸汽透平）的带动下做高速旋转，使流体获得动能，并在出口处转为静压头。转速越高，离心力越大，出口液体的压头则越高。因为叶轮与壳体之间有一定空隙，因此，当泵出口阀完全关闭时，液体将在泵内循环，而排出量为零，压头接近最高值。此时泵所做的功转化为热，除通过泵体散发外，泵内液体温度也会升高，故泵

的出口阀可以关闭，但不宜长时间关闭，随着出口阀逐渐开大，排出量将随之增大，而出口压力将随之减小。

离心泵的压头 H、排出量 Q 和转速之间的函数关系称为泵的特性，可用下面的经验公式表示：

$$H = R_1 n^2 + R_2 Q^2$$

式中，R_1、R_2 为比例常数，其特性曲线如图 6-126 所示。

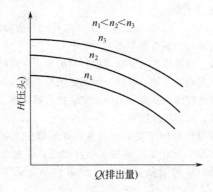

图 6-126

泵的排出量与压头的关系除了与泵的特性有关外，还与泵所连接管路的特性有关。管路特性就是流体流量与管路系统阻力之间的关系。管路系统阻力包括以下 4 项。

（1）管路两端静压差所对应的压头 h_p：

$$h_p = \frac{p_1 - p_2}{\rho g}$$

式中，p_1、p_2 为入口和出口压力，ρ 为流体密度，g 为重力加速度。工艺正常操作时 p_1、p_2 基本稳定，h_p 变化不大。

（2）提升液体至一定高度所需的压头，即扬程 h_L，这一项是恒定的。

（3）管路摩擦损失的压头 h_f，在湍流情况下，它近似与流量的平方成正比。

（4）调节阀两端的压力损失 h_v，在阀门开度一定时，h_v 也与流量的平方成正比，当阀门开度变化时，h_v 也随之变化。

管路总阻力 H_L 是上述 4 部分之和，即：

$$H_L = h_p + h_L + h_f + h_v$$

上式即泵的管路特性表达式，离心泵的管路系统及其特性曲线见图 6-127。

当系统达到稳定时，泵的压头 H 必然等于 H_L。泵的特性曲线与管路特性曲线的交点即是泵运行时的平衡工作点，如图 6-128 所示，这时泵的排液量为 Q_A，出口压头为 H_A。

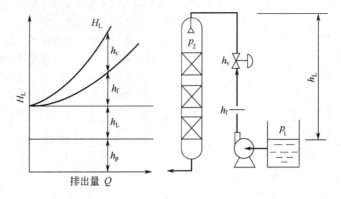

图 6-127

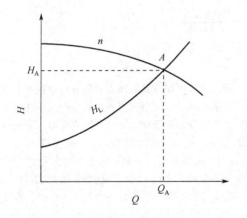

图 6-128

6-174 指出图 6-129 中离心泵的各种常用控制方法的名称。

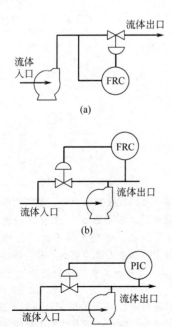

(a)

(b)

(c)

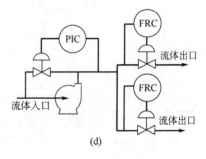

(d)

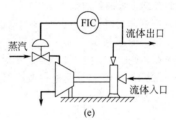

(e)

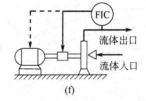

(f)

图 6-129

答：（a）直接节流法；

（b）旁路法；

（c）恒定压力法；

（d）支路法；

（e）蒸汽透平泵调速控制方法；

（f）电动机带动泵的调速控制方法。

6-175 图 6-130 和图 6-131 所示是离心泵的控制方案之一，它采用调节转速法，请说明其工作原理和特点（图 6-130 是电机-泵调速，图 6-131 是蒸汽透平-泵调速）。

答：这种控制方案是以改变泵的特性曲线、移动

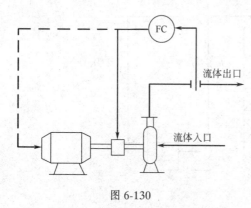

图 6-130

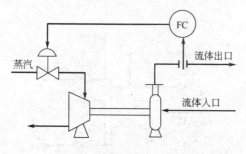

图 6-131

工作点来达到控制流量的目的。图 6-132 是在不同的转速 n 下泵的特性曲线与管路特性曲线相交的情况，交点 1、2、3 代表着泵在 n_1、n_2、n_3 3 种不同转速下的运行工作点。显然在不同的工作点，所对应的流量 Q 和压头 H 也不一样，这就是通过改变泵的转速达到改变泵的流量的依据。

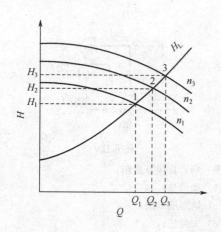

图 6-132

对离心泵调速与带动泵运转的原动机有关，如果是恒速电机，可在电机与泵连接处安装联轴调速机构，通过改变转速比来调速；如果是调速电机，可以直接改变电机转速；如果是蒸汽透平，则可以通过改变进入透平的蒸汽量来调速。

调节转速法的优点，是在流体管路上无需安装调

节阀，因此管路系统总阻力 H_L 中 h_v 等于零，减少了管路阻力的损耗，泵的机械效率高，节约能源。但电机调速机构一般较复杂，所以多用在蒸汽透平驱动离心泵的场合，此时仅需控制蒸汽量即可控制转速。

6-176 图 6-133 所示是离心泵的控制方案之二，它采用直接节流法，请说明其工作原理和特点。

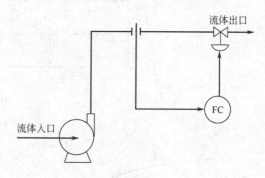

图 6-133

答：这种控制方案以改变管路的特性曲线、移动工作点来达到控制流量的目的。具体做法是在泵出口管路上直接安装调节阀，当其开度变化时，管路阻力随之改变，即 h_v 随之改变，H_L 也相应改变。图 6-134 为不同管路阻力下泵的特性曲线与管路特性曲线相交的情况，交点 1、2、3 代表着泵在 H_L-1、H_L-2、H_L-3 三种不同管路阻力下的运行工作点。在不同工作点，所对应的流量 Q 和压头 H 也不一样。

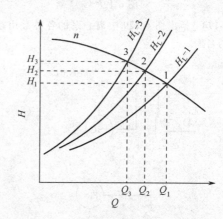

图 6-134

采用直接节流法应注意两点：一是调节阀不可以安装在泵的吸入口，否则由于 h_v 的存在会出现"气缚"及"气蚀"现象，影响泵的正常运行和使用寿命；二是测量元件必须安装在阀的上游，免得测量信号受调节阀后压力波动的影响，以提高流量测量的精度。

这种控制方案的优点是简便易行，调节速度快，在离心泵控制中较为常用。但是此法不宜使用在流量低于正常排出量 30% 以下的情况，因为此时泵效率

太低，不经济，而且有时会因憋压过高而造成泵密封填料处泄漏。

6-177 图 6-135 所示是离心泵控制方案之三，它采用旁路回流法，请说明其工作原理和特点。

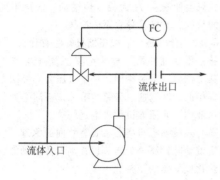

图 6-135

答： 这种方案是在泵的出口与入口之间加一旁路管道，让一部分排出量重新回到泵的入口。这种控制方案实质上也是改变管路特性来达到控制流量的目的。当旁路调节阀开度增大时，离心泵的整个出口阻力下降，排量增加，但与此同时，回流量也随之加大，最终导致送往主管路的实际排量减少。

显然，采用这种方案，必然有一部分能量损耗在旁路管线和阀上，所以机械效率也是较低的，但是旁路比主管路细，流量较小，与直接节流法相比，具有可采用小口径调节阀的优点，安装也比较方便，所以在实际生产过程中还有一定的应用。

6-178 图 6-136 所示离心泵流量控制方案存在什么问题？

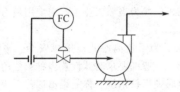

图 6-136

答： 要控制离心泵的流量，应当采用出口节流的办法，流量测量元件和调节阀都应安装在泵的出口管线上，不能装在泵的吸入口。图 6-136 所示的入口节流方法控制离心泵的流量是不可取的，因为这时会出现"气缚"及"气蚀"现象，严重影响泵的正常运行和使用寿命。

所谓"气缚"，是指由于调节阀两端的节流压损，使泵的入口压力下降，从而可能使液体部分汽化，造成泵的出口压力下降，排出量降低甚至到零，离心泵的正常运行遭到破坏。"气蚀"是指由于阀的节流压降，造成部分液体汽化，这些气体到达排出端时，因受到压缩而重新凝聚成液体，对泵内机件会产生冲击，损伤壳体和叶轮，犹如高压差调节阀所受到的那种气蚀，因此气蚀将造成泵的损坏。

6-179 试简述往复泵的工作原理及特性。

答： 往复泵也是常见的流体输送设备，多用于流量较小、压头要求较高的场合，它是利用活塞在气缸中往复滑行来输送流体的。

往复泵出口的理论流量可按下式计算：

$$Q = 60nFs \ (\text{m}^3/\text{h})$$

式中 n——每分钟的往复次数；

F——气缸的截面积，m^2；

s——活塞冲程，m。

由上式可见，从泵体角度来说，影响往复泵出口流量变化的仅有 n、F、s 3 个参数。对于某个具体的泵来说，F 是固定的，其排液量大小仅取决于 n 和 s，往复泵的特性曲线见图 6-137。从特性曲线可知，往复泵的排液量只与往复次数 n 有关，而与泵出口管线阻力无关。

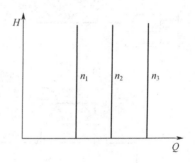

图 6-137

6-180 往复泵的控制方案有哪些？各有何特点？

答： 有以下几种。

(1) 改变原动机的转速，从而改变往复次数，达到控制流量或压力的目的。这种方法主要用在蒸汽机或汽轮机作原动机的场合，这时改变转速较方便，通过调节蒸汽量即可达到控制目的。当电动机作原动机时，由于调速机构较复杂，故较少采用。

(2) 旁路回流法。在泵的出口设置回流调节阀，通过改变返回量来达到调节排出量的目的。这种方法简单易行，但机械效率较低，经济性较差。图 6-138 示出了往复泵 3 种不同的旁路调节方案。(a) 是压力-流量调节方案，利用旁路调节稳定压力，然后再通过流量调节控制排出量；(b) 是双阀调节方案，方案中流量调节器的输出同时控制 A、B 两阀，两个调节阀的流通能力应该相同，而作用方式则应该相反，一个为气开，另一个为气闭；(c) 是三通阀调节方案，用一个三通阀代替 A、B 两阀。

(3) 改变往复泵的冲程 (或行程)，达到调节排出量的目的，常用于计量泵的流量控制。

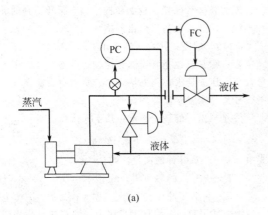

(a)

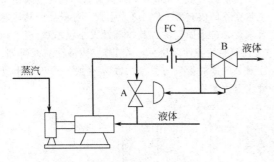

(b)

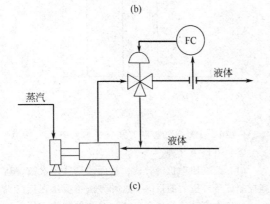

(c)

图 6-138

6-181 指出图 6-139 所示的往复泵流量控制所存在的问题。

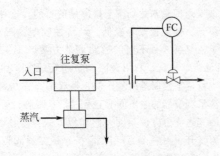

图 6-139

答：要控制往复泵的流量，是不允许采用出口节

流方法的，这是由往复泵的特性所决定的。对于一台往复泵，其流量的大小是由转速确定的。在一定转速下，往复泵活塞每往返一次，总得有一定体积的流体排出。如果在泵的出口管道上安装调节阀，增加出口阻力，只会使压头 H 大幅度地增加，既达不到控制流量的目的，又极易导致泵体损坏。

6-182 什么是离心式压缩机？它有什么优点？

答：压缩机和泵一样，也有往复式与离心式之分，其工作原理与泵相同，流量（压力）控制方案与泵基本相似，即调速、旁路与节流，不同之处是泵用来输送液体，而压缩机用来输送气体。

离心式压缩机与离心泵具有相同的原理，它通过原动机带动叶轮高速旋转，以提高气体的动能，再将动能转化成气体的压头。

从效率而言，离心式压缩机不如往复式压缩机，但自 20 世纪 60 年代以来，随着石油化工装置的大型化，它也迅速向高压、高速、大容量和高度自动化方向发展。与往复式压缩机相比，它有如下优点：

（1）体积小，重量轻，流量大；

（2）运行率高，易损件少，维修简单；

（3）供气均匀，运转平稳，气量控制的变化范围广；

（4）压缩机的润滑油不会污染被输送的气体；

（5）有较好的经济性能。

因此，离心式压缩机在石油化工生产中得到了广泛的应用，例如乙烯装置中的裂解气、乙烯、丙烯压缩机，大型合成氨装置中的原料天然气、空气、合成气，冷冻系统的氨气压缩机，大型尿素装置中的二氧化碳压缩机等，都是使用离心式压缩机。可以说，离心式压缩机已成为当今工业生产中应用最为普通的压缩机类型。

6-183 为了使离心式压缩机安全、平稳、长周期地运行，一般都要求对其设置多种参数的检测、控制和安全联锁保护系统。你能说出这些系统的名称和作用吗？

答：（1）压缩机负荷控制系统——用于控制压缩机排气量和出口压力，控制方式和离心泵的控制类似，如直接节流法、旁路回流法、调节原动机转速等。不同之处，离心式压缩机输送的是气体，因此直接节流法不仅可用于压缩机出口，还可用于压缩机入口。在旁路回流法中，气体在经过多级压缩后，因压缩比很大，出口压力已很高，此时不宜从末段出口与第一段入口直接旁路，因为这样做，能量消耗太大，阀座在高压差下磨损也很快，故宜采用分段旁路或采取增设降压消音装置的措施。当原动机为汽轮机而采用调速方案时，要求汽轮机的转速可调范围能满足气量调节的要求。此外，还可以通过改变压缩机进口导向叶片角度的方法，达到调节排气量的目的。

（2）防喘振控制系统——喘振是离心式压缩机的固有特性，一旦发生，如不及时处理会造成严重后果。常用的有固定极限流量防喘振控制方案和可变极限流量防喘振方案。

（3）压缩机外围设备控制系统——包括各段气缸吸入口温度、压力及入口分离器液位控制。

（4）压缩机油路控制系统——离心式压缩机的运行系统中需用密封油、润滑油及控制油等，这些油的油温、油压等需设置联锁报警控制系统。

（5）压缩机主轴的轴向推力、轴向位移及振动的指示与联锁保护系统——监测和保护压缩机的旋转机械部分。

6-184 指出图 6-140 中离心式压缩机的各种常用控制方法的名称。

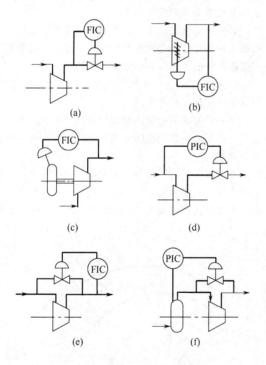

图 6-140

答：（a）压缩机负荷（流量）控制；

（b）改变进入气流的角度，即导向叶片角度控制；

（c）改变压缩机转速的控制；

（d）入口压力控制；

（e）流量旁路控制；

（f）缓冲罐压力控制。

6-185 什么是喘振？离心式压缩机产生喘振的原因是什么？

答：当离心式压缩机的负荷降低，排气量小于某

一定值时，气体的正常输送遭到破坏，气体的排出量时多时少，忽进忽出，发生强烈振荡，并发出如哮喘病人"喘气"般噪声。此时可看到气体出口压力表、流量表的指示大幅度波动；随之，机身也会剧烈振动，并带动出口管道、厂房振动，压缩机将会发出周期性、间断的吼响声。如不及时采取措施，将使压缩机遭到严重破坏，这种现象就是离心式压缩机的喘振，也称飞动。

喘振是因离心式压缩机的特性曲线呈驼峰形而引起的。离心式压缩机的特性曲线是其压缩比（压缩机出口绝压 p_2 与入口绝压 p_1 之比 p_2/p_1）与进口气体体积流量之间的关系曲线，大体上如图 6-141 所示。图中 n 为压缩机的转速。

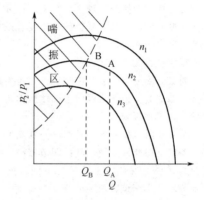

图 6-141

从图中可以看出，在每种转速下，都有一个 p_2/p_1 值的最高点，称之为驼峰。将不同转速下的各个驼峰点连接起来就可以得到一条所谓的喘振边界线，如图中虚线所示。边界线左侧阴影部分为不稳定的喘振区，边界线右侧部分则是安全运行区。在安全运行区，压缩比 p_2/p_1 随流量 Q 的增大而下降（即 p_2 减小），而在喘振区则 p_2/p_1 随 Q 的增大而增大（即 p_2 增大）。

假定压缩机在 n_2 转速下工作在 A 点，对应的流量为 Q_A，如此时有某个干扰使流量减小（但仍在安全运行区内），压缩比将增大，即出口压力 p_2 增大且大于管道阻力，这就会使压缩机的排出量逐渐增大，并回复到稳定时的流量值 Q_A。但如果流量继续下降到小于 n_2 转速下的驼峰值 Q_B，这时压缩比 p_2/p_1 不仅不会增大，反而会下降，也即出口压力 p_2 下降，这时就会出现恶性循环：压缩机排出量会继续减小，而出口压力 p_2 会继续下降，当 p_2 下降到低于管网压力时，瞬间将会出现气体的倒流；随着倒流的产生，管网压力下降，当管网压力降到与压缩机出口压力相等时倒流停止；然而压缩机仍处在运转状态，于是压缩机又将倒流回来的气体重新压出去；此后又引起

p_2/p_1 下降，被压出的气体重又倒流回来。这种现象将重复出现，气体反复进出，产生强烈振荡，这就是所谓的喘振。

除上述原因外，被压缩气体吸入状态，如分子量、温度、压力等的变化，也是造成离心压缩机喘振的原因。

6-186 防喘振控制的原理是什么？常采用的控制方案有哪些？

答：一般情况下，压缩机的喘振是因负荷的减小，使被输送气体的流量小于该工况下特性曲线喘振点（驼峰点）的流量所致。因此，只能在必要时采用部分回流的办法，使之既符合工艺低负荷生产的要求，又满足流量大于最小极限值（喘振点流量）的需要，这就是防喘振控制的原理。当然采用部分气体循环返回防喘振的做法，从能量损耗的角度看是不经济的，但这也是出于无奈。

防喘振控制方案主要有两种。

（1）固定极限流量防喘振控制——把压缩机最大转速下喘振点的流量值作为极限值，使压缩机运行时的流量始终大于该极限值。

（2）可变极限流量防喘振控制——在喘振边界线右侧做一条安全操作线，使反喘振调节器沿着安全线工作。换句话说，就是使压缩机在不同转速下运行时，其流量均不小于该转速下的喘振点流量。

6-187 什么是固定极限流量防喘振控制？试说明其工作原理、系统构成和优缺点。

答：该方案是使压缩机的流量始终保持大于最大转速下喘振点的流量值，如图 6-142 所示。图中压缩机流量 Q_B 大于最大转速 n_1 的喘振点 C 所对应的流量 Q_C（极限流量），因而不会进入喘振区，这样压缩机就不会产生喘振，其控制系统见图 6-143。如果测量值大于 Q_B，则旁路调节阀完全关闭；如果小于 Q_B，则将旁路调节阀打开，使一部分气体循环，直到压缩流量达到 Q_B 为止。

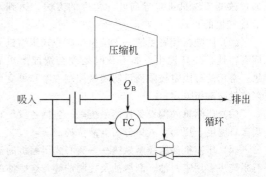

图 6-143

这种方案的优点是控制系统简单，使用仪表少，系统可靠性高，所以大多数压缩机都采用这种方案。缺点是在转速降低，压缩机在低负荷运行时，极限流量的裕量显得过大而造成能量浪费，会增加运行费用。如果压缩机负荷经常在大于 Q_B 状态下工作，那么采用此方案是适宜的。

如果压缩机入口压力和温度波动较大，那么产生喘振的极限流量也会发生变化，这种情况下则要采用带温压补偿的固定极限流量防喘振控制。

6-188 什么是可变极限流量防喘振控制？试说明其工作原理和系统构成。

答：可变极限流量防喘振控制是在整个压缩机负荷变化范围内，设置极限流量跟随转速而变的一种防喘振控制。

在工程上，为了安全上的原因，在喘振边界线右边建立了一条安全操作线，安全线对应的流量要比喘振线对应的极限流量大 5%～10%，如图 6-144 所示。

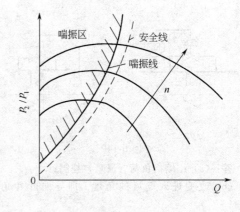

图 6-144

为了实现变极限流量防喘振控制，需要解决以下两个问题：

（1）建立安全操作线的数学方程；

（2）用仪表等技术工具实现上述方程的运算。

安全操作线可用一条抛物线来近似，该抛物线方程可用下式表示：

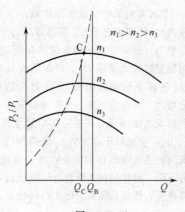

图 6-142

$$\frac{p_2}{p_1} = a + b\frac{Q_1^2}{T_1} \tag{1}$$

式中 p_1——吸入口绝对压力;

p_2——排出口绝对压力;

Q_1——吸入口气体的体积流量;

T_1——吸入口气体的绝对温度;

a、b——均为常数,由压缩机制造厂家提供。

其中常数 a 有 3 种情况,即 $a = 0$,$a > 0$ 和 $a < 0$,所对应的安全操作线如图 6-145 所示。

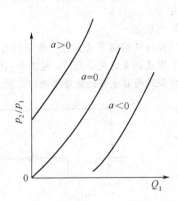

图 6-145

通常气量的测量用差压法,因此还需对式(1)做进一步的推导。把式中流量 Q_1 以差压法测得的 Δp_1 来代替:

$$Q_1 = K\sqrt{\frac{\Delta p_1}{\rho_1}} \tag{2}$$

式中 K——流量系数;

ρ_1——入口处气体的密度。

根据气体方程:

$$\rho_1 = \frac{M p_1 T_0}{Z R T_1 p_0} \tag{3}$$

式中 M——气体分子量;

Z——气体压缩修正系数;

R——气体常数;

p_1、T_1——入口处气体的绝对压力和绝对温度;

p_0、T_0——标准状态下的绝对压力和绝对温度。

把式(3)代入式(2)并化简后得:

$$Q_1^2 = \frac{K^2}{r} \times \frac{\Delta p_1 T_1}{p_1} \tag{4}$$

式中 $r = \dfrac{M T_0}{Z R p_0}$。

把式(4)代入式(1)可得:

$$\frac{p_2}{p_1} = a + b\frac{K^2}{r} \times \frac{\Delta p_1}{p_1} \tag{5}$$

式(5)即为用差压法测量入口处气体流量时喘振安全操作线方程的表达式。

根据式(5),可以演化出多种表达形式,从而组成不同形式的可变极限流量防喘振控制系统。例如将式(5)改写为:

$$\Delta p_1 = \frac{r}{bK^2}(p_2 - ap_1) \tag{6}$$

则按式(6)组成图 6-146 所示的可变极限流量防喘振控制系统。

图 6-146 所示系统,当 $\Delta p_1 < \dfrac{r}{bK^2}(p_2 - ap_1)$ 时,旁路阀将打开,防止了压缩机的喘振出现。

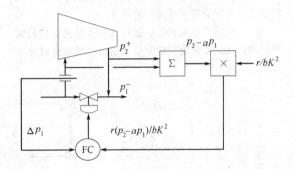

图 6-146

在某些引进装置中,有时也对式(6)采用简化形式,如合成氨装置,令 $a = 0$,此时安全操作线方程简化为:

$$\Delta p_1 = \frac{r}{bK^2}p_2 \tag{7}$$

此时的可变极限流量防喘振控制系统如图 6-147 所示。

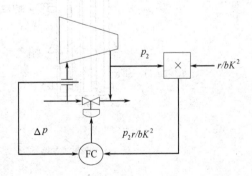

图 6-147

组成防喘振控制系统时,还需要注意一点,在某些工业设备上,往往不能在压缩机入口管线上测量流量。例如当压缩机入口压力较低,压缩比又较大时,在入口管线上安装节流装置而造成压力降,为达到相同的排出压力,可能需增加压缩级,这是不经济的。此时,将在出口管线上安装节流装置,并根据进出口质量流量相同的情况,列出 Δp_1 与出口流量的差压值 Δp_2 之间的关系式,然后把安全操作线方程中 Δp_1 替换掉,再用此方程组成防喘振控制系统。

6-189 为保持流体输送机械的输出流量恒定，采用了下列控制方案，试问存在什么问题？如何改进？

(1) 齿轮泵的出口流量控制，图 6-148 (a)；

(2) 离心泵的出口流量控制，图 6-148 (b)；

(3) 离心式压缩机的出口流量控制，图 6-148 (c)。

答：(1) 齿轮泵的出口流量不允许节流，因此出口管线上不能安装调节阀。齿轮泵要控制出口流量时，一般采用改变转速或控制旁路流量的方法。

(2) 离心泵控制流量时，调节阀不应安装在吸入管线上，而应当安装在排出管线上。

(3) 离心式压缩机要想通过改变旁路流量控制输出流量，流量测量装置应安装在输出管线的旁路分叉点之后。

6.6.2 传热设备

6-190 传热设备的作用是什么？有哪些类型？对其如何进行控制？

答：传热设备就是进行热量传递和交换的设备，如换热器、蒸汽加热器、再沸器、加热炉、冷凝冷却器等，它在石油、化工生产中的作用：

(1) 对工艺介质进行加热或冷却，使其达到规定的温度；

(2) 使工艺介质改变相态，如加热使其汽化、冷凝使其液化等；

(3) 回收热量。

按传热设备的结构形式来分，常见的有列管式、蛇管式、套管式和夹套式等几种。见图 6-149。

传热设备的控制主要是热量平衡的控制，取温度

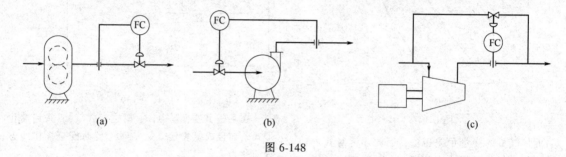

(a)   (b)   (c)

图 6-148

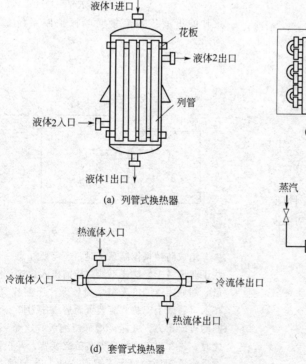

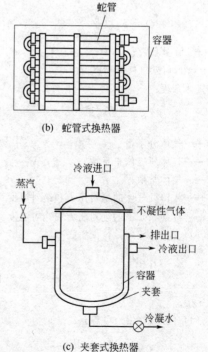

图 6-149

作为被控变量。对于某些传热设备，也需要有约束条件的控制，对生产过程和设备起保护作用。

6-191 两侧均无相变化的换热器的控制方案有哪些？各有什么特点？

答：要稳定换热器中被加热介质的出口温度，可以通过改变载热体自身流量、改变载热体旁路流量、改变被加热介质自身流量、改变被加热介质的旁路流量等方法。

改变载热体自身流量和改变载热体旁路流量的方法，其实质都是通过改变进入换热器的载热体流量，从而使换热器两侧介质的温度差改变，来达到稳定被加热介质出口温度的目的。其中改变载热体自身流量的方法是应用最为普遍的控制方案，多适用于载热体流量变化对温度影响较灵敏的场合。当载热体本身就是工艺的主要介质，其总流量不允许改变时，就应该采用改变载热体旁路流量的控制方案，这样既可以改变进入换热器的载热体流量，又可以保证载热体的总流量不变。

改变被加热介质自身流量的方法，只适用于被加热介质本身的流量是允许改变的场合，这种控制方案较少采用。当被加热介质本身的总流量不允许改变，而且换热器的传热面积有余量时，可以采用将被加热介质分路的办法来稳定被加热介质（混合以后）的出口温度。

6-192 图 6-150 所示为一加热器，两侧无相变。假定热流体流量与冷流体流量都可以作为操纵变量，以维持冷流体的出口温度恒定。试从静态特性来分析在什么情况下应选择热流体流量作为操纵变量，又在什么情况应选择冷流体流量作为操纵变量？

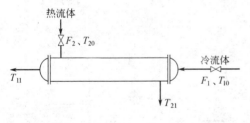

图 6-150

答：设热流体流量为 F_2，摩尔热容为 c_2，进口温度为 T_{20}，出口温度为 T_{21}；冷流体流量为 F_1，摩尔热容为 c_1，进口温度为 T_{10}，出口温度为 T_{11}。为了弄清主要问题，忽略一些次要因素（如热损失等），则可列静态的热量平衡方程式，即单位时间内冷流体吸收的热量等于热流体放出的热量：

$$F_1 c_1 (T_{11} - T_{10}) = F_2 c_2 (T_{10} - T_{21}) \quad (1)$$

或

$$T_{11} = \frac{c_2}{F_1 c_1} (T_{20} - T_{21}) F_2 + T_{10} = K F_2 + T_{10} \quad (2)$$

式中

$$K = \frac{c_2}{F_1 c_1} (T_{20} - T_{21}) \quad (3)$$

K 代表 F_2 改变时对 T_{11} 的影响大小，即热流体流量对冷流体出口温度的静态放大系数。K 越大，F_2 对 T_{11} 的影响越显著。由式（3）可以看出，在 c_1、c_2、F_1 一定的情况下，K 的数值取决于 $T_{20} - T_{21}$，即热流体进、出口温差越大，则 K 越大。所以从静态特性角度来看，当热流体进出口温差较大 [相对于（$T_{11} - T_{10}$）而言] 时，宜选择热流体流量作为操纵变量。

当热流体的流量足够大，使得热流体进出口温差 $T_{20} - T_{21}$ 很小时，由式（3）可知 K 很小，用改变 F_2 的方法来控制 T_{11} 就相当不灵敏。这时应当选择冷流体流量 F_1 作为操纵变量，由式（2）可知，当 F_2 不变时，改变 F_1 可以改变 K 值，进而也就使 T_{11} 改变。

6-193 某换热器其载热体是工艺中的主要介质，其流量不允许控制。为了使被加热的物料出口温度恒定，采用了载热体旁路的控制方案如图 6-151 所示。试问该两种方案是否合理？为什么？

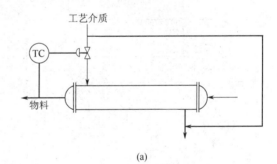

(a)

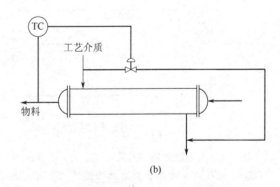

(b)

图 6-151

答：不合理。因为在图（a）中，调节阀与旁路并联，在图（b）中调节阀与换热器并联。这种并联的连接方式使阀的特性变坏，可调范围降低。且因换热器内流路简单，旁路更是如此，因此阻力小，压差小，必须选择大口径的调节阀，使投资增加。

6-194 某生产工序从节能考虑，要回收其产品的热量，用它与另一需要预热的物料进行换热，其工艺过程如图 6-152 所示。由于产品的总流量是不允许控制的，因此采用旁路，使产品的一部分经过换热器，另一部分由旁路通过。为了使被预热物料的出口温度达到规定的质量指标，试确定其控制方案，并选择系统中调节阀的气开、气关型式与调节器的正、反作用。

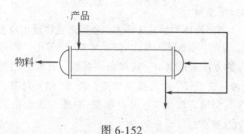

图 6-152

答：为了维持物料出口温度恒定，可以设计如图 6-153 和图 6-154 所示的温度控制系统。

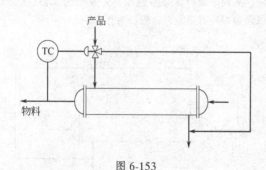

图 6-153

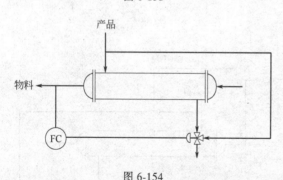

图 6-154

图 6-153 所示的方案，是采用安装在产品入口的分流阀，控制进入换热器与通过旁路的产品流量比例，来达到稳定物料出口温度的目的。

图 6-154 所示的方案，是采用安装在产品由换热器出口处的合流阀，来控制由换热器通过的和由旁路通过的产品流量比例，来达到稳定物料出口温度的目的。

为了选择系统中调节阀的气开、气关型式，先对三通阀的气开、气关型式做这样的假定：假设调节阀的输入气压信号增加时，通过换热器（主通路）的产品流量增加，而通过旁路（侧通道）的产品流量减少，这样的三通阀为气开式。反之，如果随着调节阀的输入气压信号增加，通过换热器的产品流量减少，而通过旁路的产品流量增加，这样的三通阀为气关式。

在上述假定条件下，再假设在本工艺过程中，被预热的物料是不允许过热的，那么在本题中的调节阀应选择气开式，以便在气源一旦中断时，使三通阀的主通路关闭，侧通路打开，产品全部由旁路通过，这样就可以避免物料过热了。

由于通过换热器的产品流量增加时，物料的出口温度是上升的，故对象为"＋"特性，又有调节阀为气开式，具有"＋"特性，因此在图 6-153 和图6-154 所示的控制系统中，调节器 TC 应为反作用的。

6-195 图 6-155（a）、（b）表示蒸汽加热器，（c）、（d）表示氨冷器，都是属于一侧有相变的换热器。试从传热速率方程式来分析，图中各方案是通过什么方法来改变传热量，从而维持物料出口温度恒定的？

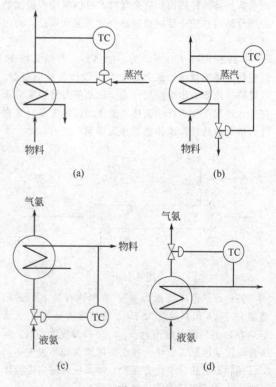

图 6-155

答：（a）、（d）是通过改变冷热两流体的传热温差，来达到控制物料出口温度的目的。

（b）、（c）是通过改变传热面积的方法，来达到控制物料出口温度的目的。

6-196 控制加热蒸汽流量和控制冷凝水排出量的加热器控制方案的特点各是什么？

答：利用蒸汽冷凝来加热介质的加热器，其控制方案可以通过改变加热蒸汽流量或改变冷凝水排出量，来维持被加热介质出口温度的稳定。

通过改变加热蒸汽流量的控制方案，其实质主要是改变加热器两侧的平均温差 Δt，来达到控制出口温度的目的。这种方案简单易行，过渡过程时间短，控制迅速，应用广泛。其缺点是需用较大的蒸汽阀门，传热量变化比较剧烈。有时凝液冷到 100℃ 以下，这时加热器内蒸汽一侧会产生负压，造成排液不连续，影响均匀传热。

通过改变冷凝液排出流量的控制方案，其实质主要是改变加热器的有效换热面积，来达到控制出口温度的目的。这种方案的控制通道长，变化迟缓，且需要有较大的传热面积裕量。但由于变化和缓，有防止局部过热的优点，所以对一些过热后会起化学变化的过敏性介质比较适用。另外，由于蒸汽冷凝后凝液的体积比蒸汽体积小得多，所以可以选用尺寸较小的调节阀。

6-197 某列管式蒸汽加热器，工艺要求出口物料温度稳定、无余差、超调量小。已知主要干扰为载热体（蒸汽）压力不稳定。试确定控制方案，画出自动控制系统的原理图与方块图。假定介质的温度不允许过高，否则易分解。试确定调节阀的气开、气关型式；调节器的控制规律及正、反作用。

答：由于主要干扰为载热体（蒸汽）压力不稳定，为了及时克服这一干扰，可以选择蒸汽流量为副变量，出口物料温度为主变量，构成温度流量串级控制系统，其原理图与方块图分别如图 6-156 与图 6-157 所示。

由于介质的温度不允许过高，否则易分解，所以调节阀应选择气开型式，一旦气源故障断气，调节阀自动关闭，蒸汽不再进入加热器，以避免介质温度过高而分解。

由于对被控变量的控制要求较高，无余差，而且加热器的滞后一般较大，故主调节器 TC 应选择比例、积分、微分三作用（PID）控制规律。副调节器 FC 一般选用比例控制规律就行了，这是因为副回路

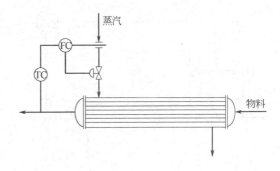

图 6-156

是个随动系统，对副变量（蒸汽流量）本身没有什么严格的要求。

在副回路中，由于流量对象是"＋"作用（阀开大，流量增加）的，调节阀也是"＋"作用（气开式）的，故副调节器 FC 应是反作用的，这样才能起到负反馈的控制作用。

由于主变量温度升高时，需要关小蒸汽阀；副变量流量增大时，也需要关小蒸汽阀，它们对调节阀的动作要求是一致的，故主调节器 TC 应选择反作用的。

6-198 某列管式蒸汽加热器，工艺要求出口物料温度稳定在 (90±1)℃。已知主要干扰为进口物料流量的波动。

（1）确定被控变量，并选择相应的测量元件；

（2）制定合理的控制方案，以获得较好的控制质量；

（3）若物料温度不允许过低，否则易结晶，试确定调节阀的气开、气关型式；

（4）画出控制系统的原理图与方块图；

（5）确定温度调节器的正、反作用。

答：（1）被控变量是出口物料的温度。测量元件应为热电阻体，可选 Pt100、Cu50 或 Cu100；

（2）应设计前馈-反馈控制系统；

（3）气关型；

（4）原理图见图 6-158，方块图见图 6-159。

图中 TC 为反馈控制器，F_fC 为前馈控制器（或前馈补偿装置）；

（5）TC 应为正作用。

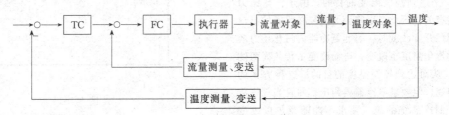

图 6-157

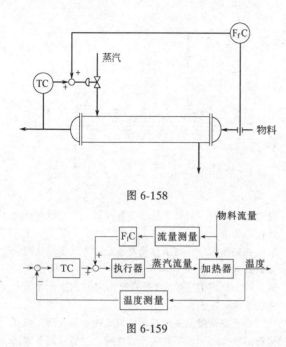

图 6-158

图 6-159

6-199　氨冷器的控制方案有哪些？各有什么特点？

答：通过改变液氨的进入量，可以控制介质的出口温度，这是应用最为广泛的一种氨冷器控制方案。这种方案的实质是通过改变氨冷器中的液氨液位，从而改变了有效传热面积，来达到控制温度的目的。这种控制方案是根据温度来改变液氨进入流量的，但液氨进入量太多时，会使液位过高，造成蒸发空间不足，使氨气中夹带大量液氨，引起氨压缩机的操作事故，所以应当采取某些保护性措施，以避免液位过高。

为了保证有足够的蒸发空间，并及时克服由于液氨压力变化引起液氨进入量改变的这一干扰，可以设置以液位为副变量，以出口温度为主变量的温度-液位串级控制系统。这种方案的实质仍然是改变液氨进入量，从而改变了有效传热面积，来达到控制温度的目的。但由于引入了液位作为副变量，因而可以提高控制质量。

改变氨冷器内的汽化压力，也可以控制出口温度。这种方案的实质是通过改变冷却剂与工艺介质间的温差 Δt，来达到控制温度的目的。由于汽化压力与汽化温度有关，因此可以将调节阀装在气氨的出口管道上，阀门开度改变时，引起氨冷器内汽化压力改变，相应的汽化温度也改变，进而改变了传热面两侧的温差 Δt，从而达到控制温度的目的。这种方案的控制作用迅速，但要求氨冷器要耐压，并且当气氨压力由于整个制冷系统的统一要求不能随意加以改变时，这个方案就不能采用了。

6-200　在不少小型石油化工厂的氨冷器控制中，为了稳定被冷却物料的出口温度，只设置了液位控制系统，如图 6-160 所示。试说明该方案的控制机理及存在问题，并提出改进方案。确定调节阀的气关、气开型式及调节器的正、反作用。

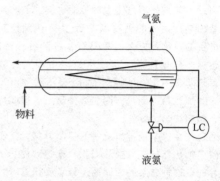

图 6-160

答：该方案中只设置了液氨的液位控制系统，不直接设置温度控制系统。它是采用恒定传热面积的方法来使传热量平稳少变，从而达到稳定被冷却物料出口温度的目的。这种控制方案的特点是结构简单，又能保证一定的汽化空间，使气氨中不夹带液氨，保证生产安全，在负荷比较稳定时，这样也可以达到出口温度平稳的要求。但它的不足之处，在于不能直接反映出被冷却物料的出口温度，对于温度控制来说，它实际上是一个开环系统。在负荷变动较大且工艺对出口温度要求较高的场合，这种控制方案是不能满足要求的。

为了改进控制质量，可以设计以被冷却物料的出口温度为主变量，以氨冷器中液氨的液位为副变量的串级控制系统，其原理图见图 6-161。这种控制方案能及时克服由于液氨压力（流量）变化引起液位的变化，又能在负荷有较大变动时，仍能保持出口物料的温度恒定。

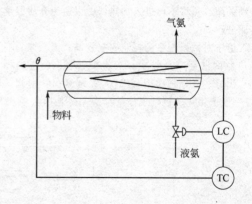

图 6-161

当然，这种控制方案不能完全保持液位恒定，在负荷大范围变化时,液位有可能超过规定的范围。所以在负荷变化很大且对气氨质量要求较高的场合,仍应对液位采取一些保护性措施或采用选择性控制系统。

图 6-162 所示为温度与液位的选择性控制系统。在正常工况下,温度调节器 TC 工作,根据被冷却物料的出口温度来改变液氨的进入量。只有在异常工况下,氨冷器内的液位超过极限值时,液位调节器 LC 取代了温度调节器 TC 的工作,以保证液位不超过安全极限性。上述两调节器的相互取代是通过低选器 LS 实现的。

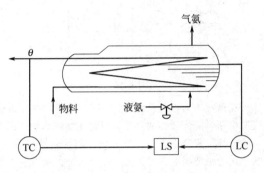

图 6-162

对于氨冷器的控制,为了安全,即保证氨冷器内液氨液位不至于过高,调节阀应选气开式。这样当一旦气源断气时,调节阀自动关闭,液氨停止进入,使液位不会过高,气氨中不会带液,保证了后续设备(氨压缩机)的安全。

在调节阀已选定为气开式后,图 6-160 所示的液位控制系统中 LC 应为反作用。图 6-161 所示的温度-液位串级控制系统中的主调节器 TC 应为正作用,副调节器 LC 应为反作用。图 6-162 所示的温度-液位选择性控制系统中,温度调节器 TC 应为正作用,液位调节器应为反作用。

6-201 图 6-163 所示为一精馏塔提馏段温度控制系统。它通过改变进入再沸器的加热蒸汽量来稳定提馏段的温度。从传热的速率方程来分析,这种控制

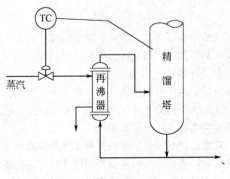

图 6-163

方案的实质是什么?

答:再沸器是属于两侧均有相变化的传热设备。加热蒸汽在再沸器内放出热量并冷凝为冷凝水,塔釜液相在再沸器内汽化为蒸汽再返回到精馏塔。

由传热速率方程式可知,热流体向冷流体的传热速率为:

$$q = KF\Delta T$$

式中　K——传热系数,kcal/(℃·m²·h)(1 cal = 4.184 J);

F——传热面积,m²;

ΔT——平均温差,℃。

对于两侧均有相变的再沸器,其温差 ΔT 的大小主要取决于两侧的压力,在塔釜压力恒定的情况下,其平均温差 ΔT 取决于加热蒸汽一侧的压力。当加大蒸汽流量时,再沸器内蒸汽一侧的压力增加,其温度也相应上升,因此使温差 ΔT 增加。由上式可知,当 ΔT 增加时,传热速率 q 增加,单位时间由热流体传给冷流体的热量增加,使再沸器内有更多的釜液汽化返回到提馏段,因而使提馏段的温度上升,这就是为什么改变蒸汽流量能控制提馏段温度的原因。

6-202 图 6-164 是炼油加热炉出口温度的两种控制方案,请比较它们的异同。

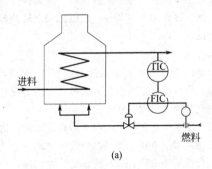

(a)

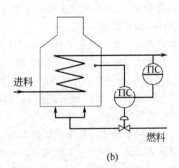

(b)

图 6-164

答:(a)是炉子出口温度和燃料流量串级调节回路。其中被加热介质温度是主参数,燃料流量是副参数,这种控制回路适用于干扰因素主要是燃料量不稳的场合。

（b）是炉子出口温度和炉膛温度串级调节回路。这里被加热介质温度是主参数，炉膛温度是副参数。由于主对象的纯滞后和时间常数较大，即当燃料发生扰动时，要经过很长时间才能反应到出口温度上来，因此若采用出口温度单参数调节燃料量，一般不易保证调节质量。由于炉膛温度对扰动的反应较出口温度迅速得多，所以除了进料量之外的干扰，它均能很快地感受到，并发挥副回路先调、快调的特点，使被加热介质的温度恒定。这种控制方案主要适用于燃料的成分和热质容易变化的场合。

6-203　在炼油加热炉中，烟气含氧量、炉膛负压、排烟温度等参数对燃烧有什么影响？应如何控制？

答： 在炼油加热炉的燃烧中，如果烟气中的氧含量控制过低，则燃料不能完全燃烧，CO 增加，炉子要冒黑烟；如果氧含量过高，则剩余空气将带走热量，同时还会生成较多的 NO_x，污染环境。

炉膛负压控制过低，则往炉子内的漏风量增加，影响热效率；控制过高，则出现正压，火苗外冒，影响炉子寿命。超过了限度，还可能造成事故。

排烟温度降低，可以减少烟气带走的热量，但不能低于露点温度，否则会加速设备腐蚀。

一般把烟气含氧量、炉膛负压、排烟温度规定在一定范围，并作为约束条件，用以控制烟道挡板或通风挡板的开度。

6.6.3　锅炉

6-204　设置锅炉控制系统的基本要求有哪些？

答：（1）要保证蒸汽压力的恒定。因为设置锅炉的目的就是为了获得一定压力的蒸汽。

（2）使锅炉在安全的工况下运行，因此，锅炉汽包的液位调节很重要。如果汽包液位过高，将使蒸汽带水，会使某些设备，如汽轮机的叶片损坏；如果汽包液位过低，锅炉有被烧坏或发生爆炸的危险，所以，汽包液位也必须要控制。

（3）使锅炉在经济的工况下运行，对燃烧过程加以控制，保持合理的空气过剩系数，节约能源。

6-205　图 6-165 是锅炉的压力和液位控制系统的示意图。试分别确定两个控制系统中调节阀的气开、气关型式及调节器的正、反作用。

答： 在液位控制系统中，如果从锅炉本身安全角度出发，主要是要保证锅炉水位不能太低，则调节阀应选择气关型，以便当气源中断时，能保证继续供水，防止锅炉烧坏；如果从后续设备（例汽轮机）安全角度出发，主要是要保证蒸汽的质量，汽中不能带液，那么就要选择气开阀，以便气源中断时，不再供水，以免水位太高。本题假定是属于前者的情况，调节阀选择为气关型，为"－"方向；当供水流量增加

时，液位是升高的，对象为"＋"方向，故在这种情况下，液位调节器 LC 应为正作用方向。当调节阀因需要选为气开型时，则液位调节器应选为反作用方向。

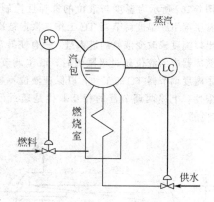

图 6-165

在蒸汽压力控制系统中，一般情况下，为了保证气源中断时能停止燃料供给，以防止烧坏锅炉，调节阀应选择气开型，为"＋"方向；当燃料量增加时，蒸汽压力是增加的，对象为"＋"方向。所以在这种情况下，压力调节器 PC 应选为反作用方向。

6-206　简述锅炉汽包液位的假液位过渡过程，双冲量控制系统是怎样克服假液位的？

答： 当汽包给水量突然减小时，由于在这个时间里锅炉传给汽包的热量不变，致使汽包内（特别是下汽包）液体大量汽化，将液位抬起。过一段时间后，汽包内热量达到新的平衡，汽化量稳定，液位才慢慢降下来，如图 6-166（a）。

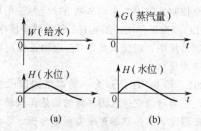

图 6-166

当给水流量突然增大时，情况相反。当出口蒸汽流量突然增加时，汽包压力突然下降，使得汽化量突然增多（传热过程不变），这样水位反而上升。过一段时间后，由于汽包内新的平衡状态来到，汽化量稳定，液位才慢慢降下来，如图 6-166（b）。当出口蒸汽流量突然减少时，情况相反。

双冲量控制系统是采用互补原理对假液位现象进行控制的。当出口蒸汽流量突然增大时，它将使液位上升（假液位），这时，控制系统根据变化量大小，

使给水量也增大一数值。我们知道，当给水量突然增大时，将使汽包液位下降（假液位）。这样，经过叠加作用，将使汽包液位基本维持不变，从而达到克服假液位的目的，如图 6-167 所示。当干扰方向相反时，系统动作过程也相反。

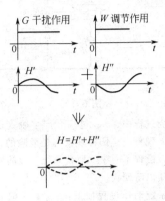

图 6-167

6-207 锅炉汽包双冲量液位控制系统的特点及使用条件是什么？

答：锅炉汽包双冲量液位控制系统如图 6-168 所示。它是在单冲量液位控制的基础上引入蒸汽流量作为前馈信号，能消除"虚假液位"对调节的不良影响，缩短了过渡过程的时间，改善控制系统的静特性，提高了调节质量。所以它能在负荷变化较频繁的工况下比较好地完成液位控制任务。在给水压力比较平稳时，用于小型低压锅炉较好。

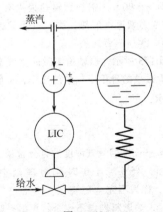

图 6-168

它的缺点是调节作用不能及时反映给水侧的扰动。当给水量扰动时，控制系统等于单冲量控制，因此当给水母管压力经常有波动、给水调节阀前后压差不易保持正常时，不宜采用双冲量控制。

6-208 锅炉汽包三冲量液位控制系统的特点及使用条件是什么？

答：锅炉汽包三冲量液位控制系统如图 6-169 所示。它是在双冲量液位控制的基础上引入了给水流量信号，由水位、蒸汽流量和给水流量组成了三冲量液位控制系统。

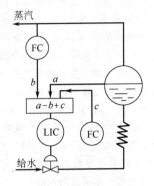

图 6-169

在这个系统中，汽包水位是被控变量，是主冲量信号；蒸汽流量、给水流量是两个辅助冲量信号。实质上三冲量控制系统是前馈加反馈控制系统。

三冲量液位控制系统宜用于大型锅炉，因为锅炉容量越大，汽包的相对容水量就越小，允许波动的蓄水量就更小。如果给水中断，可能在很短的时间内（几分钟）就会发生危险水位；如果仅是给水量与蒸发量不相适应，那么在几分钟内也将发生缺水或满水事故。这样就对水位的控制提出更高的要求。锅炉液位三冲量控制系统的组成形式较多，其目的都是为了适应锅炉水位控制的需要。

6-209 图 6-170 是锅炉汽包水位调节的两个方案，试比较它们的特点。

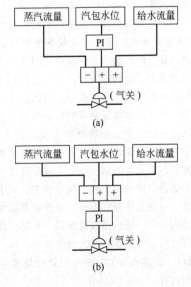

图 6-170

答：两个方案都是用蒸汽流量、汽包水位、给水流量三冲量控制给水调节阀。图（a）所示方案把 PI

调节器放在加减器前面，好处是抓了主要矛盾。汽包水位由 PI 调节器调节，保证了它在给定位置。系统稳定时，蒸汽流量信号和给水流量信号在加减器内相互平衡。图（b）所示方案把 PI 调节器放在加减器后面，因而三个参数都得到 PI 调节规律的调节。但由于它们的动态特性各不相同，所以调节器的参数不易整定合适。同时由于调节器的测量是三个参数运算后的数值，因此就不能保证汽包水位稳定在给定值上。

比较起来，图（a）方案优于图（b）方案。

6-210 图 6-171 所示为某锅炉给水三冲量控制系统。试分析当蒸汽流量 FR-33、给水流量 FR-6 及汽包水位 LR-1 的指示突然到零，各自会出现什么现象？该如何处理？如何查找故障？

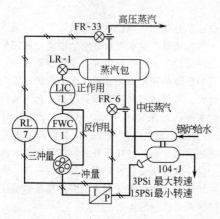

图 6-171

答：当蒸汽流量突然到零，副调节器 FWC-1 输出将会很快增大，给水泵转速会急速下降，锅炉给水很快减小，若不及时处理，在很短的时间内就会"干锅"，产生重大事故。当给水流量突然到零，副调节器输出将急速下降，给水泵转速迅速增大，给水流量将会大幅度增加，处理不及时，将引起汽包水位快速上涨，致使蒸汽带水，产生事故。当汽包水位突然到零，将会产生和给水流量到零同样的情况。出现以上三种情况之一时，应立即将副调节器打到手动控制，将输出信号给在正常输出值上，或将给水泵转速切为机械控制，然后查找故障。以上三种情况的产生，一般都是传送器故障所致，而且信号到零，对于电动变送器而言，一般是信号线断开、检测线圈断线或保险丝断等原因所致。应找出故障原因，及时排除，当确信恢复正常后，才可重新投入自动控制。

6-211 试述图 6-172 所示锅炉燃烧系统取代调节的动作过程。

答：取代调节也叫自动选择调节或超驰控制。图示系统中，锅炉蒸汽的压力与燃料天然气的量有直接的关系。$p_蒸$↑时，要求加入的 $G_天$↓；反之，$p_蒸$↓，

要求 $G_天$↑，因此正常情况下是根据 $p_蒸$ 来调节 $G_天$ 的。

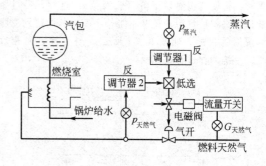

图 6-172

在燃烧过程中，$p_天$ 过高会产生脱火现象，过低会造成回火现象。这两种现象都是危险的，不允许出现。所以，设置了一个"取代系统"以防脱火，一个低流量联锁以防回火。

取代系统动作过程如下：$p_蒸$↓→调节器 1 输出↑→调节阀开度↑→$G_天$↑→$p_蒸$↑。在阀门打开过程中，$p_天$ 逐渐↑，如增至极限状态，再增加就会产生脱火现象。在此情况下，由于调节器 2 输出↓，当其输出值小于调节器 1 的输出值时，调节器 2 被低选器选中，自动切换上去，取代调节器 1 起控制作用。在调节器 2 作用下，阀门关小，直到达到平衡为止，避免了脱火现象的发生。

6-212 试回答工业锅炉空气过剩率 μ、烟气中氧含量 $O_2\%$ 和燃烧热效率 η 三者之间有怎样的关系？

答：燃料燃烧输入锅炉的热量约有 90% 变成蒸汽热焓，即 $\eta = 90\%$。锅炉燃料热损失有 2% 是炉壁热损失，8% 为烟道气的热损失。故锅炉燃烧控制要分析 μ、η、$O_2\%$ 三者之关系。

如图 6-173 所示，横轴是实际的空气量与使燃料完全燃烧所必须的理论空气量的比率，一般用空气过剩率 μ 表示：

$$\mu = \frac{21}{21 - O_2\%}$$

式中　$O_2\%$——排烟氧气浓度的百分含量。

参见图，当 $\mu = 1.0$ 时称为理论空气量。当 $\mu < 1.0$ 时，称为不完全燃烧区，由于空气不足，氧含量下降，入炉燃料燃烧不完全，火焰呈暗红色，并伴有黑烟，燃烧热损大，η 下降。当 $\mu > 1.10$ 时，称为空气过剩燃烧区，炉内空气过剩，燃烧火焰白炽挺直，一部分空气不参加燃烧，从烟气排出，热损失增加，η 下降，同时还会产生 NO_x、SO_x 等有害气体，污染环境。只有当 $1.02 < \mu < 1.10$ 时，燃烧才处于最佳状态，燃料完全燃烧，热损失小，燃烧热效率 η 高，燃烧生成 NO_x、SO_x 少，故锅炉一般控制在低过剩空气燃烧区域。为便于测量，一般采用烟气中氧

含量分析来设定 μ。烟气中氧含量是间接反映锅炉热效率的一个重要参数，一般采用氧化锆分析仪测量烟气氧含量。但是因炉子漏风，特别是氧化锆探头附近的漏气，造成分析误差较大，引起测量控制误动作。烟气中 CO 含量也是间接反映燃烧状态的重要参数，因此在燃烧控制系统中把 $O_2\%$、$CO\%$ 两者结合起来进行控制，以 $O_2\%$ 控制，以 $CO\%$ 作为系统备用控制。

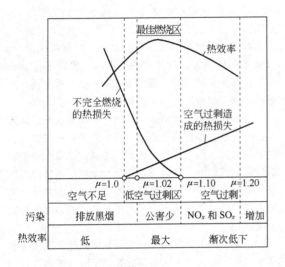

图 6-173

6-213 试述图 6-174 所示燃烧控制系统的动作原理。

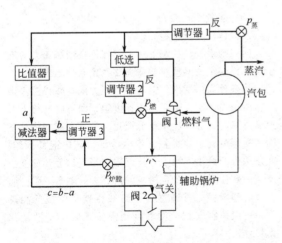

图 6-174

答：图 6-174 所示是一个超驰-前馈-反馈控制系统。$p_{蒸}$、调节器 1、低选、$p_{燃}$、调节器 2 和调节阀 1 组成超驰调节系统。正常时，若调节器 1 出现偏差，即蒸汽压力 $p_{蒸}$ 由于外界干扰而产生波动时，用调节燃料气量使之维持蒸汽压力不变。但在 $p_{蒸}$ 出现过大的负偏差时，阀 1 要大幅度开启，这样会导致

$p_{燃}$ 升高，$p_{燃}$ 高到一定值时容易产生脱火现象，是生产上不允许的。因而在 $p_{燃}$ 高到一定数值时低选将调节器 2 信号自动切入控制系统，使 $p_{燃}$ 不再继续升高，从而起到超压保护作用。

$p_{炉膛}$、调节器 3、减法器和调节阀 2 组成单回路反馈控制系统。又 $p_{蒸}$、调节器 1、比值器、减法器和阀 2 构成前馈控制系统。从工艺角度来看，希望 $p_{炉膛}$ 受外界干扰越小越好，也就是说，$p_{炉膛}$ 是个系统中的主要控制参数。影响 $p_{炉膛}$ 主要是燃料气量的改变，燃料气量增加，$p_{炉膛}$ 随之升高，但燃料气量的增加或减少、又受 $p_{蒸}$ 所支配。当 $p_{蒸}$ 因用户波动而波动时，燃料气量必须相应地调整以使 $p_{蒸}$ 稳定。在这同时又希望 $p_{炉膛}$ 处于稳定状态。由此可见取 $p_{蒸}$ 的信号作为 $p_{炉膛}$ 的前馈信号是起到超前作用的。但由于 $p_{蒸}$ 与阀 2 开启度之间尚不能建立起函数关系，因而就将前馈信号量加在反馈调节器 3 的输出，所需前馈量的大小可调整起信号放大或衰减作用的比值器，以满足对象的要求。减法器完成减法任务，即 $c = b - a$。

按上述系统，当 $p_{蒸}$ 因用户波动而降低时，调节器 1 输出信号增加，阀 1 开大；同时比值器输出也随之增加，调节器 3 输出尚未改变，所以减法器输出减少，阀 2 就随之开大（气关式）。当 $p_{蒸}$ 增加时，所得结果相反。这样 $p_{蒸}$ 波动时，在调整阀 1 的同时，不等压力反应到 $p_{炉膛}$（调节器 3），就同样调整阀 2，从而保证 $p_{炉膛}$ 比较稳定。前馈调节所克服不完全之处，再由反馈调节器 3 加以补偿。

6-214 在锅炉燃烧过程的控制系统中，工艺上要求根据蒸汽压力的高低来改变燃料油的进入流量，又要求燃料油流量与进入的空气流量在正常情况下成一定的比值关系。为了使燃烧完全，还要求在蒸汽压力降低，需要加大燃料油流量时，先加大空气流量，然后再加大燃料油流量。为此，某厂设计如图 6-175 所示的锅炉燃烧过程控制系统，试选择调节阀的开关

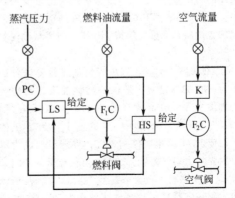

图 6-175

型式与调节器的正、反作用。

答：先来决定调节阀的开关型式。为了保证在气源中断时，停止燃料供给，防止锅炉烧坏，燃料阀采用气开型式。为了保证在气源中断时，继续供给空气，防止燃烧不完全，空气阀采用气关型式。

在正常工况时，蒸汽压力的变化通过低值选择器 LS 作为燃料油流量调节器 F_1C 的给定，而 F_1C 的测量值信号来自燃料油流量变送器，因此这实际上是一个压力-流量串级控制系统。燃料油流量的变化作为空气流量调节器 F_2C 的给定，从而使空气流量与燃料油流量之间保持一定的比例关系。根据单回路系统确定调节器正、反作用的原则，在已知燃料阀为气开、空气阀为气关的情况下，显然 F_1C 应为反作用，F_2C 应为正作用。由于蒸汽压力调节器 PC 与燃料油流量调节器 F_1C 组成串级控制系统，并且蒸汽压力增加或燃料油流量增加时，都需要关小燃料阀，即对阀的动作要求是一致的，因此主调节器 PC 应为反作用。

当蒸汽压力降低需要提高燃料油流量时，为了燃烧完全，必须先加大空气流量。由于 PC 是反作用的，故压力降低时，PC 的输出增加，通过高值选择器 HS 作为 F_2C 的给定值，以加大空气供给量。此时蒸汽压力调节器 PC 与空气流量调节器组成串级控制系统。由于蒸汽压力降低或空气流量降低，对空气阀动作方向的要求是一致的（要求开大），所以压力调节器 PC 应是反作用的。由此可见，尽管燃料阀与空气阀的开关型式不同，F_1C 与 F_2C 的作用方向也不同，但作为主调节器来说，却都应为反作用的。

6-215 试说明上题锅炉燃烧控制系统中，LS、HS 在系统中的作用。

答：LS 在正常工况时，选中 PC 的输出作为 F_1C 的给定，构成 PC-F_1C 串级控制系统。在异常工况时，即蒸汽压力降低，需要先加大空气流量，然后再加大燃料油的流量时，由于 PC 输出较高，空气流量变送器的输出较低，所以 LS 选中空气流量变送器的输出，而切断 PC 到 F_1C 的通道，根据空气流量的值逐渐加大燃料油流量，保持空气流量与燃料油流量的比例关系。

HS 在正常工况时，选中燃料油流量变送器的输出作为 F_2C 的给定值，来保持燃料油流量与空气流量的比值关系。在异常工况时，即蒸汽压力降低，PC 的输出升高，HS 选中 PC 的输出作为 F_2C 的给定，构成 PC-F_2C 串级控制系统，根据蒸汽压力降低的程度先加大空气流量。在加大空气流量的同时，通过 LS，加大燃料油流量。待空气流量与燃料油流量都加大到一定程度后，蒸汽压力会上升，PC 的输出会降低。当蒸汽压力恢复正常工况后，LS 会重新选中 PC 的输出，HS 重新选中燃料油流量变送器的输出，恢复到正常的控制方案。

6.6.4 精馏塔

6-216 试简述精馏塔的分离原理、结构类型和控制要求。

答：精馏塔的分离原理是利用混合物中各组分的挥发度不同（沸点不同），也就是在同一温度下，各组分的蒸汽分压不同这一性质，使液相中的轻组分（低沸物）和汽相中的重组分（高沸物）互相转移，从而实现分离。

精馏塔从结构上分，有板式塔和填料塔两大类。板式塔直径较大，内部有多层塔板。填料塔直径较小，内部充装填料。一般精馏塔由塔体、再沸器、冷凝冷却器、回流罐及回流泵等组成。

精馏塔是一个多输入多输出的多变量过程，其内在机理复杂，动态响应迟缓，变量之间相互关联，不同塔的工艺结构差别很大，而工艺对控制提出的要求又较高。其控制目标，是在保证产品质量合格的前提下，使塔的总收益最大或总成本最小。具体对于一个精馏塔来说，需要从四个方面考虑来设置必要的控制系统。

（1）产品质量控制——塔顶或塔底产品之一合乎规定的纯度，另一端成品维持在规定的范围内。

（2）物料平衡控制——即塔顶、塔底采出量应和进料量相平衡，物料平衡控制是冷凝液罐（回流罐）和塔釜的液位进行控制，使其保持在规定的上、下限之间。

（3）能量平衡控制——输入、输出能量应平衡，使塔内操作压力维持稳定。

（4）约束条件控制——为了保证精馏塔正常、安全运行，必须使某些参数限制在约束条件之内。常用的限制条件有液泛限、漏液限、压力限和临界温差限等。所谓液泛限，也叫气相速度限，即塔内气相上升速度过高时，雾沫夹带十分严重，实际上液相将从下面塔板倒流到上面塔板，产生液泛，破坏正常操作。漏液限也叫最小气相上升速度限，当气相上升速度小于某一数值时，将产生塔板漏液，板效率会下降。防止液泛和漏液，可通过塔压降或压差来监视气相速度，一般控制气相速度在液泛点附近略小于液泛点为好。

压力限是指塔的操作压力限制，一般是最大操作压力限，就是说塔的操作压力不能过大，否则会影响塔内气液平衡，严重越限甚至会影响到安全生产。

临界温差限主要是指再沸器两侧的温差限度，当这一温差高于临界温差时，给热系数会急剧下降，传热量也将随之下降，不能保证塔的正常传热。

6-217 按沸点范围来切割馏分的精馏塔，它的被控变量温度检测点位置应设在____或____。按加料板温度作为被控变量时不宜用于_____变化较大的场合。

答：塔顶，塔底，进料浓度。

6-218 在什么情况下，精馏塔应按精馏段指标进行控制？什么情况下，应按提馏段指标进行控制？

答：若对馏出液的纯度要求较之对釜液为高时，或是全部为气相进料时，或是塔底提馏段塔板上的温度不能很好反映产品成分变化时，往往按精馏段指标进行控制。采用这种方案时一般在回流、馏出液两者之中选择一种作为控制产品质量的手段。

若对釜液的成分要求较之对馏出液为高时，或全部为液相进料时，或塔顶、精馏段塔板上的温度不能很好反映组分变化时，或实际操作回流比较最小回流比大好几倍时，采用提馏段指标进行控制为宜。

6-219 精馏塔温差控制系统的测温点怎样选择？温差控制系统的优缺点是什么？

答：精馏塔温差控制系统，以塔顶或塔底产品为主要产品时，可将一个温度检测点设在塔顶板（或稍下一些板）或塔底板（或稍上一些板）处，即成分和温度变化较小、比较恒定的位置。

另一温度检测点放在灵敏板附近，即成分和温度变化较大、比较灵敏的位置。然后取两者之差 ΔT 作为被控变量，这样塔顶或塔底温度实际上起参比作用，压力变化时对这两个温度都有影响，然而两者相减后，压力变化的影响几乎完全相互抵消，这就是它的优点。

采用温差控制存在着一个缺点，就是进料量增加时，将引起塔内组分变化和塔内压降发生变化，这两者均会引起温差变化，前者由于改善气液交换使组分分离度增加，温差减少，而后者因为塔压降增加而使温差增加，这时温差和组分就不能呈单值对应关系，此时不宜采用这样的控制方案。

6-220 什么是双温差控制？它适用于什么场合？

答：分别在精馏段及提馏段上选取温差信号，然后将两个温差信号相减以后得到的信号作为控制器的测量信号（即控制系统的被控变量），这样构成的控制方案称为双温差控制。双温差控制能消除由于负荷变动，引起塔内压差变化对产品成分的影响。从工艺角度看，双温差控制是以保证工艺上最好的温度分布曲线为出发点，来代替单纯地控制塔的一端温度（或温差），因此能获得较好的控制质量。当对产品纯度要求很高，塔的负荷变化较大时，可以考虑采用双温差控制。

6-221 某精馏塔的控制方案如图 6-176 所示。试分析该控制方案由哪些控制系统所组成？并指出各个控制系统的操纵变量、被控变量分别是什么？

答：见表 6-8。

表 6-8

序号	控制系统	被控变量	操纵变量
1	塔顶温度控制系统	塔顶温度 T	回流量 L_R
2	塔压控制系统	塔顶压力 p	冷剂流量 Q
3	塔顶贮槽液位控制系统	储槽液位	采出量 D
4	进料定值控制系统	进料量 F	进料流量
5	塔釜液位控制系统	塔釜液位	塔底采出量 B
6	加热蒸汽流量定值控制系统	加热蒸汽量 S	蒸汽流量

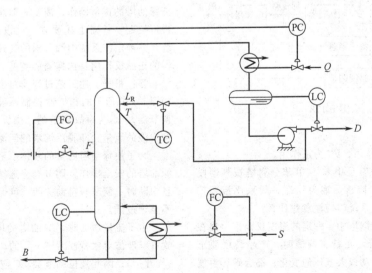

图 6-176

6-222 某精馏塔的塔顶控制方案如图 6-177 所示，试分析回答：

（1）该方案属于什么控制系统，其控制目的是什么？

（2）画出系统方块图；

（3）为保证精馏塔的正常操作，回流液不允许中断，试确定调节阀的气开、气关型式；

（4）确定调节器 TC 和 FC 的正、反作用。

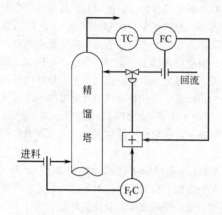

图 6-177

答：（1）属于前馈串级控制系统。其控制目的是为了保持塔顶温度恒定，以使塔顶馏出液的成分符合质量要求；

（2）方块图如图 6-178 所示。其中 TC 为主调节器，FC 为副调节器，F_fC 为前馈补偿装置；

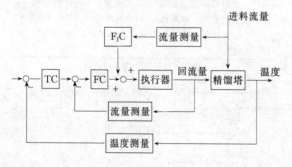

图 6-178

（3）气关型；

（4）TC 为正作用，FC 为正作用。

6-223 图 6-179 是甲苯-二甲苯分离塔按精馏段温差控制系统图。精密蒸馏为什么一般采用温差控制？使用温差控制系统时应注意些什么？

答：在一般蒸馏塔中，一定的温度仅能指示出在一定塔压下的组分。在精密蒸馏时，产品纯度要求高，塔压的微小波动或大气压的变化，都会破坏温度与组分之间的对应关系，使产品不合格。而温差控制的原理，是基于两块塔板上的物料纯度比较高的情况

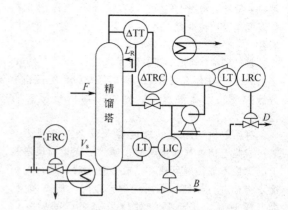

图 6-179

下，当最终产品纯度进一步提高时，两塔板之间的浓度差就愈小，这两塔板间的泡点温度差也愈小。反之，温度差会增加，所以温差的变化可以反映产品的纯度。但是，因两点温度都同样受塔压波动的影响，相减后可以互相抵消。所以，控制温差就能控制最终产品纯度，而不受塔压波动的影响。

使用温差控制时一般应当注意：

（1）测温点应选择恰当，一般一点选在精馏段的灵敏塔板附近，另一点选在塔顶出口管线上；

（2）温差调节器的给定值不能太大，干扰量不能太大，因为温差与产品纯度并非单值关系，否则会使调节器无法工作。因此，实现温差控制的前提是塔的操作必须比较稳定。在开工时应耐心地整定系统参数。

6-224 在乙烯工程中有一绿油吸收塔，其塔底馏出液作为脱乙烷塔的回流。正常情况下，为保证脱乙烷塔的正常操作，对塔釜馏出液的流量进行定值控制。一旦绿油吸收塔塔釜液位低于 5% 的极限，为保证绿油塔的正常操作，需要立即改为按绿油塔液位来进行控制。针对上述要求，试设计一选择性控制系统，并确定该系统中调节阀的气开、气关型式，调节器的正、反作用及选择器的类型。

答：根据上述工艺过程及对控制的要求，可设计如图 6-180 所示的选择性控制系统。其中 FC 为正常调节器，LC 为事故调节器，操纵变量为绿油塔塔釜馏出液的流量，即脱乙烷塔的回流量。

为了使绿油塔塔釜的液体不至于抽空，以致危及绿油塔的安全操作，调节阀应选择气开型。当气源一旦中断时，调节阀自动关闭，确保绿油塔的塔釜液位不至于过低。

由于流量增加时，绿油塔的塔釜液位是降低的，故塔釜液位对象特性为"－"的，调节阀为"＋"的（气开型），因此液位调节器 LC 应为正作用的。由于流量对象特性为"＋"的，因此流量调节器 FC 应为反作用的。

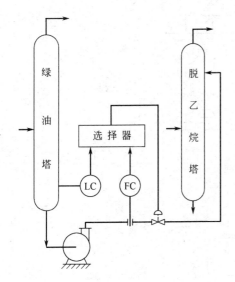

图 6-180

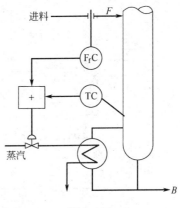

图 6-181

当绿油塔塔釜液位过低时，LC 的输出很低，这时选择器应该选择 LC 的输出去操纵调节阀，故选择器应为低值选择器 LS。在正常工况下，LC 的输出比 FC 的输出高，故选择器选中 FC 的输出，构成流量控制系统，以使脱乙烷塔的回流量恒定，保证了它的正常操作。

6-225 某精馏塔采用提馏段温控的方案，但进料量经常波动且是不可控的，为提高控制质量，试设计一控制方案，能及时克服进料量波动这一干扰对塔底质量指标的影响，又能消除其它干扰对塔底温度的影响，使塔底温度控制在一定数值上。画出系统的原理图与方块图，并确定调节阀的气关、气开型式及调节器的正反作用。

答： 可设计前馈-反馈控制系统，其原理图与方块图分别如图 6-181 与图 6-182 所示。

该控制系统中，前馈调节器 F_fC 用以及时消除进料量 F 波动对塔底温度的影响，反馈调节器 TC 用以消除其它干扰对塔底温度的影响，使塔底温度恒定在给定值，以确保塔底产品的质量指标。

由于是提馏段温控方案，所以对塔釜排出液 B 的质量要求一般是较高的，为此调节阀应选择气关型式。

这样一旦气源故障而使气源中断时，调节阀自动打开，加大加热蒸汽量，以使釜液大量汽化返回到塔釜，确保排出液 B 中的轻组分不至于过高而影响产品质量。

反馈调节器 TC 按通常的单回路控制系统中调节器正反作用的确定原则，应选择正作用方式。一旦提馏段温度升高，TC 的输出会增加，以使气关阀关小一些，减少加热蒸汽供给量，这样就会使提馏段温度下降，起到负反馈的作用。

由于进料 F 增加时，会使提馏段的温度下降（假定为液相进料），这时需要相应开大加热蒸汽阀，故前馈调节器 F_fC 的输出应当减小。F_fC 的具体特性应当按照前馈补偿原理来设计。

6-226 图 6-183 是精馏塔的整体控制方案之一，请简要说明其特点和控制过程。

答： 精馏塔的整体控制方案一般有两种：

(1) 循流向物料平衡与质量控制方案；

(2) 逆流向物料平衡与质量控制方案。

图 6-183 是循流向物料平衡与质量控制方案，在生产中使用较多，它的特点是以进料量的波动作为主要干扰，根据进料量的变化，相应改变塔的采出量（逆流向方案与此相反，以实际需要的采出量为主要干扰，根据采出量的变化，相应改变塔的进料量）。

图示方案的简要说明：

(1) 物料平衡 由进料贮槽、塔顶馏出液贮槽、塔釜的液位控制实现；

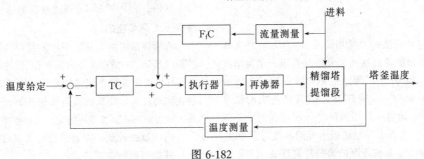

图 6-182

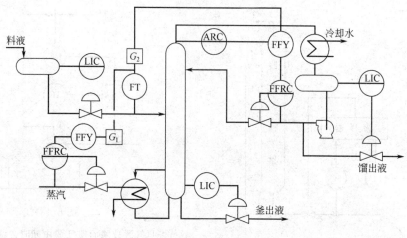

图 6-183

（2）热量平衡　一般由加热蒸汽、外回流的流量定值控制实现，考虑到进料量的变化，也可采用如图所示的以进料量为前馈量的加热蒸汽和回流量比值控制系统；

（3）质量控制　对塔顶组分进行在线分析，根据分析结果校正比值控制系统的比值（如主要产品从塔底馏出，质量控制回路可设在提馏段的某块塔板上）。

6-227　什么叫精馏塔的内回流控制？如何实现？

答：所谓内回流，是指精馏塔的精馏段内上一层塔板向下一层塔板流下的液体总量，它与精馏塔操作一般所说的回流量（即外回流量）是既相互联系，又有区别的两个概念。

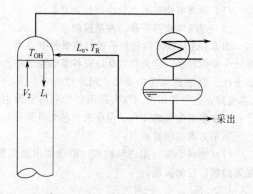

图 6-184

内回流与外回流的关系如图 6-184 所示。外回流是塔顶蒸汽经冷凝器冷凝后，从塔外再返回精馏塔的回流液量 L_o。因为外回流液一般处于过冷状态，所以外回流液的温度 T_R 通常要比回流层塔板的温度 T_{OH} 低。这样，由这一层塔板向下一层塔板流下的液体除了 L_o 外，还有下一层塔板上升的蒸汽为了使 L_o 由 T_R 加热到 T_{OH} 而被冷凝的部分冷凝液 ΔL，即

$$L_i = L_o + \Delta L \qquad (1)$$

式中　L_i——内回流量；

L_o——外回流量；

ΔL——冷凝液量。

由于 ΔL 是为了使外回流液的温度 T_R 上升到该塔板上的温度 T_{OH} 而被部分冷凝的冷凝液量，所以只要 $T_R = T_{OH}$ 时，ΔL 便为 0，T_R 与 T_{OH} 相差得越大（通常为 $T_{OH} > T_R$），ΔL 越大，内回流 L_i 与外回流 L_R 也相差越大。

内回流是使精馏塔平稳操作的一个重要因素。从精馏过程的原理来看，当塔的进料流量、温度和成分都比较稳定时，内回流量 L_i 稳定是保证塔平稳操作的一个重要因素。内回流的变化将会影响塔板上汽液平衡状况。当变化幅度较大时，将会破坏精馏塔的原有平衡工况，使其产品的质量得不到保证。所以，要使工况稳定，必须保证内回流量恒定。

但是，内回流 L_i 一般是难于测量与控制的，所以在一般的精馏塔控制方案中，常采用控制外回流 L_o 的方法。由前述的内、外回流的关系知道，只要 T_R 与 T_{OH} 相等（或近似相等），或者 T_{OH} 与 T_R 的差为恒值（即 ΔL 为恒值）时，L_o 就与 L_i 相等或相差一个常数，这时，控制 L_o 就可以认为相当于控制 L_i。所以，利用控制 L_o 来达到控制 L_i，只是在一定条件下才是可能的。

在精馏塔塔顶采用空气冷却器以及回流量需要精确控制的场合，一般应采用内回流控制。因为这时，随着周围环境温度或冷剂流量的变化，外回流液的温度 T_R 往往波动较大。如果精馏塔采用外回流恒定的控制方法，则实际的内回流并不恒定，会影响塔的正常操作。

内回流的控制一般通过计算来实现，所以又称为按计算指标的控制系统。

根据热量平衡方程式，有：

$$\Delta L \lambda = L_o c_p (T_{OH} - T_R) \quad (2)$$

式中　ΔL——内回流与外回流的差值；

　　　λ——冷凝液的汽化潜热；

　　　c_p——外回流液的比热容；

　　　T_{OH}——回流层塔板温度；

　　　T_R——外回流液温度。

将式（2）代入式（1），可得：

$$L_i = L_o \left[1 + \frac{c_p}{\lambda}(T_{OH} - T_R) \right] = L_o(1 + K\Delta T) \quad (3)$$

式中　$K = \dfrac{c_p}{\lambda}$，$\Delta T = T_{OH} - T_R$。

由于 c_p、λ 可从有关的物料数据图表查得，由此可计算得到 K，L_o 与 ΔT 可以通过测量得到，所以根据内回流的计算式（3），可以构成如图 6-185 所示的内回流控制系统。其中的计算装置根据 L_o、T_R、T_{OH} 可以计算出 L_i，作为内回流调节器 FC 的测量值，与内回流的给定值比较后，通过控制外回流的大小，来实现内回流量的控制。

计算装置可以由开方器、乘法器、加法器等组成，也可以直接由可编程调节器、计算机等来实现。

6.6.5　化学反应器

6-228　试简述化学反应器的类型和控制方式。

答：化学反应器种类繁多，有着各种不同的分类方法。

按进出物料状况可分为间歇式和连续式两种。间歇反应器适用于小批量生产、反应时间长或反应过程对温度有严格程序要求的场合，其控制系统多为程序控制或随动控制。连续反应器适用于连续生产，是工业生产中最常用的反应器，通常采用定值控制系统。

按机械结构形式，可分为釜式、管式、塔式、固定床和流化床反应器等类型，见图 6-186。

图中（a）为釜式反应器，反应可连续进行或间

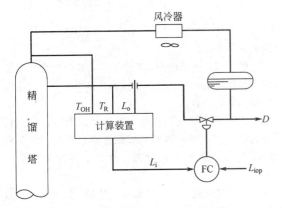

图 6-185

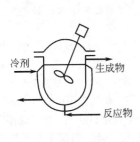

(a) 釜式反应器

(b) 管式反应器

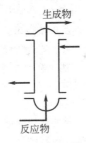

(c) 塔式反应器

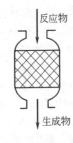

(d) 固定床反应器

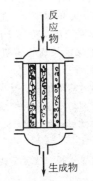

(e) 列管式固定床反应器

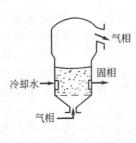

(f) 沸腾床反应器

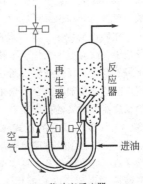

(g) 移动床反应器

图 6-186

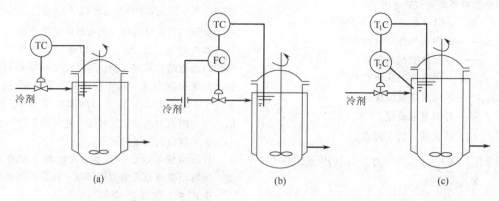

图 6-187

歇进行，如氯乙烯、丙烯腈、醋酸乙烯聚合釜、聚丙烯反应器等。

图 (b) 为管式反应器，它的结构很简单，就是一根管道，合成氨一段转化炉和乙烯裂解炉就是典型的管式反应器。

图 (c) 是塔式反应器，它与管式反应器十分相似，但它往往伴有物料的逆向混合，如丙烯氧化反应器。

图 (d) 是固定床反应器，它是一种较老的反应器；图 (e) 是列管式固定床反应器，应用十分广泛。SO₂ 接触氧化反应器、合成氨生产中的变换炉、合成塔都属于固定床反应器。

图 (f)、图 (g) 都是流动床反应器，用在气-固相或液-固相反应中，以增大反应物之间的接触。其中 (f) 称为沸腾床反应器，如硫酸生产中用的黄铁矿焙烧炉。图 (g) 称为移动床反应器，如炼油工业中的催化裂化反应器。

6-229　化学反应器最重要的被控变量是什么？

答：是反应温度。要控制各类化学反应的进程，应选用反应的转化率或产品的成分作为直接控制指标，但因常常不具备对反应灵敏而又分析可靠的在线分析仪表，因而在大多数情况下，都是用反应温度作为间接被控变量。如在聚合反应中，反应温度可以代表聚合度；在氧化反应中，反应温度代表氧化深度；在转化反应中，反应温度就代表了转化率。控制住反应温度不但控制住了反应速度，而且能保持反应热平衡，还可以避免催化剂在高温下老化或烧坏。因而反应温度是反应器最重要的被控变量。

6-230　对于放热反应的釜式化学反应器，由于热效应较大，所以必须及时移走热量，否则就可能因温度不断升高而危及设备及人身安全。为此在反应器夹套中不断通入冷剂，以移走化学反应所产生的热量。图 6-187 是三种釜温控制方案，请分别说明其控制方式，适用场合，调节阀的气开、气关型式及调节器的正、反作用。

答：(a) 单回路釜温控制系统，通过改变冷剂流量以控制釜温恒定，适用于冷剂流量（压力）和温度比较稳定的场合。

由于是放热化学反应，为了保证安全，调节阀应选择为气关型，以便当气源事故中断时，调节阀自动打开，通入大量冷剂，避免釜温升高而造成事故。

冷剂流量增加时，釜温是下降的，故对象特性为"－"，调节阀特性为"－"（气关阀），故调节器 TC 应为反作用。当釜温升高时，TC 输出下降，使阀开大，冷剂流量增加，使釜温降下来，起到负反馈的作用。

(b) 釜温与冷剂流量串级控制系统。用于冷剂压力经常波动的场合。主变量是釜温，TC 是主调节器；副变量是冷剂流量（或压力），FC 是副调节器。调节阀应选气关型，FC、TC 均为正作用。

(c) 釜温与夹套温度串级控制系统，适用于冷剂流量（压力）比较稳定，但冷剂温度经常波动的场合。副变量是夹套内温度，它能及时反应冷剂温度的变化。调节阀应选气关型，T₂C、T₁C 均为反作用。

6-231　今有一进行放热化学反应的釜式反应器，由于该化学反应必须在一定的温度下才能进行，故反应初始阶段必须给反应器加热。待化学反应开始后，由于热效应较大，为了保证反应正常进行及安全起见，必须及时移走热量。

由于反应器在开始时需要加热，反应开始后又需要除热，故必须采用热剂与冷剂两种介质，来满足控制要求的不同需要。为此设计如图 6-188 所示的分程控制系统。

(1) 请确定调节阀的气开、气关型式及调节器的正、反作用；

(2) 说明该系统的控制过程。

答：为保证安全，反应器内的温度不能过高，冷

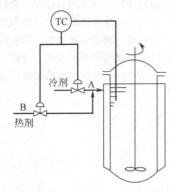

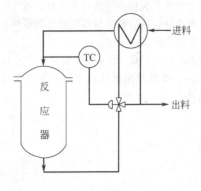

图 6-190

剂调节阀 A 应选择气关型，热剂调节阀 B 应选择气开型。两阀的分程特性如图 6-189 所示。

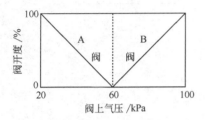

图 6-189

温度调节器应选择反作用。整个系统的控制过程如下：当反应开始时，反应器内的温度很低，反作用的温度调节器 TC 的输出很高，这时热剂阀 B 打开，冷剂阀 A 关闭，反应器处于升温阶段。当温度升到一定数值后，化学反应开始并放出热量，使反应器内温度继续上升。随着温度的上升，TC 输出逐渐降低，热剂阀逐渐关小。待热剂阀关死后，温度如还继续上升，TC 的输出继续降低。当降低到 60 kPa 后，B 阀关死，A 阀逐渐打开，冷剂进入反应器，移走反应生成的热量，使反应器内的温度维持在规定的数值上。

6-232 某釜式反应器通过改变进料温度来使反应正常进行。为了尽可能地回收热量，利用反应生成物来预热进入反应器的物料，使进料温度恒定。试确定控制方案，画出控制系统的原理图。如果釜温不允许过高，否则反应物会自聚，试确定调节阀的型式与调节器的正、反作用。

答：其控制原理图如图 6-190 所示。采用了三通（分流）阀，保证出料的总量不受控制。当气源因事故中断时，其出料应全部直接出去而不进入预热器，所以对于进入预热器这一路来说，阀为气开阀。TC 应为反作用式。

6-233 图 6-191 是稀硝酸生产过程中氨氧化炉的控制原理图。在氨氧化炉中，氨气与空气混合后在

800～850 ℃高温和铂催化剂的作用下进行反应，反应方程式为：

$$4NH_3 + 5O_2 === 4NO + 6H_2O + Q$$

试根据图 6-191 说明系统的控制原理及控制过程，并画出其控制系统方块图。

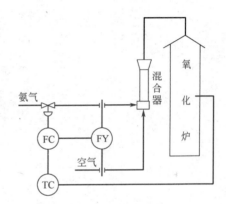

图 6-191

答：为了使氨氧化反应正常进行，需要维持氨氧化炉内的温度恒定。

氨氧化反应温度与混合气中氨浓度密切相关，氨浓度一般保持在 10%～12%。据资料介绍，氨浓度增减 1%时氧化炉温度相应会增减 60～70 ℃，所以必须控制进入氧化炉的混合气中的氨浓度。

图 6-191 所示的氨氧化炉控制方案是一种串级比值控制系统。氨气与空气流量分别通过测量装置测量后，经过比值计算装置 FY 计算出氨与氧的比值，作为流量调节器 FC 的测量值，构成一个控制回路（副回路）。FC 的输出控制氨气的流量，以使氨气与氧气的比值达到所希望的数值。氧化炉内的温度通过测量作为温度调节器 TC 的测量值，与温度给定值比较后经过一定的运算输出作为流量调节器 FC 的给定值。因此，TC 是主调节器，它的输出变化，就会使氨气与氧气的希望比值也随之变化，所以这实际上是一个变比值控制系统。

该系统中，氧化炉温度是主变量，氨气与氧气的比值是副变量。改变氨气与氧气的比值最终是为了维持氨氧化炉内的温度恒定。

该系统的方块图如图 6-192 所示。

6-234 在流化床反应器中，为什么常设置差压指示系统？

答：因为流化床反应器内的传质、传热及反应速率等与反应器内的催化剂沸腾状况（流态化）有很大关系。为了观察催化剂的沸腾状态，防止催化剂下沉或冲跑，所以常设置差压指示系统。同时，通过差压数值的大小，还可以了解反应器内有否结块、结焦和堵塞现象等。

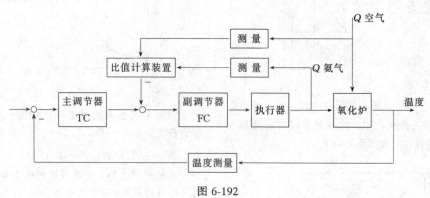

图 6-192

7 信号报警和联锁保护系统

7.1 基 本 知 识

7-1 什么是信号报警和联锁保护系统？它的功能及作用是什么？

答： 信号报警和联锁保护系统包括信号报警系统和联锁保护系统。信号报警起到自动监视的作用，当工艺参数超限或运行状态异常时，以灯光或音响的形式发出警报，提醒操作人员注意，并及时加以处理。联锁保护实质上是一种自动操作系统，能使有关设备按照规定的条件或程序完成操作任务，达到消除异常、防止事故的目的。

实际的信号报警和联锁保护系统中，有的只具备信号报警功能，或只具备联锁保护功能，有的则两者同时具备。

7-2 信号报警和联锁保护系统由哪几部分组成？

答： 通常由以下三个部分组成。

（1）发信元件 包括工艺参数或设备状态检测接点、控制盘开关、按钮、选择开关，以及操作指令等，它们起到参数检测、发布指令的作用。这些元件的通断状态也就是系统的输入信号。

（2）执行元件 也叫输出元件，包括报警显示元件（灯、笛等）和操纵设备的执行元件（电磁阀、电动机启动器等）。这些元件由系统的输出信号驱动。

（3）逻辑元件 又叫中间元件，它们根据输入信号进行逻辑运算，并向执行元件发出控制信号。逻辑元件以前多采用有触点的继电器、接触器线路和无触点的晶体管、集成电路等，近些年来则广泛采用 PLC、DCS 和 ESD 系统。

7-3 在设计一套信号报警和联锁保护系统时，有哪些基本要求？

答： 应符合下列技术要求。

（1）报警点、联锁点的数量适宜 设置报警点、联锁点既要满足工艺要求，又必须少而精。过多地设置报警和联锁点，粗看起来似乎更安全，但往往造成报警过于频繁，甚至动不动就停车，反而影响生产。

（2）报警联锁内容符合工艺要求 信号报警系统应尽可能为寻找事故提供方便，使其有助于判断故障的性质、程度和范围，例如，是一般性故障还是瞬时故障？是第一故障还是第二故障？

联锁保护系统既要保证安全，又要尽可能缩小联锁停车对生产的影响。当参数越限时，联锁只是有选择地切除那些继续运行会引发事故的设备，而与事故无关的设备仍保持继续运转。

（3）整套装置高度可靠 信号联锁保护系统必须具有高度的可靠性，既不会拒动作（该动作时不动作），也不会误动作（不该动作时动作）。一般说来，装置中选用的元器件质量越高，线路越简明，中间环节越少，其可靠性越高。

（4）电源稳定可靠 报警联锁系统的电源应配用不中断电源，即 UPS 电源。当外部电源发生故障时，通常要求该电源供电时间为 30min。

（5）便于安装、维修和操作 例如，在报警系统中安排"试验"回路，以便检查指示灯、电笛等易损坏的元件。在联锁系统中，安排手操解锁环节，以便在开车、运行中、检修时解除联锁。

（6）符合使用环境的要求 在易燃易爆危险场所使用的电气元件应符合相应的防爆要求。在高温、低温、潮湿、有腐蚀性气体的环境中，应采取相应防护措施。如降温、保温、通风、干燥等。

7-4 对信号报警和联锁保护系统中的检测元件和执行元件，应如何选型和设置？

答： （1）检测元件

① 要求灵敏可靠，动作准确，不产生虚假信号。

② 故障检测元件必须单独设置，最好是安装在现场的直接检测的开关，也可以用带输出接点的仪表，但重要的操作监视点不宜采用二次仪表的输出接点作为发信元件。

③ 故障检测元件的接点应采用常闭型的，即在工艺正常时接点闭合，越限时断开。

（2）检测线路 检测线路应具有下述区别能力。

① 能区别仪表误动作和真正的工艺故障。对于重要的联锁系统，故障检测元件可双重化设置，也可选用二常开二常闭（DPDT）接点开关。对于实施重大设备或整套装置停车的联锁系统，则应采用"三取二检测系统"。

② 能区别正常的参数波动和事故性质的参数越限。生产中，有时允许短时的参数波动，为此可增加延时环节，以避免报警联锁过于频繁。只有在波动持续时间超过规定延时以后，才引起报警、联锁动作。

③ 能区别开停车过程中的参数越限和故障性质的参数越限。最简单的办法是设置解锁开关（手动投入和切除转换开关），在开停车过程中解除报警或联锁。

（3）执行元件

① 电磁阀一般应选用长期带电的电磁阀，重要联锁系统宜采用双三通电磁阀，即两个电磁阀并联运行，以防止电磁阀出故障。

② 气动阀一般应根据事故条件下，工艺装置应尽量处于安全状态的原则，分别选用气开式和气关式（保证在气源中断时装置处于安全状态）。

7-5 为什么联锁系统用的电磁阀往往在常通电状态下工作？

答： 这是从确保安全可靠的角度考虑的。

（1）石油、化工装置的联锁系统是为保证安全生产、预防事故发生而设置的，对其发信器件和执行机构的可靠性要求很高。联锁系统中的电磁阀，平时不动作，一旦发生事故时才动作。由电磁阀的工作原理可知，通电时，线圈吸合动铁心，带动阀件进行切换，断电时，靠复位弹簧的作用，使动铁心和阀件回到原来位置。如果平时长期不通电，由于生锈、脏物侵入等原因，可能使动铁心和阀件卡住，一旦发生事故通电，会造成线圈吸不动的情况，致使动作失灵。如果平时长期通电，由于电磁振动，可防止卡住，一旦发生事故断电时，靠复位弹簧的作用，能可靠地进行切换。

（2）平时处于断电状态，难以知道电磁阀工作是否正常。而平时处于通电状态，一旦电磁阀本身发生故障，可随时检查出来，这对于保证联锁系统的可靠性来说，是十分重要的。

（3）当发生停电事故时（发生其它较大事故时，往往也会造成停电），电磁阀仍能可靠动作。

由于上述原因，联锁系统用的电磁阀一般要在常通电状态下工作，这与电磁阀使用说明书上介绍的情况恰好相反，因此，常开场合应选用常闭型电磁阀，常闭场合应选用常开型电磁阀。

7-6 在信号报警和联锁保护系统的逻辑单元选型时，应遵循什么原则？

答： 由于继电线路的可靠性差，无触点逻辑插卡已经落后，所以一般不再采用。目前普遍选用的是 PLC、DCS 和 ESD 系统，在选型时应遵循下述原则。

通常，根据对事故触发的条件，可以将信号报警和联锁保护系统分为 A、B 两类。A 类的触发条件包括可能导致危及生命安全的事故；可能产生引起严重伤害的事故；对环境有明显危害的事故；国家法律及工业标准要求加以防止的事故等。对这类信号联锁保护系统，宜采用独立设置的高可靠性的紧急联锁停车系统，即 ESD 系统。

B 类的触发条件包括可能导致生产损失的事故；可能引发设备损坏的事故；可能产生影响产品质量的事故等，对这类信号联锁保护系统，可采用 PLC 或

在 DCS 中实现。

7-7 报警和联锁系统产生误动作的原因有哪些？

答： 所谓误动作，是指生产过程及工艺设备正常、各种参数均没有达到自动报警、自动停车（或其它保护性动作）整定值的情况下，信号报警和联锁系统由于自身问题使报警器或执行器错误动作。其原因主要如下。

（1）电源失电或电压波动范围超过规定值 如电源供电方式不合理，备用电源自动切换时间过长，厂用电源电压波动范围过大，个别元件、导线接地或短路使电源的熔断器熔断等。

.（2）一次发信元件故障 如压力开关导压管泄漏；带接点的指示（记录）仪接点生锈，压力不足，接触不良；人为停表拨动指示和控制指针，未停联锁就检查仪表零位等。

（3）执行器故障 如因电源电压过高、绝缘不好、环境温度高、湿度大，使电磁阀线圈烧毁短路；导压管泄漏或仪表空气太脏，使电磁阀关闭不严或动作卡滞；信号灯座接触点氧化或接触不良，长时间电源电压过高烧毁灯泡，使信号灯不亮等。

（4）连接导线短路或断路 如由于机械损伤、绝缘老化、接线端子固定不牢造成导线短路或断路；接线端子标记不清，检修其它仪表误动报警联锁接线而造成误动作等。

7-8 报警和联锁系统拒动的原因有哪些？如何加以处理？

答： 所谓拒动，是指工艺变量或设备运行参数已达到自动报警或自动联锁的数值，但报警联锁系统无动于衷而拒绝动作。其原因和处理方法如下。

（1）一次发信元件工作不正常

① 一次仪表控制指针误差大，在信号超过动作整定值时尚不发信。应认真进行定期校验和检查设定值。

② 有触点发信元件接点表面氧化或灰尘积聚，影响正常接通。除勤检查维护外，可适当增加通过触点的负载电流（弱电时应大于 10mA，强电时应大于 50mA）。

③ 发信元件常闭接点由于多次打火而粘接在一起或接触不良，不能有效断开或接通。应设法减少回路的储能元件或采取适当的"灭压"措施。接点表面烧毁的应及时更换。

④ 一次仪表测量系统故障，在危险工况不能正确显示和发信。应检修调校一次仪表，如报警或联锁参数十分重要，可采用二台或三台一次仪表监测同一参数，组成"二取一"或"三取二"回路来解决这一问题。

（2）执行器故障

① 电气回路断线、短路、绝缘不好、接地或接触不良。彻底检查线路和电磁阀线圈的直流电阻和绝缘电阻，使之导通良好。

② 气源不清洁或可动机构润滑不好，使电磁阀卡住或动作失灵。应先解决气源问题，然后清洗和润滑可动机构并多次试验，确认可靠后方可使用。

（3）连接导线断路、短路或接地 用万用表检查线路导通情况，用 500V 兆欧表检查线路绝缘电阻。测绝缘电阻时最好将被测线路正负极短路后再测量，以免损坏电子元器件。

7-9 试述报警联锁系统的投运步骤。

答： 所有报警联锁系统开车前均应进行空投试验，试验合格后方可正式投运，步骤如下：

（1）检查校核所有发信仪表的示值误差和控制误差，确保其准确可靠；

（2）办理空投试验审批手续，并且与工艺、电气、设备专业取得联系；

（3）对报警联锁电气回路进行例行的绝缘测试，对有关气动回路进行气密性试验（或必要的试压）；

（4）给报警联锁系统送电，如半小时之内，各种仪表和元件无发热等不正常情况，即可进行空投试验；

（5）模拟正常工况时报警联锁系统工作状态，发信元件、执行元件和中间元件均应正常工作；

（6）按信号报警内容和联锁动作条件，逐项做模拟试验，这些试验均应在设定值附近进行，一般系统每点应做两次试验，重要联锁系统可适当增加试验次数；

（7）如空投试验全部正常，则可办理投运审批手续，在工艺、电气、设备专业人员紧密配合下，将其投入运行。

7-10 对运行中的联锁保护系统进行维修时，应注意哪些问题？

答： 必须做到以下几点：

（1）检查、维修联锁系统的元件和主机时，应有两人参加；

（2）维修前必须征得该岗位操作人员的同意，并填写维修联系单，履行会签手续；

（3）必须在切断（解除）联锁后再进行维修；

（4）维修后应及时通知操作人员，经操作人员在场核实和复原后方可结束工作。

7.2 逻辑分析方法

7-11 逻辑关系的表达方法有哪几种？

答： 逻辑关系的表达方法常用的有以下 4 种：

（1）逻辑式；

（2）逻辑符号（即逻辑图）；

（3）直值表；

（4）几何线段。

前 3 种表达方式比较熟悉。所谓几何线段表达法，是用横向线段代表逻辑值"1"，线段空白处（中断处）代表逻辑值"0"，如图 7-1 所示。

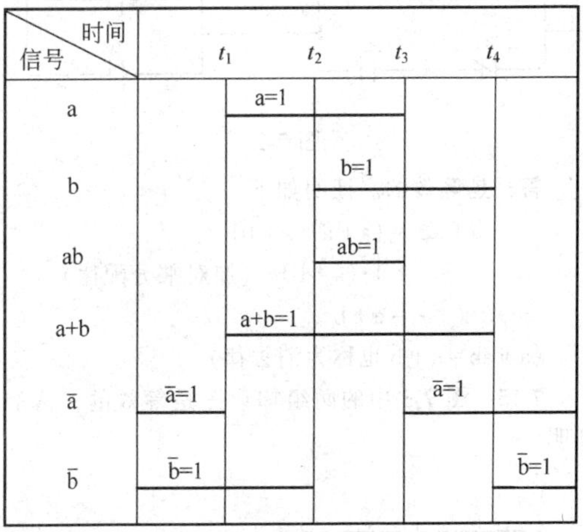

时间 信号	t_1	t_2	t_3	t_4
a		a=1		
b			b=1	
ab			ab=1	
a+b		a+b=1		
$\bar{a}$	$\bar{a}$=1			$\bar{a}$=1
$\bar{b}$	$\bar{b}$=1			$\bar{b}$=1

图 7-1

在图 7-1 中，如果已知逻辑变量 a=1 和 b=1 的区间分别为 $t_1 \sim t_3$ 和 $t_2 \sim t_4$，我们就能画出与逻辑 ab=1 的区间为 $t_2 \sim t_3$。因为，只有在该区间内，同时存在 a=1 或 b=1，才能产生 ab=1。

或逻辑 a+b=1 的区间为 $t_1 \sim t_4$。因为只有在该区间内，不是 a=1，就是 b=1，满足 a+b=1。

非逻辑 $\bar{a}$=1 的区间就是 a=0 的区间，也就是 t_1 以前和 t_3 以后。$\bar{b}$=1 区间为 t_2 以前和 t_4 以后。

由上可见，利用几何线段的区间范围，可以进行"或、与、非"等逻辑运算，也便于分析接点信号（包括输入信号、输出信号、中间继电器信号等）的作用期间。

7-12 逻辑运算的基本运算定律有交换律、结合律、分配律和反演律。请写出其逻辑表达式。

答： 交换律：$a+b=b+a$

$$ab=ba$$

结合律：$(a+b)+c=a+(b+c)$

$$a(bc)=(ab)c$$

乘对加分配律：$a(b+c)=ab+ac$

加对乘分配律：$a+bc=(a+b)(a+c)$

反演律：$\overline{a+b}=\bar{a}\bar{b}$

$$\overline{ab}=\bar{a}+\bar{b}$$

（反演律又称为摩根定理）。

7-13 请完成下列恒等式：

$a \cdot 0 = \quad$; $\quad a \cdot 1 = \quad$; $\quad a \cdot a = \quad$;

$a + 0 = \quad$; $\quad a + 1 = \quad$; $\quad a + a = \quad$;

$a + \bar{a} = \quad$; $\quad a \cdot \bar{a} = \quad$; $\quad \bar{\bar{a}} = \quad$ 。

答：$a \cdot 0 = 0$；　$a \cdot 1 = a$；　$a \cdot a = a$；

$a + 0 = a$；　$a + 1 = 1$；　$a + a = a$；

$a + \bar{a} = 1$；　$a \cdot \bar{a} = 0$；　$\bar{\bar{a}} = a$。

7-14　图 7-2 中的两组梯形图是等效的吗？

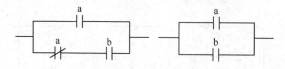

图 7-2

答：是等效的。证明如下：

$$a + \bar{a}b = (a + \bar{a})(a + b)$$
$$= 1 \cdot (a + b) \quad (加对乘分配律)$$
$$= a + b$$

$(a + \bar{a}b = a + b$ 也称为消去律）。

7-15　图 7-3 中的两组梯形图是等效的，请加以证明。

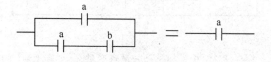

图 7-3

答：左图逻辑式为 $a + ab$，右图为 a。

$\because \quad a + ab = a \cdot 1 + a \cdot b$

$\qquad\qquad = a(1 + b)$

$\qquad\qquad = a$

$\therefore \quad a + ab = a$

上面的两图是等效的。

$(a + ab = a$ 也称为吸收律）。

7-16　你能对图 7-4 的梯形图进行简化吗？

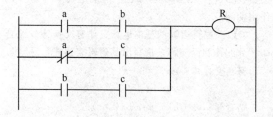

图 7-4

答：对上图的逻辑式加以简化：

$$R = ab + \bar{a}c + bc$$
$$= ab + \bar{a}c + bc \ (a + \bar{a})$$
$$= ab + \bar{a}c + bca + bc\bar{a}$$
$$= ab \ (1 + c) + \bar{a}c \ (1 + b)$$
$$= ab + \bar{a}c$$

根据简化的逻辑式画出等效梯形图（见图 7-5）。

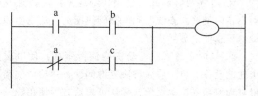

图 7-5

$(ab + \bar{a}c + bc = ab + \bar{a}c$ 也称为去第三项律）。

7-17　化简下列逻辑表达式：

$$F = A\bar{B} + \bar{A}C + BC + CD$$

答：$F = A\bar{B} + (\bar{A}C + BC) + CD$

$\qquad = A\bar{B} + (\bar{A} + B)C + CD$

$\qquad = A\bar{B} + (\bar{A} + \bar{\bar{B}})C + CD \quad (B = \bar{\bar{B}})$

$\qquad = A\bar{B} + \overline{A \cdot \bar{B}} \cdot C + CD \quad (反演律)$

$\qquad = (A\bar{B} + \overline{A\bar{B}} \cdot C) + CD$

$\qquad = A\bar{B} + C + CD \quad (消去律)$

$\qquad = A\bar{B} + C(1 + D)$

$\qquad = A\bar{B} + C$

7-18　化简下列逻辑表达式：

$$F = AB + \bar{A}\bar{C} + B\bar{C}$$

答：$F = AB + \bar{A}\bar{C} + (\bar{A} + A)B\bar{C} \quad (\bar{A} + A = 1)$

$\qquad = AB + \bar{A}\bar{C} + \bar{A}B\bar{C} + AB\bar{C}$

$\qquad = (AB + AB\bar{C}) + (\bar{A}\bar{C} + \bar{A}\bar{C}B)$

$\qquad = AB + \bar{A}\bar{C}$

7-19　什么是"异或"？什么是"异或非"？它们在逻辑线路中起什么作用？

答："异或"和"异或非"是两种逻辑运算，表达式如下：

（1）异或　$R = \bar{A}B + A\bar{B}$

当 A、B 状态相同时（都为"0"或都为"1"），$R = 0$；

当 A、B 状态不同时（一个为"0"，一个为"1"），$R = 1$。

（2）异或非　$R = \overline{\bar{A}B + A\bar{B}}$

当 A、B 状态相同时，$R = 1$；

当 A、B 状态不同时，$R = 0$。

在逻辑线路中，上述两种运算可用来判断 A、B 两种信号的异同。例如，在双重检测系统中，用两台仪表同时监测同一工况，当两台仪表发信不一致时，说明其中一台仪表自身存在故障，这时应发出失谐报警信号。失谐报警电路就可采用这两种逻辑运算电路构成。

在构成逻辑电路时，往往将"异或非"运算加以简化：

$R = \overline{\bar{A}B + A\bar{B}} = \overline{\bar{A}B} \cdot \overline{A\bar{B}}$（摩根定理）

$\qquad = (\bar{\bar{A}} + \bar{B})(\bar{A} + \bar{\bar{B}})$（摩根定理）

$\qquad = (A + \bar{B})(\bar{A} + B)$

$\qquad = A\bar{A} + \bar{B}B + AB + \bar{A}\bar{B}$

$\qquad = AB + \bar{A}\bar{B}$

图 7-6 就是"异或"和"异或非"电路的梯形图。

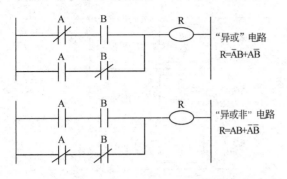

"异或"电路
R=ĀB+AB̄

"异或非"电路
R=AB+ĀB̄

图 7-6

7-20 试简化图 7-7 所示的梯形图。

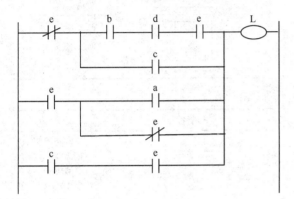

图 7-7

答：列出该梯形图的逻辑式并加以简化。

$$L = \bar{e}(bde + c) + e(a + \bar{e}) + ce$$
$$= \bar{e}bde + \bar{e}c + ea + e\bar{e} + ce$$
$$= \bar{e}c + ea + ce$$
$$= ea + c(\bar{e} + e)$$
$$= ea + c$$

根据最后的逻辑式，可以画出图 7-8，此即经过简化的等效梯形图。

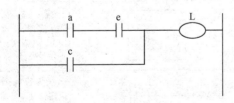

图 7-8

7-21 试简化图 7-9 所示梯形图。

答：由图 7-9 得其逻辑式并加以简化：

$$R = \bar{a}b + ac + \bar{b}c$$
$$= \bar{a}b + (a + \bar{b})c \quad (分配律)$$
$$= \bar{a}b + \overline{\bar{a} \cdot b} c \quad (反演律)$$
$$= \bar{a}b + c(消去律)$$

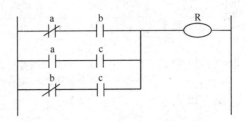

图 7-9

由 $R = \bar{a}b + c$，画出简化后的等效梯形图见图 7-10。

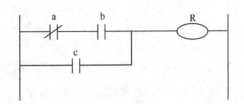

图 7-10

7-22 说明下列逻辑关系图形符号的含义。

图形符号	说　明
储罐液位高 ─ A ─ 出料泵开 出料阀开	
冷却水压力低 ─ OR ─ 停压缩机 润滑油温度高	
物料1 ─ =2 ─ 开混合机 物料2 物料3	
1# 炉开 ─ A ─ 燃料气停 2# 炉开	
1# 炉开 ─ OR ─o 燃料气停 2# 炉开	

答：

图形符号	说　明
储罐液位高 ─ A ─ 出料泵开 出料阀开	储罐液位高与出料阀打开时才允许开出料泵
冷却水压力低 ─ OR ─ 停压缩机 润滑油温度高	冷却水压力低或者润滑油温度高时，停压缩机

续表

图形符号	说　明
物料 1 —○ =2 物料 2 —○ ├─ 开混合机 物料 3 —○	当且仅当有两种物料输入时，混合机才允许运行
1# 炉开 —○ A 2# 炉开 —○ ├─ 燃料气停 1# 炉开 —○ OR 2# 炉开 —○ ├○ 燃料气停	在 1# 炉和 2# 炉都停时，才允许切断燃料气的供应

7-23　说明下列 SR 存储器图形符号的含义。

图形符号	说　明
有进料流量 — LS 进料罐液位低 — R ├─ 开冷却器	
有进料流量 — MS 进料罐液位低 — R ├─ 开冷却器	
有进料流量 — NS 进料罐液位低 — Ⓡ ├─ 开冷却器	

答：

图形符号	说　明
有进料流量 — LS 进料罐液位低 — R ├─ 开冷却器	当进料有流量时，冷却器允许运行，直到进料罐的液位低时，才停止冷却器。当逻辑供电电源掉电时，冷却器不运行
有进料流量 — MS 进料罐液位低 — R ├─ 开冷却器	同上，但在逻辑供电电源掉电时，冷却器保持运行
有进料流量 — NS 进料罐液位低 — Ⓡ ├─ 开冷却器	同上，但在逻辑供电电源掉电时，冷却器的运行状态由 SR 的优先级确定。在 S 或 R 符号外加圆圈，表示它的优先级高，例如，在 R 符号外加圆圈，则冷却器应停止。在 S 符号外加圆圈，则冷却器保持运行

7-24　说明下列时间元素图形符号的含义。

图形符号	说　明
反应器温度高 — DI 10s ├─ 加料停止	
系统的压力低 — DT 1min ├─ 开压缩机	
系统清洗开始 — PO 5min ├─ 排渣泵开	
搅拌机运行 ┤ 60s 240s ├─ 开蒸汽阀	
液位高 ┤ 1s ├─ 报警	

答：

图形符号	说　明
反应器温度高 — DI 10s ├─ 加料停止	反应正常时，应不断加料。当反应器温度高，并且持续 10 s，则停止加料
系统的压力低 — DT 1min ├─ 开压缩机	当系统的压力低时，立即开压缩机。压力高于设定值后持续保持 1 min 而不低于设定值，才能停压缩机
系统清洗开始 — PO 5min ├─ 排渣泵开	在系统清洗周期开始，排渣泵开始运行，运行 5 min 后自动停运
搅拌机运行 ┤ 60s 240s ├─ 开蒸汽阀	搅拌机停运 60 s 后，开蒸汽阀 240 s，然后关闭蒸汽阀
液位高 ┤ 1s ├─ 报警	液位持续高于设定值达 1 s 才发出报警信号。液位低于高设定值时停止报警

7-25　什么是组合型逻辑线路，什么是时序型逻辑线路？

答：根据时序概念和结构特征，可以把逻辑线路分为两类：组合型和时序型，其区别和特征见表 7-1。

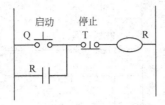

(a) 停止优先式

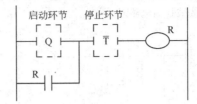

(b) 停止优先式一般形式

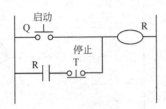

(c) 启动优先式

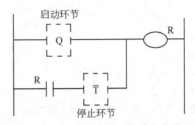

(d) 启动优先式一般形式

图 7-11

表 7-1　组合型和时序型逻辑线路的区别

类型	组合型	时序型
主要特点	控制作用是单纯的与、或、非逻辑组合,不涉及时间顺序概念	控制作用按照确定的顺序一步一步地进行,其动作具有明显的先后次序
输出状态	输出只与当时的输入有关,没有顺序概念	每一步的输出
结构特征	没有自锁接点	有自锁接点,线路具有记忆功能
表达方式	动作表 逻辑式	动作顺序表 逻辑式

7-26 什么是动作表?什么是动作顺序表?

答:动作表适用于组合型线路,表中列出的各种工艺状态没有先后次序的时间概念,可以任意地排列位置。

动作顺序表简称顺序表,它适用于时序型线路,表中列出的工艺状态有着确定的顺序,具有时间概念,不能随意颠倒。

7-27 什么叫做"启、保、停"?

答:所谓"启、保、停"是指"启动—保持—停止"三个步骤,它是时序型逻辑线路三个关键环节和要素。

时序型线路的特征是带有自锁接点,而有自锁接点线路的动作过程具有明显的"步"的概念,它们按照"启、保、停"的顺序一步一步地进行。每当输入信号发生变化的瞬间,就由前一步转换到后一步。每一步的输出状态不仅决定于当时的输入,而且与前一步的输出有关,因为前一步的输出状态决定了自锁接点的通断情况。可以说,任何一个带有自锁接点的控制线路,不管线路形式如何复杂,无非是在一定条件下执行"启、保、停"三种功能。

7-28 在逻辑线路中,执行"启、保、停"功能的电路有哪两种基本形式?

答:有停止优先式和启动优先式两种基本形式,见图 7-11。

它们的逻辑式分别为:

停止优先式:$R=(Q+r)\overline{T}$

启动优先式:$R=Q+r\overline{T}$

式中　Q——启动环节(常开接点);

r——保持环节(自锁接点);

$\overline{T}$——停止环节(常闭接点);

R——中间继电器线圈。

(为了将继电器的线圈和其接点区别开来,在逻辑式中分别以 R、r 表示之)。

7-29 图 7-12 所示电路带有自锁接点,它是启动优先式还是停止优先式?列出逻辑式并说明"启、保、停"三个环节由哪些元件组成。

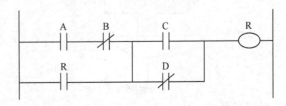

图 7-12

244

答：将该图稍作变换，变成图 7-13。就不难看出，它是停止优先式控制电路。

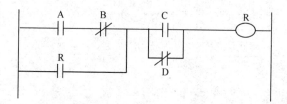

图 7-13

逻辑式为：$R = (A\bar{B} + r)(C + \bar{D})$

启动环节　　$Q = A\bar{B}$

自保环节　　$r = R$ 接点

停止环节　　$\bar{T} = C + \bar{D}$

7-30　在继电线路中，实现"启、保、停"的主要元件是带自锁接点的继电器、接触器。在 PLC 中，如何实现"启、保、停"？

答：在 PLC 中，可以采用多种方式实现"启、保、停"功能，例如：

（1）带自锁接点的保持继电器；

（2）RS 存储继电器（RS 触发器）；

（3）闩锁继电器与解锁继电器；

（4）助记符语言中的置位复位指令；

（5）功能表图语言中的步进指令。

7-31　双重检测联锁系统线路分析

在生产过程中，有些工艺故障产生后要求整个装置停车。对于这一类事关大局的联锁，应该采用如图 7-14 所示的双重检测。它利用两套仪表同时检测一个工艺参数，只有这两台仪表同时发出故障信号时才引起联锁保护动作，这样可以减少由于仪表失灵而引起联锁误动作的可能性。图 7-15 是一段用立石 C 系列 PLC 语言编写的双重检测联锁系统的梯形图，两台仪表的发信接点分别为 X_1 和 X_2（正常时闭合，事

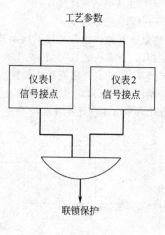

工艺参数

图 7-14

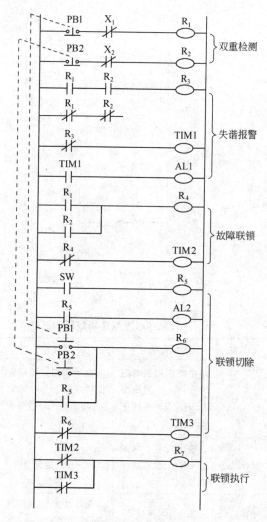

图 7-15

故时断开）。继电器 R_7 发出执行联锁动作的控制信号，它被安排为常带电式，当 R_7 失电时发出停车联锁的动作信号。

该系统具有下列功能。

（1）失谐报警。当两套检测仪表的结果不一致时，发出失谐报警信号，灯 AL1 亮。这时，联锁不动作，不停车。

（2）故障联锁。当两套仪表的检测结果同时反映工艺参数越限时，R_7 失电，发出停车联锁信号。

（3）联锁切除。为了避免开车过程中由于参数不稳定而引起联锁停车，可以利用开关 SW 切除联锁（切除时闭合，投入时断开）。AL2 为联锁切除指示灯。

（4）仪表故障检查。PB1 和 PB2 是两个双位联动按钮，失谐报警时，用其判别是哪台仪表出现故障，检查时应切除联锁，以防误动作。

请分析其工作原理，说明各元件的动作过程。

答：分析说明如下。

（1）失谐报警和故障联锁　从梯形图看到，各元件的工作条件是：

$$R_1 = \overline{\overline{PB1} \cdot \overline{X}_1}$$

$$R_2 = \overline{\overline{PB2} \cdot \overline{X}_2}$$

$$R_3 = r_1 r_2 + \bar{r}_1 \cdot \bar{r}_2$$

$$R_4 = r_1 + r_2$$

$$R_5 = SW$$

$$R_6 = PB1 + PB2 + r_5$$

$$R_7 = r_4 + r_6 \text{（经 TIM2、TIM3 延时）}$$

$$AL1 = \bar{r}_3 \text{（经 TIM1 延时）}$$

$$AL2 = r_5$$

（上式中 $r_1 \sim r_6$ 代表 $R_1 \sim R_6$ 的接点）

为简单起见，我们先分析 $\overline{PB1} = \overline{PB2} = 1$，$SW = 0$ 的情况。这时候，动作表如表 7-2 所示，它可以根据上述逻辑式或梯形图画出来。从该动作表看到：

① 在正常状态下，由于采用了常闭式发信接点（$\overline{X}_1 = 1$，$\overline{X}_2 = 1$），继电器 R_1、R_2、R_3、R_4、R_7 全部常带电，灯 AL1 不亮；

② 当工艺正常而一套仪表出故障时，两套仪表的测量结果 $\overline{X}_1$ 和 $\overline{X}_2$ 将不一致，称为"失谐"状态，这时，R_3 失电，使灯 AL1 亮，发出失谐报警信号，但 R_4、R_7 仍旧有电，和正常状态相同，可见，失谐不会引起联锁动作；

③ 当 $\overline{X}_1$、$\overline{X}_2$ 两个检测接点同时断开时，表示工艺上确实发生了故障，称为"故障"状态，这时，R_4 失电，R_7 失电，从而发出故障联锁信号，使装置停车，失谐灯 AL1 此时不亮。

表 7-2　梯形图动作表

（条件：$\overline{PB1} = 1$，$\overline{PB2} = 1$，$SW = 0$）

状态	输入元件		中间元件							输出元件	
	$\overline{X}_1$	$\overline{X}_2$	R_1	R_2	R_3	R_4	R_5	R_6	R_7	AL1	AL2
正常	1	1	1	1	1	1	0	0	1	0	0
失谐	1	0	1	0	0	1	0	0	1	1	0
	0	1	0	1	0	1	0	0	1	1	0
故障	0	0	0	0	1	0	0	0	0	0	0

（2）联锁切除　开关 SW 用于联锁切除。在开车过程中，把 SW 闭合，使 R_5、R_6 先后通电，致使 R_7 通电，从而解除了联锁。与此同时，灯 AL2 亮，表示联锁被切除。

（3）仪表故障检查　PB1 和 PB2 是两个双位联动按钮。按下按钮使接点 PB1-1 或 PB2-1 断开，相当于出现了工艺故障，利用它可以辨别到底哪个仪表出故障。辨别方法是：发现失谐报警以后按下 PB1，如果

AL1 仍亮，说明发信接点为 X_1 的仪表有故障；如果 AL1 熄灭，说明发信接点为 X_2 的仪表有故障。当然也可以利用 PB2 来进行辨别。

为了保证在检查仪表故障时不引起联锁动作，特意安排了 PB1-2 和 PB2-2 两个常开接点。当按下 PB1 或 PB2 时，这两个接点使 R_6 得电，引起 R_7 得电，从而切除了联锁。

（4）R_3、R_4、R_6 延时的作用　梯形图中，R_3、R_4、R_6 都采用了延时继电器。

由于 R_4 采用了延时，使得在此延时范围内的瞬时故障不会引起联锁停车。因为停一次车总要造成经济损失和设备损伤，对于短时期内就消失的故障应尽量避免停车。

R_3 采用延时的目的是防止脉动工况引起频繁的失谐报警。因为进行检测的两套仪表的参数不一定整定的完全相同，当被监视的参数越限而又在两套仪表的整定值之间时，就会出现频繁的失谐报警。所以，当短时期内能够恢复正常时，应尽量避免失谐报警。

R_6 采用延时的目的是为了防止按钮 PB1、PB2 误动作而引起停车。因为按下按钮而后松开时，有可能出现 PB1-2（或 PB2-2）先断开、PB1-1（或 PB2-1）后闭合的情况（不是两个接点同时动作），这一瞬间发生的情况相当于有故障但不切除联锁，致使引起停车。采用延时继电器 R_6 以后，可以避免这类情况的发生。

7-32　简述逻辑线路的设计步骤。

答：（1）根据工艺要求列写动作表或顺序表；

（2）根据动作表或顺序表列写逻辑式；

（3）简化逻辑式；

（4）将逻辑式翻译成线路图；

（5）修改补充。

组合型线路的设计比较简单，关键是根据工艺要求列出动作表。根据动作表中的与、或、非关系，可直接写出逻辑式。

时序型线路的设计，关键则是确定"启、保、停"的条件，只要确定三个条件——启动信号 Q 的逻辑式、停止信号 $\overline{T}$ 的逻辑式以及是否需要自锁（短信号要自锁，长信号不要自锁），就能方便地列出输出元件或中间继电器的逻辑式。

7-33　图 7-16 为某化肥厂 CO_2 吸收塔的流程。吸收塔下部高压碱液经 LRC-A 阀驱动水力透平，再生塔下部的低压碱液由水力透平驱动的泵打回吸收塔。要求该塔的联锁装置能实现下述联锁和报警功能。

（1）当 CO_2 吸收塔液位过低时，LA 液位开关动作，关闭 A 阀和 C 阀；

（2）当水力透平速度过高时，ST 开关动作，关闭 A 阀，只开 C 阀；

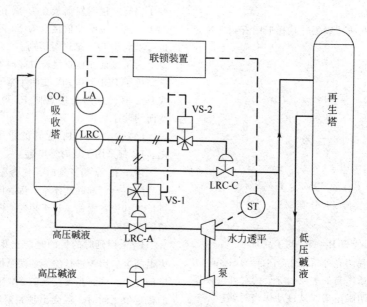

图 7-16

（3）检修水力透平时，可以合上开关 SW，使 A 阀关闭，C 阀开启；

（4）当上述三种情况发生时，相应的报警灯 AL1、AL2 和指示灯 AL3 亮。请根据上述要求，绘制由 PLC 实现的梯形图。

答： 可以看出，工艺上提出的三项联锁要求没有什么顺序，谁先谁后不影响联锁动作。从逻辑角度看，属于组合型。

分析三个输入元件（LA、ST、SW）和五个输出元件（AL1、AL2、AL3、VS-1、VS-2）在不同工艺操作下的状态，可列成动作表如表 7-3。

表 7-3　CO_2 吸收塔联锁系统动作表

元件	工艺状态	正常	CO_2 塔液位过低	透平机超速	维修
输入	LA	0	1	0	0
	ST	0	0	1	0
	SW	0	0	0	1
执行	AL1	0	1	0	0
	AL2	0	0	1	0
	AL3	0	0	0	1
	VS-1	0	1	1	1
	VS-2	0	1	0	0
说　明		灯全灭	关 A 阀开 C 阀	关 A 阀开 C 阀	关 A 阀开 C 阀

根据动作表，列出逻辑式如下：

AL1 = LA

AL2 = ST

AL3 = SW

VS-1 = LA + ST + SW

VS-2 = LA

根据逻辑式，画出梯形图见图 7-17。

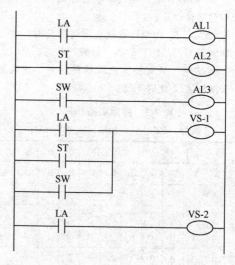

图 7-17

7-34　图 7-18 是一个加热槽的温度控制系统，请根据下述要求设计一个报警联锁系统。

（1）当温度越限时 TA→1，发出报警信号（铃响灯亮），并进行联锁，关闭 VS 阀；

（2）按下确认按钮 PB 后，灯亮铃停，表示"知道"；

（3）温度恢复正常后灯灭铃停，打开 VS 阀。

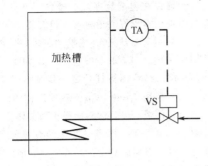

图 7-18

答：可以看出，上述报警联锁过程有一定的先后次序，例如，没有第一步就不能实现第二步。从逻辑角度看，属于时序型。

设 AL 为警灯，BL 为警铃，R_1、R_2 为中间继电器线圈，r_1、r_2 为中间继电器接点，画出动作顺序表见表 7-4。

表 7-4 加热槽报警联锁系统动作顺序表

元件		步 条件	正常 TA→1	报警 PB→1	确认	复原 TA→0
输入	TA PB					
中间	R_1 R_2					
执行	AL BL VS					
说　明			灯灭铃停	灯亮铃响	灯亮铃停	灯灭铃停

在该表中，最上面横行列出的各种工艺状态（称为"步"），是自左向右、按时间先后次序进行排列的。表中间的横向粗线代表元件逻辑值等于1（得电或闭合）的工作区间。相邻两步之间的竖线表示由前一步进入后一步的转换条件，称作步进条件，这条竖线也代表了元件工作区间的边界线。此外，带箭头的虚线反映了元件之间动作的因果关系或先后顺序。

根据动作顺序表，列写逻辑式如下：

$R_1 = TA$

$R_2 = (PB + r_2)r_1$ （PB 是短信号，需自保）

$AL = r_1$

$BL = r_1 \bar{r}_2$

$VS = r_1$

根据逻辑式，画出梯形图见图 7-19。

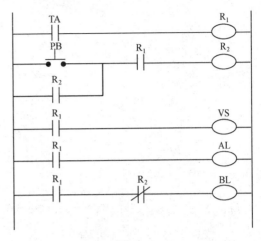

图 7-19

7-35 粉料自动称量装置控制系统编程

图 7-20 是粉料自动称量装置的简略示意图。该装置的控制过程表示在图 7-21 上，简述如下。

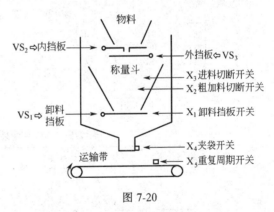

图 7-20

(1) 初始状态：卸料挡板、内挡板、外挡板全部关闭。这三个挡板分别由电磁阀 VS_1、VS_2、VS_3 控制，电磁阀失电时，挡板关闭。

(2) 粗加料：在卸料挡板关闭的条件下，按下开车按钮 PB，使 VS_2、VS_3 同时得电，打开内挡板和外挡板，于是，物料迅速地流入称量斗，称为粗加料。卸料挡板是否关闭由常闭式微动开关 X_1 来检测，卸料挡板关闭时 X_1 接通（$\bar{X}_1 = 1$）。

(3) 细加料：当称量斗中粉料达到 90% 规定值时，微动开关 X_2 由断开转为接通（$X_1 \rightarrow 1$），使 VS_2 失电，关闭内挡板，粉料由内挡板上的小孔缓慢地流入称量斗，实行细加料。

(4) 卸料准备：当称量斗中粉料达到规定值时，微动开关 X_3 由断开转接通（$X_3 \rightarrow 1$），发出信号使 VS_3 失电，关闭外挡板，粉料被截止，不再流入称量斗。这时，指示灯 AL 发亮，表示"称量完毕，允许卸料"。

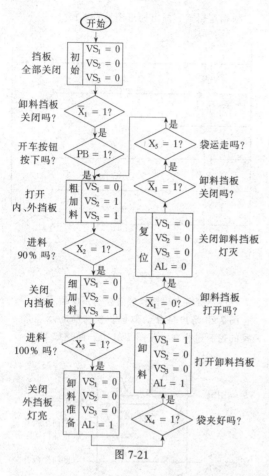

图 7-21

左侧流程图标注文字：
- 挡板全部关闭 — 初始 VS₁=0 VS₂=0 VS₃=0
- 卸料挡板关闭吗？ $\overline{X}_1 = 1?$
- 开车按钮按下吗？ PB = 1?
- 打开内、外挡板 — 粗加料 VS₁=0 VS₂=1 VS₃=1
- 进料90%吗？ X₂=1?
- 关闭内挡板 — 细加料 VS₁=0 VS₂=0 VS₃=1
- 进料100%吗？ X₃=1?
- 关闭外挡板灯亮 — 卸料准备 VS₁=0 VS₂=0 VS₃=0 AL=1
- 袋夹好吗？ X₄=1?
- 打开卸料挡板 — 卸料 VS₁=1 VS₂=0 VS₃=0 AL=1
- 卸料挡板打开吗？ $\overline{X}_1 = 0?$
- 关闭卸料挡板灯灭 — 复位 VS₁=0 VS₂=0 VS₃=0 AL=0
- 卸料挡板关闭吗？ $\overline{X}_1 = 1?$
- 袋运走吗？ X₅=1?

（5）卸料：在包装袋夹好的条件下，VS₁通电，打开卸料挡板，称量好的粉料落入包装袋。夹袋是人工进行的，并用微动开关 X₄ 来推测包装袋是否夹上，夹上后闭合（X₄=1），取下后断开（X₄=0）。

（6）复位：卸料挡板打开后，其检测开关 X₁ 断开（$\overline{X}_1 \to 0$）。利用 $\overline{X}_1 \to 0$ 发信，又立即使 VS₁ 失电，重新关闭卸料挡板。一旦卸料挡板重新关闭后，又使 X₁ 恢复闭合（$\overline{X}_1 \to 1$），于是，整个装置复位。总之，卸料挡板是打开以后随即关闭。在 $\overline{X}_1 \to 0$ 的时候，还使指示灯 AL 熄灭，表示"卸料完毕"。

（7）进入下一周期而循环工作。把已经装好粉料的包装袋取下以后（此时 X₄→0），经运输带送走，并触动微动开关 X₅ 使其闭合（X₅→1）。X₅→1 既表示"袋已运走"，又作为下一周期的起动指令，装置再次进行粗加料而循环工作。

请根据控制流程编制在 PLC 上实现的梯形图程序。

答：（1）根据控制流程图，编制动作顺序表见表 7-5。

注意，进入"粗加料"的步进条件记为 $\overline{X}_1 \cdot PB \to 1$，或者 $\overline{X}_1 \cdot X_5 = 1$。其中，PB→1 是开车信号，按下 PB 后就能开车；X₅→1 是循环工作起动信号，包装袋运走以后就开始下一周期的称量控制；$\overline{X}_1$ 是保证只有在卸料挡板关闭的条件下才能开车或循环起动的特征信号。

表 7-5　粉料称量装置控制元件动作顺序表

	程序	原始位置	粗加料	细加料	准备卸料	卸料	复位	取袋	粗加料
步进条件信号			$\overline{X}_1 \cdot PB \to 1$ 或 $\overline{X}_1 \cdot X_5 \to 1$	X₂→1	X₃→1	X₃·X₄→1	$\overline{X}_1 \to 0$ $\overline{X}_1 \to 1$	X₄→0	X₅→1
输入	PB								
	$\overline{X}_1$								
	X₂								
	X₃								
	X₄								
	X₅								
执行	VS₁								进入下一周期
	VS₂								
	VS₃								
	AL								
中间	R₁								
	R₂								
	R₃								
	R₄								

开始"卸料"的步进条件记为 $X_3 \cdot X_4 \to 1$。$X_4 \to 1$ 表示袋已夹好；X_3 是保证只有在称量结束（粉料达到规定值，$X_3 = 1$）以后才能打开卸料挡板的特征信号。

让每个执行元件分别用一个继电器进行控制，R_1 控制 VS_1，R_2 控制 VS_2，R_3 控制 VS_3，R_4 控制 AL。相应地，R_1、R_2、R_3、R_4 的工作区间分别和 VS_1、VS_2、VS_3、AL 相同。

（2）分析各继电器"启、保、停"的条件，进而列出其逻辑式。

各继电器均采用停止优先式，逻辑式一般形式为：

$$R = (Q + r)\overline{T}$$

式中　Q——启动条件；

　　　r ——自保接点；

　　　$\overline{T}$——停止条件。

① R_2 逻辑式

$Q = \overline{X_1} \cdot PB + \overline{X_1} \cdot X_5 = (PB + X_5)\overline{X_1}$

$\overline{T} = \overline{X_2}$（当 $\overline{X_2} \to 0$，即 $X_2 \to 1$，VS_2 失电关闭内挡板）

PB、X_5 均为短信号，需自保

$\therefore \quad R_2 = (PB + X_5 + r_2)\overline{X_1} \cdot \overline{X_2}$ 　　　　(1)

② R_3 逻辑式

$Q = \overline{X_1}PB + \overline{X_1}X_5 = (PB + X_5)\overline{X_1}$

$\overline{T} = \overline{X_3}$（当 $\overline{X_3} \to 0$，即 $X_3 \to 1$ 时，VS_3 失电，关闭外挡板）

PB、X_5 为短信号，需自保

$\therefore \quad R_3 = (PB + X_5 + r_3)\overline{X_1} \cdot \overline{X_3}$ 　　　　(2)

③ R_4 逻辑式

$Q = X_3$

$\overline{T} = \overline{X_1}$

X_3 是短信号，需自保

$\therefore \quad R_4 = (X_3 + r_4)\overline{X_1}$ 　　　　(3)

④ R_1 逻辑式

$Q = X_3 X_4$

$\overline{T} = \overline{X_1}$

X_3 是短信号，需自保

$\therefore \quad R_1 = (X_3 \cdot X_4 + r_1)\overline{X_1}$ 　　　　(4)

（3）根据式（1）～（4），可画出梯形图（见图 7-22）。

7.3　信号报警系统

7-36　在信号报警系统中，有哪些基本的工作状态？

答：（1）正常状态——此时没有灯光或音响信号；

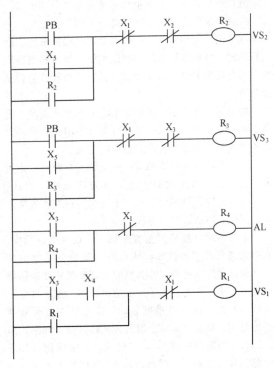

图 7-22

（2）报警状态——当被测工艺参数偏离规定值或运行状态出现异常时，发出灯光、音响信号，以示报警；

（3）确认状态——值班人员发现报警信号以后，可以按一下"确认"按钮，从而解除音响信号，保留灯光信号，所以，"确认"又称为"消音"状态；

（4）复位状态——当故障排除后，报警系统恢复到正常状态，有些报警系统中，备有"复位"按钮；

（5）试验状态——用来检查灯光和音响回路是否完好，注意只能在正常状态下才能按下"试验"按钮，在报警状态下不能进行试验，以防误判断。"试验"也称为"试灯"状态。

7-37　在信号报警系统中，往往以不同形式、不同颜色的灯光来帮助值班人员判断故障的性质，请说出下述灯光表示的含义。

闪光、平光、红色灯光、黄色灯光、绿色灯光、乳白色灯光。

答：闪光——容易引人注目，用来表示刚出现的故障或第一故障；

平光——表示"确认"以后继续存在的故障或第二故障；

红色灯光——表示超限报警或危急状态；

黄色灯光——表示低限报警或预告报警；

绿色灯光——表示运转设备或工艺参数处于正常运行状态；

乳白色灯光——表示报警系统的电源供应正常。

7-38 常见的信号报警系统有下列几种类型:一般事故不闪光报警系统、一般事故闪光报警系统、能区别瞬时故障的报警系统、能区别第一故障的报警系统、延时报警系统。试简述每个系统的功能特征和应用场合。

答: 一般事故不闪光报警系统——是最简单、最基本的报警系统,出现故障时灯亮(不闪光)并发出音响"确认"后音响消除,仍保持灯亮。

一般事故闪光报警系统——又称为非瞬时故障报警系统。出现故障时灯闪光,并发出音响"确认"后,音响消除,灯光转平光(不闪光)只有在故障排除(复位)以后,灯才熄灭。

能区别瞬时故障的报警系统——在生产过程中,有时会遇到工艺参数短时间越限后又恢复正常的情况,而这种短期越限(称为瞬时故障)又往往是影响质量或安全的先兆。为了引起值班人员注意,可选用能够区别瞬时故障的报警系统。该系统在出现故障后,灯闪光并发出音响。值班人员确认时,如果故障已消失(即瞬时故障),则灯熄灭,音响消除;如果故障仍存在(属于非瞬时故障),则灯转平光,音响消除,直至故障排除后灯才熄灭。

能区别第一故障的报警系统——在生产过程中,还会遇到几个工艺参数同时越限而引起报警的情况。为了便于寻找产生故障的根本原因,需要把首先出现的故障信号(称为第一故障)跟后来相继出现的故障信号(称为第二故障)区别开来。这时,可选用能区别第一故障的报警系统。在出现故障后灯亮,发出音响,并以灯闪光表示第一故障,灯平光表示第二故障。值班人员确认后,音响消除,灯光不变。在这类系统中,往往还设有"复位"按钮,以区别瞬时故障还是非瞬时故障。按下"复位"以后,若灯熄灭,表示该故障已消失;若灯仍亮,表示相应故障仍存在。

延时报警系统——有时候,工艺上允许短时间参数越限。为避免报警系统过于频繁地报警,可采用延时报警系统。只有故障持续时间越过规定时间范围时才发出报警。

7-39 填表

一般事故闪光报警系统工作状态表。

工 作 状 态	显示器/灯	音响器
正常		
报警信号输入		
按确认按钮		
报警信号消失		
按试验按钮		

答:

工 作 状 态	显示器/灯	音响器
正常	不亮	不响
报警信号输入	闪光	响
按确认按钮	平光	不响
报警信号消失	不亮	不响
按试验按钮	闪光	响

7-40 填表

能区别瞬时故障的报警系统工作状态表。

工 作 状 态		显示器/灯	音响器
正常			
报警信号输入			
确认(消音)	瞬时故障		
	非瞬时故障		
报警信号消失			
按试验按钮			

答:

工 作 状 态		显示器/灯	音响器
正常		不亮	不响
报警信号输入		闪光	响
确认(消音)	瞬时故障	不亮	不响
	非瞬时故障	平光	不响
报警信号消失		不亮	不响
按试验按钮		亮	响

7-41 填表

能区别第一故障的报警系统工作状态表。

工作状态	第一故障显示器/灯	其它显示器/灯	音响器	备注
正常				
第一报警信号输入				有第二报警信号输入
按确认按钮				
报警信号消失				
按试验按钮				

答:

工作状态	第一故障显示器/灯	其它显示器/灯	音响器	备注
正常	不亮	不亮	不响	
第一报警信号输入	闪光	平光	响	有第二报警信号输入
按确认按钮	闪光	平光	不响	
报警信号消失	不亮	不亮	不响	
按试验按钮	亮	亮	响	

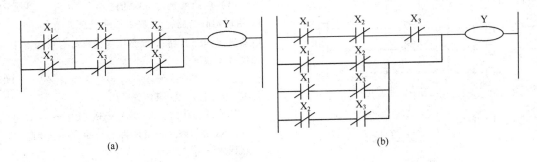

(a)   (b)

图 7-23

7.4 联锁保护系统

7-42 试编制一个三取二联锁系统的梯形图程序。其设计要求是：三个事故接点（X_1、X_2、X_3）中只要有两个接点处于事故状态，联锁系统应能动作，关闭进料阀。

答： 首先选择接点的事故状态。为了使系统掉电时，接点也处于事故状态，接点的事故状态应是断开状态，即接点在正常工况处于常闭状态。其次选择进料阀。在系统掉电时，进料阀处于事故状态，因此，选择进料阀是事故时关闭的 FC 阀（control valve Closes on Failure of actuating energy），例如选择气开阀。根据工艺要求，列出联锁系统逻辑关系式：

$$Y = (X_1 + X_2) \cdot (X_1 + X_3) \cdot (X_2 + X_3)$$

对上式进行逻辑运算，可以得到：

$$Y = (X_1 \times X_2) + (X_1 \times X_3) + (X_2 \times X_3) + (X_1 \times X_2 \times X_3)$$

根据逻辑关系，可以画出梯形图，如图 7-23（a）和（b）。

从逻辑原理来看，这样的设计应能满足工艺要求。即当有两个或两个以上的接点断开时，继电器 Y 应失励，使进料阀关闭，但是，这样的设计还不完全。首先，当开车时，工艺过程参数尚未达到正常工况范围，因此，进料阀处于关闭状态，为此，应设置联锁非联锁开关 PB，在非联锁状态，PB 的接点应闭合，它的位置处于从梯级的母线和继电器的左接点间，即与三个接点条件组并联；其次，在正常开停车时，应有开车按钮和停车按钮，并有相应的自保接点，它的设计应与常用控制回路的设计相似。图 7-24 是考虑了上述开关和按钮后的梯形图。实施时，图中的按钮和开关应采用相应接点的地址代替。

工艺过程的操作如下：在开车时，过程参数不满足联锁条件，因此，将联锁非联锁开关 PB 置在非联锁位置，按下开车按钮，使继电器 Y 激励，它的接点除了用于自保外，还使进料阀打开。然后，

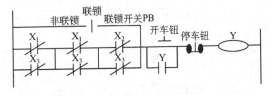

图 7-24

生产过程进入正常操作状态，过程参数也进入正常范围。某过程参数的三个检测元件处于正常操作工况，三个接点闭合，允许操作人员从非联锁状态切入联锁状态，将 PB 开关切入联锁位置。在联锁运行阶段，如果两个或两个以上的接点检测到故障时，相应的接点就断开，使继电器 Y 失励，进料阀关闭。同样，如果掉电时，进料阀也将关闭。正常停车时，可以按下停车按钮，使继电器 Y 失励，并关闭进料阀。

7-43 图 7-25 是某压缩机的联锁点示意图。图 7-26 是该压缩机的启动和联锁保护继电线路图。

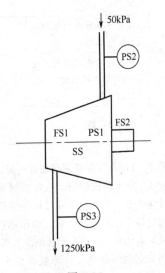

图 7-25

图中有关元件说明及压缩机联锁内容见表 7-6。

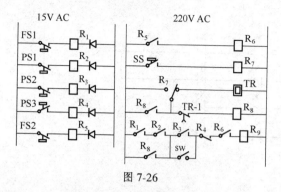

图 7-26

表 7-6 压缩机联锁内容

序号	元件	说　　明	联锁内容
1	PS1	润滑油压力低于 150 kPa 时断开	
2	FS1	润滑油流量过低时断开	任何一个联锁点出故障,压缩机就不能启动或自动停车
3	PS2	压缩机入口压力低于 20 kPa 时断开	
4	PS3	压缩机出口压力高于 1250 kPa 时闭合	
5	FS2	压缩机拖动电机的冷空气流量过低时断开	
6	SS	压缩机停车时闭合,启动后断开。用于延时 30 s 电路,压缩机启动时,将 PS1、FS1 切除,30 s 后再将 PS1、FS1 信号投入联锁	压缩机启动后 30 s 内,如润滑油压力和流量达到规定值,则维持运转,如果达不到则停车
7	SW	单机试车手动开关	单机试车时,PS2 不参与联锁
8	TR	延时 30 s 时间继电器及其触点	
9	R9	控制拖动压缩机的电动机的继电器	
10	R6	控制风扇电动机的继电器,为压缩机电机提供一定流量的冷空气	
11	R1~R5 R7、R8	中间继电器	

表中第 1、2 项是为保证润滑油有一定的压力和流量,从而使压缩机运转机构得到良好的润滑。第 3、4 项是保护设备所必须的。第 5 项保证拖动压缩机的电机温升不超过规定值,为此,在启动压缩机以前,必须先启动风扇电动机,以产生足够的冷空气流量。

试分析该联锁线路的工作原理并画出在 PLC 上实现的梯形图。

答: 该联锁线路的工作原理说明如下。

(1) 启动后延时 30 s 的获得 由 SS、TR、R_7、R_8 组成延时电路,SS 提供压缩机启动信息,时间继电器进行 30 s 计时,R_8 在压缩机启动后仅通电 30 s。动作顺序如下。

在停车时:SS 闭合→R_7 带电→经 R_7 触点、TR-1 使 R_8 带电且自锁→TR 失电。

压缩机启动时:SS 断开→R_7 失电→经 R_8 自锁触点,R_7 常闭触点使 TR 得电→经 30 s 延时,TR-1 触点释放→R_8 失电→TR 失电。

结果,R_8 在压缩机启动后仅通电 30 s。

(2) 联锁内容的实现 压缩机启动后 30 s 内,由于 R_8 得电,将 R_1、R_2 短路,此时

$$R_9 = R_3 R_4 R_6$$
$$= \overline{PS2} \cdot PS3 \cdot \overline{FS2}$$

(只有 3、4、5 项参与联锁)

30 s 后,R_8 失电,此时:

$$R_9 = R_1 R_2 R_3 R_4 R_6$$
$$= \overline{FS1} \cdot \overline{PS1} \cdot \overline{PS2} \cdot PS3 \cdot \overline{FS2}$$

(1~5 项全部投入联锁)。

(3) 单机试车起动 正常开车时,压缩机入口压力不会低于 20 kPa,因此,PS2 闭合,R_3 也闭合,使 R_9 获得通电回路。但在单机试车时,上述条件不满足,因此需将手动开关 SW 闭合,使 PS2 不参与联锁,以便启动压缩机,进行单机试车。

在 PLC 上实现该联锁线路的梯形图见图 7-27。

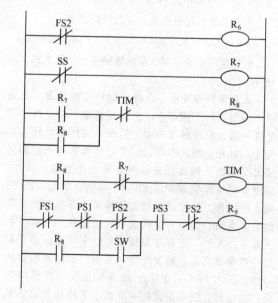

图 7-27

7-44 图 7-28 是一个 VK-16C 型大型离心式压缩机的安全联锁系统继电器原理图(图中不包括灯光音响报警系统)。表 7-7 为该系统的控制内容,表中打"√"者为参与开车联锁的仪表触点,打"*"者为

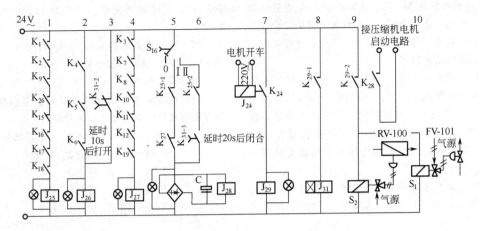

图 7-28

表 7-7 压缩机安全联锁系统控制内容

仪表触点编号	安全联锁内容及参数	安全联锁系统控制内容				仪表触点编号	安全联锁内容及参数	安全联锁系统控制内容			
		安全开车联锁系统	光信号显示	自动安全停车联锁系统	声、光报警显示			安全开车联锁系统	光信号显示	自动安全停车联锁系统	声、光报警显示
K_1, K_2	压缩机润滑油入口总管压力 $>1.2\times10^5$ Pa	√	√			K_{10}	压缩机各级导向叶片关闭	√	√		
	压缩机润滑油入口总管压力 $<1.2\times10^5$ Pa			*	*	K_{11}	压缩机放空阀 FV-101 全部打开	√	√		
K_3	压缩机润滑油入口总管油温 $<20\ ℃$	√	√			K_{12}	润滑油系统旁路油管压力 $<7.5\times10^5$ Pa	√	√		
K_4	压缩机大传动齿轮轴（主轴）位移 >1.0mm			*	*	K_{15}	压缩机第一级轴承温度 $>75\ ℃$	√	√	*	*
K_5	压缩机一二级传动齿轮轴位移 >1.0mm			*	*	K_{16}	压缩机第二级轴承温度 $>75\ ℃$	√	√	*	*
K_6	压缩机三四级传动齿轮轴位移 >1.0mm			*	*	K_{17}	压缩机第三级轴承温度 $>75\ ℃$	√	√	*	*
K_7	压缩机各级冷却器总冷却水流量大于额定值	√	√			K_{18}	压缩机第四级轴承温度 $>75\ ℃$	√	√	*	*
K_8	压缩机传动马达冷却水流量大于额定值	√	√			K_{19}	润滑油油箱液位不低于额定值	√	√		
K_9	压缩机第四级出口空气温度 $>107℃$	√	√	*	*						

参与自动停车联锁的仪表触点。

从图和表可以看出，该系统分为两部分。

（1）压缩机安全开车联锁系统 该系统由测量触点 $K_1 \sim K_{12}$、$K_{15} \sim K_{19}$ 和继电器 $J_{25} \sim J_{29}$、时间继电器 J_{31} 等组成。它有如下特点：

① 为了确保安全开车，只有当开车条件完全具备时，压缩机才能被启动，如果有一个条件不具备，压缩机就启动不了；

② 在轴位移参数测量上，设置了 K_4、K_5、K_6 三

个触点，由于压缩机刚一启动时尚无法测知轴位移量，须延时 10 s 才能将 K_4、K_5、K_6 投入联锁，时间继电器 J_{31} 的触点 J_{31-2} 是常闭延时打开触点，压缩机启动 10 s 后，J_{31-2} 打开，将 $K_4 \sim K_6$ 投入联锁，此时，如压缩机有故障，其轴位移量就会增大，当轴位移量超过 1 mm 时，$K_4 \sim K_6$ 中就会有一个不闭合（$K_1 \sim K_{19}$ 均为常闭触点），从而使 J_{26}、J_{25} 相继失电，引起压缩机启动继电器 J_{28} 失电，K_{28} 断开，压缩机停车，以确保安全；

③ 压缩机启动 20 s 后，必须将开关 S_{16} 由启动位置"Ⅰ"转到"Ⅱ"位置，即将联锁系统从安全开车系统转到正常运行的自动安全停车系统，才能对压缩机进行必要的工艺操作。

（2）压缩机正常运行时的自动安全停车联锁系统

该系统由测量触点 $K_1 \sim K_6$、K_9、$K_{15} \sim K_{18}$ 和继电器 J_{25}、J_{26}、J_{28} 等组成，只要其中一个参数不正常，就会使 J_{25} 失电，从而使 J_{28} 失电而自动关闭压缩机。

重要参数润滑油入口总管压力采用双重检测点（K_1、K_2）。

该继电器系统体积过大，继电器触点长期使用后性能降低，可靠性变差，存在故障隐患，现需将其用 PLC 系统替换更新，请绘制 PLC 梯形图控制程序。

答： 该次更新改造采用 GOULD 公司 MICRO84 型 PLC 实现，梯形图程序见图 7-29。

程序说明如下。

（1）比较图 7-28 与图 7-29，可以看出梯形图程序与继电器联锁原理图有一一对应的关系：

梯形图 1—1 ~ 1—4　对应 1，4 电路部分

2—1 ~ 2—3　对应 2，3，8

2—4　　　　对应 7

3—1　　　　对应 9，10

3—2 ~ 3—4　对应 5，6

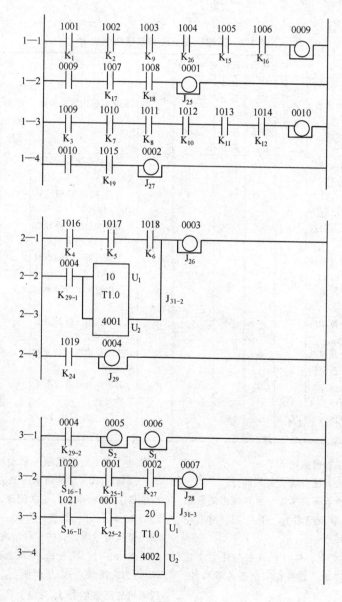

图 7-29

（2）地址 1001～1021 为输入接点（个别为内部软接点，如 1004）；0001～0010 为继电器线圈，其中有些是对外输出线圈，有些是内部中间继电器线圈。

（3）图中采用了两个内部计时器 4001 和 4002，其中"T1.0"表示计时单位为 1 s；"10"和"20"表示计时器设定值为 10 s 和 20 s；"U₁"和"U₂"分别为正负逻辑输出端，当计时达到设定值时，U₁ 从"0"变为"1"，U₂ 从"1"变为"0"。

7-45 图 7-30 是压缩机的启动联锁线路，试分析其动作原理及特点。

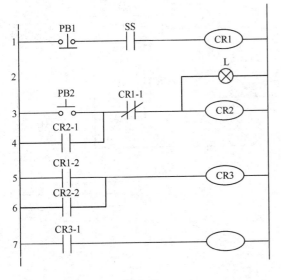

图 7-30

SS——低速断开触点；CR3-1 接后面的联锁电路

答：这是旁路自消的联锁线路，"3"和"4"是旁路线路，压缩机的启动是靠它来进行。一旦压缩机启动正常之后，这个旁路线路会自动失去作用。下面说明其动作过程。

假定压缩机是停止运行的：速度开关 SS 的触点是断开的，CR1-1 是闭合的。撤一下短暂旁路按钮 PB2 后，继电器 CR2 通电，信号灯 L 发亮，表明旁路已起作用了。启动继电器线圈 CR2 把触点 CR2-1 闭合，而这个自保触点是跨接在按钮 PB2 的两端。CR2 也把旁路触点 CR2-2 闭合，这又使继电器 CR3 通电。这样，位于压缩机启动/停止电路中的触点 CR3-1 闭合，压缩机得以启动。

当压缩机转速高于低速规定值时，速度开关 SS 的触点闭合，继电器 CR1 通电，从而使触点 CR1-2 闭合，CR1-1 断开。CR1-2 闭合，就可维持触点 CR3-1 闭合，压缩机继续运行。但这时，继电器 CR2 将失电，旁路信号灯 L 熄灭，于是旁路的作用就自消了。

万一压缩机转速低于低速规定值，速度开关 SS 的触点断开，继电器 CR1 断电，从而使压缩机停车。

PB1 是停止按钮。

这种线路的特点在于旁路线路的采用。在运行之前，这个旁路线路能把速度开关 SS 旁路，把压缩机启动起来，然后这旁路线路的作用又自动消失。

7-46 试比较图 7-30 和图 7-31 的压缩机启动联锁线路，并说明后者的特点。

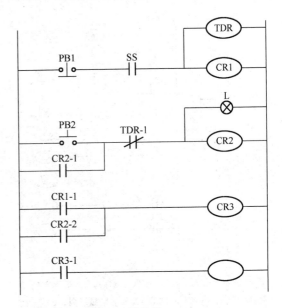

图 7-31

SS——低速断开触点；TDR——通电延时继电器；CR3-1 接后面的联锁电路

答：由两图比较可知，两者的差别仅在于后者增加了延时继电器 TDR。压缩机启动之后，如果转速未低于其低速规定值，则速度开关 SS 是闭合的，继电器 CR1 立即通电，触点 CR1-1 闭合，从而可维持 CR3-1 闭合，使压缩机继续运行。但过了一段时间之后，延时继电器 TDR 动作，其常闭触点 TDR-1 断开，使继电器 CR2 失电，旁路信号灯熄灭，于是旁路线路的作用就自动消失。

旁路线路是在延时一段时间才失去作用，这就可允许某些量能达到正常的操作数值，譬如让润滑油压力升高到一定的规定值之上。

7-47 压缩机要切除联锁，检查有关设备，当采用正常状态带电的联锁，切除和投运操作步骤应是怎样？采用正常状态不带电的联锁又应如何操作，方可保证不会引起误跳车？

答：若采用正常状态带电的联锁，应该先切除联锁（实际是将控制回路短路），后停联锁电源；投联锁时则应先送上联锁电源，检查电磁阀线圈（或继电器线圈）确信已带电后，方可投入联锁（实际是将控制回路的短路线断开）。

若采用正常状态不带电的联锁，可以不分先后切除联锁（实际是断开控制回路）和切除联锁电源；而投联锁时，则应先送上联锁电源，检查电磁阀（或继电器）回路有无感应电或漏电流产生，确信没有时，方可投入联锁。

7-48 试分析图 7-32 中离心泵自动启停联锁线路的工作过程。

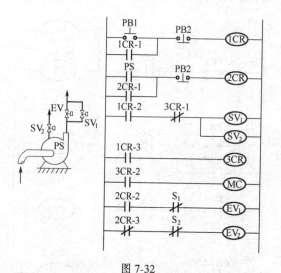

图 7-32

SV₁—回水电磁阀；SV₂—排气电磁阀；EV—出水电动阀（EV₁—使出水电动阀 EV 打开的电磁线圈，EV₂—使出水电动阀 EV 关闭的电磁线圈）；S₁、S₂—行程开关；MC—离心泵拖动电动机的磁力启动器；PS—泵体内压力的电接点压力表的触点

答：根据离心泵的工作原理，启动前必须先开启回水阀 SV₁ 和排气阀 SV₂，让管线中的水回入泵内，把泵内空气排除。待泵体内充满水后，再把回水阀和排气阀关闭，同时启动离心泵的拖动电动机。当电动机达到了额定转速时才开启出水阀 EV，结束泵的启动工作。

只要揿下启动按钮 PB1，继电器 1CR 受激励，衔铁吸合，触点 1CR-1、1CR-2、1CR-3 同时闭合。触点 1CR-1 闭合，使继电器 1CR 保持激磁状态而不管启动按钮 PB1 的状态如何，即 1CR-1 触点是继电器 1CR 的自锁触点。触点 1CR-2 闭合，使回水电磁阀和排气电磁阀这两者的电磁线圈 SV₁ 和 SV₂ 同时激励，把这两个阀均打开，对泵进行灌水排气的工作。触点 1CR-3 闭合，使中间继电器 3CR 激励动作，其常闭触点 3CR-1 断开又使 SV₁、SV₂ 这两个电磁阀同时关闭，其常开触点 3CR-2 闭合，使磁力启动器 MC 激励动作，拖动电动机转动，从而把泵开动起来了。

待泵体内压力达到额定值（相应于拖动电动机的额定转速）时，电接点压力表的触点 PS 闭合，中间继电器 2CR 动作（2CR-1 是它的自保触点），触点 2CR-1、2CR-2 同时闭合，而触点 2CR-3 断开。触点

2CR-2 闭合，EV₁ 电磁线圈通电；触点 2CR-3 断开，使 EV₂ 电磁线圈断电，从而把出水电动阀 EV 打开，结束了启动阶段而转入正常运转阶段。

停车时，揿下停车按钮 PB2，继电器 1CR 和 2CR 均释放，EV₁ 断电，EV₂ 通电，关闭了出水阀。同时回水阀、排气阀亦都关闭，电动机也停止转动。

7-49 以天然气为原料生产合成氨的装置中，转化炉的联锁保护是很重要的。图 7-33 是转化炉原料气、空气、蒸汽的联锁保护流程图。

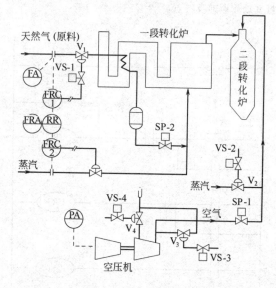

图 7-33

生产过程中，天然气由 FRC-1 调节，蒸汽由 FRC-2 调节，共同进入一段转化炉，经过转化反应，变成 CO、CO_2、H_2，再进入二段转化炉，同时加入空气（O_2、N_2）。为了保证正常生产，要求蒸汽与天然气之间具有一定的比值（称为水碳比）。如果水碳比过低，将会出现析碳现象，影响触媒的活性和强度。为了防止析碳，必须设置报警联锁系统。

图中输入元件如下。

FRA——水碳比过低发信开关。天然气与蒸汽的流量变送器送到除法器 RR 进行比较，当水碳比过低时，FRA 接点闭合发信。

FA——天然气流量过低发信开关。由 FRC 变送器带动，流量过低时，FA 接点闭合发信。

PA——空压机润滑油压力过低发信开关。压力过低时，PA 接点闭合发信。

除上述工艺参数发信接点外，输入元件还包括：PB₁——复位按钮；PB₂——紧急停车按钮；PB₃——空压机停车开关；SW₁、SW₂——联锁切除开关。

执行元件是：VS-1、VS-2、VS-3、VS-4、SP-1、SP-2 电磁阀。正常情况下，阀 V₁ 和电磁阀 SP-1、

SP-2 是开启的，阀 V_2、V_3、V_4 均关闭。

要求报警联锁系统具有以下功能。

（1）水碳比过低时全部停车（切断原料气，停送空气）。动作情况是：

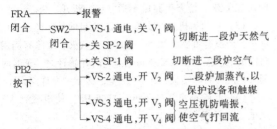

要求：①FRA 闭合或人工紧急按下停车按钮 PB2 后，该线路能自锁，即使瞬时故障也能实现联锁。一旦停车以后，即使水碳比恢复正常，装置也不会自动开车。只有按下复位按钮 PB1 以后，才能解锁，使各电磁阀复位。

②FRA、PB2 和 PB1 应接成启动优先式，以保证故障优先。例如复位过程中（按 PB1）出现了故障（FRA 闭合），也能停车，以进一步提高联锁的可靠性。

（2）天然气流量过低时局部停车（原料气不切断，只停空气）。动作情况是：

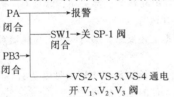

要求：该线路不用自锁，天然气流量一旦恢复正常（FA 断开），各阀门将自动复位。

（3）空压机故障时局部停车。动作情况是：

PA ────→报警
闭合
├→SW1→关 SP-1 阀
│   闭合
PB3┤
闭合└→VS-2、VS-3、VS-4 通电
        开 V_1、V_2、V_3 阀

要求：该线路也不用自锁。

（4）利用 SW1、SW2 人工解除联锁。在开车投运时，水碳比、天然气流量等都可能低于规定值，如果联锁系统在这时发生了动作，势必无法开车。开车时，首先打开 SW1 和 SW2，使联锁切除，但不切除报警。等到报警消除（意味着水碳比、天然气流量已进入正常），再合上 SW1、SW2，进入正常运行和联锁保护。

请根据上述流程图和功能要求，编制报警联锁系统的梯形图。

答：（1）根据功能要求先画出逻辑图，见图 7-34，以便分析。逻辑图中采用置位优先的 SR 触发器以实现自锁和故障优先。

（2）根据逻辑图画出梯形图见图 7-35。

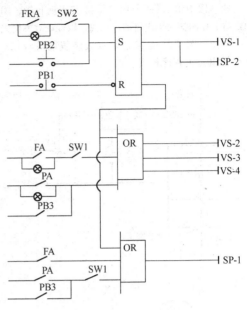

图 7-34

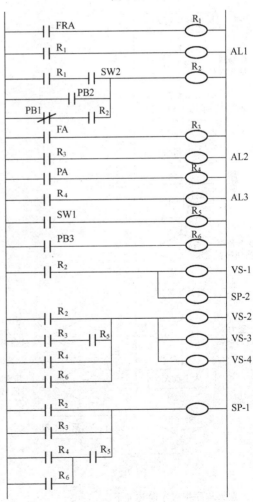

图 7-35

梯形图中 R_2 线圈采用自保接点实现自锁，RFA、PB2 与 PB1 的接法采用启动优先式，以保证故障优先。

7-50 图 7-36 是某锅炉点火装置的流程图，图 7-37 是其点火程序框图。

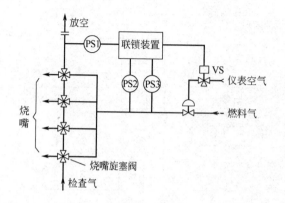

图 7-36

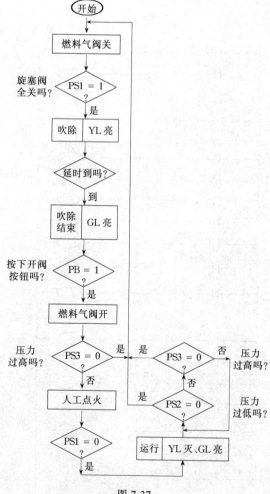

图 7-37

点火程序按次序简述如下。

（1）原始状态：燃料气阀关断。

（2）手工关闭所有的烧嘴旋塞阀（检查气通，燃料气断）。旋塞阀是否全部关闭可用压力开关 PS1 来检测。只有全部关闭时，检查气才能通到排气端，使 PS1 闭合（PS1 = 1），并亮黄灯 YL。如果有一个旋塞阀没有关死，检查气路就不通，PS1 断开（PS1 = 0）。

（3）由引风机空气吹除 10 min。目的是保证点火以前炉膛内没有可燃性气体，确保安全点火。吹除时间用时间继电器控制，从旋塞阀全部关闭开始计时。延时时间到达后，吹除结束，绿灯 GL 亮，表示"允许点火"。

（4）吹除结束后按下开阀按钮 PB，使电磁阀 VS 通电，打开燃料气阀。

（5）在燃料气压力不过高的条件下进行人工点火：先用火把靠近烧嘴，再打开旋塞阀（燃料气通，检查气断）引入燃料气，实现点火，燃料气压力过高用常闭式压力开关 PS3 来检测：压力过高时，PS3 断开；正常时 PS3 闭合。

（6）在点火过程中，打开旋塞阀后检查气路被阻断，使 PS1 断开，所以，PS1 有没有断开是有没有点火的标志。点火后，要求黄灯熄灭，绿灯仍亮，表示进入正常运行。

（7）回火脱火联锁。如果燃料气压力不正常，则切断燃料气阀门。燃料气压力过低（防回火）由常开式压力开关 PS2 来检测，压力正常时 PS2 闭合；压力过低时 PS2 断开。燃料气压力过高（防脱火）仍由 PS3 来检测。

综上所述，要求该点火联锁装置具有下列功能：(a) 吹除时间的控制及联锁（吹除阶段不能打开燃料气阀）；(b) 回火脱火联锁；(c) 灯光信号指示：黄灯 YL 亮表示旋塞阀全部关闭，绿灯 GL 亮表示可以点火及正常运行。

请根据上述要求，编写锅炉点火联锁系统的梯形图程序。

答：（1）绘制动作顺序表见表 7-8，标明输入元件和执行元件的工作区间。

（2）安排中间继电器工作区间。

"吹除"时间用计时器 TIM 控制。PS1 → 1 时 TIM 得电，其接点动作的延时就是"吹除"时间。TIM 失电时间可随意地布置，这里安排在 PS1 → 0。

从表 7-8 看到，执行元件工作区间边界线除"吹除结束"以外还有四条，所以选用两个继电器 R_1 和 R_2，其区间布置如图，以保证获得四条边界线。

（3）列写继电器的逻辑式。

根据输入信号和继电器的工作区间，可以找出继电器的"起、保、停"条件，进而列出其逻辑式。

① R_1 的工作区间和 PS1 恰好相同，不用自锁，因为 PS1 属于长信号，故取：

$$R_1 = PS1 \qquad (1)$$

② 计时器 TIM 的线圈通电时间和 R_1 相同，故取：

$$TIM = r_1 \qquad (2)$$

（在列写逻辑式时，为了将中间继电器线圈和其接点区别开来，取 R_1、R_2、TIM 代表线圈 r_1、r_2、t_r 代表其接点）；

表 7-8　锅炉点火联锁系统动作顺序表

	程序步进条件信号	原始	空气吹除	吹除结束	点火准备	正常运行	燃料气压力不正常
			$PS1 \to 1$	延时结束	$PB \to 1$	点火或 $PS1 \to 0$	$PS2 = 0$ 或 $\overline{PS3} = 0$
已知	输入 PS1						
	PS2						
	$\overline{PS3}$						
	PB						
	执行 VS						
	YL						
	GL						
	中间 TIM		10min				
	R_1						
	R_2						
	说明	阀关灯灭	阀关黄灯亮	阀关黄、绿灯亮	阀开黄、绿灯亮	阀开绿灯亮	阀关灯灭

③ R_2 在按下开阀按钮 PB 时启动，但是，R_2 启动信号不能取 $PB \to 1$，而应取 $Q = PB \cdot t_r$。虽然工艺上规定只有在"吹除"结束以后才能按下 PB，开启燃料气阀门，然而值班人员很可能误操作，在吹除过程中就按下 PB，形成多余的启动信号。为了保证即使发生上述误操作时也不能开启燃料气阀门，我们利用 TIM 的延时接点信号 t_r 作为判别吹除是否结束的特征信号。在吹除过程中，TIM 延时接点尚未动作，$t_r = 0$，即使误操作使 $PB \to 1$，仍是 $Q = PB \cdot t_r = 0$，无法启动 R_2。只有在吹除结束以后，$t_r = 1$，按下 PB 时 $Q = 1$，才能启动 R_2。

当燃料气压力过低（$PS2 = 0$）或过高（$\overline{PS3} = 0$）时，要求 R_2 停止。粗看起来，R_2 停止条件可取 $\overline{T} = PS2 \cdot \overline{PS3}$。实际上，由于 PS2 是常开式压力开关，在打开燃料气阀门以前（即 $PB \to 1$ 以前）也是 $PS2 = 0$，形成了多余停止信号，致使无法启动 R_2。为了消除多余停止信号的影响，我们取 R_2 的实际停止信号是 $\overline{T} = (PS2 + t_r) \cdot \overline{PS3}$。式中的延时接点 t_r 是判别点火前还是点火后的特征信号。点火以前，$t_r = 1$，即使 $PS2 = 0$ 也不起影响，因为 $(PS2 + t_r)$ 始终为 1；点火以后，$t_r = 0$，当 $PS2 \to 0$ 时，$\overline{T} \to 0$，发出停止信号使 R_2 失电。

此外，R_2 启动信号 $Q = PB \cdot t_r$ 是短信号，需要自锁。

如果按照停止优先式来设计 R_2，根据停止优先式逻辑式 $R = (Q + r)\overline{T}$ 可列出：

$$R_2 = (PB \times t_r + r_2)(PS2 + t_r)\overline{PS3} \qquad (3)$$

（4）列写执行元件逻辑式。

执行元件可通过继电器接点的逻辑组合来控制，从表 7-8 看到：

$$VS = r_2 \qquad (4)$$
$$YL = r_1 \qquad (5)$$
$$GL = t_r + r_2 \qquad (6)$$

本题告诉我们，在列写中间继电器逻辑式的时候，必须结合工艺要求仔细考虑启动、停止信号的唯一性，注意排除多余控制信号（包括误操作引起的）的影响。

（5）绘制梯形图。

根据式（1）～（6）可以画出梯形图见图 7-38。

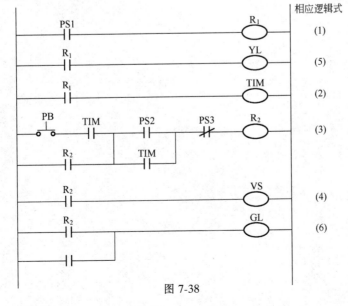

图 7-38